공동주택
관리체계의
문제점과 개선방안

공동주택 관리체계의 문제점과 개선방안

인 택 환 지음

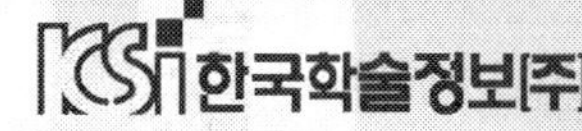

한국학술정보㈜

머리말

1950~60년대만 하더라도 우리의 주거형태는 전통적으로 농촌의 경우 초가집, 도시의 경우는 단층의 기와집이나 함석집 등이 대부분을 차지하였다.

1960년대 이후 우리나라가 획기적으로 경제개발이 추진되고 산업화·공업화가 가속화되었다. 그에 발맞추어 건축자재와 기술능력이 고도화되고 인구가 도시로 이동 집중됨에 따라 도시화가 필연적으로 이루어져 제한된 토지에 맞는 주택의 대량공급이 요구되었고 단독주택 거주 형태에서 아파트라는 공동주택 형태로 전환되게 되었다.

수천 년, 수만 년의 주거형태 역사가 불과 반세기 만에 일어난다는 것은 경이적인 대변혁이 아닐 수 없다.

또한 이와 같은 단기간 내 대량의 공동주택 공급은 필연적으로 공동주택 시설물의 관리와 입주자들의 공동생활관리에 많은 문제점을 야기하고 있다.

이에 따라 이러한 고층화되고 대량화된 공동주택, 그 내부에 거주하고 있는 주민들의 개인적이고 폐쇄적인 풍토개선을 위한 효율적이고 체계적인 관리체계의 확립의 필요성이 증대되고 있다.

그동안 필자가 20여 년 가까이 이론뿐만 아니라 현장에서 실무상으로 배우고 익힌 바를 기반으로 공동주택의 관리체계를 보다 개선하여 시설물을 장수명화하고 공동주택 생활문화를 개선하는 데 미흡하나마 보탬이 되고자 이 책을 쓰게 되었다.

부족한 점이 많겠지만 공동주택 관리체계 개선과 발전에 조금이라도 도움이 되었으면 한다.

장안동 사무실에서

인택환 배

www.wondangenc.co.kr

차 례

제3장 공동주택 관리체계의 현황과 문제점 분석 / 95

제4장 공동주택 관리체계 개선방안 / 219

 제5장 결 론 / 363

제 **1** 장

서 론

제1절 연구 배경과 목적

그간 우리나라는 1960년대 이후 산업화, 도시화, 근대화로 인하여 인구의 급속한 도시집중으로 발생한 극심한 주택난을 해결하기 위하여 1972년 주택건설촉진법을 제정하였다. 이를 통해 대도시 중심으로 토지이용을 극대화하고 효율적인 주택공급을 위하여 공동주택을 대량 공급하여 왔다. 아파트는 우리나라와 같은 협소한 토지에서 단기간 내 대량의 주택을 공급할 수 있는 수단이 되었다.[1]

이러한 노력의 결과로 2002년 말에는 전국의 가구 수 대비 주택 수를 나타내는 주택 보급률이 100%를 상회하고 있다.[2]

2003년 12월 말 현재 우리나라의 공동주택 수는 약 640만 호에 달하여 우리나라 총 재고주택 1,236만 호의 절반을 넘어서 공동주택 비율이 약 52%에 달하고 있으며,[3] 정부의 통계에 의하면 2002년 말 이미 주택 보급

---

1) 아파트라는 주거유형이 보편적인 국민주거의 형태로 자리 잡게 된 문화적 요인으로는 효율성에 대한 신화에서 비롯되었다고 보는 견해가 있다. 천현숙은 우리나라에서 생활의 편리성과 프라이버시 보호와 같은 사화 심리적 원인 이외에 국가로서는 정책적 효율성, 기업으로서는 생산적 효율성 그리고 개별 가계에게는 투자의 효율성이 있었던 것으로 진단하고 있다. 천현숙, 2002 "아파트 주거문화 특성에 관한 사회학적 연구: 아파트주거의 확산요인을 중심으로", 연세대 대학원 박사학위논문. pp.90-101.

2) 주택보급률이 100%를 넘어서게 됨에 따라 정부도 지난 2003년 5월 29일자로 기존의 공급중심의 주택건설촉진법을 폐지하고 주택관리에도 초점을 맞춘 주택법을 제정하여 2003년 11월부터 시행하고 있다.

3) 건설교통부 주택국 자료: 2003. 12. 31. 현재.

률이 100%를 넘어섰다. 또한 공동주택 거주인구도 전체인구 4,700만 국민의 과반수를 상회하는 약 2700만 명에 이르고 있다. 이에 주무관청인 건설교통부에서는 주택법 제정 이후 우리나라 주택정책을 공급위주에서 관리 강화 쪽으로 전환할 것임을 천명하였다. 또한 서울시의 아파트는 2003년 12월 말 현재 2,410개 단지에 1,091,761세대로 서울시 전체 주택비율의 47.3%를 차지하고 있다.[4)]

이를 계기로 공동주택에 대한 관리문제는 이제 그 누구도 거스를 수 없는 시대적 대세로 중차대한 '국정과제' 중 하나로 부상하게 된 것이다. 특히 아파트는 우리나라와 같은 협소한 토지에서 대량의 주택을 건설할 수 있는 주택 공급 수단일 뿐만 아니라 주택의 공급기간이 짧은 장점을 가지고 있다. 그러나 하나의 대형 건축물에 여러 세대가 공동 거주함으로써 바람직한 공동체 문화가 형성되기보다는 지나치게 개인적인 생활양식이 중심이 되는 폐단이 발생하고 있다.

1960년대 이후 도시화, 산업화, 근대화로 인하여 인구의 급속한 도시집중으로 발생한 극심한 주택난을 해결하기 위하여 정부는 주택건설촉진법에 의거하여 토지이용을 극대화하고 효율적인 주택공급을 위하여 대도시 중심으로 공동주택을 대량 공급하여 왔다. 또한 주택의 공급에만 치중하다 보니 사후관리 측면이 부실하여 20년도 안 된 공동주택이 조기 노후화 또는 불량화되어 내구성, 기능성, 안정성 등의 성능이 저하되고 있으며 주택 각 구성부위의 결함으로 주택으로서의 제 기능을 다하지 못하고 있는 실정이다. 그동안은 정책적으로 주로 공급에 치중하고 사후관리에는 소홀해 왔기 때문에 문제점이 많았다. 이에 공동주택 관리상 발생되는 문제의 원인과 제도적 모순을 제거하는 효율적인 보전과 관리 개선방안을 강구하는 것이 국가적으로 중요 과제가 되었다. 우리나라 공동주택의 내구연한이 선진외국에 비하여 수명이 매우 짧다는 점과 공동주택의 공동체 문화가 우리의

---

4) 서울특별시 "알기 쉬운 아파트관리" 2004. 3. p.11.

전통적 궤를 너무 일탈할 정도로 삭막해져 가고 있는 현실이므로 이러한 문제를 개선하기 위한 합리적이고 효율적인 방안을 찾아야 한다.

주택은 노후화가 심화되기 전에 관리하여 수명을 유지 연장시켜야 한다. 우리는 현재 수도권에서 재건축 추진 아파트 평균수명은 20여 년에 불과한 실정이지만 외국 아파트 수명은 통상 50년 이상이고 100년을 넘기는 곳도 있다. 우리나라의 건축방식과 건축 형태가 비슷한 일본도 30년 이상이다. 이와 같이 노후화되는 원인을 살펴보면 저급 자재의 사용, 설계 수준 및 시공상의 문제, 체계적인 유지관리 미비 등을 들 수 있다. 또한 조기 노후화된 기존의 저층 아파트 단지를 철거하고 고층 아파트를 건설함으로써 소유자에게 상당한 경제적인 이득을 제공하는 재건축제도는 공동주택의 주거수준을 향상시키고 토지 이용에 대한 효율성 제고를 통하여 부족한 주택의 공급을 늘리는 긍정적인 효과가 있다. 반면에 소유주들로 하여금 재건축을 경제적 이익의 극대화를 위한 수단으로 인식하게 하여 기존주택에 대한 시설물의 개, 보수를 미루거나 하자를 방치하게 하고 시설물의 노후화를 촉진시켜 많은 물량의 공동주택이 조기에 철거되는 등 공동주택 관리상에 여러 가지 문제를 발생시키고 있다.

한편 그동안 재건축은 대상아파트가 저층으로 큰 부담 없이 용적률 확대를 통해 평수를 늘리고 고층으로 건설해서 주택공급 확대 및 주거수준을 개선하는 효과도 있었으나 현재 대부분의 고층 아파트들은 재건축에 따른 기대효과가 미미하다. 앞으로 공동주택의 효율적인 관리를 통해서 장수명화를 이룩하고 리모델링 등을 통해서 설비 기능상의 문제점은 보완해 나가야 할 것이다.

지금까지는 일정기간이 지나면 재건축 등에 대한 기대심리로 인해 입주민은 물론 관리주체도 보수에 대한 중요성을 간과하는 경향이 많았다. 그러나 최근 재건축요건이 까다로워지고 고층 아파트에 대한 재건축의 이익이 대폭감소하거나 실익이 없어지게 됨으로써 그에 대한 리모델링이 급부상하고 있다. 지나친 재건축은 국가경제의 엄청난 손실이 아닐 수 없다. 심지어는 재건축 요건을 충족시키기 위하여 관리를 고의로 태만히 하는 사례도 많다. 그리하여 공동주택의 수명연장 내구성의 보존 내지 연장은 국가사회 경제적으로 대단히 중요한 과제이다.

특히 재건축사업으로 경제적 이익증가가 곤란한 고층 아파트의 조기 노후화는 개인적 국가적으로 재산가치의 감소라는 경제적 손실을 초래할 뿐만 아니라 주거환경의 불량화로 심각한 사회문제의 원인된다. 앞으로는 공동주택의 건설 공급측면도 중요하지만 주택의 수명을 증진함으로써 건축자원의 이용과 주거생활의 쾌적성을 효율적으로 도모할 수 있도록 유지 관리 노력이 절실히 요구되고 있는 것이 현실이다.

그러므로 주택보급률이 100%를 상회하는 지금은 주택의 공급보다는 관리에 정책의 무게를 두어야 할 시점이 되었으며 정부도 지난 2003년 5월 29일자로 기존의 공급중심의 주택건설촉진법을 폐지하고 관리중심적인 주택법을 제정하여 2003년 11월부터 시행하고 있다.

그럼에도 불구하고 공동주택 관리의 현실에서는 아직도 문제점이 많으며 비능률적이고 비효율적인 각종 제도 및 감사제도, 입주자대표회의와 관리주체 간의 견제와 균형이 이루어지지 않고 있다. 이로 인하여 파생되는 관리비와 각종 용역이나 공사집행에 있어서 발생하는 부정과 비리에 대하여 입주자대표회의, 관리주체, 입주자 간의 불신에 따르는 문제점 등이 아직 구조적으로 해결되지 못하고 있다. 또한 그때그때 문제점이 발생할 때마다 분쟁과 땜질식 처방이 이루어지는 등 전근대적인 관리행태가 답습되고 있는 현실이다. 더구나 정부나 지방자치단체는 공동주택이 사유재산이라는 논리에서 사적 자치에 맡겨두고 방임적인 태도를 보이고 있는 데에도 문제점이 있다.

따라서 본 논문에서는 공동주택 관리 발전을 저해하고 있는 현실적인 문제에 접근하여 즉흥적이고 땜질식의 해결책보다는 공동주택 관리 전반에 걸쳐서 제도적인 개선을 함으로써 최대한 문제의 발생을 줄이기 위한 해결방안을 모색한다. 이를 위해 우선적으로 공동주택 관리에 관한 법규 및 제도적인 측면과 관리의 각 분야 즉 운영관리, 유지관리, 공동체관리, 나아가 자산관리 분야의 현황에서 문제점을 찾아내어 이에 대한 보다 합리적인 개선 대책을 찾아보고자 한다.

또한 효율적인 시설물의 유지관리를 통해 선진국[5] 처럼 적어도 50년에서 100년 정도로 그 수명이 연장되어 지금처럼 자원낭비, 환경파괴 등 국가 사회적인 손실을 방지하고 쾌적하고 살맛나는 공동주택 문화생활을 영위할 수 있도록 관리주체 및 입주자대표회의와 입주민들과 관계 행정당국의 정책의 모든 부문에서 실천 가능한 방안을 모색한다. 이를 위해 우리의 공동주택 관리제도의 실상을 분석 연구하여 문제점을 도출하고 문제점을 해결하기 위하여 개선방안을 찾아보는 것이 주요 내용이다.

향후 아파트 문화가 도시주거문화로 정착되어 가기 위해서는 아파트 입주민의 적극적인 참여와 합리적인 관리체제 구축이 필수적이며 자치단체 등의 적극적인 행정서비스 제공 등을 통한 공동주택의 유지관리가 주요 과제이다. 그러한 과정은 주민자치제도라는 풀뿌리 민주주의가 정착되어 나가는 계기가 될 것이다.

제2절 연구 범위와 방법

공동주택의 관리는 개인적 차원이 아닌 사회적, 국가적 정책차원으로 발전되고 있는바, 본 연구를 통해 입주민의 능동적인 참여와 관심제고뿐만 아니라 정책당국 역할이 중요하다.

---

5) 아파트관리신문 2005. 4. 18. 우리나라 공동주택의 평균수명은 19.8년으로 영국(141년), 미국(103년), 프랑스(86년), 독일(79년) 등에 비해 턱없이 짧다.

1. 연구 범위

　본 연구의 범위는 서울 및 수도권 소재의 공동주택을 중심으로 한 공동주택 관리 실태를 분석하고 평가하여 정책적 개선방안을 도출하고자 하는 데 기여하고자 한다.

　여기서 공동주택이라 함은 단독주택이 아닌 공동주택으로서[6] 그중 아파트를 대상으로 하되 이 중 주택법의 적용을 받는 20세대 이상의 의무대상 아파트의 경우를 살펴보았다.

　이와 같은 공동주택 관리체계의 개선방안을 모색하기 위한 본 연구의 진행흐름도(FLOW CHART)는 〈그림 1-1〉과 같다.

〈그림 1-1〉 본 연구의 흐름도(flow chart)

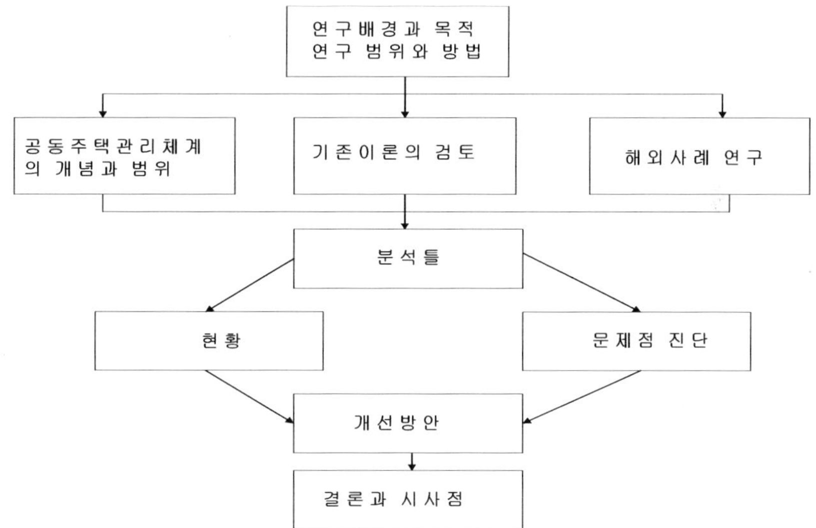

　그리고 본 연구는 크게 5장으로 나누어 구성하였다. 제1장의 서론에서는 연구의 배경과 목적, 연구의 범위와 방법에 대하여 서술하였고 제2장

---

6) 공동주택은 단독주택과 대비되는 개념으로서 아파트와　연립주택이 있다.

에서는 공동주택 관리에 관한 일반적 이론의 고찰로서 공동주택 관리의 개요, 관련법과 제도의 변천내용, 기존연구의 검토 및 외국의 공동주택 관리의 현황과 시사점 등을 바탕으로 논의하였다. 그다음 본 연구의 공동주택 관리체계의 문제점과 개선방안에 관한 분석의 틀과 분석방법을 설정하였고 이에 대한 분석 내용에 대하여 논의하였다.

제3장에서는 제1절에서 공동주택 관리의 현황과 관리조직의 실태를 살펴본 다음, 제2절에서는 우리나라 공동주택 관리체계와 관리현황상의 문제에 대하여 서울시를 중심으로 하는 수도권의 아파트에 거주하는 입주자와 관리자인 관리소장을 대상으로 실시한 관리현황에 대한 설문조사를 바탕으로 관련법규 및 제도상의 문제, 운영관리 측면, 시설물유지관리 측면, 공동체관리 측면과 자산관리 측면으로 나누어 문제점을 도출하였다.

제4장에서는 제3장에서 제기된 문제점에 대하여 공동주택 관리의 부문별로 우선 관련법규 및 제도상의 문제점에 대하여 개선방안에 대하여 논한 다음 앞에서 언급한 4대 부문별의 문제점에 대한 개선방안을 논의하였다. 또한 문제점 분석 및 개선방안 모색의 과정에서 공동주택의 거주자와 관리자인 관리소장을 대상으로 한 설문조사 결과를 반영하였다.

제5장 결론 부분에서는 본 논문의 내용을 종합하여 요약하면서 우리나라의 전반적인 공동주택 관리체계가 효율적이고 합리적으로 발전하기 위한 개선방안을 종합하여 제시하였다.

2. 연구 방법

1) 현지조사와 면접조사

본 논문의 연구 방법으로 자료수집과 실태파악을 위해 관리 관련 행정기관, 관리사무소, 관리업체 등을 방문하는 10여 차례의 현지조사(SITE

SURVEY)를 하였다. 또한 관리법령과 현실에서의 법령적용 실태를 파악하기 위한 관리소장 및 입주자와 대표회의 구성원과의 면접조사 및 전화통화 방법(INTERVIEW SURVEY)에 의한 조사를 20여 차례 실시하였다.

2) 이론적 제도적 검토

지금까지 연구되어 왔던 각종 국내의 기초 자료를 논리적으로 정립하기 위해 공동주택 관리에 관한 각종 참고문헌, 현장실무 참고서, 각종 연구보고서 등을 참조하였다. 특히 공동주택 관리에 관한 주택법령, 집합건물의 소유 및 관리에 관한 법 및 표준관리규약과 각 단지의 관리규약, 각종 주택관리 학술 논문집, 관련기관의 연구 학술지와 주택관리 현장에서 직접 담당하고 있는 전문가들의 개선 및 발전방향에 대한 의견 등을 종합적으로 로 정리 분석하였다.

또한 공동주택 관리 법령 중 공법체계인 주택법, 주택법시행령, 시행규칙, 임대주택법, 시행령, 시행규칙 및 사법체계인 집합건물의소유및관리에관한법률, 민법 및 서울특별시 및 경기도에서 작성된 표준 공동주택 관리규약, 관리기관의 연구 학술지를 참고하였다.

주택관련 전문가들과의 간담회, 토론회에 직접 본 연구자가 참여하였던 경험과 특히 본인이 직접 관리업무를 담당하였던 경험을 통하여 문제점을 도출하고 개선방안을 모색하였다.

3) 설문조사를 통한 사례분석

설문조사는 서울시에 소재하는 아파트를 주로 하되 서울인근의 일산, 성남, 분당, 구리시 등 인접도시권까지 범위를 잡아 아파트의 거주자로서 관리서비스를 제공받는 입주자와 관리의 현장책임자인 관리소장으로 나누어 별도의 설문지를 통하여 조사하였다. 입주자에 대한 설문조사는 어느 한 지역에 치우치지 않도록 골고루 지역 안배를 하여 2005년 3월 약 1개월간 400여 매의 설문지[7]를 가지고 직접 혹은 지인을 통한 대면 혹은 배포 후 수거해오는 방법 등을 이용한 설문조사를 실시하였다. 관리자에 대한 설문조사는 대한주택관리사협회 서울시 각 지역에 고루 분포되어 있는 현직 아파트 관리소장인 주택관리사(보) 400여 명에 대한 우편발송 방식(DM)에 의한 조사 및 서울 주변도시의 관리사무소를 무작위 방문하여 설문조사를 하는 등의 복합적인 방법을 이용하여 설문조사를 실시하였다. 또한 대한주택관리사협회 경기도 지부와 서울시 지부에 배치신고를 위해 방문하는 관리소장 등에 대하여도 설문조사[8]를 실시하였다.

입주자들에 대한 설문조사를 실시하기 전에 20여 부를 예비설문조사를 실시하여 문제가 없다는 사실을 확인한 후에 본 설문조사에 들어갔으며 관리소장들에 대해서는 그분들의 수준을 감안할 때 예비설문조사는 할 필요가 없다고 판단되어 곧장 설문조사에 들어갔다.

그 결과 입주자로부터 357부의 설문지가 회수되었고 관리자인 현직 관리소장에 대한 설문조사는 직접조사보다 반송해주는 회수율이 미약하여 146부만이 회수되었다. 그러나 현직 관리 전문가이면서도 지역 대의원이기 때문에 지역별로 골고루 분포되어 있어서 설문조사에 대한 자료로서의 신뢰성은 대단히 높다고 판단된다. 그리고 통계적 자료의 분석을 위해서 통계 패키지 프로그램인 SPSS(Statistical Package for Social Science) 통계 프로그램을 활용하여 주로 빈도분석, 교차분석 등의 방법으로 분석하였다. 그리고 방문 면접조사는 협회관계자, 아파트 관리신문 관계자, 주택과 공무원, 전 현직 관리소장, 전 현직 입주자대표회의 임원 및 구성원 등 총 20여 명을 대상으로 설문조사와 동시에 수행되었다. 그리고 면접조사는 지난 1년여 동안 실시하여 얻은 의견을 메모하였다가 활용하였다.

---

7) 설문지 내용은 첨부내용 참조.
8) 설문지내용은 첨부 내용 참조.

제 2 장

공동주택 관리에 관한 이론적 배경과 분석의 틀

제1절 공동주택 관리의 개념과 의의

1. 공동주택의 개념과 종류

1) 공동주택의 개념

주택이라 함은 세대의 세대원이 장기간 독립된 주거생활을 영위할 수 있는 구조로 된 건축물의 전부 또는 일부 및 그 부속토지[9]를 말하며 이는 단독주택과 공동주택으로 구분된다. 공동주택이란 건물의 벽, 복도, 계단, 그 밖의 설비 등의 전부 또는 일부를 공동으로 사용하는 각 세대가 하나의 건축물 안에서 각각 독립된 주거생활을 영위할 수 있는 구조로 된 주택을 말하며[10] 단독주택과는 달리 전용부분과 공용부분에 대한 유지관리가 필요하다.

관리주체가 공동주택 관리를 할 때의 관리범위 대상은 주로 공용부분을 주 대상으로 한다.

2) 공동주택의 특징

공동주택은 단독주택 등에 비하여 다음과 같은 장단점이 있다.

---

9) 주택법 제2조의1.
10) 주택법 제2조의2.

(1) 장 점

① 좁은 대지에 많은 가구를 계획할 수 있어 토지를 효율적으로 이용할 수 있어 대지비가 절감된다.

② 구조상 벽, 바닥, 천장을 경계로 이웃과 접해 있어 단위당 각종 설비의 시공비가 적게 든다.

③ 유지 관리비가 편리하고 저렴하며 주택관리에 시간을 절약해주어 개인생활에 시간을 보낼 수 있다.

④ 단지 내에 여러 가지 편익시설과 설비가 설치되어 비교적 일상생활이 편리하다.

(2) 단 점

① 단독주택에 비하여 여유 공간이 부족하고 정원 가꾸기나 애완동물 사육에 제한을 받는다.

② 공동주택 생활은 각종 재해로부터 안전하지 못하다.

③ 그 구조상 사생활 보장이 잘 안 된다. 특히 편복도형이나 중복도형의 초입주호는 드나드는 사람들의 방해를 받기 쉽다.

④ 공동주택은 주택이나 단지에 대한 소속감이나 애착심이 약하며 하나의 건물 안에서 각양각색의 여러 사람이 공동생활을 해야 하기 때문에 사고방식이 다른 거주자 간에 의견조정이 필요한 경우가 종종 발생한다.

3) 공동주택의 종류[11]

(1) 아파트

가. 건물높이에 따른 분류

5개층 이상인 주택으로서 건물의 층수에 따라 5~6층 아파트를 저층아파트, 12층 이하의 중층아파트와 13층에서 20층까지의 고층아파트 21층 이상의 초고층아파트로 분류된다. 저층아파트는 고층에 비해 쾌적성은 떨어지지만 전용면적[12])이 크고 초고층으로 갈수록 가구 같은 면적당 공사비가 비싸진다.

나. 건물 출입구조에 따른 분류

주호의 접근방식에 따라 계단과 승강기가 있는 홀에서 직접 각 주호로 들어갈 수 있는 형식으로서 프라이버시가 좋고 교통처리가 좋은 계단실형, 주동입구에서 계단, 승강기, 복도를 통하여 각 주호에 들어가는 형식으로 승강기 1대당 사용주호가 늘어나기 때문에 건축비가 절약되고 효율성이 좋은 갓복도형(편복도형)이 있다. 또한 복도를 중심으로 그 양편에 각 세대를 구분, 배치하여 마주보도록 건축된 공동주택이나 주동입구, 승강기, 복도, 주호의 순으로 접근하는 방식으로 적은 면적으로 많은 교통을 처리할 수 있지만 쾌적성은 떨어지는 중복도형(집중형)으로 분류할 수 있다.

---

11) 주택법 시행령 제2조①항
12) 전용면적: 벽체와 문으로 구획된 순수한 내부면적으로 발코니 등의 서비스 면적은 제외 공용면적: 아파트동 안에서 공동으로 사용하는 면적으로 엘리베이터 실, 복도, 계단실 등의 주거공용면적과 단지 내에서 공동으로 사용하는 면적으로 경비실, 노인정, 기계실, 관리실 등의 기타 공용면적을 말한다.
건축연면적: 전체 바닥면적의 합계면적
공급면적(분양면적): 전용면적＋주거공용면적
계약면적: 공급면적＋기타 공용면적＋지하주차장 면적
서비스면적: 세대 내의 전용면적을 제외한 부분으로 건설회사에서 서비스로 덧붙여주는 공간으로 발코니나 창고 등이 이에 해당하며 단 발코니나 창고에 문을 설치하여 분양할 경우는 전용면적에 포함된다.
자료: 홍영옥, 유병선(2003). p.77.

다. 난방방식에 따른 분류

난방방식에 따라 각각의 주호가 단독으로 난방을 하는 개별 난방식, 열원장치가 중앙에 집중되어 있고 온수나 증기를 각 주호에 보내 난방하는 중앙 공급식과 열원 플랜트에서 배관으로 열 즉 증기나 고온수 등을 아파트에 공급하는 지역종합난방이 있다.

(2) 연립주택

1개동의 연면적이 660평방미터를 초과하고 4개층 이하의 주택을 말한다.

(3) 다세대주택

1개동 연면적이 660평방미터 이하이고 건물의 층수가 4개층 이하인 주택이다.

2. 공동주택 관리의 의의와 필요성

1) 공동주택 관리의 의의

공동주택 관리란 공동주택과 그 부대시설 및 복리시설 등 각종 시설물들을 효과적으로 보전, 유지하여 주택의 기능을 적절하게 유지하고 각종 안전사고를 예방할 뿐만 아니라 주거환경의 내구 사용 연수를 극대화하여 주택의 재고량을 보전, 유지함으로써 입주민의 편리하고 쾌적한 주거환경을 보전하는 모든 업무 즉 관리주체가 관리비를 가지고 관리객체의 기능 회복 및 기능유지를 위하여 행하는 일체의 노력을 의미하는 주로 유지관리 측면의 좁은 뜻으로 이해하여 왔다.

그리하여 궁극적으로 공동주택 입주자에게 최대한의 주거만족을 가져다

주고 이와 동시에 공동주택의 보호, 유지를 통해 주택의 기능을 최대한 발휘하게 함을 공동주택 관리의 목표로 삼는 것이다. 그러나 최근에는 입주민들 간의 상호 유대관계 증진과 참여의식 함양, 이웃과 더불어 함께 살아가는 공동체 문화형성을 위해 노력하는 것이 공동주택 관리의 새로운 영역으로 다루어지고 있다.

현재에는 공동주택의 급속한 증가 추세에 비례하여 그 사회성이 증가함에 따라 폐쇄적이고 자기중심적이며 부정적이기 쉬운 주민의 의식을 참여와 협동으로 유도하여 긍정적인 생활관을 갖도록 노력하는 일이 공동주택 관리의 새로운 업무로 다루어지고 있다.

2) 목적과 중요성

(1) 주택관리의 필요성과 목적

공동주택 관리는 안정성, 편리성, 쾌적성과 상호 인간관계의 유대성으로 행복감의 증진 등이 보장되도록 하는 것이다. 이같이 발생하는 주택관리상 문제점을 크게 보면 기능발휘를 저해하는 물리적 노후화 문제, 노후화를 방지하기 위한 유지관리의 경제문제, 인근이나 이웃 사이에서 발생하는 관습이나 생활관계 문제가 있는데 관리는 이러한 문제점을 해소하기 위해 다음과 같은 목적이 있다.

첫째 직접적으로는 입주자의 비용부담 절감과 관리비의 효율적 사용으로 경제성을 제고한다. 둘째 공동주택 자원의 장수명화를 통한 국가 자원을 효과적으로 사용한다. 건축물의 내용연수(耐用年數)를 제대로 채우지 못하고 주택의 기능을 하지 못하는 사례가 많아 이를 연장하기 위해서도 관리가 필요하다. 셋째 주민의 주거생활 환경개선 및 쾌적한 거주환경 확보를 위하여 설비나 기계 등이 제 기능을 발휘할 수 있도록 효과적이고 전문적이며 적시적인 관리가 필요하다. 넷째 공동체 문화 및 커뮤니티형성[13]이다. 이웃과 생기는 문제 때문에 관리가 필요하기도 하다는 문제는 두 가지로서 하나는 주거형식 때문에 생기는 것이고 다른 하나는 공동생활 때문에 생기는 것이다.

공동주택은 집합주택이어서 생기는 불편한 문제가 있는데 천정과 바닥, 벽 하나로 상, 하 세대가 접해 있는데 이것은 우리의 전통주택과 다른 형태여서 익숙지 않은 생활로 인하여 소음전파, 냄새전파, 위층의 누수 등의 불편과 모순이 쉴 새 없이 생긴다. 뿐만 아니라 공동주택은 개개 주동 외의 공용공간이 협소하여 발생하는 주차장 문제도 있다. 공용공간이 부족하여 이용경쟁이 생기고 노상주차나 불법주차가 증가하는 등의 문제도 발생한다.

요컨대 공동주택 관리의 목표는 공동주택의 입주자들에게 쾌적한 주거환경과 최대한의 주거만족을 제공하고 공동주택이 처음의 상태와 같이 유지될 수 있도록 하여 경제적 수명을 장수명화하는 것이다.

(2) 주택관리의 중요성

그간의 주택정책은 공급측면만 강조할 뿐 주택성능과 기능유지를 향상시키는 유지관리 측면을 간과하고 있는 실정이다. 건설 이후의 주택기능과 성능을 효율적으로 유지하기 위해서는 주택기능의 열화, 노후화에 대한 평가 작업과 입주자 관리 제반 비용지출 등의 다양한 관리활동이 필요하다. 이것은 유지관리활동이 제반 관리비용, 공동체사회의 질서확립, 각 관련주체의 역할 등의 측면에서 상호 유기적으로 연결되어 수행되어야 한다는 것을 의미한다. 주택의 수명을 연장한다는 것은 새로운 주택을 건설, 공급하는 것과 동일한 중요성을 지니고 있으며 아울러 공동주택 관리 문제는 현시점에서 더욱 생활에 다양한 효과를 주기 때문에 공동주택 관리에 대한 깊은 관심과 연구가 필요하다.

우리나라와 같이 토지 및 자원이 부족하고 에너지의 대부분을 수입하는

---

13) 강혜경 외 전게서 245쪽.

국가에서는 주택자원을 장수명화하여 사용하는 것이 국가나 사회 전체적으로 바람직하다. 특히 최근의 재건축 등으로 20년 정도 경과한 공동주택을 철거하고 새로운 주택을 건설하는 것은 철거로 인한 건축 폐자재의 발생으로 환경보전 차원에서뿐만 아니라 기존 건축자원의 낭비를 초래하는 결과를 낳고 있다.

외국의 주택건설에 대한 주택 개, 보수 등의 유지관리에 투자하는 비용을 보면 일본은 15.3% 미국은 41.3%가 주택의 개, 보수 등의 유지관리 관련비용에 투자하는 것으로 나타난다(1995년 기준). 이것은 주택자원을 계속적으로 사용하는 것이 자원절약 및 건축자원의 낭비를 줄이는 것이고 이러한 추세의 나라에서 나타나는 공통적인 특징은 주택의 보급률이 100%를 상회한다. 따라서 우리나라의 경우도 주택보급률이 이미 2002년 말 현재 100%를 상회한 만큼 늦었지만 이제부터라도 주택의 개, 보수 등의 유지관리에 역점을 두어야 한다고 본다.

그리하여 공동주택 관리의 중요성은[14] 다음과 같다.

첫째 거주환경의 이용가치 및 재산적 가치를 적정수준으로 유지 보전하고 그 가치를 증대시키며 둘째 환경을 공유하고 있는 거주자들의 생활양식에서 나타나는 생활 문화 가치를 이루어내는 데 있다.

3) 공동주택 관리의 특징

(1) 전문화

공동주택은 주거의 집합화, 고층화, 대형화가 가속되고 게다가 설비가 복잡화, 고급화로 고도의 관리기법이 필요하게 되었다. 따라서 관리업무는 고도의 전문지식을 필요로 하고 있다. 이와 같은 경향으로 거주자들도 시대에 부합하는 전문가인 위탁관리업자를 찾는 추세가 늘고 있다.

---

14) 山崎古都子, 주거관리개념.

(2) 지속성

공동주택은 신축 후 기능유지와 내용연수를 보존하기 위해 지속적인 관리가 필요하다. 동시에 지은 건물이라도 관리의 양부에 따라서는 기계설비나 구조물의 수명이 달라지고 기능성의 양부가 다를 수 있다. 때문에 건물이 존재하는 한 지속적인 관리가 필요하다. 똑같이 지은 공동주택이라 하더라도 방치하면 더 빨리 노후화가 진행된다.

(3) 수시성

공동주택의 관리는 지속적으로 하여야 하지만 그러한 관리행위 외에도 수시로 필요에 따라서 행하는 경우도 많다. 중간에 옥상 방수공사나 기계설비의 대량적 교체처럼 수시로 수선하는 것 등 지속성 외에 수시로 이루어지는 행위도 많다.

공동주택 관리의 범위와 내용에 관해서는 각 국가나 학자마다 서로 다른 정의를 내리고 있는데 이는 그 사회의 공동주택의 역사, 사회, 환경, 거주자의 특성과 가치관 등에 따라 다른 시각을 가지고 있기 때문이며 이러한 특성은 장래에도 지속적으로 변화가 가능할 것으로 판단된다.

본 연구에서 공동주택 관리의 초점은 공동주택의 분양단계, 시공단계, 입주 전·후단계로 구분할 때 입주 후의 관리에 중점이 두어지는 단계이지만 하자문제 등을 해결하기 위한 경우에는 전체적인 단계로도 이해할 필요가 있다.

공동주택은 각계각층의 다양한 사람들이 한데 모여 주거생활의 안정과 주거환경개선이라는 공동의 목표를 이루어내야 한다. 공동주택의 입주민은 아파트의 전용부분과 공용부분에 대한 소유권에 근거하여 관리보전할 권리가 있다.

또한 공동주택 관리의 주된 대상범위는 전용부분에 대한 관리가 아니라 공용부분의 관리이다.[15] 이 공유부분은 공동주택 입주자 간의 공동소유이며 이에 대한 관리의 혜택은 원칙적으로 모든 입주자들에게 돌아간다. 그러므로 이론적으로 공동주택 관리에 드는 총비용 분담은 입주자들 간에 지불능력주의나 수익자분담주의에 의거하여 분담되어야 하는데 우리는 수익자부담주의에 의한다. 여기서 전용부분이라 함은 방과 거실 등 단위 세대당 독립된 주거생활을 영위할 수 있도록 구획된 부분을 말한다.

공용부분은 전용부분을 제외한 승강기, 복도, 주차장, 화단, 놀이터 등 공동주택의 부대시설 및 복리시설과 그대지 및 부속물을 말한다. 이같이 하나의 아파트 단지에는 수백수천 명이 공동으로 사용하는 공용부분이 존재하며 승강기, 정화조, 난방시설도 입주민의 편리한 주거생활을 위한 각종 시설물들이 존재한다.

이를 위해 입주자들이 선출한 동별 대표자들로 입주자대표회의를 구성하여 관리업무에 대한 의결권을 행사하도록 하고 전문직업인인 관리주체가 입주자대표 회의에서 의결된 사항에 대해 집행하도록 하여 아파트관리를 이원화하고 있다.

관리주체가 수행하는 공동주택 관리업무는 크게 유지관리, 운영관리, 생활관리 및 자산관리의 네 분야로 나눌 수 있다.[16] 유지관리는 거주환경 보전과 재산적 가치를 보전하는 행위 즉 물리적인 측면을 그 대상으로 하며,

---

15) 관리자용 설문지에 의하면 그러함에도 불구하고 주민들은 관리의 범위에 대한 오해에서 전용부분에 대한 관리도 포함하는 것으로 확대 해석하여 전용부분 내부의 전등 교체라든가 기타 화장실 보수까지도 보수를 요구하는 사례도 많이 있다고 한다.

16) 공동주택의 관리업무는 어느 부분에 중점을 두느냐에 따라 또는 추구하는 바에 따라 다르게 분류되고 있는데 ① 관리조직 운영과 비용의 합리적이고 경제적인 운영에 관한 운영관리 ② 건축물의 유지보수에 관한 유지관리업무, ③ 거주자의 생활적인 측면의 관리행위로 원만한 공동생활을 관리하는 생활관리로 분류하는 것이 가장 일반적이었지만(1999, 방경식, 문영기 공저 공동주택 관리론 및 2003, 유병선 공저 주거관리론) 필자는 최근에는 재건축이나 리모델링 또는 환경개선 등을 통하여 적극적으로 아파트의 재산가치를 증진시키고자 하는 현상이 많아 이를 광의의 관리범주에 넣어 자산관리로 분류코자 한다.

노후화 대비를 위한 장기수선 계획, 장기수선 충당금 관련업무와 각종 시설, 설비의 안전 및 점검, 주차장과 조경 관련 관리를 그 업무로 분류할 수 있다. 운영관리의 경우 경영적 사무측면의 관리로 경제적이고 효율적인 관리 운영을 목표로 관리사무소 업무추진 및 인사 관련 업무, 회계 관리 공사 및 용역 계약 관련 사항, 입주자대표회의 관련사항 등이 주요업무로 포함된다.

생활관리의 경우 유지관리가 주택이나 단지의 공간시설에 대한 대물 활동인 것과 대조적으로 사람의 생활을 대상으로 전개하는 대인 활동으로써 주로 단지별로 공동주택 관리규약이 실질적으로 입주자, 입주자대표회의 관리주체의 활동을 담아내는 준거 틀이 되고 있다. 주민들의 생활편익 서비스를 지원하고 기초생활 안전 및 기초생활 예절에 관한 내용 그리고 공동체 활성화를 위한 프로그램 운영 업무 등이 포함된다.

자산관리는 단순히 건축물의 본체나 기계설비의 점검 유지관리의 소극적 관리에 그치지 않고 재산 가치 면에서 보전이나 증가를 위한 적극적 관리활동을 하는 것이다. 장기수선 계획에 의한 장기수선 충당금에 의한 개, 보수행위와 재건축행위, 리모델링 등을 통해서 주거기능 보전과 그 결과의 양부에 따라서 재산증식을 가져올 수도 있기 때문에 중요한 자산관리행위가 될 수도 있다고 본다.

〈그림 2-1〉 관리영역의 확대

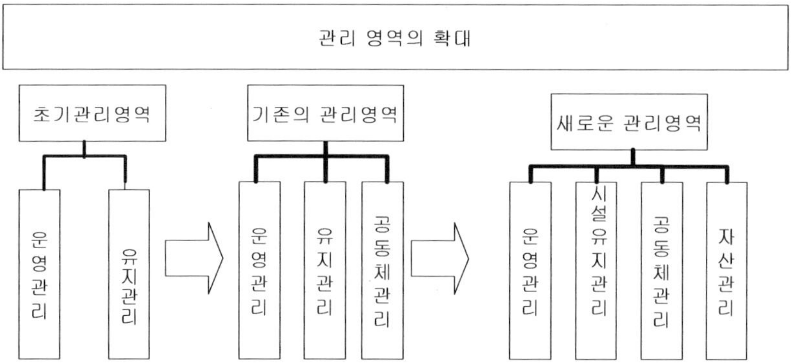

3. 운영관리측면 – 경제적 · 효율적 관리

운영관리는 단지를 계속적으로 유지하기 위한 단지 내의 조직관리 · 사무관리 · 인사관리 · 회계관리 등을 포괄하는 관리를 말한다.

조직관리란 주로 주택과 단지를 관리하기 위해 인위적으로 조직된 기구를 관리하는 것을 말한다. 사무관리란 주택과 단지관리에서 수행하는 행정적 관리활동이며 대외행정관리를 포함하여 문서관리도 포함된다. 회계관리란 관리운용을 위해 금전적으로 행하는 관리행동을 말한다. 크게 출납업무, 회계업무, 운영업무 등으로 나뉜다. 인사관리란 공동주택 관리 목적에 알맞은 사람을 모집, 전형 선발, 배치 개발하는 일이다. 이에는 교육훈련, 노사관계 등의 구체적 내용이 있다.

운영관리로는 관리비 산정 및 징수, 공과금 납부업무의 금전출납, 예산편성 및 결산, 관리비 집행에 대한 예산, 물품관리, 세무관리 등 모든 회계업무를 통괄한다. 또한 아파트관리에 필요한 전문, 비전문 인력을 관리하고 직원채용, 훈련, 통솔하는 인사관리도 하며, 업무처리 방식을 결정하고 문서작성과 보관, 공용시설인 노인정, 어린이 놀이터 등의 복지시설을 두고 이를 운영 계획하는 제반 경영관리 업무를 포함한다.

1) 관리조직

관리조직은 크게 입주자대표회의와 관리주체로 나누어지고 관리주체라 함은 주택법 제2조에서 규정하고 있는 바와 같이 자치관리인 경우에는 자치 관리기구의 대표자인 공동주택의 관리사무 소장을 말하고 위탁관리인 경우에는 주택관리업자이고 사업자관리인 경우에는 사업주체, 임대주택인 경우에는 임대사업자를 말한다.

〈그림 2-2〉 공동주택 관리조직 구성절차

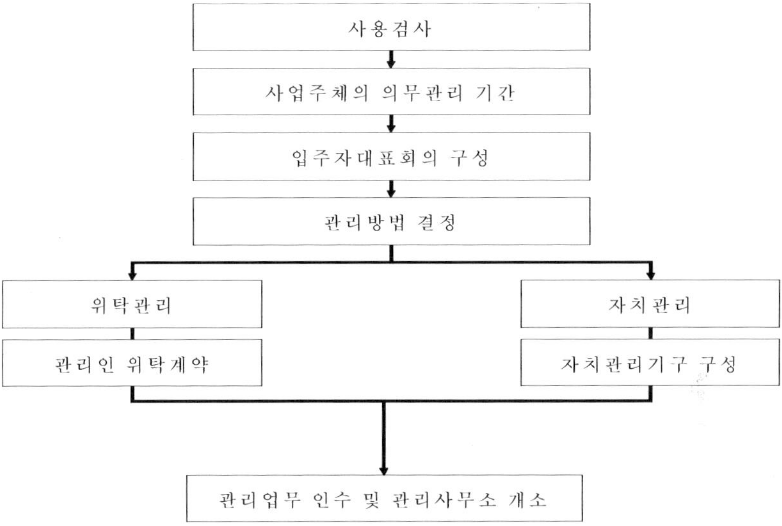

```
┌─────────────────────────┐
│         사 용 검 사         │
└─────────────────────────┘
             ↓
┌─────────────────────────┐
│   사 업 주 체 의  의 무 관 리  기 간   │
└─────────────────────────┘
             ↓
┌─────────────────────────┐
│    입 주 자 대 표 회 의  구 성     │
└─────────────────────────┘
             ↓
┌─────────────────────────┐
│      관 리 방 법  결 정       │
└─────────────────────────┘

┌───────────────┐         ┌───────────────┐
│    위 탁 관 리    │         │    자 치 관 리    │
└───────────────┘         └───────────────┘
┌───────────────┐         ┌───────────────┐
│  관 리 인  위 탁 계 약  │         │  자 치 관 리 기 구  구 성  │
└───────────────┘         └───────────────┘

       ┌──────────────────────────────────┐
       │   관 리 업 무  인 수  및  관 리 사 무 소  개 소   │
       └──────────────────────────────────┘
```

2) 관리사무소

관리사무소는 관리를 하는 사무소로서 관리소장과 이하 담당직원이 소장 지휘하에 분담업무를 담당하고 있는데 분담업무는 다음과 같다.

가. 관리사무소장: 단지 내외의 관련업무 총괄, 주민민원 수렴 및 대책 강구, 안전대책수립, 하자의 보수, 지침확보

나. 전기(기술)과장: 세대에 공급되는 전기 및 수도시설 관할, 제반 기술관계 상황의 원활한 유지책임, 경비 및 청소에 관한 업무

다. 회계(경리): 관리비 정산업무담당, 관리예산 및 결산업무담당, 관리사무소의 서무업무담당

라. 설비기사, 영선: 세대 내 보일러 및 배관 고장 시 수리, 단지 내의 설비시설 유지관리 검침업무보조

마. 전기기사: 세대 내외의 전기관계 시설유지 및 보수, 전기 및 기술관계 상황의 원활한 유지, 각종 검침업무 전담, 일상적인 보수업무 담당.

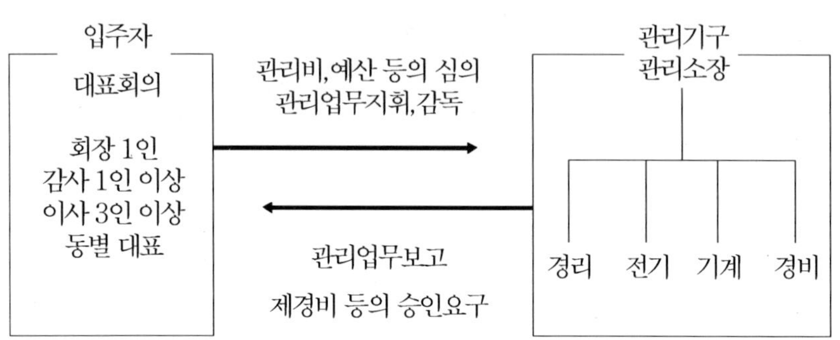

〈그림 2-3〉 공동주택 관리조직 구성도

3) 사무관리

공동주택의 사무관리란 단지 내의 원활한 공동생활을 위해 의사결정 기관인 입주자대표회의에 정보를 신속하고 정확하게, 그리고 값싸게 제공하기 위하여 정보를 수집, 처리, 정리, 보관 활용하도록 하는 일련의 과정을 관리의 기법으로 능률화하는 노력이라 할 수 있다. 구체적으로는 단지 내의 건물, 설비의 유지, 보수 및 제 조직의 회의, 지원 등 각 기능의 수행과 관련하여 그 활동내용을 기록, 보고, 전달 및 보관하는 문서관리를 포함하여 장기수선에 대비하기 위한 계획, 조직, 통제 등과 관련된 사무활동을 말하는 것이다.

그런데 이러한 사무관리는 기능 면에서 각종 활동을 결합시켜준다. 즉 사무가 기능 면에서 결합기능(linking function)을 가지고 관리활동 각 부문 간의 활동을 서로 결합시켜주어 관계를 맺게 하며 각자 자기활동의 위치와 방향을 깨닫게 하여 필요한 활동이 전개되도록 유도하고 촉진하는 작용을 한다. 여기에는 문서관리, 서무관리, 통지, 연락, 공시 업무 등이 있다.

가. 문서관리

관리활동을 평소에 문서로 기록하고 정리하고 보존함으로써 일상의 관리를 일목요연하게 처리하는 활동을 말한다. 이 문서는 사무활동의 중요한 매체가 되기 때문에 매우 긴요하며 언제나 활용할 수 있도록 정리되어 있어야 한다.

나. 서무관리

공동주택 관리상 잡다한 일반사무를 취급하게 되는데 이런 업무를 서무관리라 부르며 이에 포함되는 업무에 장기수선 계획의 수립업무, 입주자대표회의의 보조업무, 행정기관 보고업무, 내외 기관과의 업무연락, 통지 및 공시업무 등이 있다.

4) 인사관리

아무리 훌륭한 시설을 갖춘 공동주택단지라도 그것을 관리하는 관리요원의 능력이 따르지 못하면 오히려 입주자에게 부담만 가중시키고 내용연수의 단축과 생활환경의 악화를 초래하게 된다. 따라서 인사관리는 공동주택 관리에 아주 중요하다. 인간을 관리하는 데는 인간의 개성존중과 능력개발 그리고 종업원의 인간적 만족이라는 점에 역점을 두어야 한다.

5) 회계 관리 및 관리비

관리의 목적을 달성하기 위하여 경제적 비용인 관리비 등을 수납, 사용하는 기술적인 업무를 말한다. 즉 금전출납, 예산편성, 결산, 관리비의 징수, 집행 등에 대한 예산 회계상의 기록유지 등에 관한 모든 업무를 회계관리라고 한다. 이러한 회계 관리업무를 수행하기 위하여 관리사무소에서는 현금출납부, 은행예금 출납부, 각계정 원장 등을 필수적으로 보유해야 하고 현금출납부는 매일 마감해야 한다. 공동주택의 기능이 점차 복잡해지고 그 수도 증가함에 따라 그에 필요한 재원의 확보, 예산의 운영 및 회계관리의 중요성도 커지고 있다.

(1) 관리비

관리비란 주택법 제45조에 따라 관리주체가 쾌적한 주거환경 조성과 입주민들의 편익을 증진시키기 위하여 필요한 제반비용을 입주자에게 부과 징수하여 관리, 사용하는 금액을 말한다. 즉 공동주택의 공용부분, 주거의 편익에 제공되는 공유시설물 등의 유지, 보수 및 공용공간의 청소 등에 소요되는 인건비, 수선유지비 및 기타 제경비와 중앙난방의 경우 난방비, 급탕비, 승강기가 설치된 경우 승강기 유지비를 포함한 모든 경비를 말한다.

관리비는 주택법 시행령 제58조에 따라 일반 관리비와 청소비, 경비비, 소독비, 승강기 유지비, 난방비, 급탕비, 수선유지비 8개 비목의 월별 합계액으로 하며 세대별 부담액의 산정은 해당 아파트 단지의 관리규약에 정하도록 하고 있다. 관리비는 사용자가 부담하며 관리비의 부담원칙은 공공재화의 창출에 소요되는 모든 비용을 공동체구성원의 각각의 경제적 능력이나 구성원의 소득기준에 따라 배분시키는 능력지불주의(ability to pay principle)와 혜택이 각 구성원에게 돌아가는 정도에 따라 각 구성원에게 비용을 배분시키는 수익자부담원칙(benefit principle) 있는데 그중에서 수익자 부담원칙에 따른다. 세대별 면적에 따라 공평하게 부담하는 것이 원칙이다. 관리비 정산방식은 연간예산제와 월별정산제가 있다.

연간 예산제는 1년간 소요될 총 경비를 추정하여 12개월로 배분하고, 이를 다시 총 연건평으로 배분, 각 세대별 평수를 곱하여 매월 일정액을 고지하는 방식이고, 월별 정산제는 매월 실제 사용된 비용을 각 비목별로 정산하여 총 연건평으로 배분해서 각 세대별 평수를 곱하여 고지하는 방식이다. 월별로 하도록 정하고 있으며, 부담액과 산정방법은 "공평부담의 원칙"에 따라 관리규약으로 정하도록 정하고 있다.

<표 2-1> 관리비의 비목별 세부내역(주택법시행령 제58조제1항)

관리비 항목	구성내역
1. 일반관리비	· 인건비: 급여, 제 수당, 상여금, 퇴직금, 산재 보험료, 고용 보험료, 국민연금, 국민건강보험료, 및 식대 등 복리후생비 · 제사무비: 일반 사무용품비, 도서인쇄비. 교통통신비 등 관 리사무에 직접 소요되는 비용 · 제세공과금: 관리기구가 사용한 전기료, 통신료 우편료 및 관리기구에 부과되는 비용 · 피복비 · 교육훈련비 · 차량유지비, 연료비, 수리비, 및 보험료 등 차량유지에 직접 소요되는 비용 · 그 밖의 부대비용: 관리용품구입비 회계감사비 그 밖에 관리업무에 소요되는 비용
2. 청소비	· 용역 시에는 용역금액, 직영 시에는 청소원인건비, 피복비 및 청소용품비 등 청소에 직접 소요된 비용
3. 경비비	· 용역 시에는 용역금액, 직영 시에는 경비원 인건비, 피복비, 등 경비에 직접 소요된 비용
4. 소독비	· 용역 시에는 요역금액, 직영 시에는 소독. 용품비 등 소독에 직접 소요된 비용
5.승강기유지비	· 용역 시에는 용역금액. 직영 시에는 제부대비, 자재비 등 다만, 전기료는 공동으로 사용되는 시설의 전기료에 포함한다.
6. 난방비	· 난방 및 급탕에 소요된 원가(유류대. 난방비 및 급탕요수비)에서 급탕비를 뺀 금액
7. 급탕비	· 급탕용 유류대 및 급탕 용수비
8. 수선유지비	· 보수용역 시에는 용역금액 직영 시에는 자재 및 인건비 · 냉난방시설의 청소비, 소화기 충약비 등 공동으로 이용하는 시설의 보수유지비 및 제반 검사비

관련자료: 서울특별시 "알기 쉬운 아파트관리"2004. 3. p.75.

(2) 관리비와 구분하여 징수하는 항목

관리주체는 다음 각 호의 비용에 대하여는 관리비와 구분하여 징수하여야 함

· 장기수선 충당금. 시설물의안전관리에관한특별법 제6조의 규정에 의
한 안전점검의 대가
· 안전진단실시비용 및 안전점검비용

(3) 입주자 등을 대행하여 납부할 수 있는 항목

관리주체는 입주자 등이 납부하는 다음 각 호의 사용료 등을 입주자 등
을 대행해 납부할 수 있다.
· 전기료(공동으로 사용하는 시설의 전기료를 포함한다)
· 수도료(공동으로 사용하는 수도료를 포함한다.)
· 지역난방 방식인 공동주택의 난방비와 급탕비
· 생활폐기물수수료
· 정화조 오물수수료
· 공동주택 단지 안의 건물전체를 대상으로 하는 보험료
· 입주자대표회의의 운영비

(4) 관리비 금융기관예치

관리주체는 관리비 등을 입주자대표회의의 회장과 관리소장의 공동명의
로 입주자대표회의가 지정하는 금융기관에 예치하여 관리할 수 있다.

6) 대외 업무관리

주택관리업자, 자치관리기구, 주택건설 사업주체 등 관리주체는 공동주
택의 효율적인 유지관리를 위하여 단지 내의 공용부분, 공유시설물, 생활
환경 등의 유지관리는 물론 대외관계 업무도 중요시해야 한다. 대외관계
업무라 함은 관리주체가 당해 공동주택을 관리하는 데 직접 또는 간접적
으로 관계가 있는 유관기관과 협조해야 할 업무를 말한다. 공동주택은 그

자체가 어떤 물품을 보관, 관리하듯이 간단히 해결될 성질이 아니다. 공동주택은 하나의 복합적인 성질을 띤 물건으로서 관리업무가 복잡다단하다. 유관기관으로는 건설교통부 주택도시국, 시·군·구의 주택과 동사무소와 면사무소, 소방서, 경찰서, 파출소, 한국전력, 수도사업소, 세무서, 전화국, 기타 기관 등이 있으며 대외업무는 대단히 중요하다.

4. 시설물 유지관리측면 -기술적 관리, 안전성과 미관유지

1) 유지관리의 의의

건물이 신축되어 완공된 후에 시간이 경과함에 따라 건물이 갖는 내구성, 안전성, 기능성 등 기본성능이 저하되고 건물을 구성하는 각 구성부위의 결함상태에 의해 건물 전체가 기대하는 성능을 발휘하지 못하는 노후화의 상태가 발생한다. 이는 입주자의 입장에서 보면 건물사용과 입주생활에 직, 간접적으로 악영향을 미치게 되고 재산가치의 감소를 초래하게 되는데 내구성과 성능을 보존하여 이를 예방하고 지연시키기 위하여 적절한 시기에 행하는 점검, 보수, 교체 등의 활동을 유지관리라 할 수 있다.

공동주택은 물리적 내용연수를 갖는 건물이기 때문에 시간의 경과에 따라 노후화하기 마련이어서 쾌적성이 유지나 내구성의 보존이나 연장을 위해서 그 물리적 상태를 양호하게 보전, 개량해야 한다. 건물의 노후화는 하나의 요인이 독립적으로 작용하여 노후화를 진행시키는 경우보다는 여러 가지 요인이 복합적으로 작용하여 노후화가 진행하게 된다. 이와 같은 노후화의 원인에는 ① 경과연수 ② 설계 및 시공상의 하자 ③ 건물이 위치한 지리적 요인 및 환경적 조건 ④ 유지관리의 소홀 ⑤ 입주자의 사용조건 ⑥ 낙후된 기술의 사용 ⑦ 건물 자체의 내부응력 등을 들 수 있다.

결국 유지관리란 주거조건과 재산가치를 보전하기 위하여 공동주택공간이나 단지공간을 물리적, 기술적으로 보전하기 위한 제반 활동으로서 즉 건축물, 건축설비, 및 부대시설 등의 기능이나 성능을 향상시키고 적절한 상태로 유지할 목적으로 행하는 건축보전의 제 활동 및 관련 업무를 효과적으로 실시하기 위한 것이다.

2) 유지관리의 필요성

공동주택의 유지관리는 공동주택의 물리적인 수명연장과 성능보존과 개선을 통하여 국가경제적인 손실을 방지하고 주민생활의 편익을 도모하기 위해서이다.

또 다른 측면에서 본다면 공동주택이 단명한 이유는 다음과 같다. 첫째 공급측면만 강조한 나머지 부실공사 부실감리에 따른 건축물의 내구연한 감소, 둘째는 소유주의 개발이익 기대로 시설물의 개보수, 하자방치로 노후화 촉진, 셋째로 주택을 정주개념으로 보지 않고 있어 장기수선계획에 따른 시설물 개보수에 소요될 장기수선 충당금의 부족과 저렴한 관리비만을 강조한 나머지 공동주택 관리에 필요한 적정 관리인원 및 기술력의 저하로 관리의 비효율성 넷째로 관계당국의 사후관리에 대한 무관심, 시장논리, 자치時代의 논리 등에 의해서 공동주택 관리가 방치되어 관리와 기능의 효율성을 떨어뜨리는 결과다.

3) 유지관리의 분류

건물도 시간이 경과함에 따라 노후화가 진행된다. 시설물관리와 공동주택 및 그 부대시설물을 효과적으로 유지, 보전하며 예방점검을 통해서 안전을 도모하여 입주자가 원활한 공동생활을 영위할 수 있도록 하는 업무를 말한다. 시설물관리는 건설된 주택을 효율적인 사무관리와 운영으로 적정상태를 유지하게 하여 내용연한을 연장하고 입주자의 원활한 공동생활을 영위할 수 있도록 함에 목적이 있다.

유지관리를 여러 관점에서 분류할 수 있지만 대체로 그 관리기능에 따라 청소위생관리, 건물보전관리, 건물설비관리, 공용시설관리, 안전 및 防災관리, 조경관리와 녹지관리 등으로 분류할 수 있다.

4) 유지관리의 대상

(1) 건물의 공용부분

공동주택의 전용부분을 제외한 복도, 계단, 입구의 홀 등은 공용부분 공간으로 여러 사람이 이용하는 공간이다. 이 부분은 공동관리의 대상부분도 되지만 공동생활을 하는 사람들의 담소장소 또는 외부손님의 접객로비 등으로도 이용된다. 공용부분은 주동부분과 부속건물로 나뉘는데 전자의 공용부문은 계단, 현관홀, 승강기실, 옥상, 기초, 외벽, 기계실·전기실, 지하차고 등이 있으며 후자의 공용부분은 별동의 관리사무소, 노인정 경비실·수위실 등이 있고 그 이외의 공용부분으로 차고, 유치원, 취미생활 시설 등이 있다.

(2) 건물의 공용설비

주동의 공용부분과 부속설비 외에도 건물의 부속설비 중 비전용 부분에 해당하는 설비가 있다. 급배수설비, 가스설비, 방화설비, 방범설비, 승강기기계, 집중냉난방기기, 전화설비, 오물처리설비, 국기게양대, 공시청안테나, 우편함, 인터폰, 승강기, 인양기, 급수조 등의 공용설비가 많이 있다.

(3) 건물부속의 공용시설

옥외 시설 부분으로 공동으로 이용하는 부분이다. 주차장, 어린이 놀이

터, 화단, 정원수, 배수시설, 울타리 담장, 게시판, 자전거 보관소, 외등설
비, 쓰레기통, 소화전 등 여러 가지가 있다.

5) 청소위생관리

유지관리 중 가장 기초적이며 일상적인 활동으로서 청소와 위생환경의
유지를 위한 관리작업을 말하며 청소의 목적은 공동주택의 거주자에게 위
생적이고 안전하게 이용되도록 쾌적한 환경을 유지하는 것이며 공동주택
의 청소 위생관리에 포함되는 업무는 청소, 쓰레기수거, 정화조청소, 소독
등이 있다.

6) 건물보전관리

공동주택건물에 대한 보전관리는 현상유지를 위한 원상회복의 보수뿐
아니라 예방관리로서 점검, 보수작업에서 개량행위까지를 포함한다. 대상
은 건물의 본체로서 협의의 유지관리이다. 보전관리대상은 건물 중 구분
소유의 대상이 되는 전용부분을 제외한 공용부분인 지붕, 옥상, 외벽, 복
도, 계단, 출입구, 수위실(경비실) 등과 부대건물로서 관리사무소, 노인정
등이 있다.

7) 건물 설비관리

건물 내의 환경조건을 양호한 상태로 유지하기 위하여 내부에 설치된
각종 기기 및 장치의 기능을 충분히 발휘하게 하는 활동으로서 기기의 점
검, 운전, 보수 · 정비, 조정, 수선 및 실내의 온도, 습도의 측정 등 기술적
인 활동을 말한다.

건축설비를 크게 전기 통신설비와 기계설비로 대별하여 볼 수 있으며 전자에는 전기설비인 수변전 설비, 비상발전설비, 조명설비가 있고 통신설비로 전화설비, TV 공시청설비, 인터폰설비, 확성 설비가 있다. 후자로서는 난방설비, 가스설비, 급수 및 급탕설비, 배수 및 통기설비와 방화 승강기설비 등이 있다.

그런데 일반적으로 건축물 본체의 내용연수는 길고 예를 들어 철근콘크리트조 주거용 건물이 50~80년 정도로 본다면 이에 비하여 건축 설비 기기류는 겨우 15~20년 정도밖에 안 된다. 따라서 건물 본체의 내용연수의 기간 중에 설비기기는 여러 번 교체해야 할 필요가 생기므로 따라서 이들 부재의 교환이 쉽게 이루어지도록 설계해야 할 뿐만 아니라 설비기기의 점검, 보수, 수선이 용이하도록 설계해야 한다. 설비관리는 예방보전이 바람직하다. 사고의 미연방지와 기능유지를 위하여 정기적 계획적 점검이 필요하며 이 점검결과 이상상태를 제거, 보수, 또는 조정하는 일이다.

8) 안전 및 방재관리

주요 시설물에 대한 안전관리 계획수립 시설별로 안전관리 책임자 임명해야 하며 관리주체는 분기마다 안전점검을 실시해야 한다.

(1) 방화·소방관리

공동주택 관리자는 건물에 설치된 소방시설에 대하여 정기적으로 자체 및 등록업자로 하여금 점검을 해야 하고 그 결과를 소방 본부장이나 소방서장에게 보고하여야 한다.

(2) 승강기관리

승강기에 대하여 관리주체는 안전계획을 수립하고 그 책임자를 임명하여 정기적으로 책임점검을 실시하여야 한다. 그리고 고장 등으로 인한 비상사태가 발생하여 긴급사태 발생 시를 즉시 대응할 수 있는 대비한 관리체계와 대책도 세워놓고 정기적인 유지관리를 해야 한다.

(3) 경비관리

경비관리로서 방범, 방화는 물론 공동주택 출입자를 감시하고 단지 내를 순찰하며 적절한 조치를 취하여야 하는데 경비원의 직무가 중심이 된다. 경비원이 주의하여 직무를 잘 수행하여야 공동주택단지의 안전성을 확보할 수 있으며 이에는 경비초소에서 하는 감시근무와 단지 내를 순찰하면서 경비하는 순찰근무가 있다.

(4) 안전점검

안전점검에는 일상점검과 정기점검이 있다.

9) 조경관리와 녹지관리

조경관리란 공동주택 단지 내의 주민이 쾌적한 생활을 영위할 수 있도록 하기 위하여 공용공간인 건물주위의 토목 시설물과 조경을 관리하거나 생활환경을 관리하는 것을 말한다. 즉 나무, 잔디, 꽃 등 주로 유형적 측면의 물리적 관리를 말하는 것이다.

공동생활을 하는 공동주택에는 밀집된 공간과 콘크리트의 삭막한 풍경 때문에 그것을 부드럽게 해주고 아름다운 경관의 조성을 위해서는 조경과 녹지관리가 더욱 필요하다. 공동주택 단지 내의 조경관리 대상은 주로 건물과 건물 사이의 휴식공간이나 어린이 놀이터 또는 건물주위의 정원에 식재된 수목과 잔디 등이 된다.

5. 공동체 관리(생활관리) — 원만한 공동생활

1) 생활관리의 의의, 관리규약상의 생활관리

오랜 역사를 가지고 있는 유럽에서는 원활한 공동주택 생활을 유지하기 위해 주민들 스스로가 필요한 예의를 잘 지킨다고 한다. 이에 비해 공동주택이 보급된 지 얼마 안 되는 우리나라는 이 거주양식이 완전히 정착되었다고 보기가 어렵다. 공동주택생활의 예법이나 공용공간 이용방식의 추구나 보급을 위한 관리를 생활관리라 한다. 이 생활관리에 입주자관리와 단지 내 커뮤니티 관리가 있다.

입주자 관리란 입주자들의 요구와 희망사항을 파악해서 해결하고 또한 계몽을 통하여 공동생활에 참여하고 협동하도록 하는 업무를 말한다. 개개인 입주자와의 대화는 물론 각 대표와 입주자 자치회를 통해 대화통로를 마련하여 입주자자치회를 활용하는 방안을 강구하고 관리회보를 발간하여 입주자들 간의 정보교환 및 친목유대뿐만 아니라 생활서비스 차원까지 확대될 수 있는 질적 관리가 포함된다. 단지 내 커뮤니티관리는 공동주택단지를 단순히 물건으로 보지 않고 새로운 커뮤니티의 발생이라고 생각하는 것으로 단지 내 입주자들의 안전을 도모하고 단지질서를 유지하여 쾌적한 주거환경을 조성함은 물론 관리자와 입주자 사이, 입주자 상호 간, 입주자와 단지 인근사회와 사이에서 얽히는 복잡한 사회관계를 조정하는 업무를 말한다.

2) 입주자의 현황파악

입주자들의 요구와 희망사항을 파악하여 해결하고 입주자 상호 간에 대화를 촉진시키며 또한 계몽을 통하여 공동생활에 참여하고 협동하도록 하는 관리업무를 말한다. 이러한 입주자 관리를 효율적으로 수행하기 위해서는 입주자의 실태파악을 철저히 하여야 한다. 이러한 입주자 관리업무는 공동주택단지의 규모가 대형화되고 주거형태가 일반화됨에 따라 과거의 단순한 시설물 관리에서 벗어나 그 비중이 점점 높아가고 있는 실정이다.

3) 고충 및 불만처리

(1) 불만유형

각 세대의 벽, 천정, 바닥이 인접해 있고 그곳에서 집단으로 생활하기 때문에 문제가 발생하기 마련인데 생활 양태도 주간 근무자 3교대 근무자 맞벌이 부부와 아닌 부부, 갓난 애기 유무 애완동물 유무 등 천태만상이다. 여기 사는 모두가 자기 뜻대로 생활하고 그 생활공간인 공동주택을 자유롭게 운용한다면 제한된 생활공간인 단지 안에서는 틀림없이 상대적으로 모순과 이견이나 충돌이 생기기 마련이다. 이러한 불만의 유형은 공공시설 부족 등으로 인한 불만, 이웃 간의 불협화음, 이웃 간의 소음, 주위환경의 불결, 보수의 지연으로 불편, 생활규제 등이다. 여기에 입주세대 간의 불만의식이 발생하며 이에 대하여 대화로 혹은 다른 방법 등으로 불만을 해결해 주어야 한다.

(2) 불만처리 방법

우선 입주자로부터 무엇보다도 항상 입주자와 대화할 수 있는 자세를 가져야 한다. 따라서 입주자가 관리사무소를 방문하든지 관리에 대한 불만을 나타내면 관리요원과의 항상 대화를 나눌 수 있는 분위기를 조성해야 한다. 입주자의 불만을 두려워하지도 말고 가볍게 생각해서도 안 된다. 그리하여 당일 해결할 수 있는 불만은 당일 해결한다. 즉시 처리가 곤란하거나 불가능할 때는 사전에 충분히 설명한다. 관리주체는 처음으로 공동주택생활을 하는 사람이나 관리규약을 잘 모르는 사람들을 위하여 원만한 공동생활을 할 수 있도록 생활안내서나 관리규약, 사용세칙 등을 배부하고 잘 지키도록 지도, 계몽하여야 한다. 그리고 사전에 공동시설물 사용방법이나 생활예법을 관리규약에 규정하고 홍보하여 규칙을 잘 준수하여 불만이나 고충이 발생을 미연에 방지하는 것이 무엇보다 중요하다.

6. 자산관리 – 재산가치의 보전 또는 증진

자산관리라 함은 공동주택 관리와 관련하여 당해 공동주택의 부동산적 자산가치를 현상유지를 하거나 그 이상으로 재산가치를 증진시키기 위하여 노력하는 것으로서 기존의 관리영역에 포함되지 않았지만 앞으로 관리 분야에서 관심을 가져야 할 부분이다.

공동주택은 시간이 경과함으로써 건물의 잔존 내구연도는 짧아지기 마련이지만 관리를 잘 해줌으로써 부동산이라는 유형자산을 잘 관리하고 정신적 평가분야인 평가 인기 등 유형적으로 표현하기 어렵지만 이러한 것들을 잘 관리하는 것도 앞으로는 관리업무의 범주에 포함하여야 할 것이다.

시설물에 대환 유지관리 업무와 겹치기도 하지만 유지관리업무는 현상유지 과거 원상 복구적 경향의 문제이며 소극적 의미의 보수가 주 업무목표이지만 자산관리는 보다 현상 개량적 미래 지향적 적극적인 개념이라는 점에 그 차이를 볼 수 있을 것이다. 예를 들면 아직 도장공사를 할 시기가 안 되었다 하더라도 옆단지가 다시 하는 바람에 보기가 안 좋게 되어 수선주기가 미도래 했더라도 부동산 가치관리 측면에서 재도장하는 경우를 들 수 있을 것이다. 그리고 이 경우에도 단순히 과거 모양이나 그 정도수준이 아닌 보다 고급화한다거나 가치를 높이기 위해 디자인이나 시공의 질을 높이는 방향으로 추진해서 아파트의 부동산가치를 높여 매매나 전월세 가치를 상승시킬 수 있도록 하는 보수개념이라면 단순한 유지관리가 아닌 하나의 가치 관리를 통한 공동주택의 자산관리가 될 것이다. 앞으로는 그러한 방향으로도 입주자대표회의와 관리사무소가 관심을 기울여야 할 것이다.

이러한 의미의 자산관리로는 크게는 재건축을 통한 재산가치 증대와 리모델링과 재건축을 통한 재산가치 증대 및 사용편익 증대가 중요한 부문이 될 것이다.

그리고 총체적인 의미에서의 관리서비스 질의 향상과 공동체의 활성화로 인한 주변의 평가가 격상되어 자산가치도 상승하는 결과를 초래되는 것도 넓게는 자산관리 분야의 범주에 속할 것이다.

〈그림 2-4〉 공동주택의 관리업무의 주요 내용

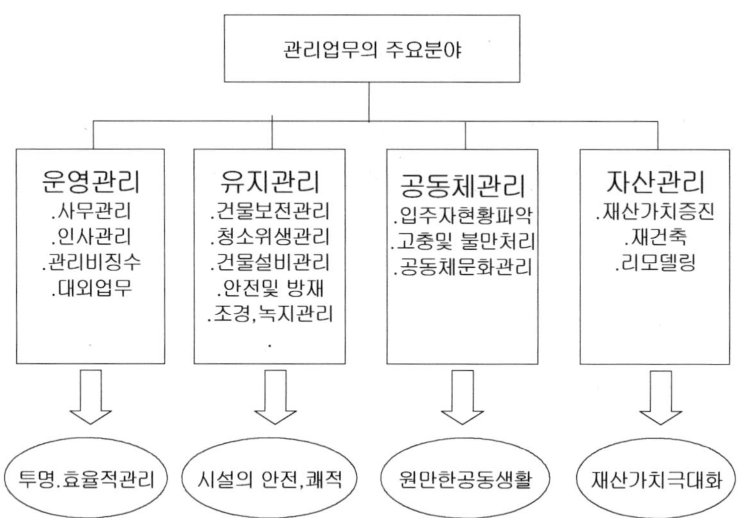

제2절 공동주택 관리 법제도의 변천과 주요 내용

1. 관리법령의 변천과정

1) 1960년대 이전

1958년 종암동 152세대 등이 효시로서 1960년대 이전에는 특별한 법령이 없었고 민법상의 공유물의 관리에 관한 민법규정에 의하여 규율되었다.

2) 1960년대

우리나라 공동주택 관리제도에 관한 최초의 법률은 1963년 11월 30일 법률 제1457호로 제정된 공영 주택법이라 할 수 있다. 그 이전에는 공유물의 관리에 관한 민법의 규정이 있는 정도에 불과하였다.

공영주택법에 의하면 지방자치단체나 대한주택공사가 정부로부터 보조를 받아 공영주택을 건설하여 서민들에게 공급함으로써 국민의 주거생활 안정과 입주자의 관리 의무를 규정하고 동법 시행령에는 관리주체가 될 공영주택 관리조직에 관하여 규정하고 있어 처음으로 공동주택의 체계적 관리에 대하여 관심을 두게 되었다. 공영주택법을 제정하면서 주택관리와 관련한 공영주택 및 복리시설의 관리기준과 입주자의 관리업무를 규정하였고 1969년 10월에 제정된 동법 시행령에서는 공영주택 관리조합의 조직에 관한 규정을 하였다.

3) 1970년대

1970년 4월 8일 서울시가 건립한 시민아파트 중 서대문 와우아파트가 붕괴되는 사고가 발생되자 당시 사회의 여론에 의해 부실시공 추방하고 또한 제3차 경제개발 5개년 계획과 맞물려 1972년 12월 30일 공영주택법을 폐지하였다. 이후 주택건설촉진법이 제정되면서 기존 공영주택법의 관리규정을 그대로 수용하였으며 정부의 보조금 없이 순수한 민간 자본으로도 공동주택을 건립할 수 있는 계기를 만들었다.

이로 인하여 공동주택의 공급이 확대되고 관리에 대한 인식이 높아지면서 세부적인 내용에 대한 관련규정의 보완이 계속적으로 이루어졌고 1979년에는 주촉법 시행령규정을 보완하여 별도의 공동주택 관리령과 관리규칙을 제정함으로써 체계적이고 효율적인 관리체계를 모색하게 되었다.

따라서 종전에는 건설사업주체가 주로 공동주택 관리를 담당하거나 관리조직에 의하여 관리되는 2원적 체제를 유지하였으나 공동주택 관리령에 의하여 사업주체관리, 자치관리, 주택관리업자에 의한 위탁관리의 3원적 체제를 이루면서 보다 조직적이고 체계적인 관리가 가능하게 되었다.

4) 1980년대

주택의 대량공급과 질적 향상 위한 다양한 아파트를 시도하였다. 공동주택 관리령은 그동안 전문 1회 및 부문개정 10회에 걸쳐 개정되었으며 개정 주요 방향은 건물 노후화 대비책으로 장기수선 계획을 수립토록 하고 특별수선 충당금의 적립의무화, 관리비 징수에 따른 부조리 예방을 위해 대통령령에서 정하는 아파트 중 중앙난방식은 의무적으로 외부의 감사(공인회계감사)를 받도록 하는 것이었다. 또한 공동주택 및 복리시설에 대한 용도변경 등 행위허가는 사회적 변화로 종전 일괄적 허가에서 사안에 따라 허가 및 신고로 변경하여 사용자의 자율성을 부여하였다.

공동주택의 노후화에 대비하여 1984년 장기수선계획을 위한 건설부 기준고시에 의해 회계업무를 공정히 처리할 수 있도록 공동주택 관리 회계처리 지침이 마련되었다. 또한 건설부에서는 일종의 공동생활 규범으로서 표준 공동주택 관리규약을 제시하여 이를 기초로 각 단지별로 별도의 관리규약을 제정하여 생활규범으로 활용하도록 하였다. 공동주택 관리의 효율화와 전문화가 본격적으로 이루어지기 시작한 것은 1989년 공동주택 관리령의 개정에서 비롯된다.

한편 공동주택뿐만 아니라 오늘날 토지의 고도이용과 도시근대화 사업의 촉진으로 각종 상가 및 업무용 빌딩, 오피스텔 등 주거 또는 복합용도의 집합건물이 급속히 증가함에 따라 이들의 소유와 이용에서 구분소유와 공동이용이라는 새로운 관계를 규율하기 위하여 1984년에 모든 집합건물에 대하여 일반적으로 적용되는 집합건물의소유및관리에관한법률을 제정하였다. 집합건물의소유및관리에관한법률은 모든 집합건물에 있어서 구분소유권의 대상과 한계, 구분소유자 상호 간의 법률관계, 공동이용 부분 및 그 대지에 대한 소유, 이용관계를 법률화함으로써 구분소유 및 공동이용에 따른 사법적 문제를 해결할 수 있도록 하였다.

5) 1990년대

1993년 주택건설촉진법의 공동주택 사용상의 행위제한, 안전 등 일부 개정과 1994년 공동주택 관리령의 개정으로 관리자의 안전교육 및 안전점검 실시의무, 관리규약의 내용보완, 장기수선 충당금 사용절차, 사업주체의 장기수선 계획수립 등의 다양한 제도적 기틀을 갖추게 되었다. 1998년도 말에는 공인회계사에 의한 의무적 감사제도를 폐지하는 등 주택건설촉진법을 대폭 개정하였다.

6) 2000년대 이후

최근 들어 리모델링에 대한 관심이 고조됨에 따라 2002년 3월 공동주택 관리령 개정 시 리모델링에 관한 내용이 신설되었다. 또한 그동안 주택건설촉진법이 1972년에 제정하여 그동안 주택건설에 치중하여 오다가 폐지되고 2003년 5월 29일 주택법으로 전면 개정되어 쾌적한 주거생활에 필요한 주택의 건설, 공급, 관리와 국민의 주거안정과 주거수준의 향상에 이바지함을 목적으로 제정 공포되었다.

이와 같은 공동주택 관리와 관련된 제도적 변화는 초기에는 소유와 관리에 요구되는 행정적인 측면이 주종을 이루었다. 그러나 공동주택 건물에 대한 국가적 차원의 효과적인 자원활용을 도모하는 취지에서 점차 건물기능의 보전과 유지, 개, 보수 수선 등의 기술적 측면의 규정이 포함되고 있다.

이와 같은 공동주택 관리제도의 변천과정을 살펴보면 〈표 2-2〉와 같다.

〈그림 2-5〉 공동주택 관리 관련법 체계와 그 연혁

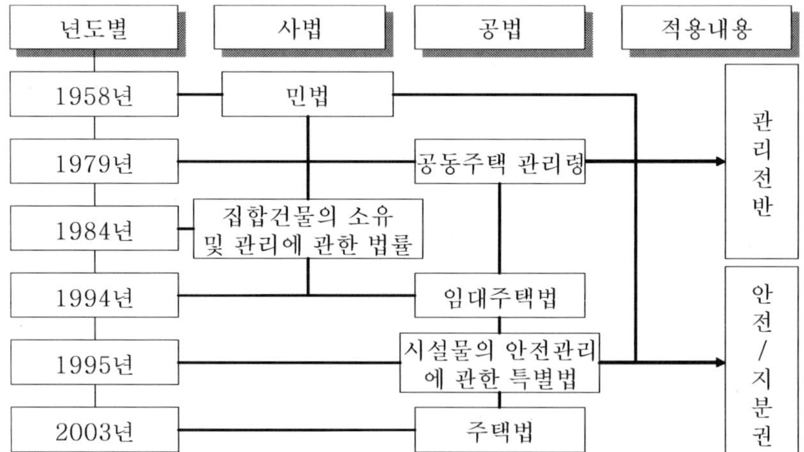

〈표 2-2〉 공동주택 관련법제도의 변천과정

개정시기	관련제도	내 용
1963. 11.	공영주택법제정	· 전문21조 · 공영주택 및 복지시설의 관리기준 · 입주자의 관리의무
1969. 10.	공영주택법시행령	공영주택관리조합 조직에 관한 기준
1972. 10.	주택건설촉진법 제정	공영주택 및 복지시설의 관리기준 · 입주자의 관리의무
1979. 11.	공동주택 관리령제정	사업주체의 의무관리기간 신설 용도변경 등 행위제한 특별수선충당금적립의무화
1984. 1.	공동주택의 장기수선에 관한 기준제정	장기수선계획의 작성, 수립대상시설과 수선주기 및 수선율, 충당금예치기준
1984. 4.	공동주택 관리 회계처리지침 제정	공동주택 관리 회계업무에 필요한 주요 기준과 절차
1984. 4.	집합건물의소유및관리에관한법률 제정	
1984. 12.	공동주택표준관리규약제정	규약대상물의 범위. 입주자 등의 권리의무 공용부분의 범위와 관리책임 관리주체의 의무, 업무 책임, 회계, 예, 결산, 감사, 관리비 등.
1986. 8.	공동주택의 장기수선에 관한 기준제정	
1987. 12.	주택건설촉진법개정	주택관리사제도 주택관리업자의 등록취소, 영업정지 및 처벌규정
1989. 9.	공동주택 관리령개정	주택관리사제도 시행근거마련.
1994. 8.	공동주택 관리령개정	공동주택의 안전점검 의무규정마련 사업주체의 장기수선계획수립의무화
1998. 12.	공동주택 관리령개정	주택관리사의 안전점검실시허용 세입자의 관리업무참여에의 권익강화
2002. 3.	공동주택 관리령 개정	공동주택의리모델링 입주자대표회의 과반수 찬성제안 공동주택 전체 전유부분에 대한 보수특별수선충당금 사용 20년 이상 공동주택부대 복리시설의 용도변경시도지사허가
2003. 5.	주택법개정	주택정책의 기본이념제시 주택건설 종합계획을 주택종합계획으로 확대개편 기존주택의 효율적 활용 및 리모델링지원근거신설 주택관리제도 강화: 공동주택 관리령에서 규정하고 있는 사항 중 중요한 사항은 법률에서 직접규정

자료: 은난순, 홍형옥(2002), 주거관리의 맥락과 한국공동주택 관리 연구의 변천과 쟁점. p.118자료정리.

2. 주택법체계로의 대폭개편

그동안 우리는 산업화, 도시화, 인구증가, 핵가족화 및 독신주거 문화확산 등으로 주택수요증가에 비하여 공급이 상대적으로 부족하여 주택난 심화현상을 가속화시켰던 것이다. 이를 해결하기 위한 방안으로서 주택의 대량공급 측면에 중점을 두어 왔으며 이에 따라 공동주택의 건립을 촉진하는 주택건설촉진법을 1972년에 제정하게 된 것이다. 특히 1988년도에 시작한 제6차 경제개발 5개년 계획하에서 주택 200만 호 건설정책으로 공동주택의 비중은 신규 건설주택의 60~70%에 이르게 되었다. 이후 매년 50만 호 이상의 주택을 건설함으로써 주택건설 촉진법 제정 당시의 78.2%에 불과하던 주택보급률이 2002년에 100%를 넘어서는 등 주택부족문제를 해소하는 데 크게 기여하였던 것이다.

그리고 2002년 10월 15일 주택건설촉진법이 주택법(안)으로 국무회의를 통과하여 정부안으로 확정되어 2003년 5월 29일자로 전문 개정되어 정식으로 주택법이 공포되었다. 아울러 주택의 관리와 관련된 사항은 제5장 주택의 관리에서 규정되었으며 이법 제42조에서 제59조까지 열거되어 있다.

이에 따라 새로이 공포된 주택법에서는 주택정책의 기본이념을 명확히 제시하여 종래건설 및 공급위주의 정책에서 복지, 환경, 관리 등 새로운 정책방향으로 선회하였던 것이다. 특히 주택관리 강화내용으로써 대통령령이었던 공동주택 관리령에서 규정하고 있던 공동주택 관리규약, 안전관리 계획수립 및 건설교통부령인 공동주택 관리규칙, 안전교육실시, 안전점검, 장기 수선계획 등의 중요사항을 법률에서 직접 규정토록 하고 있다.

공동주택 관리에 있어서 새로이 제정된 주택관리법령은 단기적으로는 획기적인 정책방향 및 인식전환을 기대하겠으나 장기적으로는 공동주택 관리 전반을 취급할 수 있는 공동주택 관리법의 제정이 무엇보다도 필요하다고 본다.

위에서 보는 바와 같이 공동주택 관리령을 별도로 두지 아니하고 중요사항은 법률에서 직접 규정하고 공동주택 관리령과 주택공급에 관한 규칙은 대통령인 주택관리법 시행령과 건설교통부령으로 규정하였다. 아래의 도표에서 보는 바와 같이 기존의 법률(1), 대통령령(3), 건설교통부령(4)의 체계를 이번 개정에서 법률(1), 대통령령(2), 건교부령(3)으로 법령체계를 개편하였다.

〈그림 2-6〉 공동주택 관리 법령체계의 개편

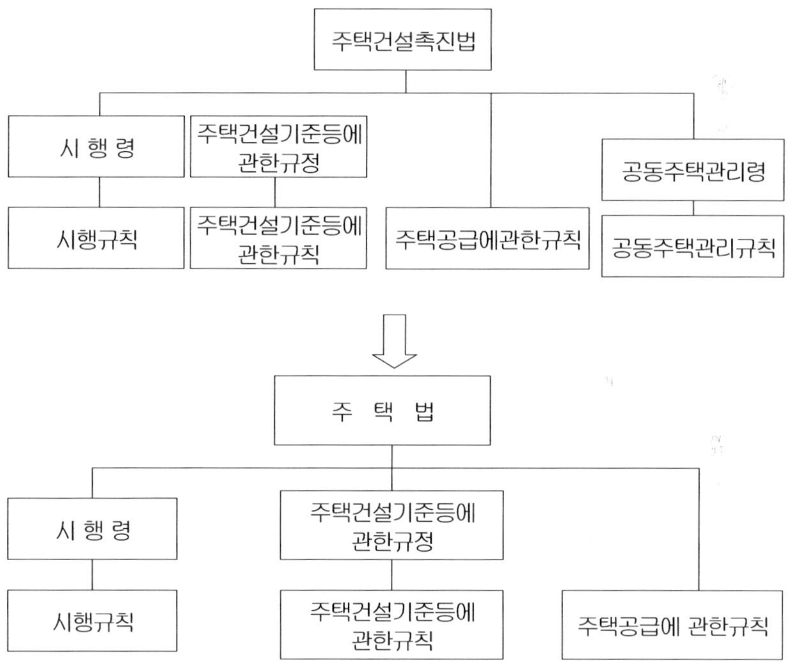

3. 주요 개정의 내용

1) 주택정책에 있어 중앙정부와 지방자치단체의 역할 분담

공동주택의 관리제도를 강화하기 위하여 과거 공동주택 관리령에 규정

54

되었던 사항 중 중요사항인 공동주택 관리규약, 안전관리 계획수립, 안전 교육, 안전점검 장기 수선계획, 공동주택 관리 준칙 등을 주택법에서 직접 규정하고 있다. 또한 주택관리 전문화를 위해 주택 관리업 단체의 설립근거를 마련하였으며 관리주체는 입주자에게 관련 자료를 필수적으로 공개하도록 요구하고 있다. 특히 주택법 제42조2항에서는 공동주택의 입주자, 사용자 또는 관리주체가 용도 외의 사용 리모델링 등의 허가 또는 신고와 관련한 입주자 등의 동의 비율 등 대통령령이 정하는 기준, 절차 등에 따라 시장, 군수, 구청장의 허가를 받거나 신고를 하도록 규정하고 있다. 제3항에서는 제2항의 규정에 불구하고 대통령령이 정하는 경우에는 인가받은 리모델링 주택조합이나 소유자 전원의 동의를 받은 입주자대표회의가 시장, 군수, 구청장의 허가를 받아 리모델링을 할 수 있다. 제5항에서는 공동주택의 입주자, 사용자, 관리주체, 입주자대표회의 또는 인가받은 리모델링 주택조합이 제2항의 규정에 의한 행위 또는 제3항의 규정에 의한 리모델링에 관하여 시장, 군수, 구청장의 사용검사를 받아야 하며, 사용검사에 관하여는 제29조의 규정을 준용하도록 되어 있다. 제6항에서는 시장, 군수, 구청장은 이법 또는 이법에 의한 명령 또는 처분에 위반한 경우에는 행위허가의 취소를 명할 수 있도록 규정하고 있다.

제43조8항에서는 지방자치단체의 장은 당해 지방자치단체의 조례로 정하는 바에 의하여 제7항의 규정에 의한 관리주체가 수행하는 공동주택의 관리업무를 수행하기 위하여 필요한 비용의 일부를 지원할 수 있도록 하는 내용도 포함하고 있다. 또한 주택법 44조1항에서는 시, 도지사는 공동주택의 입주자 및 사용자의 보호와 주거생활의 질서유지를 위하여 대통령령이 정하는 바에 의하여 공동주택의 관리 또는 사용에 관하여 준거가 되는 공동주택과 관리규약의 준칙을 정하여야 한다고 규정하고 있다.

또한 제59조에서는 지방자치단체장의 공동주택 관리에 관한 감독권을 규정한 것으로 입주자대표회의나 관리주체에게 공동주택 관리의 효율화와 입주자 및 사용자의 보호를 위하여 대통령령이 정하는 업무에 관한 사항을 보고하게 하거나 자료의 제출 그 밖의 필요한 명령을 할 수 있다. 소속공무원으로 하여금 관리사무소 등에 출입하여 공동주택의 시설, 장부, 서류 등을 조사 또는 검사하게 할 수 있게 규정하고 있다.

이상의 규정들을 볼 때, 지방자치제의 실시와 더불어 지방자치단체에 더 많은 권한과 책임을 부여하고 있음을 알 수 있다. 따라서 과거 어느 때보다 주택관리 영역에서의 지방자치단체의 역할과 책임이 증대하며 그 영향이 지역사회의 주거환경의 질을 결정짓는 중요한 영향요소가 되었다.

2) 관리업무 전산화 신설(주택법시행령 제56조)

입주자대표회의의 의결내용 등을 전자우편으로 통지하거나 인터넷 홈페이지에 공시규정을 신설하고 기타 여러 가지 규정을 신설하였다.

3) 리모델링과 유지보수의 강화

주택관리 부문에 기존주택의 리모델링과 유지보수 등 관리를 강화하였다. 즉 리모델링 촉진을 위해 국민주택 기금에서 국민주택의 리모델링을 지원할 수 있도록 하고 리모델링 조합의 설립 근거를 마련하였다.

제3절 기존 이론과 해외사례 연구

공동주택 관리체계에 대한 기존 연구를 살펴보는 것은 그간의 연구 동향에 대한 검토와 연구를 위한 분석틀의 구상에 도움을 준다. 기존 연구는 국내외 연구를 중심으로 살펴보았다. 그러나 공동주택 관리체계는 국내의 법제도에 의해 운영되고 있으며 국내의 특수성을 갖는다는 점을 감안하여 주로 국내 연구를 검토하였다.

1. 기존연구의 검토

1) 공동주택 관리의 특징에 관한 연구

공동주택 관리는 기본적으로 앞에서 서술한 공동주택에 관리개념을 적용한 것으로 볼 수 있다. 관리란 일반적으로 주어진 물적, 인적 자원을 효율적으로 사용하여 어떤 조직 혹은 공동체의 목적을 최대한 달성시키는 행정의 일환이다.[17) 공동주택 관리는 다양한 사람들의 수요에 어떻게 대응하면서 동시에 공익을 확보할 것인가가 중요한 쟁점이다.[18) 공동주택 관리에 대한 정확한 이해는 공동주택 관리에 대한 문제점 진단과 개선방안을 모색하는 데 초석이 되기 때문이다. 공동주택 관리의 특징은 크게 복합적 특징, 준공공서비스적 특징, 사회문화적 특징 등으로 구분할 수 있다.

(1) 복합적 특징

먼저 복합적 특징은 말 그대로 공동주택 관리가 매우 다양한 측면을 가진 복합체라는 의미이다. 여기서 다양한 측면이란 곧 경제적 특성, 법률적 특성, 기술적 특성을 말한다. 공동주택은 하나의 경제재이며, 시장에서 거래되는 상품이다. 또한 공동주택은 재산권 보호를 위한 법제도의 적용을 받는 대상이다. 그리고 공동주택은 건축기술, 하부구조 설치에 대한 기술, 그리고 전기설비 등 다양한 기술적 지원이 필요한 주택이다.

---

17) 박연호, 1989, 행정관리론, 박영사, pp.2-10.
18) 은난순, 2003, 공동주택 관리업무 수행평가 도구개발, 경희대학교 대학원 박사학위논문, p.34.

공동주택의 대표적인 경제적 특징의 예를 보면 크게 단지 규모의 적정
화와 주택관리의 국민경제적 중요성이다.[19] 따라서 적정규모의 공동주택
단지를 선택하는 것이 무엇보다 중요하다. 또한 주택 부문 내에서 공동주
택의 비중이 커지면서 공동주택의 건설과 관리가 국민경제에 미치는 영향
도 자연스레 커지고 있다. 결국 관리자는 공동주택에 대한 효율적 관리를
통해 건전한 재산관리와 시설물에 대한 적정한 유지관리를 통해 국민경제
와 입주자의 삶의 질에 긍정적인 영향을 줄 수 있다.

공동주택은 기본적으로 법제도의 적용대상이다. 특히 단독주택과 달리
공동주택은 단지규모, 주택구조, 공공시설의 기능, 그리고 공동주택의 관
리관계에 대한 소유지분 설정 등 복잡한 법제도적 특징을 가지고 있다.
이뿐만 아니라 공동주택 관리체계는 여러 법제도로부터 적용을 받고 있다
는 점도 중요한 특성 중 하나이다.

이미 잘 알려져 있다시피 공동주택은 다양한 기술의 복합체이다. 즉 공
동주택은 주택의 기능과 서비스 제공을 위해 물리적 관리와 인적 관리가
효율적으로 결합되어 작동하여야 한다. 이 가운데 물리적 관리는 급수시
설, 전기설비, 난방 설비 등을 포함한 공유시설물을 의미한다. 특히 기술
적 지원이 필요한 시설물관리가 적절하게 되지 않는다만 입주민은 많은
생활의 불편을 겪을 것이다. 따라서 기술적 관리에는 적정한 지원체계뿐
만 아니라 건축기술자나 설비기술자 등의 전문적인 기술자가 필요하다.[20]

(2) 준공공서비스적 특징

현실에서 서비스는 서비스 제공의 주체에 따라 크게 공공서비스와 사적
서비스로 區分할 수 있다. 공공서비스는 주로 공공기관이 제공하면서 동

---

19) 정연광, 1983, 집단주택관리의 한국적 특성에 관한 연구, 단국대학교 대학원
박사학위논문, p.49.
20) 이창석·이영기, 1981, 부동산 관리론, 기공사, p.131.

시에 공공성의 기능을 가지고 있는 서비스를 말한다. 공공서비스는 사적 서비스와 달리 비배제성, 비경합성, 집합적 소비, 외부 효과와 무임승차자의 문제 등을 가지고 있는 것이 특징이다.[21] 이러한 측면에 비추어 공동주택 서비스를 살펴보면 우선 비배제성 측면에서 공동주택서비스는 관리서비스에 대한 요금을 체납하였다 하여도 서비스에서 이러한 사람들을 배제할 수 없다. 둘째 소비의 경합성 문제다. 일반적으로 소비의 경합성은 특정한 공공서비스를 여러 소비자들이 동시에 소비할 수 있는가 하는 것이다. 이런 측면에서 볼 때 공동주택 서비스는 일정한 단지 내에 공급된다는 측면에서 다소 비경합적 서비스라 볼 수 있다. 끝으로 외부성 문제다. 공동주택의 경우 그 서비스는 긍정적 외부성과 부정적 외부성을 모두 가지고 있다.

공동주택 관리서비스는 집단소비성이 강하고 어느 정도 배타성을 갖고 있는 것으로 볼 수 있다. 때문에 공동주택 관리 서비스는 준공공서비스의 성격이 강하고 여기에 정부 개입의 정당성이 있다고 할 수 있다.

우리나라의 경우 공공서비스를 취급하는 도시행정학에서 공동주택 관리 문제를 도외시하고 있다.[22] 이러한 측면은 공공서비스의 대표적인 대상인 공동주택에 대한 실질적인 관리를 어렵게 하는 요인이라 볼 수 있다. 따라서 보다 광역적인 관리방안의 모색이 절실함을 지적하고 있다.

(3) 사회문화적 특징

공동주택은 산업화, 근대화의 산물이다. 즉 많은 사람들이 도시에 집중하면서 자연스레 많은 주택이 필요하였다. 이에 따라 많은 사람들이 한정

---

21) I.M. Barlow, 1981, *Spatial Dimensions of Urban Government*, Research Studies Press, pp.81－84.
22) 박은규, 2000, 아파트 관리서비스 공급체계의 광역화에 관한 연구, 한국외국어대학교 대학원 박사학위논문.

된 토지 위에 살 수 있는 공동주택이 공급되었다. 결국 공동주택은 작은 공동체라 할 수 있다. 때문에 이 작은 공동체에는 그에 걸맞은 규범과 정주의식이 필요하다. 그러나 급속한 경제성장 속에서 대량 공급된 우리의 공동주택은 공동주택에 대한 규범이 정착되어 있지 않으며 잦은 이동과 무관심 속에 정주의식도 희박한 상황이다.

그동안 공동주택이라는 새로운 도시 공동체에 대한 관심에 높아지면서 여러 연구가 진행된 바 있다. 우선 아파트 입주자들의 주거문화 특성에 대한 연구로 천현숙이 대표적이다.[23] 이 연구에 따르면 우리의 아파트 주거양식의 특징은 획일성과 구획성이라 한다. 아파트라는 집단적 주거양식은 개인별 개성에 관계없이 획일화된 공간과 생활양식을 제공함으로써 동화소비현상을 보이고 있다. 그러나 이러한 획일성 속에서도 주거지역이나 단지별로 계획에 의한 차별성도 나타나고 있다. 이것은 주거 공간의 독립성과 폐쇄성에 기인하는 것이다.

이러한 연구를 좀더 세부적으로 발전시키기 위해 김혜정은 물리적 주거환경의 변화가 공동주택 내 여성들의 주생활에 어떤 영향을 주는지 연구하였다.[24] 이 연구결과에 따르면 아파트 등 공동주택의 주생활의 효율성은 여성의 가사노동 시간을 급격하게 감소시켰으며 이에 따라 여성들의 입장에서 아파트는 더욱 매력적인 주거공간이 되고 있다. 또한 아파트에 대한 수요가 높아지면서 많은 여성들이 아파트 투기에 참여하였고 아파트 공간의 개인화로 인해 아파트는 여성의 개성을 표현하는 공간으로 변모하고 있다.

아파트 등 공동주택의 주요 수요층은 도시 중산층이다. 이러한 점에 착안하여 홍두승·김미희는 도시 중산층의 주거생활양식에 초점을 두고 연

---

23) 천현숙, 2002, 아파트주거 문화의 특성에 관한 연구, 연세대학교 대학원 박사학위논문

24) 김혜정, 1992, "한국 주거형태의 변천과정에서 본 주거학의 생태학적 개념 정의", 건축학회 Vol.8 No.6, pp.39−50.

구하였다.[25] 이 연구는 계층을 생활양식을 공유하면서 삶의 기회를 누리는 집단으로 보고 특히 주택의 소유, 형태, 규모 등을 고려하여 주택계층을 선별하였다. 그 결과 우리의 주택계층은 가파른 피라미드구조이며 앞으로 계층 간 양극화가 심해질 수 있음을 경고하고 있다.

2) 공동주택 관리에 대한 다양한 이론적 시각

그동안 우리나라 공동주택 관리체계는 지속적으로 연구되어 왔다. 우선 공동주택 관리체계 자체에 대한 연구로 박현옥 외(1988)는 공동주택의 관리업무에 대한 유형화를 시도한 바 있다. 우리의 경우 공동주택 거주자가 급증하고 있으며 이에 따라 공동주택 관리 효율화를 위한 업무의 정립이 필요하기 때문이다. 이 연구의 결과 관리의 효율화를 위한 적절한 인원, 업무 수행 범위의 정립, 공동주택의 업무로 운영관리, 유지관리, 그리고 생활관리로 그 업무를 분화하였다.[26] 그다음 박은규(2002)는 최근 대두하고 있는 새로운 패러다임을 고려한 공동주택 관리제도 개선방안을 제시하였다. 이 연구는 우리의 공동주택 관리 현황을 살펴보고 새로운 패러다임을 소개하였다. 그다음 공동주택 관리체계의 국제경쟁력을 일본, 미국, 영국, 싱가포르 등과 비교한 후 우리의 경우 어떻게 새로운 관리체계를 구축할 것인지를 기본전제와 전략을 통해 잘 보여주고 있다.[27] 가장 최근의 연구로 홍성지(2004)는 공동주택 관리체계를 법제도, 운영유지관리, 그리고 입주자에 대한 서비스 측면으로 나누어 진단하고 개선방안을 모색하였

---

25) 홍두승·김미희, 1988, 도시중산층의 생활양식: 주거생활을 중심으로, 성곡논총 19.

26) 박현옥 외, 1988, "공동주택 관리업무 유형화에 관한 연구", 대한가정학회지, 제26권 3호.

27) 박은규, 2002, 공동주택 관리제도 개선방안, 대한주택공사 주택도시연구원, 제1회 주택관리박람회 세미나발표자료.

다. 그 개선방안은 법제도의 미비점 보완, 운영유지 관리능력의 제고, 그리고 관리서비스의 만족도 제고 등으로 나누어 제시하였다.[28]

한편 우리나라 공동주택 관리의 대안으로 조직의 설립이나 예측모형의 구축을 제안하는 연구도 있다. 우선 문영기(1994)는 우리나라 공동주택 관리에 대한 문제점을 진단하고 그 개선방안을 모색하였다. 주요 개선방안으로 공동주택 관리 관련 주체 간 역할 분담과 체계적인 관리를 위해 공동주택 관리공단(가칭)의 설립을 제시하였다.[29] 그다음 보다 체계적인 관리를 위해 임상돈 외(1994)는 공동주택 관리체계의 하나인 유지관리에 대한 예측모형을 제시하였다. 이는 공동주택의 수선시기와 수선비용을 구체적으로 예측하기 위한 것이다. 이를 위해 유지관리에 대한 의사결정 모형과 설문조사를 통한 실증 통계 모형을 만들어 활용가능성을 검증하였다.[30]

공동주택 관리체계는 단지 제도의 문제라기보다는 참여자의 의식도 무엇보다 중요하다. 이에 관한 연구로 박선미(1999)는 부산시를 대상으로 하여 공동주택 관리 시스템을 관리의식과 관리만족도 측면에서 연구한 바 있다. 이 연구는 특히 공동주택거주자의 의식과 만족도를 알아보면서 효율적인 관리제도 구축을 위한 기초 자료를 만들었다.[31] 또한 김선중과 박현옥(1996)은 공동주택 관리인을 대상으로 그들의 관리업무 중요도에 대한 인식과 수행을 연구한 바 있다. 이 연구는 연구결과를 토대로 제도적 뒷받침의 중요성과 전문 주택관리사 육성 등을 대안으로 제시하였다.[32]

---

28) 홍성지. 2004, 공동주택 관리체계 개선에 관한 연구, 건국대학교 대학원 행정학 박사학위논문.

29) 문영기, 1994, "공동주택의 효율적 관리방안에 관한 연구", 부동산정책연구.

30) 임상돈 외, 1994, "공동주택의 유지관리 예측모형 개발", 국토계획 제29권 4호, 대한국토도시계획학회지.

31) 박선미, 1999, 부산시 주부의 공동주택 관리 시스템에 대한 관리의식과 관리만족도에 관한 연구, 동아대학교 대학원 가정학 석사학위논문.

32) 김선중·박현옥, 1996, "공동주택 관리인의 관리업무 중요도 인식 및 수행에 관한 연구", 대한가정관리학회지 제34권 5호.

62

그리고 은난순(2004)은 공동주택 관리 업무에 대한 거주자의 인식과 관리 참여 의사를 엄밀하게 연구한 바 있다. 이 연구는 연구대상 거주자들은 운영관리, 유지관리, 생활관리에 대한 중요도 인식은 높은 반면, 만족도는 낮은 것으로 나타났다. 그리고 만족도와 중요도 인식은 교육, 소득 수준 등에 따라 다른 것으로 밝혀졌다. 끝으로 거주자의 관리 참여의사는 그다지 높지 않은 것으로 나타났다.[33] 박경량(2001)은 공동주택 입주자의 관리의무를 연구한 바 있다. 이 논문은 건설업체의 장인의식의 제고를 촉구하고 동시에 공동주택 입주자의 자치능력과 참여의식이 절실하게 요구됨을 강조하고 있다.[34]

기술발전은 효율적인 공동주택 관리를 가능하게 만든다. 따라서 어떤 기술을 어떻게 활용하는 것이 바람직한지에 대한 연구도 살펴본다. 우선 한국시설안전기술공단(2004)은 최근 주목받고 있는 공동주택의 장수명화를 실현하기 위한 유지관리 시스템 개발에 대한 보고서를 낸 바 있다. 이 보고서는 공동주택의 장수명화를 위한 유지관리 시스템으로 ASP(Application Service Provider) 기법을 소개하면서 이를 웹상에서 운영할 때 필요한 조건을 제시하였다. 이 시스템은 유지관리 매뉴얼 모듈, 유지 관리 캘린더 모듈 등 시스템 운영에 필요한 모듈이 무엇인지 제시하고 있다.[35] 그리고 새로 개발되는 공동주택에 적용할 수 있는 첨단기술과 관리체계를 연계하려는 연구도 있다.

김혜승(2000)은 정보화 시대에 새로 등장하고 있는 지능형 아파트를 소개하고 공동주택에 주는 시사점을 지적하였다. 기존의 인력중심의 공동주택 관리에 지능형 아파트 관리방식이 도입된다면 한층 효율적인 공동주택 관리와 확장된 지역공동체 형성이 가능성할 것으로 전망하고 있다.[36]

---

33) 은난순, 2004, "거주자의 공동주택 관리 업무에 대한 인식과 관리참여 의사", 한국가정관리학회지, 제22권 3호.

34) 박경량, 2001, "공동주택 입주자의 관리의무",

35) 한국시설안전기술공단, 2004, 공동주택의 장수명화를 위한 유지관리 시스템 개발 연구보고서, 건설교통부 · 한국건설교통기술평가원.

이미 앞에서 지적한 바와 같이 공동주택 관리체계는 정부 개입이 필요한 부분도 있다. 따라서 효율적인 공동주택 관리체계를 위한 정부의 개입과 법제도 마련도 절실하다. 이와 관련하여 곽인숙(2003)은 주택법 개정으로 인해 공동주택 관리에 대한 지방자치단체의 역할이 어떻게 변화해야 하는지를 연구하였다. 그 연구 방법은 주택법 개정의 검토와 이로 인해 변경된 정책 목표를 살펴보았으며 바람직한 지방자치단체의 역할을 모색하였다.[37]

끝으로 은난순 외(2004)는 공동주택 관리사의 전문직화의 필요성을 제기하고 그 방안을 모색하였다. 공동주택은 이제 보편적인 주거공간이 되고 있으며 이에 대한 체계적인 관리가 절실히 필요한 시점이다. 때문에 공동주택 관리를 위한 전문직으로 공동주택 관리사의 육성이 필요하다. 결론적으로 공동주택 관리체계의 효율화를 위해 먼저 입주자대표회의의 권한과 의무의 명시, 관리소장의 고유권한 확립 등이 중요하다. 또한 관리소장이 소신 있게 근무할 수 있는 여건도 필수적으로 요구되고 있다. 공동주택 관리사에 대한 인식과 이를 육성할 수 있는 제도적 뒷받침이 무엇보다 중요한 시점임을 강조한다.[38]

본 연구는 공동주택 관리체계를 운영관리, 유지관리, 공동체관리, 자산관리 등 그 하위부문을 확장하여 접근하고자 한다. 따라서 공동주택 관리체계 유형에 대한 기존의 연구 성과를 살펴보는 것도 필요하다. 기존의 연구는 주로 제도 연구, 관리 연구, 거주자 연구 등으로 구분할 수 있으며[39] 시기적으로는 1990년대 전반기에는 유지관리 연구가 많았고 1990년

---

36) 김혜승, 2000, "지능형아파트와 공동주택 관리", 국토논단, 국토연구원.

37) 곽인숙, 2003, "주택법개정에 따른 공동주택 관리 영역에서의 지방자치단체의 역할", 한국가정관리학회지 제21권 5호.

38) 은난순, 2004, "공동주택 관리사의 전문직화를 위한 탐색적 연구", 한국가정관리학회지 제21권 3호.

39) 유병선·홍형옥, 2000, "주거관리의 사회적 구축을 위한 연구의 접근방법과

대 후기에는 운영관리에 대한 연구가 많았다. 입주자나 공동체관리에 대한 연구는 그리 많지 않은 것으로 나타났다.[40]

우리나라 공동주택 관리에 대한 분야별, 연도별 선행연구 현황을 보면 다음 표와 같다.

<표 2-3> 공동주택 관리 관련 분야별·연대별 선행연구개황

구 분	1970년대	1980~ 1984년	1985~ 1989년	1990~ 1994년	1995~ 1999년	2000년~ 현재	계
법제도	4	8	11	6	9	9	47
운영관리		1	3	3	13	8	28
유지관리	1	4	7	15	5	5	37
공동체관리		3	4	3	5	9	24
계	5	16	25	27	32	31	136

자료: 주택연구제8권제1호, 2000. p33. 유병선, 홍형옥, 주거관리의 사회적 구축을 위한 연구의 접근방법과 쟁점의 정리에 그 후의 자료 추가정리한 것임.

주택관리에 관한 연구가 본격적으로 늘어난 것은 공동주택 관리령이 제정된 1979년을 시작으로 주택관리사제도가 도입된 1987년 무렵부터이다. 현재까지의 연구들의 특징은 종합적이고 체계적인 연구라기보다는 미시적 차원에서 제도적 측면에 중점을 둔 연구, 유지관리에 중점을 둔 연구, 운영관리에 중점을 둔 연구와 입주자 만족도 조사에 중점을 둔 연구들로 분류해 볼 수 있다.

지금까지 살펴본 바에 따르면 공동주택 관리체계 유형에 대한 기존의 연구는 주로 제도, 관리, 그리고 거주자에 대한 것이었다. 그러나 본 연구

쟁점", 주택연구 제8권 제1호, pp.33-34.

40) 이와 관련하여 대표적인 연구는 한국소비자보호원, 1990, 공동주택 관리제도에 관한 연구, 서울시정개발연구원, 1995, 공동주택 관리제도 개선방안, 한국법제연구원, 1996, 공동주택 관리 관행에 관한 연구, 대한주택공사, 2002, 공동주택 관리제도 종합개선방안 등이 있다.

는 이러한 유형을 받아들일 뿐만 아니라 가치관리까지 관리체계를 확장하는 것이 특징이다. 이러한 관리체계 유형에 확장은 보다 입주자를 위하는 바람직한 관리체계의 정립에 도움을 줄 수 있을 것으로 본다.

3) 공동주택 평가 모델 연구

바람직한 공동주택 관리체계를 모색하기 위해 그간의 관리체계를 평가하는 것이 필수적이다. 이와 관련하여 서울시정개발연구원은 공동주택 관리체계의 문제점을 진단하기 위해 운영관리, 유지관리, 그리고 생활관리 측면에서 평가지표를 선정하고 이를 통해 공동주택 관리체계를 진단하고 있다.[41] 그 평가지표는 첫째 유지관리부문으로 노후시설관리, 안전관리, 에너지 절약 등이다. 이러한 각 부문에 대해 얼마나 계획적인 유지관리와 안전관리가 되고 있는지를 진단한다. 둘째 운영관리부문으로 관리비, 회계관리, 입주자대표회의, 관리 주체 등을 평가한다. 이 평가는 공동주택의 운영관리가 얼마나 합리적이고 체계적으로 구성되고 투명하고 적합한 관리 여부를 파악하는 것이다. 셋째 생활관리 측면으로 아파트 내 기초질서, 여가와 편익의 증진, 사회 봉사활동 등이다. 특히 공동주택 내부의 주민 공동체 활성화를 위한 활동의 질과 규모를 중점적으로 평가한다. 끝으로 입주자의 인지도를 본다. 입주자의 관심과 의식이 생활관리에 필수적인 요소이기 때문이다.

그다음 은난순의 경우, 거주자와 관리자의 의견을 반영하여 관주도의 평가모델과 차별화된 관리 업무 수행 평가도구를 개발하여 제시하였다.[42] 이 경우도 서울시정개발연구원의 경우와 마찬가지로 운영관리, 유지관리,

---

41) 서울시정개발연구원, 2001, 아파트관리 평가모델 구축방안
42) 은난순, 2003, 공동주택 관리업무 수행 평가도구 개발, 경희대학교 대학원 박사학위논문.

생활관리 등으로 구분하고 있으며 평가지표는 공동주택 관리에 초점을 두고 더욱 세분화하였다. 이를 좀더 자세히 보면, 유지관리에 대한 항목으로 장기수선계획, 장기수선 충당금, 안전, 주차장, 조경 등이 있으며 운영관리에 대한 평가항목으로 관리사무소, 회계관리, 공사 및 용역계약, 관리규약, 입주자대표회의, 에너지 절감 등이 있다. 그리고 생활관리에 대한 평가항목으로 생활편익서비스, 기초생활안전, 공동체활성화프로그램, 기본생활규칙 등이 있다.

최근에는 공동주택의 생활관리 더 나아가 공동체 관리에 대한 관심이 높아지고 있다. 특히 입주자의 참여 혹은 공동체 의식을 향상시킬 수 있는 방안에 대한 연구가 활발하다. 그 한 예로 경실련 등 시민단체들이 중심이 되어 관리비 표준화라는 운영관리 부문에 대한 진단뿐만 아니라 지방정부가 어떻게 공동주택 내 공동체 운동을 활성화할 것인가에 대한 연구가 시작되고 있다.[43]

4) 기존연구들의 시사점과 본 연구의 방향

지금까지 살펴본 바에 따르면, 공동주택 관리체계 유형에 대한 기존의 연구는 주로 제도, 운영관리, 시설물 유지관리 그리고 거주자에 대한 것이었고 전체가 아닌 대부분의 경우가 그중의 어느 한 분야나 일부에 관한 연구가 대부분이다. 그러나 본 연구는 이러한 유형을 받아들일 뿐만 아니라 가치 관리까지 관리체계를 확장하고 부분적인 분야에 대한 연구가 아니라 전체적 입장에서 문제를 바라보고 체계적으로 전체적인 차원에서 시스템적으로 문제가 해결되어 나갈 수 있도록 구조적으로 체계를 개선하고자 하는 것이다.

그리고 우리나라에서 그동안의 공동주택관리 특히 아파트 관리의 연구

---

43) 대전발전연구원, 2001, 효율적인 공동주택 관리방안.

에는 상술한 바와 같이 다양한 관점들이 있어 왔으나, 가장 큰 취약점은 각각의 접근방법들이 사회적, 개인적 맥락 속에서 종합적이고 복합적인 접근방법을 이루어내지 못하고 있다는 점이라 하겠다. 이것은 공동주택관리의 본질에 대한 이론 구축이 이루어지기에는 우리나라에 있어서 아직 공동주택의 주거관리의 역사가 짧고 개인주택에 관한 한 사적인 것으로 간주되어 사회적인 관심을 이끌어내지 못한 역사적 배경과 관련이 있을 것이다.

본 연구의 주제인 공동주택 관리체계 개선에 관한 연구를 함에 있어서는 연구자의 통찰력에 따라 그 접근방법이 달라지고 사회적인 발전과 변화에 따라서도 그 접근방법이 달라질 수 있을 것이다. 하지만 더 중요한 것은 각 접근방법이 갖는 한계를 정확하게 알고 다양한 이론과 접근방법을 적용하여 바람직한 공동주택관리체계의 정립에 기여할 수 있는 종합적인 연구를 수행하고 세부적인 관리영역에 대한 각론을 연구하는 것이라 하겠다. 이와 같은 견지에서 본 연구의 특징은 다음과 같이 제시될 수 있다.

첫째, 공동주택관리에 관한 이론, 실천, 평가에 활용할 수 있는 종합적 연구가 되도록 하여 공동주택관리문제를 총괄적으로 다루고자 하였다.

둘째, 본 연구는 공동주택관리와 관련된 이해 당사자, 즉 정부, 입주자, 관리자, 입주자대표회의, 감사의 5주체를 중심으로 당사자별 역할관계를 설정하고 총론격인 법적 제도적 측면 그리고 각론격인 관리현황 분야별로 운영관리, 시설물 유지관리, 공동체관리, 자산 가치관리 등의 측면으로 나누어 이론만이 아닌 관리현장의 문제점을 실증적으로 입주자 및 관리자들에게 설문조사를 동시에 실시하는 등 실증적으로 연구를 하고자 하였다.

특히 그동안 관리체계의 숲을 보지 않고 나무만 보고 문제의식을 가지고 대중 요법적 개선방안을 도출하거나 사안별로 단편적인 논의를 해왔다. 본 연구에서는 이러한 문제점을 극복하기 위해 우리나라의 공동주택관리 체계를 전체적으로 바라보고 구조적인 체계상 문제점들을 근본적이고 시스템적으로 개선하기 위하여 총체적으로 분석함으로써 관리현상들을 단편으로 보지 않고 전체적으로 바라보면서 문제점에 대한 개선방안을 제시하고자 하였다.

셋째로 공동주택 관리 관련 5주체 중 가장 중요한 역할을 하는 입주자대표회의, 감사, 관리주체의 3 당사자 간의 권한의 불균형과 일탈되고 있는 관리현황상의 역할분담 문제를 개선하고 관리의 전문화를 이루기 위하여 각 당사자들의 역할로 하여금 견제와 균형을 이루도록 하여 어느 한쪽으로 치우치지 않으면서도 상호간에 협력체계를 이루어 시스템적으로 투명성과 신뢰성이 제고되고 관리의 효율성을 제고하며 또한 각 당사자 역할 간에 협력체계를 이루어 시너지(synergy) 효과를 낼 수 있도록 구조적인 차원에서 개선하여 공동주택시설물의 장수명화와 입주자의 참여 제고하에 바람직한 공동체문화가 활성화되고 정착될 수 있도록 하는 데 중점을 두어 그 개선방안을 연구하였다. 이를 위하여 입주자 및 관리자 모두에 대한 설문조사를 동시에 실시하고 오늘날 민주주의 기본원리가 되고 있는 견제와 균형의 원리 및 선거의 기본인 입주자직선제 등을 개선대책 강구에 활용하였다.

2. 외국사례와 시사점

공동주택 관리는 사회적인 틀 속에서 역할과 특징이 구축되기 때문에 그 나라의 주거상황, 경제사정과 관습 등에 맞춰 주택관리제도가 시행되고 있으며 한나라에서도 시대에 따라 주택관리의 양태가 다르게 나타난다.

1) 일 본

(1) 공동주택의 관리체제와 관리법규

일본에서 공동주택 관리의 중요성은 1960년대 후반에 분양맨션이 급증

하면서부터인데, 맨션이란 3층 이상의 철근 또는 콘크리트로 된 공동주택
으로 맨션 관리를 위한 기관이 설립되고 법률이 시행되기 시작하였다. 처
음 일본의 맨션 관리는 입주자 공동에 의하여 자주적으로 관리하도록 하
였으나 구분소유자 등의 조직이나 전문지식이 미숙하여 효율적 관리가 어
려우므로 주택공단[44]에서 관리하여 왔다. 이후에는 입주자들이 주택관리
조합을 설립하여 자주적인 관리체제를 확립해 오고 있다.

일본은 1962년 맨션관리의 근간을 이루는 "건물의구분소유권등에관한법
률"을 제정, 공포하였고 이어 1983년 5월 이를 개정하여 1984년 1월 1일
부터 시행하여 오고 있다. 구분 소유법은 구분소유자 사이의 관리조합의
조직, 공동생활규칙 등 맨션 관리에 관한 사항을 다루고 있다. 공용부분은
전유 이외의 건물부분으로서 구분소유자가 전원의 공유에 속하지만 공용
부분에 대한 공유지분은 전유부분의 처분에 따르게 함으로써 처분의 일체
성을 확보하여 한 건물의 대지에 관한 권리가 여러 사람이 가지고 있는
소유권 기타 권리인 경우에 구분소유자는 부분의 대지이용권을 분리하여
처분하지 못하게 하고 있다.

공동주택 관리제도를 보면 1962년 제정된 건물의 구분소유 등에 관한
법률에 의하여 입주자 전원이 조합원으로 된 우리나라의 입주자대표회의
와 비슷한 주택관리조합을 설립하여 자주적 관리체계를 확립하였다. 그러
나 공동주택 관리의 전문기관으로서 단지 서비스 기관이 설치됨에 따라
대부분 공동주택 또는 집합건물에서는 이들 기관에 위탁함으로써 위탁관
리체계를 취하고 있다. 구분소유법 외에 맨션관리에 있어 주요한 법률은
2000년 11월에 제정된 맨션관리법이 있다.

---

44) 주택공단은 1955년 정부출자로 설립되어 주택건설, 택지개발 등의 업무를 수
행했으나 주택관리 업무도 수행하다가 이후 (주)단지서비스와 (재)주택관리
협회 등의 집단주택관리의 전문기관이 설립되면서 공단은 주택건축 및 택지
개발에 치중하였다.

(2) 주택관리조합

가. 개 요

주택관리조합은 일본의 집단주택의 입주자 전원으로 구성된 관리조직으로 입주자는 조합의 일원으로 자기의 권리의무를 조합을 통해 행사한다. 구분소유자가 30인 이상인 경우에는 법인으로 등록하도록 하고 있으며 독립된 법인격을 갖는다. 주택관리조합은 주합원 합의에 따라 규약 등을 제정하고 이에 따라 이사와 감사를 선출하게 된다. 그리고 조합의 모든 업무는 이사나 조합원이 모두 수행하는 것이 아니라 각 관리조합은 관리회사에 업무를 위탁하고 있다. 그리고 관리회사는 일반적으로 관리조합의 업무를 행함과 동시에 관리인을 파견시켜 건물의 감시 관리보전을 하기도 하고 관리조합의 운영에도 협력한다.

관리회사는 분양맨션의 증대와 더불어 발전하여 왔다. 1979년 10월 관리업무의 향상, 개선을 목적으로 고층주택관리업협회가 설립되었으며 동협회는 오늘날 맨션관리업의 주류를 이루고 있다. 건설성은 맨션관리업무의 질을 향상시키기 위하여 1985년 8월 관리업무협회와 협력하에 "맨션관리업자 등 제도"를 실시하여 효율적인 관리제도를 수행하고 있다.

나. 주택관리조합의 조직 및 업무

주택관리조합은 일본의 집단주택의 입주자 전원으로 구성된 관리조직이다. 입주자 전원으로 관리조합이 결성되며 입주자는 조합의 일원으로서 자기가 가지고 있는 권리와 의무를 조합을 통해 행사한다. 관리조합은 조합원의 합의에 따라 자기들의 일종의 자치규범이라 할 수 있는 주택관리조합의 단지관리규약 공동생활의 질서유지에 관한 협정을 규정하고 그에 따라 이사 등 임원을 선출한다. 또한 조합비를 징수하여 공동부분의 유지관리 및 이용의 규제 등 자기들의 단지를 관리한다.

관리조합의 조직구성은 총회와 이사회가 있는데 총회는 관리조합의 중요사항(예산 및 결산, 관리규약의 개정, 폐지, 임원선출, 활동보고, 사업계획, 대규모수선공사 등)을 결정하는 최고의 의사결정기관으로 년 1회 개최한다. 이사회는 총회에서 결정된 사항을 실시하는 업무집행 기관으로 보통 이사장 1명, 부이사장 1명, 회계담당이사 및 이사 수명, 감사 1명으로 구성된다.

일본의 관리조합과 우리의 입주자대표회의를 비교하면 아래의 표와 같다.

〈표 2-4〉 한국의 입주자대표회의와 일본의 관리조합 비교

구분	한국의 입주자대표회의	일본의 관리조합
자격	· 동별세대수에 비례하는 동별대표자	· 구분소유자 전원
조직 구성	· 입주자대표회의와 입주자대표회의 구성원 중 선출된 회장1인, 3인 이상의 이사, 1인 이상 감사	· 관리조합총회와 별도로 구분소유자 중 선출된 이사장 1인, 부이사장 1인, 회계 담당 이사수인, 감사 1인으로 구성된 이사회
성격	· 주요 관리업무의 의결기관	· 관리업무의 집행기관이자 의결기관
업무 수행 방법	· 위임불가능	· 관리업무의 일부 또는 전부를 제3자에게 위임가능
보수	· 별도의 보수 없음	· 임원으로서 활동에 따른 필요경비의 지불과 보수 있음.
특성	· 관리업무에 대한 소유자의 직접적인 참여방식 · 관리업무의 집행기관으로	· 관리업무에 대한 구분소유자의 직접적인 참여에 기반 · 관리업무를 위한 별도의 조직불필요

자료: 이기배 석사논문, p.54

(3) 주택관리 관련기구

가. 맨션관리 센터

(재)맨션관리센터는 1985년에 설립된 일본의 맨션관리의 주체인 주택관리조합을 대변하는 기구이다. 맨션의 적정한 관리 및 대규모 수선실시에

관한 상담, 조사, 연구와 필요한 자금의 융자를 주택금융 금고를 통하여 지원받을 수 있도록 하는 채무보증 월간정보지의 발간업무 등 다양한 방법으로 관리업무를 지원하고 있다. 전국적으로 주택관리조합이 (재)맨션 관리센터에 등록되어 있다.

나. 전국 맨션관리조합 연합회(전관연)

그 외에 전국 맨션관리조합 연합회(전관연)는 일본 주택관리연합회(일주협)를 포함한 10개 조직을 가맹단체로 하여 조직되어 관리조합 간의 중요 문제를 협의 및 정보교환 등을 한다.

〈그림 2-7〉 일본의 맨션보전 진단센터와 관리회사, 관리조합의 관계

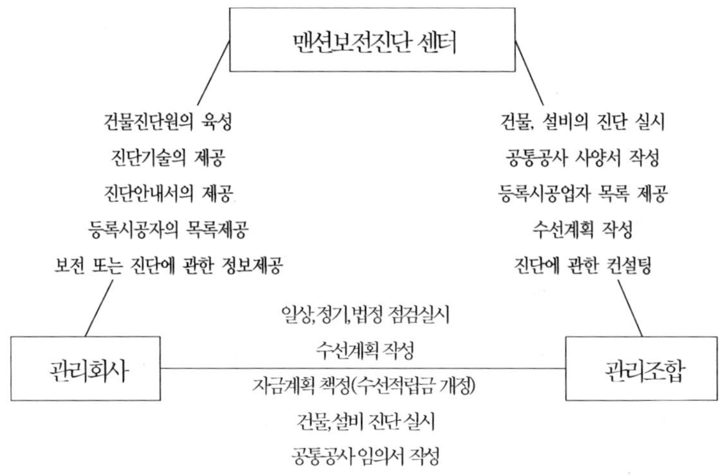

자료: 2002. 12 부산 발전연구원. 공동주택 관리 개선방안에 관한연구 p.38

다. 고층주택 관리업협회

관리회사를 대변하는 전국조직이 (사)고층주택 관리업협회이다. 1979년에 설립되었으며 회원 상호의 협력에 의해 고층주택의 관리시스템, 관리기술 등에 대한 조사연구를 하고 그 관리업무의 적정화, 고층건물의 보전

에 관한 진단능력의 연구개발 및 진단원의 육성 및 관리업무에 종사하는 자의 연수실시 등 광범위하다.

라. 주택관리협회

주택공단의 주택관리업무를 보완하고자 (재)주택관리협회와 (주)단지서비스가 설립되었다. (재)주택관리협회는 공동주택의 급격한 증가, 주택의 고층화에 따라 공동주택 관리업무가 복잡다양해지자 이에 대처하고 현지에서 즉각적인 관리업무를 수행할 수 있도록 집단주택관리 전문기관의 역할을 하고 있다.

마. 단지서비스

공단관리주택의 급격한 증가에 따라 관리세대수의 증대 및 다양화로 인해 전문기관을 설립함으로써 단지 내 주거환경의 정비 및 주거활동 여건의 개선으로 효과적으로 하기 위하여 1961년 주택공단, 손해보험회사, 생명보험협회, 은행 등의 민간합자로 설립되었다. 업무조직은 주택공단과 밀접한 관련을 가지고 있고 주택공단의 단지관리 업무를 보조자로 역할과 오늘날은 종합관리업무를 담당하고 있다. 단지서비스회사는 현재 주택단지의 종합 관리기업으로서 성장하고 있으며 공단주택의 대부분이 이 회사에 의해 위탁관리됨으로써 각각의 관리조합에 대해 관리서비스를 제공하는 등 폭넓은 활동을 전개하고 있다.

(4) 관리자와 맨션 관리사

가. 관리자

관리자는 맨션을 관리하는 최고 책임자를 의미한다. 법적으로 관리자는 구분소유법에 의하여 선임된 관리자 또는 구분소유권의 규정에 의해 설치된 이사로 구성된다. 구분소유자는 집회에서 관리자를 추천하고 결정하며, 관리자는 관리조합의 사무를 통괄하며 구분 소유자 외의 사람이나 법인 등이 되기도 한다.

나. 맨션 관리사

이들은 전문적인 지식을 가지고 관리조합의 운영 기타 맨션의 관리에 관하여 관리조합의 관리자 등 또는 맨션의 구분소유자 등의 상담에 응해 조언, 지도, 기타 원조를 하는 일 등의 업무를 하는 자로서 맨션관리법에 의해 맨션관리 관련상담지도 등을 업으로 하며 2001년부터 도입[45] 하였다.

(5) 최근의 동향

일본의 관리제도를 살펴보면 지금까지는 1962년에 제정된 「구분소유 등에 관한 법」을 만들어 운용하여 왔다. 그러다가 최근 2000년 12월 일본에서 제정된 "맨션관리적정화에관한법률"의 의미와 위상을 살펴볼 필요가 있다. 이 법의 제정은 곧 공동주택의 관리에 공적개입의 강화와 통제로 연결되어질 수 있을 것인가의 여부와 직결되어 있기 때문이다. 이 법에서는 주택관리업자에 대한 등록제도, 맨션관리사 제도를 도입한 것이 핵심 골자이다.

맨션관리에 관해 사법이 아닌 행정법을 등장시킨 점과 그리고 정부가 직접적 통제를 하지 않더라도 관리업자의 등록제와 관리인(맨션관리사) 자격증 제도를 도입한 것 자체가 공적 개입이라는 시각이다. 대륙법계를 고수하면서 사법에 의한 관리의 전통을 고수하던 일본이 행정법을 등장시

---

45) 2000년 12월에 제정된 "맨션관리적정화에관한법"에 의하여 도입된 제1회 맨션관리사 시험에는 10여 만 명이 응시(*50문제, 4선택형), 이중 7천여 명의 합격자를 배출하였다(2002년 1월 31일). 한편 일본에서는 맨션 전체의 90% 정도를 위탁관리하고 있다.

킨 것만으로도 공적 개입의 진전으로 볼 수 있을 것이다.

한편 일본의 관리업체 전문화 실태를 보면 다음과 같다. 일본 고층주택 관리업협회 본부는 이름 그대로 주택관리업자들의 모임이다. 그러나 단순한 업자들 간 친목차원을 넘는 관리메카로 전문화되어 있다. 이 협회는 1979년 설립되어 343개 주택관리 업체가 가입되어 있으며,[46] 여기서는 교육, 연구, 관리가 3위 일체적으로 이루어지며 협회의 교육센터에서는 수선, 청소에 관한 실습장이 마련되어 있다. 아파트의 공간별(방, 목욕탕, 발코니 등) 구조별(벽면, 바닥, 천장 등) 그리고 시설별(보일러실, 가압펌프실, 변기, 수도꼭지, 타일, TV공청안테나 등) 실제크기의 실습장이 마련되어 있다.

건물이 노후화 또는 파손되었을 때 또는 시설물이 고장 났을 때 이것을 어떻게 고치고 유지해야 하는지 현장 실습장을 통해 가르치고 있다. 심지어 청소실습을 위한 공간도 마련되어 있으며 각종 청소기기 작동법, 유성페인트 또는 수성페인트가 바닥에 떨어졌을 때 이것을 제거하는 요령 등도 교육되고 있다.

그리고 교육이수 내용에 따라 구분소유권 관리자, 주임관리자, 청소원 자격증을 발급, 연구센터에서는 아파트 유형별 장기수선유지비 적립금액을 산출할 수 있는 프로그램을 개발, 이를 보급하고 있다. 또한 관리지휘소(센터)에서는 단지와 업자 간 네트워킹을 통해 설비통제, 관리상담 등 24시간 운영체제를 갖추고 있는 등 실질적인 전문화를 이루고 있다.

2) 싱가포르의 공동주택 관리

싱가포르의 공동주택 관리제도의 특징의 하나는 정부의 주택정책을 효율적으로 수행할 수 있도록 대규모의 주택관리 조직을 통하여 관리되는

---

46) 우리나라의 주택관리업자들의 모임과 유사

점을 들 수 있다.

싱가포르는 영미법계의 제도를 유지하면서 관리시스템은 "TOWN COUNCIL"에 의한 권역별 광역관리 하는 것이 특징이다.

커뮤니티성화를 통한 자율적 관리유도하고 장기수선도 체계적으로 이행한다. 또한 전용부분과 공용부분에 대한 일체적 수선 서비스를 제공하며 유료화 등 단지수익사업을 강화하여 주택관리에서의 영업이익을 창출한다.

관리조직을 지역관리사무소와 본부 관리사무소로 조직하여 지역관리사무소는 자체 행정계열과 참모(staff)에 의하여 단지 내 일정행정업무 및 개발사업을 수행을 위한 단지 관리계획을 수립하고 지역관리사무소를 지휘감독한다. 그 이외도 싱가포르의 공동주택 관리제도는 철저한 입주자관리제도와 관리자의 직업훈련제도를 마련하고 있다. 관리사무소에는 주택관리검사원을 두어 10년간 운영하여 좋은 성과를 거두었으며 광범위한 실무교육 즉 입주건물의 유지보수와 기타 영선 행정처리에 관한 제반규정과 그 외에도 원만한 인간관계를 갖기 위한 교육을 받는다.

(1) 주택관리 배경

싱가포르는 영미법계의 제도를 유지하며 관리시스템은 "town council"에 의한 권역별 광역관리하는 것이 특징이다. 단지에 관리소를 두지 않음으로써 유지관리의 효율성을 철저히 이행하며 커뮤니티 활성화를 통한 자율적 관리를 유도하고 장기수선도 체계적으로 이행하고 있다. 구체적으로는 싱가포르 전역을 행정구역에 따라 커다란 블록별로 구획하며 블록의 크기는 우리나라의 구단위 정도의 크기라 할 수 있으며 그 지역 내에 있는 대부분의 건축물은 일괄적으로 관리된다. 그리고 블록마다 타운 카운슬이라는 관리기구가 있어 관리서비스를 주도하며 이 기구에서는 주민조직이 중심적 역할을 수행하고 있다.

(2) 주택관리 조직

타운카운슬은 심의 의결기능과 더불어 집행기능도 담당하고 있다. 타운
카운슬의 관리규모를 보면 적게는 아파트 2만여 세대 많게는 10만여 세대
와 상업 건축물을 위한 집행위원회와 분과위원회를 둘 수 있다.

(3) 주택관리서비스 공급

싱가포르의 또 하나의 특징은 타운카운슬에서 위에 열거된 업무(수선보
수업무) 외에 HANDYMANSERVICE제도를 운용하고 있다는 점이다. 이
서비스 제도는 주민이 유지보수의 책임을 져야 할 아파트세대 내부의 전
용부분에 대해서도 타운카운슬이 주관하여 인근 주요 보수점과 품목별 유
지보수 단가계약을 체결, 주민이 전화 등으로 신고하면 매일 순회하면서
보수해준다.

조직운영에 있어서 하향식(top-down) 방식을 지양하고 상향식(buttom-
up)방식을 구사하면서 관리운영상의 다양한 주민의 욕구를 반영하는 하부의
자율적 기반에 상부의 공적 개입이 조화되어 거시적 방향제시에 정부의 의사
가 반영되는 체제라 할 것이다. 특히 관리의 핵심사항인 관리조직의 상설화,
그리고 장기 수선계획 수립과 시행을 통해 선진화된 건축물 지관리체계를 구
축했다 하겠다. 따라서 우리도 관련법을 보완, 자율적 관리의 기반을 구축하
고 필요한 사안에 대해서는 공적 개입의 근거를 마련하는 것이 필요하다고
본다.

(4) 최근의 동향

싱가포르는 영미법계의 제도를 유지하며 관리시스템은 「Town Council」
에 의한 권역별 광역관리 하는 것이 특징이다. 단지에 관리소를 두지 않
음으로써 관리의 효율성을 철저히 이행, 커뮤니티 활성화를 통한 자율적

관리유도하고 장기수선도 체계적으로 이행한다. 전용과 공용부분에 대한 일체적 수선 서비스 제공하며, 주차장 유료화 등 단지 수익사업을 강화하여 주택관리에서의 영업이익(profit)을 창출한다.

3) 영국의 공동주택 관리

(1) 공동주택 관리 법규체계와 특징

1925년에 주택법(Housing Act, 1925)을 제정하여 그간의 법을 통합하여 운용하여 왔다. 주택법을 운영하는 중앙기관으로는 주택성이 있고 그 주택성에 중앙주택자문위원회(central housing advisory comittee)가 있으며 그 하부기구로서 지방 공공단체에 주택관리 위원회를 설치하였다. 공동주택 관리를 위한 그 하부기구로서 지방공공단체에 주택관리 위원회를 설치하였다.

또한 전문적인 공공주택관리 형태를 취하고 있는 영국의 주택정책이나 그 관리시책은 단계적으로 운영되고 있다. 주택법의 집행을 총괄하는 중앙기관으로 주택성이 있으며 그 상부기관으로 중앙정책심의회가 있고 그 하부조직으로 주택법을 직접 담당하는 지방공공단체인 주택협회가 있다.

여기에는 공동주택의 유지관리에 관한 자율적인 권한과 책임을 재량에 따라 수행할 수 있는 주택관리 위원회가 설치되어 있다. 영국의 주택관리 시스템의 가장 큰 특징이라 할 수 있는 점은 실질적으로 지방자치단체를 토대로 한 지역성을 바탕으로 하면서 관리 분야가 매우 다양하고 각 분야마다 주택관리 전문직종이 있다.

공동주택 관리를 위한 관리인 선발은 왕립 측량사협회 및 주택관리인 협회에서 실시하고 있으며 관리인에게는 다음과 같은 3가지 특성이 있다.

첫째 영국의 주택관리 분야는 매우 다양하고 각 분야마다 전문가들로 이루어져 있어 많은 주택관리 전문직종이 있으며 많은 전문직종에는 여성의 진출이 활발하다. 이들은 주택관리인이라 한다. 둘째 영국의 시스템은 실질적으로 지방자치단체를 토대로 전개되는 지역성의 특성이 있다. 셋째 영국은 주택관리 대상을 부동산이라고 하는 대물관리뿐만 아니라 대인관리까지 확대 연구 실시하는 양면적 특성이 있다. 무엇보다도 영국의 주택관리에서의 핵심은 커뮤니티의 활성화다. 영국이 국가 간 관리우위를 점하는 부분은 커뮤니티의 활성화다. 넷째 지방자치의 모형이라 할 수 있는 영국에서는 공동주택 문제에 관해서도 주민의 참여를 통한 문제해결 장치들을 갖추고 있다. 예컨대 공동주택 밀집지역 내에서 조직되는 커뮤니티 집단들이 각종 공공단체나 지방의회의 초기 기획단계에서부터 집행 및 평가의 분야에 참여하고 있다.

(2) 영국 주택관리의 배경

영국은 모든 국민이 생활권으로 주거서비스를 인정하고 있기 때문에 포괄적이고 종합적인 주택정책이 확립되고 있으며 저소득층의 주거안정을 위해 공동주택을 공급관리하는 등 정부의 역할을 중시해왔다. 영국은 모든 주택사업을 정부의 통제하에 두면서도 실질적으로는 지방자치단체를 토대로 전개되는 지역적인 특성을 가지고 있다. 주택관리 시스템도 지방자치단체소속의 주택관리사(housing manager)가 주택단지 관리를 담당하고 있으며 주거관리는 국가재산의 보존과 직결되어 있는 기본과제로 여겨지고 있다. 따라서 영국에서는 지방자치단체가 공공주택과 관련된 거의 모든 사항을 주도적으로 결정하였고 지역의 주택사정과 요구를 파악하여 지역에 맞는 주택공급과 주택관리 서비스를 제공해 왔다. 그러나 이러한 사회복지적 차원에서 제공된 서비스는 관리자와 입주자 사이의 상호 협조나 공감대는 형성되지 않았으며 무관심으로 인해 공영주택단지에서 시설물 파괴와 범죄 등이 많이 발생되면서 관리에 있어서도 새로운 시도가 있게 된다.

1985년에는 주택법을 전면적으로 개정하여 그동안 국가와 지방자치단체에서만 담당하고 있던 공동주택의 공급을 민간에서도 할 수 있도록 등록된 공공주택임대인(registered social landlords) 개념을 도입하여 자치단체를 대신하여 공공임대주택의 공급과 관리를 할 수 있도록 하였으며 이들은 주택조합(Housing Association)에 소속되게 된다.

이를 통해 지방자치체, 임차인대표, 기타 이해관계인 대표가 참여하는 지역주택회사(local housing companies)가 공공주택 공급 및 관리자의 역할을 하는 길이 열리게 되었으며 지자체의 공공 임대주택을 인수한 주택조합을 중심으로 한 독립적 임대주택부문이 새로이 구축되는 과정에 있다.

(3) 공동주택 관리의 주민참여

영국의 공동주택 관리에 있어 주민의견을 대표할 시책에 반영할 수 있도록 조직된 영국의 공동주택 밀집지역에서 나타나는 주민조직으로는 다음과 같은 것이 있다.

첫째 커뮤니티(community forums)이다.[47) 커뮤니티회의는 공동주택 밀집지역 주민 상호 간의 의사소통 원활을 기하고 해당지역에 관한 지방행정 당국의 특정 시책수행에 대한 상호 해당지역에 관한 지방행정당국의 특정시책의 수행에 대한 상호협력 체제를 위해 설치된 것이다. 여기서 중요문제에 대해 집단토의의 기회제공과 공동주택 밀집지역에 대한 행정촉진 및 정보교환 등의 역할을 수행한다.

둘째 시민협의회(public consultation)이다. 이는 계획신청에 있어서 주민의 의견을 교환하여 상호의견을 진술할 기회를 제공하고 효율적이고 능율적으로 시민참여를 통한 여러 조치를 강구하는 시민협의회라고 할 수 있다. 행정시책을 수행함에 있어서 올바른 시민참여 방법을 행정당국에 유도하는 기능을 한다.

---

47) 커뮤니티란 자연발생적 공동체를 말한다.

셋째 근린협의회(neighbord councils)이다. 주거환경과 매우 밀접한 문제들을 해결하기 위한 주민으로서 특히 주민의 이기주의와 편협적인 자기주장으로 인한 공익폐해를 극복하기 위해 주로 도시지역에 설치하고 있다.

(4) 주택관리사제도와 전문관리인의 양성제도

영국의 주택관리사 제도는(housing manager) 주택자원을 효율적으로 배분하고 소비자들의 요구에 대응하고 필요할 때 정책조언을 하는 사람으로 정의되어 왔으며 단조로운 임대 업무에 치중해 왔다. 그러나 근래에 이르러 무주택자나 청소년 문제, 노인문제 등의 발생으로 주거관리의 다각적인 접근의 중요성이 부각되면서 새로운 업무에 도전이 되고 있다.

영국의 주택성에서 주택관리사 자격을 취득하기 위해서는 영국왕립 측량사협회나 주택관리사 협회가 실시하는 시험에 합격해야 한다.

그리고 영국에 있어서 공동주택 관리라고 하는 것은 단순히 임대료를 수금하여 주택을 수선하는 채권관리와 재산관리의 범위에 머무르지 않고 직업 분류상으로 보면 명확하게 사회사업에 속하는 직종 가운데 하나이다. 영국에서는 공종주택 관리인에게는 법정자격과 자격시험이 있고 또 이를 위한 교육훈련이 관련 직업단체에서 행하여지고 있다. 영국의 주택성은 사회복지 사업의 추진과 주택의 효율적인 관리를 위한 정책을 담당하고 주택관리사 제도를 관장하고 있다. 영국에서 주택관리사 자격을 취득하기 위해서는 영국왕립측량사 협회(rics)나 주택관리사협회(SHM)가 실시하는 시험에 합격해야 한다.

(5) 최근의 동향

영국의 주택관리에서의 핵심은 커뮤니티활성화 노력이며 관리문제는 사는 사람들이 우선 해결토록 하는 것이다. 그러나 지방정부나 주택관리업체는 임차인 서비스헌장(Tenants' Charter)을 만들어 서비스 질 향상을 뒷받침하는 점이 특기할 만하다. 물론 영국에서 계획적인 수선 유지비를 소홀히 하는 것은 아니며 이 점은 일본, 싱가포르, 미국과 대동소이하다. 영국이 국가 간 관리우위를 점하는 부분은 커뮤니티 활성화이다.

4) 미국의 공동주택 관리

(1) 공동주택의 관리체제와 관리법규

가. 공동주택의 관리체제

미국의 주택정책은 원칙적으로 시장원리에 맡기되 저소득층에서 발생하는 문제에 한해 선택적으로 정부가 개입하는 정책을 취하고 있다. 주택과 관련된 주요 법은 임대료가 저렴한 공영주택을 건설하기 위하여 1937년에 제정된 주택법(The Housing Act)이 제정되고 임대료보조, 도시재개발 등에 대한 정책개발청이 설립되었고 1974년에 주택 커뮤니티법이 제정되었다.

미국의 공동주택 관리체계는 크게 민간임대 공동주택을 관리하는 주거자산관리, 분양아파트관리, 그리고 공동임대주택의 관리로 구분되는데 그 중에서도 미국주거관리의 가장 큰 특징은 시장경제원리에 입각하여 수익을 낼 수 있도록 입대 자산의 관리를 전문적으로 수행한다는 점이다.

따라서 전문주택관리는 위탁받는 주택을 양질의 상태로 유지 보전하고 개선하여 주택에 대한 가치와 이익을 창출하는 것을 목적으로 하고 있다.

a. 분양공동주택의 관리

이는 콘도미니엄법에 규정되어 있다.

b. 임대주거자산관리

주거자산관리는 임대수익을 가장 많이 낼 수 있는 방식으로 관리하는 것을 의미한다.

c. 공공 임대주택의 관리

미국은 정부가 용역을 주어 관리하는 형태로 취해 왔으나 현재 용역관리는 한계에 봉착하여 중앙정부는 임차인 대표회의를 구성하도록 하여 관리에 관한 일체의 권한을 부여하였다. 임차인이 스스로 해결하게 하는 대안을 만들고 실험한 결과는 성공적인 것으로 평가되고 있다.

나. 분양 공동주택 관리

분양 공동주택 관리는 콘도미니엄법에 규정되어 있다.

a. 관리조직으로서의 이사회와 상임위원회

분양공동주택의 소유자들은 자동적으로 관리협회를 구성하게 되는데 이 조직을 주택소유자협회 또는 주민공동체조직이라고 한다. 이사회는 소유자협회규약에 의해 특별히 금지된 업무를 제외하고 단지의 소유자를 대리하여 모든 결정을 내릴 수 있는 권한을 가지게 되며 예산책정, 관리인 채용과 해고, 회계 등 업무와 관리방식의 선택 등을 한다.

상임위원회는 관리조직 외에 입주자의 관리참여를 유도하는 의미로 분양공동주택에는 각종 상임위원회를 구성하는 경우도 많다. 이사회의 업무를 지원하고 감독하는 것으로 건축위원회, 조경위원회, 유지관리위원회, 예산 및 재정위원회, 커뮤니티위원회 등이 있다.

b. 관리방식

이사회는 단지의 특성에 따라 관리방식을 선택하게 되는데 관리업무를 전적으로 위탁하지 않고 스스로 관리할 수도 있고 필요한 부분만 관리계약을 체결하기도 한다. 그렇지 않으면 완전히 관리업무 전체를 관리회사에 위탁할 수도 있다.

구체적인 관리방식의 유형으로서 첫째 모든 관리업무가 이사회에 의해 처리되므로 기본적으로 유급관리인이나 관리회사는 존재하지 않는다. 단지의 규모가 작고 복잡한 물리적 설비가 적은 단지에 적합하다. 둘째 관리인 고용관리로 우리나라의 자치관리와 유사한 형태의 관리로 이사회가 고용한 유급의 관리인으로 일반적으로 풀타임 또는 파트타임으로 고용된 직원에 의해 업무를 처리한다. 셋째 위탁관리로서 관리회사에서 전문적으로 훈련을 받은 관리자를 활용하는 방법으로 100세대 이상의 콘도미니엄에서는 보통비용을 지불하고 모든 관리업무를 수행할 수 있는 관리서비스를 이용한다. 소유자협회가 관리회사와 관리서비스 위탁계약을 맺으면 관리회사는 업무처리에 필요한 관리직원을 배치하고 장비를 갖추어 관리에 임하게 된다. 넷째로 혼합관리형태로서 단지의 특성이나 주민의 관리요구에 따라 관리수법을 혼합한 형태로 실적 있는 관리회사와 위탁관리를 체결함과 동시에 특정한 업무를 일임할 수 있는 전문관리인을 고용하여 고품질의 서비스를 병행하는 것을 말한다. 비용의 증가를 초래할 수는 있으나 주민이 원하는 높은 수준의 서비스를 제공할 수 있는 적극적인 관리형태라 할 수 있다.

미국의 공동주택은 협동조합방식으로 지어진 주택을 의미하는 것인 점에서 협동조합이 출자지분을 분양하면 입주를 원하는 자가 출자지분을 구입함과 동시에 협동조합으로부터 점유부분을 임대하는 2중의 형태를 통해 공동주택에 입주한다. 따라서 주택의 관리에 있어서도 출자자 전체가 모여 관리조합 회의를 개최하여 여러 가지 관련된 사항을 결정하는 형식을 취한다.

관리조합회의가 의결기관이며 출자자 총회에서 선출된 대표로 구성되는 것이 집행기관인 이사회이다. 공동주택은 개인이 소유하는 법적 형태에 따라 coopertive와 condominimum으로 구분되는데 coopertive는 건물을 모든 거주자를 사원으로 하는 비영리 사단법인 또는 회사의 소유에 속하게 하고 각 거주자는 그 한 구획을 임차하는 형식으로서 각 주거자가 그 전용부분을 단독으로 거래의 대상으로 함에는 많은 제한이 있는데 반해 condominimum은 완전히 독립된 개별적인 소유권으로서 자유로이 거래의 대상으로 할 수 있다는 점에서 보다 발전된 형태라고 할 수 있다.

c. 공공 임대주택관리

미국의 공공임대주택은 정부가 용역을 주어 관리하는 형태를 취해 왔으나 현재 용역관리는 한계에 봉착하였다. 임대료 징수율이 낮아지고 시설물 훼손이 심각해지고 단지가 마약이나 탈선의 온상이 되었다. 이러한 행태를 시정코자 중앙정부는 임차인 대표회의를 구성하도록 하여 관리에 관한 일체의 권한을 부여하고 스스로 해결하게 하도록 하였던바 결과는 매우 성공적이어서 임대료징수, 시설물의 유지보수, 청소년선도를 자체에서 잘 수행해내고 있다.

임차인과 주택당국자 간의 구체적 협력관계는 계약서에 나열되어 있는데 주택당국에서는 특정정책과 관리책임에 관한 사항을 임차인 대표회의에 위임하고 있다.

d. 주택관리사

미국의 주택관리사제도는 정부의 행정적인 절차에 대한 것이 아니라 전문적인 관리사의 필요에 따라 민간비영리단체에서 관리자를 교육하고 자격을 주는 체제로 발전되어 왔다. 관리와 관련된 전문관리인을 매니저는 독자의 권한을 갖지 않으나 전문성과 계약내용에 입각한 관리활동을 보장받는다. 매니저의 자격은 부동산 중개인들의 조직인 national association of realtors산하에 주택관리협회(institute of real estate management)의 정규 교육과정을 마쳐야 되며 적어도 5년 이상의 실무경험을 쌓아야 하고 협회의 규칙을 지킬 수 있다고 인정된 사람이어야 한다.

(2) 공동주택 관리 회사의 조직

대규모 공동주택 관리회사의 지역관리자(regional manager)는 보통 몇 개 도시의 사무실을 관장하고 그 밑의 하급관리자들을 감독하는 역할을 한다. 공동주택의 관리기능은 간부기능과 행정기능으로 대별할 수 있는데 간부기능은 상급관리자가 행하는 기능을 행정기능은 하급 관리자가 행하는 기능을 행하는 기능을 일컫는다. 지역관리자는 이 같은 간부기능을 수행하는 대표적인 사람으로 예산편성 공동주택 관리 포트폴리오구성, 광고 프로그램의 개발, 소유자와의 접촉, 하급관리자들에 대한 지휘감독과 같은 고급기능을 한다. 지역관리자 또는 간부관리자가 되기 위해서는 반드시 cpm과 같은 높은 수준의 자격증을 소지하고 있어야 한다.[48]

(3) 공동주택 관리에 관한 전문 자격증

미국의 주택관리사제도는 정부의 행정적인 절차에 의한 것이 아니라 전문적인 관리사의 필요에 따라 민간 비영리단체에서 관리자를 교육하고 자격을 주는 체제로 발전되어 왔다. 주택관리사자격은 많은 민간단체에서 수여하고 있으며 가장 대표적인 자격으로는 분양 공동주택협회(CAI: Community Association of Istitute)에서 운영하는 자격 프로그램과 부동산관리협회(IREM: Istitute of Real Estate Management)에서 인증하는 자격이 있다. 즉 자격증을 국가에서 관장하는 것이 아니라 전문협회가 관장, 자격증도 부동산의 종류에 따라 상당히 세분되어 있다.

5) 비교분석 및 시사점

위에서 살펴본 바와 같이 외국의 공동주택 관리제도는 그 나라의 역사와 전통에 따라 각기 상이한 모습을 띠면서 발전하여 왔음을 알 수 있다. 상술한 여러 나라의 공동주택 관리제도 중에서 주요국의 내용을 비교 정리하여 보면 다음의 〈표 2-5〉와 같다.

외국(영, 미계)에서[49] 아파트의 관리는 일반적으로 외부관리와 내부관리로 대별된다. 외부관리는 아파트 전문관리 용역회사(property management

---

48) 안정근, 현대부동산학, 서울 박영사, 2000, p.443-444.
49) 강혜경 외 6인 공저 공동주택 관리론 111쪽 참조.

company)에 의해서 이루어지며 내부 관리는 아파트주민들이 중심이 되어 구성된 단체(Body corporate)에 의해서 행해진다. 대부분의 경우 용역회사, 내부단체가 공동으로 아파트를 관리하는 것이 일반적이다.

<표 2-5> 우리나라와 외국의 공동주택 관리제도의 비교

구 분	한 국	영 국	미 국	일 본	싱가포르
관리주체	주택건설업자·자치관리기구, 주택관리업자	지방자치단체 소속의 주책관리인협회	부동산관리협회, 건물주 및 관리자협회연합	(주)단지서비스·(재)주택관리협회	·HDB 내의 자산 및 토지 담당부서
관리인 제도	1987년부터 주택관리사도입	주택관리인	·부동산관리자 또는 유자격재산관리인		HDB 관할의 주택관리검사원
관리업무	입주자관리, 단지관리·시설물관리, 일반사무관리, 회계관리	·주택의 임대료·관리비 등 수금과 수급계획에 조언, 유지수선, 각종사회서비스·단지내의 일반적인 업무처리	건물의 장기 및 단기의 유자수선 대체계획수립, 재무관리, 주택홍보, 계약 주선 체결, 법적업무의 수행, 건물에 대한 전문적인 기술적 관리, 관리직원 통솔	·시설물유지관리. 보수점검·관리보발행·조사연구사업. 현지관리요원의 교육훈련·단지내 시설의 운영에 관한 상담, 지도, 입주자 요구사항해결	입주자들의 참여의식 고취를 위한 "OURHOME"잡지발간과 "24시간보수유지봉사반"의 서비스입주자의견반영 단지 내 질서유지를 위한 지역 3대표자제 실시
기 타	·건설부의 주택관리과에서 1, 2차 시험에 걸쳐 주택관리사자격증교부	주택관리업무를 전문주택관리인에게 위임·엄격한 시험과 교육훈련을 거친 주택관리인 선정	각 관리주체에서 행하는 교육프로그램에 의해 부동산관리인을 선정		·정부주도의 교육훈련제도 실시

자료: 2001. 6. 동아대학교 허점도 석사학위논문 39p

내부단체의 장(chairman)은 아파트주민들에 의해서 선임되는데 단체장은 정기적으로 우리의 반상회와 비슷한 주민회의를 개최한다. 주민회의에는 이사(director)로 불리는 사람들이 전체주민들을 대표하여 참가한다. 내부 단체장은 아파트의 주민들 중에서 이사를 선임한다. 또한 단체장은 실제로 아파트의 관리를 담당하는 관리책임자도 선임한다. 내부단체에서는 무엇보다도 주민들의 의견을 먼저 고려하여 아파트의 관리법규 및 제한사항을 결정한다. 이렇게 결정된 법규와 제한사항은 외부 아파트전문관리 용역회사에 의해서 엄격하고 공정하게 시행된다. 즉 규정을 위반한 아파트주민은 경고를 받게 되며 어떤 경우에는 벌금을 내기도 한다.

외부관리인 아파트관리회사는 관리비를 부과하고 지출도 담당한다. 관리비의 상세한 부과내역과 지출항목은 정기적으로 열리는 주민회의를 통하여 항상 공개된다. 물론 외부의 감사가 이루어지기도 한다.

외국과 우리나라의 경우를 비교할 때 아파트 관리비 징수와 지출에 있어서의 차이점은 다음의 세 가지로 요약할 수 있겠다. 첫째 관리비 액수의 책정 시 주민의 의사가 가장 먼저 그리고 가장 많이 반영된다. 둘째 관리비 지출내역의 투명한 공개로 관리비를 둘러싼 시비내지는 비리가 사전에 차단되고 있다. 셋째 관리비가 상대적으로 비싼 반면 주민들에게 돌아가는 혜택은 매우 많다. 이상에서 볼 때 우리에게 특히 시사하는 점은 관리비를 공정하게 지출하고 모든 지출내역을 투명하게 공개할 뿐만 아니라 감사과정까지 거쳐 비리의 여지를 없애는 제도를 우리가 하루빨리 도입하여 실천하여야 한다는 점이다.

또한 우리나라 공동주택 관리제도와 외국의 공동주택 관리제도를 비교 분석해 보면 다음과 같은 특징을 들 수 있다. 첫째 관리정책적 기조 면에서 우리나라는 관리 일반법에 의한 공적 관리형태이나 외국의 사례는 사법적 기조 위에서 자율 관리형태를 취하고 있다. 둘째 서비스공급 패턴에서 우리나라는 단지 행정관리중심의 1차적 관리차원이나 외국의 경우에는 단지행정관리 및 시설물관리 및 입주자 관리차원의 2, 3차적 관리패턴을 가지고 있다는 것이다.

끝으로 경쟁력을 살펴보면 우리나라는 관리주체 역량에서는 상위를 차지하고 있으나 기타 경쟁력은 중, 하위에 머물고 있는 상황이다.

〈표 2-6〉 주요 국가 간 정책적 기조와 동향 비교

구 분		한 국	미 국	영 국	일 본	싱가포르
총론	관리의 정책기조	·관리 일반법에 의한 공적관리(외국의 사례와 비교 시 독특한 점임) ·공적개입완화와 자율 통제로의 전이 단계·작은 관리소를 지향하는 대안미흡	·일반법보다는 전통적 관행이나 가이드라인 중심운용 ·자기재산은 자기가 알아서 관리 ·「안전」, 「환경」, 「에너지」절약문제는 일반법에 의해 강력한 국가의 공권력 개입이 이루어짐 ·임대아파트에 대한 재정지원 강화		·전통적 사법(私法)제도중심 관리 ·단지별 조합(조합)의 활성화를 통한 관리 ·청소원, 보수요원도 자격증제도에 의한 전문화	·영미법계의 제도유지 ·「Town Council」에 의한 권역별 광역관리 ·단지에 관리소를 두지 않음 ·관리의 효율성을 철저히 이행
	최근의 동향	·민간아파트 비리, 사회문제화(*주공, 지방공기업 산하단지에서의 비리적 출사례는 거의 없음) ·관리비절감에 대한 입주자욕구 분출 ·입주자중 전문지식인 증가	·커뮤니티 활성화를 통한 자율적 관리 ·서비스 헌장 제정운용 ·대입주자 피해보상 제도운용 ·장기수선의 체계적 이행 ·임대아파트 입주자참여 확대 조치 경향 ·작은 정부 지향점을 관리사무소에도 적용		·맨션관리사 제도도입(2000. 12. 8.) 단, 의무배치 토록 하지는 않음. 단지 임의결정사안으로 남김 ·관리상의 분쟁은 행정청판단보다는 사법적(司法的) 판단에 따라 해결	·커뮤니티 활성화를 통한 자율적 관리 유도 ·장기수선의 체계적 이행 ·전용과 공용부분에 대한 일체적 수선 ·주차장유료화 등 단지수익사업강화
			시장경쟁력	사회복지적		
특징요약		공법(公法) +공적관리	사법(私法) +자율관리	사법(私法) +자율관리	사법(私法) +자율관리	사법(私法) +자율관리

자료: 대한주택공사, 주택통계편람(2001), 싱가포르통계청(http://www.singsstat.gov.sg)

제4절 분석틀과 분석방법

본 절에서는 이상에서의 공동주택관리에 관한 이론 및 기존연구의 검토 결과와 외국의 사례의 검토를 토대로 우리의 공동주택 관리체계의 개선방안을 강구하기 위한 분석의 틀과 이를 구성하는 주요 분석 연구내용에 대하여 논의한다. 이를 위해 우리의 공동주택관리 체계를 설명할 수 있는 보다 구체적이고 단순화된 개념적인 틀이 요구된다.

즉 공동주택 관리체계의 개선방안을 연구하기 위해서 어떻게 연구되고 분석되어 종합화해야 하는가를 위해서는 공동주택관리와 관련된 이해관계자이며 당사자인 거주자, 관리를 담당하고 있는 관리주체 및 이를 지도감독하고 있는 정부 및 지방 자치단체 등의 역할이나 임무를 잘 수행하고 있는지를 파악하는 개념모형으로 모색해 볼 수 있을 것이다. 본 연구에서는 이러한 당사자별 역할과 임무의 고찰과 운영 유지관리 공동체관리 자산관리 등 관리유형을 조합해서 본 연구의 분석의 틀을 설정하고 분석틀을 구성하고 있는 주요 분석내용을 도출한 다음에 분석내용의 분석방법을 제시하고자 한다.

<그림 2-8> 분석의 틀

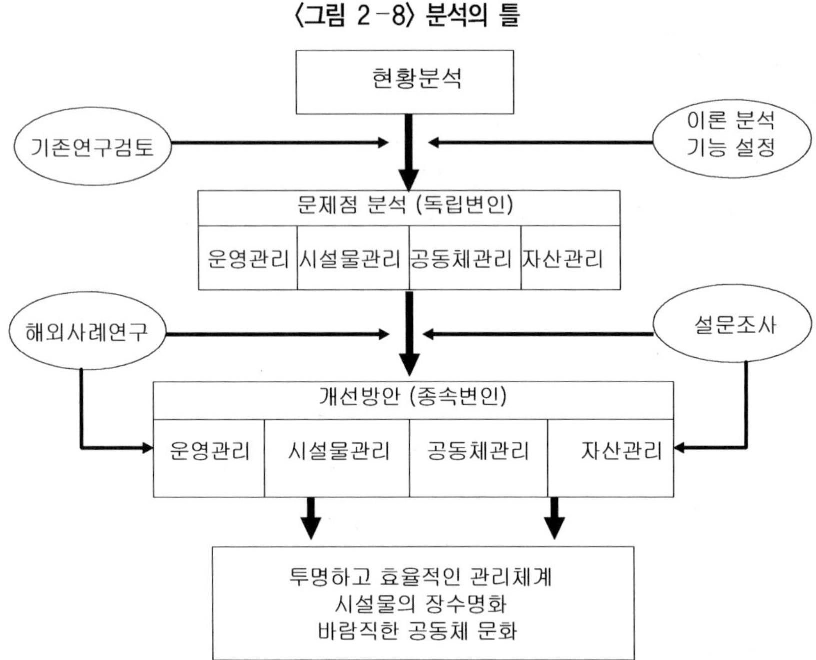

1. 분석의 틀

　아파트 즉 공동주택이 건설되어 입주가 끝날 때까지는 대부분 건설업자가 관리주체가 되어 공동주택을 관리하고 그 이후는 주택법에 의한 관리방식에 의하여 관리된다. 공동주택의 관리업무는 학자에 따라 다르게 분류될 수 있는 바 관리업무의 이해에 따라 운영관리, 경영관리, 유지관리, 생활관리의 4가지로 분류되기도 하고 또 운영관리, 유지관리, 생활관리로 분류[50]될 수도 있으며, 가장 단순하게 운영관리와 생활관리를 운영관리에 포함시켜 운영관리와 유지관리로 분류[51]하기도 한다. 그러나 본 연구에서는 운영관리, 유지관리, 공동체관리, 자산관리의 4개 분야로 분류하고자 한다. 또한 관리방식도 각각의 단지마다 위탁 관리방식, 자치 관리방식으로 나뉘어 있다.

　그동안의 기존의 연구[52]에서는 주로 관리주체 측면에서 운영 및 유지관리의 효율화 방안에 초점이 맞춰져 있지만, 본 연구에서는 입주자 및 입주자대표회의, 감사, 관리주체, 정부지자체의 5 당사자별 역할관계를 고려하여 구분하여 당사자별로 바람직한 역할 혹은 임무가 무엇이고 어떻게 하는 것이 바람직한 것인지를 설정하려 한다. 이때 주로 입주자대표회의

---

50) 은난순, 공동주책관리업무 수행평가 도구개발, 경희대학원, 박사학위청구 논문, 2003. 2, p.38 공동주택관리를 법률적 측면, 학문적 측면, 실무적 측면으로 구분, 설명하면서 그 유형을 운영관리, 유지관리, 생활관리 또는 공동체관리로 설정하고 있다.

51) 홍성지. 건국대 박사학위 청구논문. 공동주택관리 체계 개선에 관한 연구 2004. 12, pp.67.

52) 서울시정 개발연구원, 공동주택 관리제도 개선방안에 관한 연구, 1995, 주택공사 도시주택 연구원, 주택산업연구원, 국토연구원 등에서 제시한 연구결과들을 종합해 보면 관리주체 측면에서 운영 및 유지관리의 효율화 방안을 연구하고자 하고 있다.

와 관리주체 및 감사의 3 당사자를 중심으로 하여 이것을 본 연구의 주요 분석내용으로 하고 다음으로 공동주택관리의 유형학적 분류에 따라 관리의 유형별 내용으로 운영관리, 유지관리, 공동체관리, 자산관리에는 어떠한 내용들로 구성되는지 도출하고자 한다.

특히 위의 3 당사자의 역할과 상호간의 바람직한 관계설정이 우리의 공동주택관리를 견제와 균형의 원리와 상호 협력관계를 동시에 추구토록 함으로써 관리를 투명하면서 효율화하고 입주자들의 신뢰감을 증진시켜서 관리에의 참여의식을 북돋워서 공동체를 활성화시키는 데 도움이 될 것으로 본다. 이때 효율적인 관리체계 구축은 합리적인 법제도 개선과 운영 및 유지관리 능력의 제고와 공동체의 활성화 촉진과 자산관리 측면에로의 관리범위 확대로의 제도개선이라는 독립변인 여하에 따라서 투명하고 효율적인 관리체계 구축과 시설물의 장수명화와 바람직한 공동체문화라는 결과가 다르게 나타날 수도 있는 종속변인이 될 수 있을 것이다.

2. 분석방법 및 내용

앞의 분석의 틀에서 공동주택관리체계에 대한 분석내용을 분석하기 위한 방법으로 우선 기존에 연구된 각종 공동주택관리의 현황과 문제점 및 이에 대한 개선방안 등을 탐색적으로 분석한다. 다음으로 이러한 분석결과를 바탕으로 선정된 관리체계상의 각종 문제점, 즉 관련법규 및 제도상의 문제와 각 분야별, 즉 운영관리, 시설물 유지관리, 공동체관리, 자산관리 등의 측면에서의 문제점과 개선방안 등에 대한 측정항목을 작성하여 거주자(입주자 및 사용자)와 관리자(주택관리사) 등에게 설문조사를 통해 의견을 조사하였다.

그리고 그동안에 관심을 가지고 본인의 직업상 관련으로 직접 경험한 사실과 알게 된 사실 및 관리사협회 관계자 및 아파트 관리사무소장과의 전화통화 및 면담결과의 입주자대표회의 임원과 구청 주택과 직원들 및 아파트 거주자들과의 면담결과에 대한 메모록과 노트집을 참고하였다.

그리고 설문조사는 제3장과 제4장에서 논술하는 바와 같이 빈도분석과 교차분석 등으로 분석한다. 본 연구에서는 공동주택에 거주하면서 관리서비스를 받는 입주자뿐만 아니라 공동주택의 관리를 직접 담당 관할하는 관리소장인 주택관리사를 대상으로 하여 설문조사를 시행하고 분석을 하여 문제에 대한 개선방안을 고구하거나 문제점이나 개선방안에 대하여 설문을 실시하여 그에 대한 지지도를 확인하는 방법 등으로 하였다.

그리고 분석은 분석틀에서 설정한 공동주택 관리체계와 효율성(종속변인)과 독립변수로서의 법령체계, 입주자대표회의와 감사제도 그리고 정부의 역할에서의 지도와 감독 등의 제반 제도적 변수와 운영관리, 유지관리, 공동체관리, 자산관리의 관리 분야상의 제반의 변수들과의 관계를 분석하였다.

본 연구는 이와 같은 분석과정을 통하여 공동주택관리의 문제현황을 파악하고 개선방안을 강구하여 정책적인 개선방안으로 제시하여 궁극적으로는 공동주택의 관리체계의 효율성과 합리성 제고를 통하여 시설물의 장수명화와 바람직한 공동체문화의 정착에 기여하고자 한다.

제 3 장

공동주택 관리체계의 현황과 문제점 분석

제1절 공동주택의 현황과 관리체계의 실태

1. 공동주택의 현황

1) 총량적 통계적 규모분석

우선 현재 사용 중인 공동주택의 총량적 통계와 지역별통계를 보면 건설교통부가 2003년 12월 31일을 기준으로 전국의 20호 이상의 공동주택을 조사한 결과 전국 총 주택수 1,236만 호의 52%에 해당하는 총 640만여 호에 이르는 것으로 나타났다. 그리고 지역별로는 경기도가 서울보다 많은 154만여 호에 이르는 것으로 나타났다.

<표 3-1> 사용 중인 공동주택

(단위: 천 호)

구 분		2002	2003	증 △ 감
합 계		6,123	6,404	281
분양주택	소 계	5,251	5,481	230
	아파트	5,044	5,263	219
	연 립	203	214	11
	다세대	4	4	—
임대주택		872	923	51

*주택법령에 의하여 사업계획승인을 득한 공동주택
*자료: 건설교통부 주거환경과 2003. 12. 31.

〈표 3-2〉 지역별 공동주택

(단위: 천 호)

구 분		2002	2003	증 △ 감	
				호 수	증감률(%)
합 계		6,123	6,404	281	4.59
수도권	소 계	2,904	3,063	159	5.48
	서 울	1,091	1,149	58	5.32
	인 천	359	371	12	3.34
	경 기	1,454	1,543	89	6.12
부 산		489	494	5	1.02
대 구		329	352	23	6.99
광 주		248	258	10	4.03
대 전		216	219	3	1.39
울 산		155	161	6	3.87
강 원		209	213	4	1.91
충 북		198	209	11	5.56
충 남		208	220	12	5.77
전 북		260	269	9	3.46
전 남		197	202	5	2.54
경 북		298	310	12	4.03
경 남		377	398	21	5.57
제 주		35	36	1	2.86

또한 현재 사용 중인 공동주택의 사용연수별 공동주택현황을 보면 전체의 64%인 409만 호가 10년 이내에 건축된 주택이고 21년 이상된 주택도 40만 호로 6.2%나 되는 것으로 조사되어 앞으로 재건축 또는 리모델링 수요는 지속될 것으로 예상된다.

〈표 3-3〉 사용연수별 공동주택 현황

(단위: 천 호)

구 분	계	분양주택				임대주택
		계	아파트	연 립	다세대	
계	6,404	5,481	5,263	214	4	923
5년 이하	2,063	1,542	1,525	16	1	521
6~10년	2,026	1,779	1,749	29	1	247
11~15년	1,281	1,149	1,063	55	1	132
16~20년	631	612	535	76	1	19
21년 이상	403	399	361	38	–	4

자료: 건설교통부 주거환경과 2003. 12. 31. 현재

2) 공동주택 규모 분석

우선 면적별 공동주택을 보면 규모별로 볼 때 국민주택규모 이하의 주택이 72%(461만 호)로 대부분을 차지하고 전용 40평을 초과하는 주택도 18만 호(2.8%)로 조사되었다.

〈표 3-4〉 면적별 공동주택

(단위: 천 호)

구분(평방)	계	분양주택				임대주택
		계	아파트	연 립	다세대	
계	6,404	5,481	5,263	214	4	923
85 이하 (25.7평)	4,610	3,715	3,529	182	4	895
85~102	974	951	930	21	–	23
102~135	643	638	629	9	–	5
135초과 (초과)	177	177	175	2	–	–

자료: 건설교통부주거환경과 2003. 12. 31.

그리고 단지 규모별로는 전체 21,650개 단지 중 500호 이상의 대형단지

가 3,844개 단지(17.7%)이며 150호 미만의 소형 단지는 11,379개 단지 (52.6%)나 된다.

<표 3-5> 단지규모별 공동주택

(단위: 개단지)

구 분	계	150호 미만	150~500호	500~1000호	1000호 이상
계	21,650	11,379	6,427	2,662	1,182
분양주택	19,640	10791	5,666	2,214	969
임대주택	2,010	588	761	448	213

자료: 건설교통부주거환경과. 2003. 12. 31. 현재

또한 층별 공동주택의 통계를 살펴보면 21층 이상의 공동주택은 80만 호(12.6%)에 이르고 16~20층 규모의 공동주택은 135만 호(21.2%)로 점 차 고층화되어 가고 있다.

<표 3-6> 층별 공동주택

구 분	계	분 양 주 택				임대주택
		계	아파트	연 립	다세대	
계	6,404	5,481	5,263	214	4	923
5층 이하	1,192	1,101	884	213	4	91
6~10	379	315	314	1	–	64
11~15	2,674	2,137	2,137	–	–	537
16~20	1,355	1,192	1,192	–	–	163
21층 이상	804	736	736	–	–	68

자료: 건설교통부주거환경과. 2003. 12. 31. 현재 택

그리고 주상복합공동주택의 통계를 보면 단지가 1,000여 단지를 넘어섰 으며 인구도 16만여 호에 이른다.

<표 3-7> 주상복합주택

(단위: 천 호)

구 분	단지수	호 수
계	1031	160
사업승인득한주상복합건물	338	110
건축허가득한주상복합건축물	693	50

3) 관리 인프라

주택관리사보의 합격자현황과 주택관리사보 및 주택관리사의 배치된 현황 그리고 주택관리업체의 현황을 보면 다음과 같다.

<표 3-8> 주택관리사보시험 합격자 현황

구 분	1회 (1990)	2회 (1992)	3회 (1994)	4회 (1996)	5회 (1998)	6회 (2000)	7회 (2002)	8회 (2004)	계
응시자	34,045	11,061	37,667	59,363	43,584	30,160	14,852	18,404	249,136
합격자	2,348	1,910	2,492	2,740	6,295	3,096	1,962	3637	24,480
합격률	6.9%	17.3%	6.6%	4.6%	14.4%	10.3%	13.2%	19.8%	9.8%

자료: 건교부자료에 최근 보도자료를 통합한 것임

<표 3-9> 관리형태 및 주택관리사(보)배치 현황
(분양공동주택 20003. 12. 31. 현재)

구 분		전 체	20~ 150미만	150~ 300 미만	300~ 500 미만	500~ 1000 미만	1000~ 2000 미만	2000세대 이상
총계	단지수	21,650	11,379	3,629	2,798	2,662	991	191
	세대수	6,404,495	737,446	800,593	1,135,269	1,893,959	1,333,177	504,046
	주택 관리사	5,649	107	889	1,327	2,296	855	175
	주택 관리사보	3,301	462	1,524	1,153	124	24	14

구 분		전 체	20~ 150미만	150~ 300 미만	300~ 500 미만	500~ 1000 미만	1000~ 2000 미만	2000세대 이상
자치관리	단지수	9,387	6,048	1,469	968	657	198	47
	세대수	1,926,106	371,758	313,396	387,529	466,895	256,201	130,327
	주택 관리사	1,715	34	339	487	620	194	41
	주택 관리사보	1,710	132	834	659	60	16	9
위탁관리	단지수	6,447	1,293	1,473	1,437	1,530	596	118
	세대수	3,227,535	105,286	336,763	583,814	1,079,026	813,427	309,219
	주택 관리사	3,430	48	485	742	1,456	80	119
	주택 관리사보	1,710	132	834	659	60	16	9

자료: 건설교통부주거환경과. 2003. 12. 31. 현재

〈표 3-10〉 주택관리업체 등록 현황

연 도	'95	'96	'97	'98	'99	'00
증 가	41	28	41	51	72	46
누 적	147	175	216	261	339	385

자료: 주택산업연구원(2001): 공동주택 관리의 합리화방안

4) 위탁관리단지 증가추이와 주택관리단체현황

현재의 위탁관리단지가 증가추세에 있으며 그 현황은 아래와 같으며 또한 주요한 주택관리관련 단체는 다음과 같다.

〈표 3-11〉 위탁관리단지증가추이

연 도	합 계	위탁관리	자치관리	사업주체 및 기타
1986년	100.0	10.0	76.2	13.8
1995년	100.0	37.5	49.0	13.5
2000년	100.0	58.2	31.0	10.8

자료: 주택산업연구원(2001), 공동주택 관리의 합리화방안. p.17.

<표 3-12> 주택관리 단체 현황

구 분	대한주택 관리사협회	한국공동주택 전문관리협회	전국아파트 연합회	한국공동주택 문화연구소
설 립	'92. 6. 9.	'92. 2. 27.	'89. 8. 9.	2000. 9. 1.
목 적	주택관리사의 자질 향상 및 품위유지 주택관리제도 개선	주택관리의 발전 입주자의 복리증진	공동주택의 효율적인 관리 입주자의 권익 보호	공동주택 관리에 관한 연구공동주택단지의정보화 교육
회 원	주택관리사(보)자 격소지자 6천 명 ('98. 12.)	공동주택 관리업 등 록업체48개 사('98. 9.)전체 301개 사의 15.9%	아파트입주자 대표회의회원 630명('98. 9.)	교수, 입주민 등 가계각층회원 500 여 명(2000. 8.)

2. 관리체계와 관리조직

공동주택 관리의 체계의 구조는 공동주택에 거주하고 있는 입주자(입주자대표회의 및 감사), 관리주체(관리소장, 관리업체, 사업주체), 정부(국가. 지방자치단체)로 크게 나누어 볼 수 있다.

우선 입주자대표회의는 관리에 필요한 각종 안건을 주택법 시행령 제51조[53])에 의거하여 의사결정을 해주고 시행규칙 제21조[54])에 의거하여 관리주체의 업무전반에 대한 감사권을 갖고 있다. 그리고 관리주체는 공동주택 관리와 관련한 각종 의사결정사항을 집행하고 공동주택 시설물유지관리 안전관리 관리비 징수 등 공동주택 관리상 필요한 각종 업무를 선량한 관리자로서의 의무를 다하고 그 책임을 지게 된다.(주택법시행령제55조) 또한 정부와 지방자치단체는 공동주택의 원활한 관리를 위하여 지도, 감

---

53) 시행령 제51조는 입주자대표회의의 의결사항과 회의소집 절차 및 회의록 작성 등에 관하여 제5개항에 걸쳐서 규정하고 있다.
54) 시행규칙 제21조는 감사의 회계관계 업무와 관리업무 전반에 대하여 관리주체의 업무를 감사한다고 규정하고 있다.

독업무를 수행한다.(주택법 제59조 및 동법 시행령제82조)

1) 관련법 체계

공동주택 관리와 관련되는 법령으로는 "주택법"과 그 하위법령인 "주택법시행령" 및 "주택법시행규칙" 외에 "집합건물의소유및관리에관한법률", "민법", "건축법" 등의 일부 관계규정, 그리고 임대주택의 관리방법에 대해서 주택법을 적용하도록 규정하고 있는 "임대주택법" 등이 있다. 이들 법령 중에서 실질적으로 공동주택의 관리방법 및 기타 사항에 관하여 직접적으로 관련되는 법은 주택법 시행령이다.

주택법은 제42조를 비롯한 몇 개의 조문이 관계될 뿐 공동주택관련 상위법이라고 할 만한 수준이 아니라고 할 것이다. 또한 집합건물의소유및관리에관한법률도 모든 집합건물을 상대로 하는 일반법으로서 특별히 공동주택에만 관련된다고 할 수 없기 때문에 마찬가지이다. 다만 주택법에 따른 공동주택 관련법령은 집합건물법상의 규정에 저촉할 수 없을 뿐이다. 또한 공동주택의 건설에 관련하여 건축법의 규정 중 건축물의 유지관리(건축법 제26조), 하자보수(주택법시행령 제48조)에 관한 규정도 공동주택 관리에 적용되며 건설업법, 소방법, 전기 사업법, 가스사업법, 고압가스안전관리법, 에너지 이용관리법, 국가기술자격법, 근로기준법, 환경보전법, 오물청소법, 수질환경 보전법 등도 공동주택의 관리업무와 관련되어 있다.

그리고 1995년에 제정된 시설물안전관리에 관한 특별법은 16층 이상의 공동주택의 안전점검 및 안전관리 등에 관련한 사항 등에 적용되고 있다. 특히 공동주택 관리는 주택법과 시행령 및 시행규칙에 의해 관리되고 있지만 이들 법령에서 정하지 않는 사항에 대해서는 기타 관련법의 규율을 받는 다원적인 구조를 띠고 있다.

(1) 주택법에 의한 관리

공동주택 관리의 기본원칙은 주택법과 시행령에 규정되어 있다. 이의 적용을 받지 않는 주택의 관리는 민법이나 집합건물의소유및관리에관한법률을 적용한다.

가. 전부적용

본법에 주촉법 및 본법에 의하여 주택건설사업계획 승인을 얻어 건설한 공동주택과 그 부대시설 및 복리시설에만 적용된다. 따라서 20세대 이상의 공동주택은 주택법에 의하여 관리되어야 함을 의미한다. 특히 의무적 관리대상의 범위에 속하는 공동주택은 이 법이 전부 적용된다. 즉 300세대 이상의 공동주택과 세대수가 150세대 이상으로 승강기가 설치된 공동주택이거나 중앙난방식 공동주택이 이에 속한다. 이때 의무적 관리대상과 임의적 관리대상 공동주택의 차이점은 의무적 관리대상은 반드시 주택관리사(보)를 의무적으로 배치해야 하며 자치관리기구를 구성하는 경우 기준에 대해 신고해야 하며 장기수선계획과 장기수선 충당금을 적립해야 하는 것으로 다르다.

나. 일부적용

건축법의 허가를 받은 20세대 미만의 공동주택은 분양을 목적으로 건축허가를 받아 건설된 공동주택은 이에 대한 조항이 적용된다. 임대주택의 관리에 대해서는 임대주택법에서 규정하여 주택법 및 시행령적용은 전면적으로 적용받지 않는다. 다만 안전관리, 행위허가 등의 기준에 한해서는 주택법령이 적용된다.

다. 적용예외

도시 및 환경정비법에 의해 도시환경 정비사업으로 건설된 공동주택은 20세대 이상이더라도 주택법령의 적용을 받지 않는다.

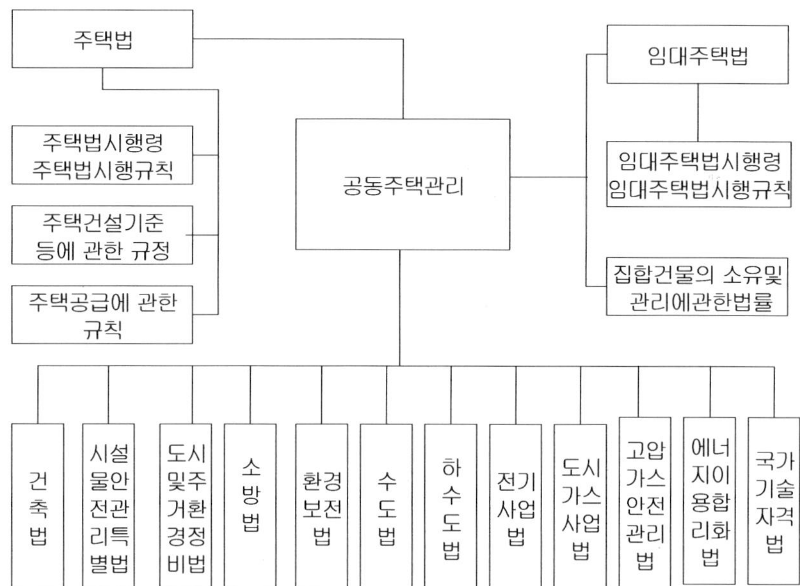

〈그림 3-1〉 공동주택 관리 관련법 체계

자료: 주택산업연구원(korea housing institute) "주택관리사제도 발전방향에 관한 연구" p.11.

(2) 민법과 집합건물의소유및관리에관한법률 및 기타

가. 민법에 의한 관리(215조)

업무용 빌딩이나 단지규모가 적은 빌라형의 연립주택, 소규모아파트단지 등의 관리에 효과적으로 적용할 수 있다. 민법 제215조는 다수인이 한 채의 건물을 공유할 경우에 공유부분도 공유로 추정한다는 점과 그 보전,

기타의 비용도 각자 소유부분의 가액에 비례하여 분담한다는 점을 선언적
으로 규정하고 있다.

나. 집합건물의소유및관리에관한법률에 의한 관리

이 법률은 집합건물의 공용부분 및 택지의 관리를 위하여 집합건물의
구분소유자 전원으로 구성된 관리단을 구성하고 관리단은 건물 및 대지의
부속시설의 관리에 관한 사업을 시행하도록 하고 있다. 이 법률의 적용대
상은 모든 집합건물이 해당되나 공동주택의 관리방법이나 기준에 관한 주
택법령의 규정은 그것이 집합건물소유및관리에관한법률에 저촉하여 구분
소유자의 기본적인 권리를 해하지 않는 범위 내에서 적용하도록 하였
다.55) 대개 오피스텔과 같이 집합건물이 다수에 의해 구분소유되는 경우

---

55) 집합건물의소유및관리에관한법률에 의한 관리
① 관리단
20세대 미만인 공동주택은 건물에 대하여 구분소유관계가 성립되면 구분
소유자 전원은 건물 및 그 대지의 부속시설의 관리에 관한 사업의 시행
을 목적으로 하는 관리단을 구성하도록 규정되어 있다(집소법 제23조).
구분소유자는 법률에 구분소유권과 분리하여 관리단의 구성원의 지위를
양도할 수도 없다. 관리단은 건물 및 대지의 부속시설의 관리에 관한 사
업을 시행하도록 하고 있다.
② 관리인
구분소유자가 10인 이상인 때에는 관리인을 두어야 하는데 관리인은 관
리단 집회에서 구분소유자 및 의결권의 각 과반수로 선출하며 관리인은
관리단의 대표권을 가지며 관리에 관한 제반 업무를 수행한다.
③ 관리인의 권한 및 의무
· 공동부분의 보존, 관리 및 변경을 위한 행위
· 관리단의 사무의 집행을 위한 분담금 및 비용을 각 구분소유자에게 청구,
수령하는 행위
· 관리단의 사업시행에 관련하여 관리단을 대표하여 행하는 재판상 또는
재판 외의 행위
· 그 밖의 규약에 정하여진 행위
· 매년 1회 일정한 시기에 구분소유자에 대한 그 사무에 관한 보고.

에 적용되는 자치관리 형태로서 소규모 단지의 임의적 관리대상 공동주택 단지에 적용이 가능하다.

다. 기타 관련법규체계

민법의 내용 중에는 도급 및 위임에 관한 규정을 관리계약 등에 직접 준용하고 건설에 따른 책임 등에 관하여도 준용될 수 있으며 집합건물의소유및관리에관한법률은 집합건물의 소유, 관리와 이들 사이에 일어나는 분쟁을 방지, 해결하기 위하여 민법에 대한 특별법률로서 제정되어 공동주택뿐만 아니라 2인 이상이 구분하여 소유하는 모든 건축물에 적용되고 있다.

한편 건설에 관련된 건축법의 내용 중 건축물의 유지관리(법 제26조)에 관한 규정도 관리업무와 관련되는 내용들이다. 성수대교 붕괴사고 등의 대형사고로 건축시설의 안전관리를 목적으로 1995년 1월에 제정된 "시설물의안전관리에관한특별법"은 16층 이상의 공동주택의 안전점검 및 안전관리 등에 관련한 사항에 적용되고 있다. 그 밖에도 화재예방 및 관리에 대하여는 소방법, 쓰레기처리에 대하여는 폐기물관리법, 저수조 및 옥상 물탱크 청소는 수도법, 각종 기술자격증에 대하여는 국가기술자격법, 승강기관리는 승강기제조 및 관리에 관한 법, 정화조처리는 오수, 분뇨 및 축산폐수의 처리에 관한 법률, 전기시설의 관리에 관하여는 전기사업법, 도시가스 및 LPG 가스관리에 관하여는 도시가스 사업법 및 액화석유가스의 안전 및 사업관리법 등에서 규정하고 있는 등 〈그림 3-1〉과 같이 공동주택 관리와 관련된 법체계가 너무 복잡하게 구성되어 있다.

(3) 공동주택 관리규약

공동주택 표준관리규약은 주택법령과 집합건물의소유및관리에관한법률 등에서 그 범위를 정하고 있다. 또한 광역단체장은 입주자 등의 보호와 주거생활의 질서유지에 필요한 범위 안에서 표준관리규약을 정하여 행정지도와 주거생활의 질서유지에 필요한 범위 안에서 표준 관리규약을 정하여 행정지도의 지침으로 활용할 수 있다. 표준관리규약은 입주자대표회의와 관리주체, 입주자와 사용자, 입주자 상호 간의 공동주택 관리에 관한 전반적인 사항을 규정하고 있으며 세부내용 중에는 의무조항과 임의조항을 제시하여 의무조항은 준수하고 임의조항은 공동주택 여건에 따라 탄력적으로 정하여 운용하도록 하고 있다.

주택법령의 규정 내에서 당해 단지의 공동주택 관리를 위하여 필요한 관리 또는 사용에 관한 사항을 입주자가 자치적으로 정하여 공동주택 관리규범으로 운용한다. 쾌적하고 안전한 아파트 생활을 향수하기 위하여 구분 소유자가 전원이 일체가 되어 공동재산을 관리하여야 하며 원만한 공동생활 관계를 지키고 형성하여야 한다. 이를 위하여 공동주택 단지마다 구분 소유자 사이의 기본 룰이라고 할 수 있는 관리규약을 잘 정비해 두는 것은 무엇보다도 중요한 일이다.

가. 공동주택 관리규약의 의무화

건물과 대지, 이에 부속되는 시설의 관리 혹은 사용에 관한 구분소유자 상호 간의 질서를 확립하기 위해 필요한 제반 관련규정에서 포함하고 있지 못하는 사항은 공동주택 관리규약으로 규정할 수 있다. 이것은 공동주택 관리의 기본적인 내용을 법규에서 규정하고 있지만 단지 특성에 따라 관련규정의 내용을 침해하지 않는 범위 내에서 관리규약을 정할 수 있다. 현재 관리규약은 의무사항으로 되어 있으며 시, 도지사는 공동주택의 입주자 보호와 주거생활의 질서유지에 필요한 범위 내에서 관리규약에 관한 준칙을 정할 수 있다.

나. 제정과 개정

최초의 관리규약은 사업주체가 해당 공동주택을 분양받은 자와 관리계약을 체결할 때 제안하여 해당 공동주택을 분양받은 자의 과반수의 서면 합의로 결정되며 개정은 1/10 이상의 입주자 혹은 입주자대표회의 과반수의 찬성으로 제안하여 공동주택입주자의 과반수 찬성에 의해 결정된다.(주택법 제44조)

다. 내용 및 적용범위

주택법 제44조 및 주택법시행령 제57조에서 규정하고 있는 바와 같이 입주자의 권리, 의무, 입주자대표회의의 구성 및 운영관리비 및 장기수선충당금의 징수, 보관, 예치, 사용절차 및 기타 제반사항에 관하여 관련법규에 침해되지 않는 범위 내에서 규정할 수 있으며 입주자는 물론이고 입주자의 지위를 승계한 자까지 포함한다. 즉 매매나 상속 등으로 해당 공동주택의 소유자가 된 사람은 선거권과 피선거권을 행사할 수 있다. 건설 이후 관리에서는 주로 주택법령과 관리규칙에 의한 적용을 받고는 있지만 여기서 규정하고 있지 못하는 내용은 기타 관련법의 적용을 받고 있다.

간접적으로 이들의 법령에서 정하지 않고 있는 사항에 대해서는 민법과 집합건물의소유및관리에관한법률의 적용을 받고 있으며 그 밖에 아파트 단지별로 관리규약을 적용받는다. 그러나 이 법들을 보완하여 주택법과 주택법시행령, 주택법시행규칙을 제정하여 2003년 11월 30일부터 시행하고 있다. 일본의 경우 이 공동주택 관리는 건물의 구분소유 등에 관한 법률에서 공동주택단지의 관리규약을 정하도록 규정하고 있고 이에 따르도록 함으로써 사실상 입주자의 자율에 많이 의존하고 있다. 그 밖에 유지관리 문제와 관련해서는 건축기준법의 규정에 따르도록 하고 있다.

2) 관리형태 유형

공동주택 관리 방법에는 크게 사업주체관리, 위탁관리, 자치관리 등 3가지로 구분할 수 있다. 입주자들이 관리방식을 결정하거나 변경하는 경우, 그리고 주택관리업자를 선정하는 경우에는 입주자대표회의 혹은 입주자 등의 1/10 이상의 제안에 의해 입주자 등의 과반수 찬성으로 결정할 수 있다.

<그림 3-2> 관리방법 결정순서

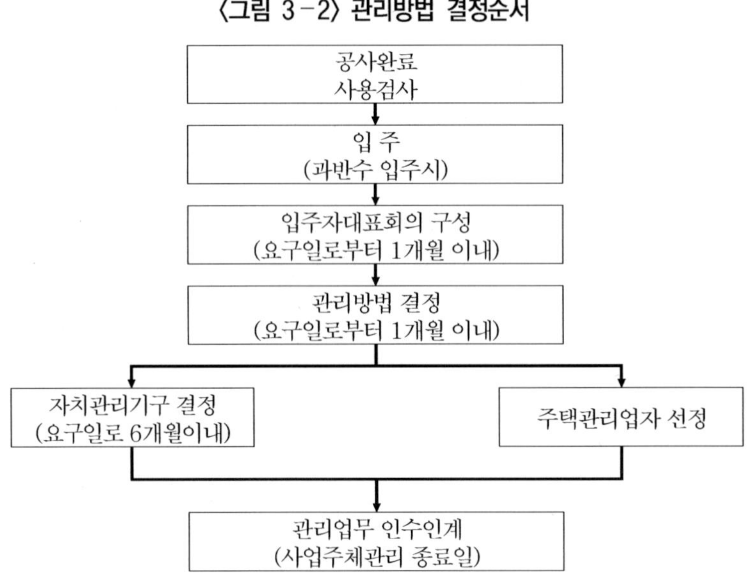

(1) 사업주체관리

사업주체의 사업주체관리는 입주초기 공동주택 단지의 시설과 공간의 기능을 확립하고 보전을 위해 사업주체의 관리요원을 상주시켜 직접적으로 관리하는 방식을 말한다. 관리기간은 자치관리기구가 구성되거나 입주자 등에 의해 주택관리업자가 선정되는 시기까지로 하고 있다.

가. 장 점

하자보수를 신속하고 효율적으로 할 수 있으며 사업주체가 건설한 건물의 구조 등을 잘 알기 때문에 체계적인 관리가 가능하며 공신력이 높다.

나. 단 점

반면에 단점은 관리의 경직성으로 입주자와 마찰요인이 발생하기 쉬우며 입주자들의 사업주체 의존도가 높아 관리에 대한 서비스가 어렵다.

사업주체관리도 결국은 자체적으로 직접 관리하는 경우는 별로 없고 대부분이 위탁관리업에 의해 대행을 시키고 있다. 그러므로 위탁관리업체는 입주자의 입장에 서서 관리를 하기보다는 사업주체의 지시를 받거나 눈치를 보아야 하기 때문에 사업주체편에 서서 관리를 하는 경향이 많아 입주자 입장에서는 문제가 있다.

(2) 자치관리

공동주택소유자인 입주자들이 자기의 공동주택 시설물을 직접 관리하는 방식을 말한다. 의무관리대상인 공동주택이 자치관리를 하고자 할 때 입주자대표회의는 자치관리기구를 구성하고 해당 공동주택 관할시장 등에게 인가 신청서를 제출해야 한다. 이때 시장, 군수 등의 지방자치단체장은 일정의 인가기준에 적합하다고 판단되면 인가한다.

공동주택의입주자대표회의가 자치관리를 하는 경우는 관련 규정에 따라 기술인력과 장비를 갖춘 관리기구를 설치하여야 한다. 이때 입주자대표회의는 관리소장과 관리기구의 직원을 임명하고 지휘와 감독을 하게 된다. 관리기구는 집행기구이고 입주자대표회의는 의결기관으로써의 역할을 하게 된다. 자치관리하는 경우에는 입주자대표회의에 대한 신뢰와 아파트관리에 대한 동별대표자들의 관심이 중요하게 대두된다.

가. 자치관리기구의 구성시기

입주자대표회의가 법정관리 대상인 공동주택을 자치관리하고자 할 경우에는 입주예정자 과반수가 입주완료하여 사업주체가 관리요구를 한 후 6

월 이내에 소정의 요건을 갖추어 자치관리기구를 구성하여야 한다.

나. 구성요건 및 입주자대표회의와의 관계

구성요건은 주택법시행령 표4(부록참조)에 의한 기술인력 및 장비를 갖추어야 하며 입주자대표회의는 자치관리기구의 관리사무소장을 그 구성원 과반수의 찬성으로 선임하고 자치관리기구를 감독하되 입주자대표회의의 구성원은 자치관리기구의 직원을 겸할 수 없다.

다. 자치관리의 장점

가장 큰 장점은 아파트단지의 실정에 맞게 관리함으로써 주체성을 찾을 수 있으며 불필요한 비용이 절감되어 관리비 부담 감소시킨다는 것이다. 입주자들의 관리참여를 유도함으로써 공동체의식 고취시킬 수 있고 아파트의 문제점을 쉽게 찾아내 해결할 수 있다. 아울러 아파트실정에 맞게 관리인원을 조정하고 장기근속으로 인한 기술수준을 높게 유지가능하여 종합적으로 운영할 수 있다. 특히나 보안관리와 양호한 환경보전이 가능하며 관리요원이 공동주택설비에 대한 애호정신이 높다.

건물설비가 자기 근무처이고 자기단지라고 하는 관념은 스스로 애호정신을 우러나오게 하고 보수 관리 면에 플러스가 되어 나타난다.

라. 자치관리 단점

관리요원들의 관리업무에 나태해지고 적극적인 의욕을 결하고 일단 고용되어 큰 실수를 범하지 않으면 노동법관계도 있어 간단히 해직시킬 수도 없어 안일하게 되기 쉬우며 개혁이 곤란하다.

관리를 둘러싼 분쟁과 부정의 우려가 있으며 인건비가 필요 이상 상승할 수 있다. 관리원이 동일한 지위에 오래 있기 때문에 연공 서열형의 급여체계에서는 노령의 고액급여자가 많게 되어 관리 인건비가 현저히 상승한다. 이와 달리 위탁관리에서는 경쟁업자 때문에 늘 총 관리비의 평준화를 도모하게 되어 인건비의 비용이 상대적으로 적어진다.

입주자 개인의 시간과 노력 등이 희생되고 사용자로서의 책임을 져야 하기 때문에 임금협상이 잘 안 될 때는 노사관계가 원만치 않아 문제점 등이 발생할 수도 있다. 관리의 전문성 결여로 합리적이고 전문적인 관리가 어렵다. 하기 쉽다. 사고보상 및 경리사고에 대한 책임유무가 모호할 때 궁극적인 책임이 입주자들에게 귀속된다. 자치관리는 회의에서 관리소장 및 관리직원을 임명하고 입주자대표회의가 직접적으로 감독을 하기 때문에 위탁관리보다 관리사무소에 대한 구속력이 강하다.

(3) 위탁관리

일정의 전문적인 기술인력과 장비를 갖추고 자격요건을 갖추고 국가로부터 면허를 받아서 설립된 전문관리회사가 사업주체 혹은 입주자대표회의로부터 관리업무를 위탁받아 관리하는 방식을 의미한다. 위탁관리는 자영하지 않고 전문업체에게 위탁하여 관리하는 방식으로서 전문관리 업체에게 관리내용의 전부 또는 일부를 위탁하여 관리하는 방식이다. 모두 장단점이 있지만 주택의 전문적 관리가 가능하다는 점에서 점차 위탁관리가 증가하는 추세이다. 외주관리라고도 하며 현대적 개념으로서의 공동주택 관리는 이 위탁관리방식을 의미한다. 주택법시행령 제52조제1항에 의하면 입주자대표회의 또는 입주자 등의 10분의 1 이상의 제안으로 입주자 등의 과반수 서면동의로 주택관리업체를 선정하도록 되어 있다.

주택관리업자는 분기별로 관리비와 장기수선 충당금의 사용명세서를 작성하여 입주자대표회의의 승인을 받아야 한다. 입주자는 직접관리를 집행할 수 없지만 의결권과 감독권을 행사할 수 있다.

가. 위탁관리의 장점

전문가가 관리함으로써 소유자는 본업에 전념할 수 있으며 소유자는 경험이 부족하고 지식도 없을 뿐만 아니라 자기의 본업이 있기 때문에 이에 적극 관여할 수도 없다. 전문적인 관리로 합리적이고 효율적인 관리가 가능하며 전문기술자를 보유하고 있기 때문에 안전사고 등을 미연에 방지가 가능하다. 관리업무의 타성적이고 형식적인 무사안일을 막을 수 있어 매너리즘화 방지가 가능하다.

관리상의 하자로 인한 최종적인 책임을 관리회사가 지도록 함으로써 입주민의 부담이 경감된다.

경비가 오히려 저렴하고 안정적일 수 있다. 관리업자는 값싸고 효율적인 경영을 위해 노력하기 마련이고 업자 간에 경쟁을 의식하여 관리비의 표준화, 안정화 노력을 하게 되고 종업원의 파트타임종사자활용, 배치전환에 의한 인건비상승의 억제 기계나 소모품의 일괄구입 등에 의해 자재비의 절감도 도모할 수 있다.

나. 위탁관리의 단점

자치관리라면 직접 관리원을 고용하기 때문에 신용할 수 있겠지만 위탁관리회사에서 파견된 종업원은 전적으로 신뢰하기가 어려운 점이 있다. 또한 위탁관리회사가 자기들의 필요에 의해서 다른 단지로 파견하는 등의 경우처럼 변동가능성이 있기 때문에 종업원 자신도 현재 근무하고 있는 단지에 대하여 애착심도 없고 장기근무의욕도 없기 마련이다.

우리는 전문관리업의 역사가 짧아 뛰어난 기술과 경험을 가진 회사는 적은 편이다. 위탁관리업자가 전문적인 기술과 경험을 가지고 있다 하더라도 관리업무라는 것은 표준상품을 대량 생산하는 제조공장과는 달리 수탁하는 물건의 한계가 있다. 또한 이 업종은 다른 업에 비하여 비교적 설비투자 등에 다액의 창업비가 들지 않고 적은 자본으로 개업할 수 있기 때문에 관리실적이 없는 회사도 버젓이 훌륭한 기술과 전문성을 가진 것처럼 영업을 할 수 있어 전문회사 선정에 어려움이 있다.

위탁관리회사의 사정에 따라서 관리요원에 대한 인사이동이 심할 가능성이 있고 전문 기술수준이 떨어지는 종업원으로 교체되는 경우와 잦은 교체근무 등으로 인하여 단지의 하자현황이나 기계설비 등에 대하여 잘 모르게 되고 건축물 및 각종 설비에 대한 애호정신이 높지 못하다.

입주자와 이해관계의 마찰이 일어났을 때 조정이 어렵고 공동주택의 기밀유지 및 보안이 불안전하고 각 부분의 통합적 관리가 용이하지 않다. 위탁관리수수료 및 부가가치세 및 기타 비용 등으로 관리비부담이 증가할 수 있다.

(4) 혼합관리

자치관리와 위탁관리의 각각의 장점을 혼용하는 관리방식 즉 주택관리업무의 일상적인 업무는 자치관리기구에서 행하고 일부 업무에 대해서 전문 관리업체에 위탁하는 방식이다.

혼합관리는 양방식의 장점만을 도입하여 관리가 제대로 된다면 가장 이상적인 방식이 될 수 있다.

하지만 입주자의 통제력이 지속되며 필요한 부분만 위탁하므로 입주자에게는 유리하나 관리책임이 불명확해지므로 미흡하게 운영되면 두 방식의 결점만이 노출될 수 있으므로 자치관리에서 위탁관리로 이행하는 과도기적인 방식으로 활용하는 것이 좋다.

가. 혼합관리의 장점

관리업무에 대한 강한 지도력을 계속 확보하고 위탁관리의 편리를 이용 가능하다.

전면적인 위탁관리는 소유자의 지도력을 약화시킬 수 있으므로 주체성을 보존하면서 모르거나 불편한 분야만 위탁으로 관리하는 것이 이점이 될 수 있다.

부득이한 업무만을 위탁할 수 있기 때문에 유리한 경우가 많고 자영관리로부터 위탁관리로 이행할 때 과도기적인 방식으로 편리하다. 위탁할 수 있는 부분부터 위탁하고 점차로 관행을 바꿔가면서 마침내는 위탁관리로 전환하는 과도기적 관리를 이 방식으로 할 수 있다.

나. 혼합관리의 단점

책임의 소재가 불명확하여 전문업자를 충분히 활용할 수 없다. 전체 관리를 위탁받은 것이기 때문에 전체에 대한 책임감이 없다. 혼합관리에서 전반적인 위탁관리에 비하여 책임소재가 불분명하게 되는 단점이 있다.

자치관리 종업원과 위탁관리 종업원 사이의 원활한 관계가 곤란하다. 양자 간에는 신분보장과 급여 등의 체계가 다를 수도 있으므로 인하여 원만하기 어려운 경우가 있고 업무수행상도 불협화음으로 인하여 문제가 발생할 수도 있다.

그리고 운영이 약화되면 양방식의 결점만 노출되며 혼합관리는 양방식의 장점을 취하고자 하는 방식이지만 잘못하면 자치관리 종업원은 나태해지고 부분위탁을 받은 업자는 책임을 면할 정도의 일만 한다는 식의 최악의 사태까지 초래할 위험이 있는 등 양자의 단점만 노출되는 최악의 사태까지 초래될 수 있는 위험이 있다.

(5) 현황과 비교 및 선택

이상과 같이 관리방식의 선택은 관리주체의 이해정도에 따라 장단점이 있고 一方적으로 어느 쪽이 못하다고 할 수는 없다. 중요한 점은 처해진 환경에 따른 운영 여하에 있기 때문에 각각의 경우에 따라서 적당한 관리방식을 선택함과 동시에 그 방식의 결점을 보충하여 운영할 수밖에 없다.

예를 들면 고층이며 세대수가 많은 대단위 단지는 위탁관리가 바람직할 것이고 저층이고 소규모단지는 자치관리를 하는 것이 합리적일 수 있다. 종래 자치관리를 하던 공동주택단지가 위탁관리로 이행하려 할 때는 혼합관리방식으로 관리하다 전환한다. 그리고 자치관리를 하더라도 특수한 업무 즉 승강기 설비의 보수관리 화재경보기, 관 내 방송설비 등의 보수관리와 유리창청소, 알루미늄 스테인레스 외장닦기 등은 적절히 외주하는 것이 바람직하다.

최근에는 위탁관리(전문관리업체에 대한 외주관리)나 혼합관리 방식을 채용하는 공동주택이 계속 증가하는 추세이다. 공동주택은 사회적인 제반 배경에 따른 전문화된 관리를 하여야 할 것이다.

3) 공동주택의 관리조직

(1) 공동주택의 관리주체

가. 개념정의

공동주택의 관리주체란 공동주택을 맡아서 관리하는 자이다. 관리주체란 주택법 제2조제12호에 공동주택을 관리하기 위하여 입주자에 의하여 구성된 자치관리기구의 대표자인 공동주택의 관리사무소장, 위탁관리의 경우의 주택관리업자 및 사업주체의 의무적 관리의 경우의 사업주체 및 임대주택법 제2조제4호의 규정에 의한 임대사업자를 말한다. 즉 관리주체는 공동주택 관리의 전문적인 지식과 경험을 가진 기구나 단체가 입주자에게 관리서비스를 제공하는 것을 말한다.

공동주택의 관리주체는 입주자대표회의의 의결사항 집행과 공용부분의 유지, 보수를 통하여 아파트의 수명연장, 입주민의 쾌적한 주거환경조성 등의 업무를 수행한다. 이를 위해 관리주체는 아파트관리와 관련한 제반 전문적 지식과 기술을 갖추고 있어야 한다.

나. 관리주체의 의무

월별로 관리비 사용료 및 장기수선 충당금의 징수·사용·보관 및 예치 등에 관한 장부를 작성하여 이를 그 증빙자료와 함께 보관하고 공동주택의 입주자 등이 이의 열람을 청구하거나 자기의 비용으로 복사를 요구하는 때에는 관리규약이 정하는 바에 의하여 이에 응하여야 한다.

(2) 관리소장(주택관리사 등)

가. 주택관리사

관리주체는 공동주택의 공용부분과 입주자 공동소유인 부대시설 및 복리시설의 유지, 보수와 안전관리를 주요업무로 하고 있다. 정부는 이러한 관리주체업무의 효율성을 위해 지난 1987년 주택관리사제도를 도입했으며 1989년 공동주택 관리령 개정을 통해 주택관리사 제도시행 근거를 마련, 아파트의 관리책임자로서 주택관리사 자격증을 소지한 관리사무소장을 두도록 하고 있다.

주택관리사 등은 공동주택을 전문적이고 계획적으로 관리하고 안전하고 효율적으로 관리하여 거주자의 만족도를 높이고 공동주택 관리의 질을 높이는 역할을 다하기 위하여 선량한 관리자로서 성실히 그 직무를 수행하여야 하는 것이다.[56]

500세대 미만의 공동주택은 관리주체가 어떤 방식으로 관리를 하거나 관계없이 관리 책임자로서 주택관리사보를 관리책임자로 채용하여야 한다. 또한 500세대 이상의 공동주택인 경우는 주택관리사를 두어야 한다.[57]

---

56) 주택법 제55조제2항.
57) 주택법 시행령 제72조.

나. 관리사무소

아파트관리사무소는 대부분의 경우 단지규모와 특성에 따라 약간씩 다르기는 하지만 보통 관리소장 밑에 관리과장 기술과장과 그 아래에 경리직원 영선분야, 전기분야, 기계설비분야, 경비분야직원들이 있다.

아파트관리사무소의 관리업무는 각종 안전사고를 방지하고 쾌적한 주거환경 조성을 위하여 입주자들 사이의 분쟁을 예방, 조정함과 동시에 자산가치 유지 향상을 위해 행해진다. 아파트관리는 공용부분에 대한 관리와 입주자 등에 대한 공동생활관리가 포함된다. 이것은 크게 운영관리 측면, 건물 및 시설물 유지관리측면, 공동생활에 대한 공동체 관리측면과 자산가치 보전 및 증진관리 측면 등으로 구분할 수 있을 것이다.

(3) 입주자대표회의

가. 입주자와 사용자

a. 개 념

입주자(주택법제2조제10호)란 당해 공동주택의 소유자 또는 그 소유자를 대리하는 배우자나 직계존, 비속으로 규정하고 있다. 이것은 입주자 등은 해당 공동주택에 대한 소유권 행사가 가능한 사람을 의미하는 사람을 의미하는 것으로 볼 수 있다. 그리고 사용자는 주택을 임차하여 사용하는 자로서 입주자 외의 사람을 의미하는 것으로 임차자 등을 말한다.

공동주택건물의 기능 및 성능을 유지하기 위해서는 입주자, 사용자, 관리주체는 시설물의 사용에 주의를 기울여야 한다. 이것은 시설물의 기능과 성능을 보전하기 위한 제반 활동의 준수가 포함된다.

입주자, 사용자, 관리주체는 공동생활의 질서유지와 주거생활의 향상을 위하여 제반 시설을 유지, 보전하고 공동주택 관리규약을 준수하여야 한다. 관리주체가 건물을 점검하거나 수리하기 위하여 공동주택에 출입하고

자 할 경우에는 이를 거부할 수 없다.

그리하여 주택법령은 여러 가지 제한 행위 사항과 권리사항에 대하여 세부규정을 두고 있다.

b. 입주자, 사용자의 권리

입주자 등(사용자포함)은 다음과 같은 기본적인 권리가 있다. (표준 공동주택 관리규약 제8조)

① 전유부분을 주거의 목적으로 사용할 권리

② 공용부분을 관계규정이 정하는 바에 따라 사용하는 권리

③ 관리업무 전반에 대하여 입주자대표회의 및 관리주체에 의견을 진술하는 권리

④ 동별대표자를 선출하는 선거권(사용자는 관리규약에서 정하는 바에 따라 소유자로부터 위임받은 범위 내에서 권리를 행사할 수 있을 것임)

⑤ 동별대표자가 될 수 있는 피선거권(해당 전유부분에 주민 등록이 되어 있고 6개월 이상 거주하고 있는 자에 한한다.)

⑥ 관리방법 결정에 대한 동의권

⑦ 관리규약의 제, 개정권을 갖는데 이중에서 사용자는 ①②③④의 권리를 갖는다.

나. 입주자대표회의

공동주택의 소유자를 대표하는 조직으로 공동주택 관리와 관련된 사항 등을 의사결정 하기 위하여 입주자대표회의를 구성해야 한다. 입주자대표회의는 동별 대표자로 구성되는 인적 결합단체로서 사단으로서의 실체를 지니고 있다. 등기 등 법인격을 취득하기 위한 절차요건을 갖추고 있지 않기 때문에 법적 성격은 동별대표자로 구성된 법인격 없는 사단[58]이다.

---

58) 입주자대표회의는 단체로서 조직을 갖추고 의사결정 기관과 대표자가 있을 뿐만 아니라 또 현실적으로도 자치관리기구를 지휘, 감독하는 등 공동주택의 관

여기서 이 입주자대표회의는 입주자의 직접선거로 선출된 동별대표자로 구성되며 회장1인을 포함한 3인 이상의 이사와 1인 이상의 감사(감사는 이사회구성원 중에서 선출)로 구성되며 시, 군, 구청 등에 신고해야 하며, 해당 공동주택단지에 6개월 이상 거주한 입주자 중에서 피선거권을 갖는다.

입주자대표회의는 해당공동주택의 관리에 관한 의결권과 감독권을 갖는데 국가적인 차원에서 입법부인 국회와 유사한 기관으로 입주자대표회의는 그 구성원 과반수의 찬성으로 법령에서 정한 사항을 의결하여 결정할 수 있다.

a. 선출자격과 구성

공고일현재 당해 공동주택단지 안에서 주민 등록을 마친 후 6개월 이상 거주하고 있는 입주자여야 한다. 여기서 입주자란 주택의 소유자 또는 그 소유자를 대리하는 배우자 및 직계존, 비속을 말하므로 세입자나 소유자의 사위, 장인 등은 동별대표자로 선출될 수 없다. 또한 동별세대수에 비례하여 선출된 동별대표자로 구성된 입주자대표회의는 아파트 입주민을 대표하는 대표자가 되어 관리비 예산확정과 아파트 내 시설물들의 유지 및 운영기준 등에 대한 의결권을 갖는다.

b. 임원의 구성 및 기능

회장 1인을 포함한 3인 이상의 이사 및 1인 이상의 감사를 관리규약에 정하는 바에 따라 구성원 과반수의 찬성으로 선출하고 임기는 관리규약으로 정한다.

① 회장: 입주자대표회의를 대표하고 업무를 통괄하며 관리주체의 관리 업무 집행을 지도, 감독한다. 대표회의나 임원회의 의장으로서 효율적이고 능률적으로 회의진행을 집행할 책임이 있다.

리업무를 수행하고 있으므로 특별한 사정이 없는 한 법인 아닌 사단으로서 당사자능력을 가지고 있는 것으로 보아야 한다(대판 1991. 4. 23. 91. 다 4478)

② 이사: 회장을 보좌하고 회장유고 시 관리규약에서 정하는 바에 따라 직무를 대행한다. 또한 관리규약이나 입주자대표회의에서 정하는 업무를 담당한다.

③ 감사: 관리비, 사용료 및 장기수선 충당금의 부과, 징수, 지출 등 회계관계업무와 관리업무 전반에 대하여 관리주체의 업무를 감사하고 그 결과를 입주자대표회의에 보고하여야 한다. 관리주체의 업무 집행상 위법, 부당한 사항이 있다고 인정될 때에는 필요한 조치를 취하고 입시 입주자대표회의의 소집을 보고하여야 한다.

c. 동별 대표자의 임기

동별대표자의 임기는 보통 1년에서 2년이며 연임할 수 있도록 표준공동주택 관리규약(건설부 행정지침)은 규정하고 있으나 실제 예를 보면 연임하는 경우는 적다. 대부분의 동별대표는 임기가 끝나면 교대하므로 공동주택 관리업무가 계속성을 유지하기가 곤란한 실정이다. 이런 폐단을 제거하기 위하여 임기는 2년으로 정하고 부회장을 포함한 대표회의 구성원의 절반 정도는 다르게 관리규약에 규정하는 것이 바람직하지 않을지 검토해 보아야 한다고 본다.

d. 입주자대표회의의 소집 및 회의

관리규약이 정하는 바에 따라 회장이 소집하며 다음 사항의 경우에는 회장은 해당일로부터 14일 내에 입주자대표회의를 소집하여야 한다.

① 입주자대표회의 구성원 3분의 1 이상이 청하는 때.

② 입주자 등이 10분의 1 이상이 요청하는 때.

e. 권한과 업무

아파트의 관리비 예산확정과 단지 안의 전기·도로 상하수도 등의 유지 및 운영기준·공용부분의 보수·교체 및 개량 등 아파트와 관련된 제반 사항에 대한 의결권을 갖는다. 이 같은 의결을 행사함에 있어 입주자 등의 안전과 편익을 위해 노력하고 공동주택의 입주자 외의 자로서 당해 공동주택의 이해관계를 가진 자의 권리를 침해하여서는 안 된다.

〈표 3-13〉 입주자대표회의의 운영방법

구 분	운영 방법	근거 법령
회의의 소집통지	회의를 소집하고자 할 때에는 소집기일 5일 전에 그 회의의 목적, 일시 및 장소를 입주자 등에게 개별 통지하거나 공시하여야 한다.	주택법시행령 제51조제2항
주요업무추진사항의 통지 또는공시	입주자대표회의는 회의에서 의결한 사항, 관리비의 부과내역, 입주자 등의 건의사항에 대한 조치결과, 등 주요업무의 추진상황을 입주자 등에게 통지하거나 공시하여야 한다.	주택법시행령 제51조
회의록의 작성, 보관 및 열람	입주자대표회의는 그 회의를 개최한 때에는 회의록을 작성하여 관리주체에게 보관하게 하고, 관리주체는 공동주택의 입주자 등의 이의 열람을 청구하거나 자기의 비용으로 복사를 요구하는 때에는 이에 응해야 한다.	주택법시행령 제51조제4항

f. 입주자대표회의의 운영

입주자대표회의는 공동주택 관리의 방침이나 내용을 결정하고 수정하는 의사결정기관이며 집행기관은 아니다. 자치관리의 경우에 입주자대표회의는 일반적, 공통적 결정사항을 의결하고 관리행위주체인 관리소의 소장과 직원의 임명과 면직업무를 담당하는 기능이 있다.

위탁관리하는 경우에는 입주자대표회의는 의결 및 감사기능만 있고 관리활동의 집행기능은 관리사업주체인 수탁관리회사에게 위탁관리 계약에 의거 위탁하고 관리사무소는 관리회사 집행기관으로서 관리실무를 집행한다.

<표 3-14> 입주자대표회의 의결사항

구 분	의결 내용
입주자 1/10 이상의 찬성	· 관리규약의 개정제안
구성원 2/3 이상의 찬성	· 관리비 예산확정, 사용료기준, 감사요구, 결산처리 · 주택관리업자 선정 · 자치관리의 폐지, 결정
입주자 과반수의 서면동의	· 최초 관리규약 결정 · 입주자대표회의의 제안, 관리규약 개정안 결정 · 관리방법 결정에의 동의
구성원 과반수의 찬성	· 관리규약 개정안의 제안 및 개정 · 자치관리기구의 직원임면 · 전기, 상하수도, 가스 설비, 승강기 유지 및 운영기준
구성원 과반수의 찬성	· 공유부분, 공용의 부대시설 및 복리시설보수 · 입주자 상호 간에 이해가 상반되는 사항의 조정 · 기타 관리규약으로 정하는 사항
입주자 2/3 이상의 동의	· 공동주택의 용도 변경허가 · 부대시설, 입주자 공유인 복리시설의 용도변경 신고 · 입주자 공유시설의 개축, 파손, 용도폐지, 철거, 허가 · 입주자 상호 간에 이해가 상반되는 사항의 조정 · 기타 관리규약으로 정하는 사항
입주자 2/3 이상 동의	· 공동주택의 용도변경허가 · 부대시설, 입주자공유인 복리시설의 용도변경신고 입주자공유시설의 개축, 파손, 용도폐지, 철거허가 · 부대시설, 입주자 공유인 복리시설 신축, 증축허가

자료: 주택법시행령 제50조, 주택법시행규칙 제21조.

<표 3-15> 관리주체와 입주자대표회의의 업무

구분	관리주체의 업무	입주자대표회의의 업무
업무	· 공용부분, 입주자 공동소유인 부대시설 및 복리시설의 유지, 보수와 안전관리 · 단지 안의 경비, 청소 쓰레기 수거 · 관리비 및 사용료의 징수와 공과금의 납부대행 · 장기수선 충당금의 징수 및 적립 · 입주자대표회의에서 결정한 사항의 집행 · 관리업무 홍보 및 공동시설물의 사용방법에 대한 계몽 · 주민공동 사용토지에 대한 무단점유행위 방지 · 단지 안의 질서문란 행위 등 방지 및 필요 조치의 강구 · 단지 안의 안전사고 및 도난사고에 대한 적절한 대응 조치의 강구	· 관리규약 개정안의 제안 및 관리에 필요한 제 규정의 제정 및 개정 · 관리비 예산의 확정, 사용료기준, 감사의 요구와 결산의 처리 · 단지 안의 전기, 도로, 상하수도, 주차장, 가스설비, 냉난방설비, 승강기 등의 유지 및 운영기준의 제, 개정 · 자치관리기구 직원의 임면 · 공동주택의 공용부분, 입주자의 공동소유인 부대시설 및 복리시설의 보수, 대체, 및 개량 · 입주자 등의 상호 간의 이해가 상반되는 사항의 조정 · 기타 관리규약으로 정하는 사항

자료: 문영기, 방경식공저 공동주택 관리론 154p.

(4) 주택관리업자

가. 주택관리업자의 자격 및 선정

주택관리를 업으로 하는 자를 주택관리업자라 한다. 관리업자선정은 아파트의 특성에 따라 소비자로서 요구에 응할 수 있는 주택관리업자를 찾는 일이다. 관리업자의 선정 작업순서는 다음과 같다.

a. 관리회사의 자료수집

자격을 갖춘 관리업자들에게 통지하여 당해 아파트에 대한 단지관리 계획안과 관리업자들의 재무제표 등을 제출받아야 한다.

<표 3-16> 주택관리업 등록기준

구 분		등록기준
자본금		2억 원 이상
기술 능력	전기 분야기술자	전기기사(2급 이상)
	연료사용기기 취급관련기술자	열관리기사(2급 이상) 또는 보일러시공(취급) 기능사(2급 이상) 1인 이상
	고압가스 관련기술자	고압가스기계(화학, 취급) 기능사(2급 이상) 1인 이상
	위험물 취급관련기술자	위험물취급기능사(2급) 1인 이상
주택관리사 등		주택관리사 또는 주택관리사보 1인 이상
장 비		운반차량 1대 이상

자료: 주택법시행령 제68조제1항 관련

b. 현황청취와 업자선정

수집된 업자의 자료를 검토[59]를 적격한 3~4개의 업자를 선정하여 현황을 청취한 다음 전 입주자대표가 충분히 논의한 다음 의결한다.

---

59)

<표 3-17> 관리업체 선정 자료 점검표

항 목	적 합	평 가	부적합
1. 관리회사의 역사	오래됐다.		짧다
2. 회사의 경영내용	흑자		적자
3. 관리수탁건수	많다		적다
4. 관리업무의 매상고 비율	많다		적다
5. 회사의 등록면허건수	많다		적다
6. 긴급사태 시의 적응체계	완비		미비
7. 각 업무 간의 협조	확립		미확립
8. 업무의 매뉴얼화	앞서 있다		뒤져 있다
9. 보유장비, 기계	많다		적다
10. 사내연수시스템	완비		미비
11. 사원이 가지고 있는 자격	많다		적다
12. 사원의 업무능력	있다		없다

c. 위탁관리계약

위탁관리계약이란 공동주택 관리업무의 일부 또는 전부를 위탁방식으로 하는 경우, 관리책임주체인 입주자대표회의 회장이 위탁자로서 관리업무의 일부 또는 전부를 위탁방식으로 하는 경우, 관리책임 주체인 입주자대표회의 회장이 위탁자로서 관리사업 주체이며 관리회사 대표인 수탁자와 체결하는 일종의 법률행위이다. 따라서 그 위탁관리의 내용은 그 위탁관리의 내용은 모두 이 위탁관리계약에 정해야 한다.

공동주택 관리의 일부 또는 전부를 위탁방식으로 관리하는 경우에는 그 위탁관리의 내용은 모두 계약에 따라 이루어진다. 그러나 공동주택 관리의 상태를 보면 그 계약에 따라 위탁관리가 적정하게 이루어지고 있지 않다.

〈표 3–18〉 공동주택 관리기구의 기술인력 및 장비기준(제53조제1항제5항관련)

구 분	기 준
기술인력	· 다음 각 호의 기술인력. 다만 관리주체가 입주자대표회의의 동의를 얻어 관리업무의 일부를 해당 법령에서 인정하는 전문용역업체에 용역하는 경우에는 해당 기술인력을 갖추지 아니할 수 있다. 1. 승강기가 설치된 공동주택인 경우에는 국가기술자격법 시행령 별표 1의 규정에 의한 기계산업기사 이상의 기술자 또는 승강기 제조 및 관리에 관한 법률시행령 제16조의 규정에 의한 승강기자체검사 자격을 갖추고 있는 자 1인 이상 2. 당해 공동주택의 건축설비의 종류 및 규모 등에 따라 전기사업법 · 고압가스 안전관리법 · 액화석유가스의 안전 및 사업관리법 · 도시가스사업법 · 에너지 이용합리화법 · 소방법 및 대기환경보전법 · 및 관계법령에 의하여 갖추어야 할 기준 이상의 기술자
장 비	· 비상용 급수펌프(수중펌프를 말한다)1대 이상 · 절연저항계(누전측정기를 말한다.)1대 이상

4) 공동주택 관리 관련 행정조직

(1) 건설교통부 주택도시국의 주택관리과

주택과 관련된 조직은 주택도시국으로 그 하부에 여러 조직이 있어서 업무를 분장하고 있는데 이 중에 주택관리과에서 주택관리업무를 담당한다.

(2) 광역시와 도의 건설국 등

시, 도 본청에서 실, 국을 두어 주택업무를 담당하며, 기구의 설치는 지방자치단체의 조례로 정하도록 하고 있어 명칭은 각기 조금씩 다르나 건설국, 주택국 등으로 되어 있다.

(3) 서울특별시의 주택국

서울시 주택국은 주택기획과, 도시경관과, 도시개발과, 건축지도과 및 주택개량과를 두고 있으며 각 과별로 분장하고 있다.

(4) 시 · 군 · 구의 주택과

시 · 군 · 구본청의 주택담당업무는 건축과, 주택과에서 담당하고 있으며, 기구는 지방자치단체 조례로 정하도록 되어 있다.

제2절 아파트 입주자 및 관리자에 대한 설문조사와 문제점 분석

1. 조사개요

1) 조사목적

본 조사는 공동주택 관리의 관리주체 책임자와 관리서비스를 받고 있는 거주자에 대하여 현재의 관리에 대하여 어떻게 생각하는지, 문제점은 무엇으로 보는지 그리고 개선방안에 대해서는 어떻게 생각하는지를 파악하여 공동관리체계의 문제점을 찾아내고 개선방안을 강구하는 데 활용하고자 한다. 조사항목은 앞에서 분석의 틀에서 설정한 분석 변수들을 중심으로 설정하였다.

2) 조사대상 선정 및 자료의 수집방법

현재 거주하고 있는 입주자와 관리자의 대표인 관리소장을 중심으로 설문대상으로 삼았는데 입주자는 서울시 및 성남시 일산 구리 등 인근도시의 일반 의무관리대상 아파트의 거주자로 하였다. 관리자는 의무관리대상 아파트의 관리소장인 주택관리사(보)를 대상으로 주로 서울시 소재 아파트관리소장을 주 대상으로 하면서 인접도시도 포함하였다.

거주자에 대해서는 직접 찾아가는 방식과 직장중심으로 아파트 거주자에게 부탁하여 후에 수거하는 방식으로 실시하되 지역안배를 하고 같은 아파트에 여러 부가 나오지 않도록 골고루 분산시키도록 노력하였다. 그리고 관리자인 주택관리사(보)는 현재 관리소장에 재직하고 있는 서울의 주택관리사협회 대의원 400명을 대상으로 우편발송 방식으로 실시하였다.

이도 역시 거주자 설문조사에서처럼 서울 인근 도시의 현직 관리소장에 대해서도 우편 혹은 직접 찾아가는 방식에 의해서 실시하였다. 일부는 전자우편방식도 사용한 후에 피조사자의 프린터기에서 뽑아내는 방식도 혼용하였다.

설문의 형태는 분석의 용이성을 위해 주로 4지선다형 혹은 5지선다형으로 구성하였으며 실제 설문지 내용은 〈부록1〉에 수록되어 있다.

이 논문에 대한 설문조사의 대상선정 및 자료 수집방법은 다음과 같다.

- 조사기간: 2005년 3월 2일(수)~3월 31일(목)
- 조사지역: 서울, 경기, 인천
- 설문응답자: 아파트거주자(입주자) 357명, 아파트관리자(관리소장) 146명으로부터 설문응답을 받았으며 전 지역에 골고루 받아 특정지역에 치우치지 않도록 노력하였다.
- 조사내용: 첨부 부록 참조
- 조사방식: 거주자는 직접 대면조사나 배포 후 직접 수거방식으로 하고 관리자에 대한 조사는 일부는 방문배포 후 직접 수거 방식과 주로 우편발송방식(DM)을 채택하였다.

3) 입주자와 관리자에 대한 일반사항

먼저 설문에 응한 아파트 입주자의 일반적인 특성을 살펴보고자 한다. 세대주를 기준으로 답할 것을 요청한 일반사항은 크게 성별, 나이, 최종학력, 세대주의 직업, 거주주택 평수, 임대/자가 여부, 소재지, 거주기간, 총 세대수 등이다.

설문에 응한 입주자 가운데 남자는 전체의 69.7%, 여자가 28.3%이다. 이들의 연령대는 40대가 36.4%, 50대가 30.5%, 30대가 24.1% 순으로 대부분을 차지하고 있다. 최종 학력을 보면 대졸이 51.8%로 가장 많았고,

고졸 30.3% 등이며, 세대주의 직업은 자영업(상업)이 22.4%로 가장 많았고, 공무원 18.2%, 전문/기술직 17.6% 등이었다. 설문에 응한 입주자의 거주주택 평수는 28평에서 39평 미만이 43.7%, 18평에서 29평 미만이 39.5% 등으로 대다수를 차지하고 있다. 임대 혹은 자가 소유인지에 대한 질문에 자가소유가 전체의 66.9%로 가장 많았고 전세는 27.5%였다.

〈표 3-19〉 설문 응답자의 직업 분포(입주자)

구 분	빈도수	비 중
기업체 고위임직원 및 관리자	11	3.1
전문/기술직	63	17.6
공무원	65	18.2
사무직	54	15.1
생산관련직/운전직	7	2
서비스직	23	6.4
판매직	4	1.1
자영업(상업)	80	22.4
주 부	28	7.8
기 타	17	4.8
무응답	5	1.4
총 계	357	100

〈표 3-20〉 설문 응답 입주자의 거주 주택 평수

구 분	빈도수	비 중
18평 미만	9	2.5
18평에서 28평 미만	141	39.5
28평에서 39평 미만	156	43.7
38평 이상	48	13.4
무응답	3	0.9
총 계	357	100

<표 3-21> 설문 응답 입주자의 거주형태

구 분	빈도수	비 중
전 세	98	27.5
월 세	9	2.5
자가소유	239	66.9
기 타	5	1.4
무응답	6	1.7
총 계	357	100

설문 응답 아파트 입주자의 거주지역은 서울이 71.4%, 경기 24.9%, 인천 0.5%였다. 이들의 거주기간은 1년 이하가 21.6%로 가장 많았고, 2년 이하가 16.8%, 3년 이하가 13.4%, 4년 이하가 10.6% 순이었다. 끝으로 이들이 살고 있는 아파트 단지의 세대수는 500세대 이상 1,000세대 미만이 29.1%, 500세대 미만이 24.1%, 1,000세대 이상 1,500세대 미만이 17.6% 순이었다.

아파트 관리자에 대한 일반사항은 우선 성별로 보면 남자가 84.9%로 압도적으로 다수를 차지하고 있으며 여자는 13%였다. 연령은 50대가 47.3%, 40대가 29.5%, 60대 이상이 14.4%로 나타났으며 아파트 관리자에 대한 자격사항을 물은 결과 주택관리사 79.5%, 주택관리사보가 16.4%로 다수를 차지하고 있다. 이들의 교육수준은 대졸이 74%, 고졸이 20.5%로 표본 선택의 편의(selection bias)를 감안하여도 과거에 비해 전문성과 학력이 전반적으로 높아진 것으로 보인다. 현재 근무하고 있는 아파트 단지에서의 근무연수는 4년 미만이 전체의 70%를 차지하고 있으며, 총 아파트관리근무 경력은 역시 3년까지 전체의 55.5% 정도를 나타났다. 이를 통해 아파트 관리자의 연령 등을 감안할 때 다른 직업에 비해 비교적 늦게 선택하는 직종이며 직장 이동도 빈번함을 알 수 있다. 현재 근무하는 아파트의 입주시기는 1978년부터 2005년까지 비교적 골고루 분포되어 있는 편이며, 세대수는 500세대 이하가 57.5%, 501세대 이상 1,000세대 이하가

23.3%로 대다수를 차지하고 있다. 끝으로 아파트 관리면적은 2,500평에서 100,000평까지 다양하게 분포되어 있다.

<표 3-22> 현재 관리하는 아파트 단지에서의 근무연수

구 분	빈도수	비 중
1년 미만	15	10.3
1년 이상에서 3년 미만	66	45.2
3년 이상에서 6년 미만	43	29.4
6년 이상에서 10년 미만	15	10.3
17년에서 18년	1	0.7
무응답	6	4.1
총 계	146	100

4) 분석방법

본 조사의 분석방법은 SPSS WIN 10.0을 이용하여 아파트 입주자와 관리자의 응답에 대한 빈도분석을 위주로 하고 일부 필요한 부분에 대해 교차분석으로 보완하였다. 설문조사 결과에 대한 분석은 크게 세 부분으로 구성된다. 첫째 아파트 입주자와 관리자에게 공통의 질문을 하고 서로 어떤 시각을 갖는지 비교하였다. 이는 문제점의 진단과 향후 개선방안의 모색에 많은 시사점을 줄 것이기 때문이다. 둘째 아파트 입주자의 의견을 묻기 위해 아파트 관리체계에 대해 입주자가 알 수 있는 부분에 대해 설문조사를 하고 그 결과를 집계하였다. 이는 아파트 관리체계의 대상이자 참여주체인 입주자의 시각을 종합적으로 살펴보기 위함이다. 셋째 아파트 관리체계에 대한 직접적인 참여자인 아파트 관리자에 대해 전반적인 관리체계 업무와 근무 환경에 대해 질문하고 그 결과를 면밀하게 분석하였다. 이는 전문성을 갖춘 관리자의 시각을 문제점 진단과 개선방안 모색에 반영하기 위함이다. 이상의 설문조사 분석결과는 본 연구의 문제점을 보다 입체적으로 진단하고 실현가능한 개선방안을 모색하는 데 활용하였다.

2. 관련법규 및 제도상의 문제점

1) 법령체계상의 문제점

(1) 법제도 변화과정

우리나라의 공동주택 관리제도는 1963년 공영주택법에서 시작되었는데 본 법은 주택관리와 관련하여 공영주택 및 복지시설의 관리기준과 입주자의 관리의무를 규정하였으며 동시행령에서는 관리조합의 조직을 규정하였다. 그 후 1972년 12월 공영주택법 대신 주택건설촉진법의 제정으로 공영주택법의 주택관리규정이 본 법에 대부분 수용되고 그 후 공동주택공급의 확대에 따라 세부내용에 대한 규정보완이 계속 이루어져 있으며 1979년에 별도의 공동주택 관리령과 관리규칙이 제정되었다. 한편 1984년에 집합건물의소유및관리에관한법률이 제정되었으며 또한 일종의 공동생활규범으로서 공동주택 표준관리규약을 제시해 이를 근거로 각 단지별로 관리규약을 제정해 이용토록 하였다.

이처럼 공동주택 관리제도는 공동주택 자체와 복리시설 관리기준과 입주자의 의무규정이 대부분 주류를 이루었으나 1980년대 중반부터 노후화 방지를 위한 장기대책수립, 안전사고방지, 주택관리업 및 주택관리사제도 도입을 통하여 주택관리전문화를 유도하였으며 1990년대 들어와 공동주택 관리업무는 시설물안전관리뿐만 아니라 행정사무, 회계업무, 입주자관리업무까지 확대되었다.

2000년대에 들어와서는 주택의 대량 공급에 주안점이 맞춰졌던 주택건설촉진법령 대신에 주택법을 제정하여 공급에서 관리와 리모델링 쪽으로 비중을 싣게 되었으나 아직도 공급위주의 법체계를 벗어나지 못하고 있다고 판단된다.

(2) 관련법규의 다원화의 문제점

현행 법제도상 공동주택의 운영, 유지관리는 주택건설촉진법과 공동주택 관리령 및 동령 시행규칙 등에 의해 이루어지다가 주택법과 시행령 그리고 주택법 시행규칙으로 개정되어 시행되고 있다. 이 밖에 집합건물의 소유및관리에관한법률, 시설물안전관리에관한특별법, 건축법 등이 공동주택 관리에 적용되고 있다.

이렇게 다원화된 법체계에 의하여 관리되다 보니 통일성이 결여되고 때에 따라서는 책임소재가 불분명하며 종합적 관리가 어려운 실정이다. 예컨대 주택법에서 정하지 않은 사항에 대한 타 법규의 간접적 적용이나 16층 이상의 공동주택의 안전점검 등에 대하여 시설물 안전관리에 관한 특례법과 건축법의 유지관리에 관한 사항이 적용되는 등 법체계가 다원화되어 있어 어려울 뿐만 아니라 행정력에 의한 구속력과 제도적인 뒷받침이 미약한 것도 체계적인 유지관리를 어렵게 하고 있는 원인 중의 하나이다.

실제로 현직 관리소장들에 대한 설문조사에서도 공동주택 관리에 대한 독자적이고 통합된 관리법이 필요한지에 대한 질문에 대해 설문에 응한 아파트 관리자들의 69.9%가 적극적으로 필요하다고 답하였고 그 외 30.1%가 필요하다고 적었다. 결국 아파트 관리자들은 공동주택 관리의 일관성과 효율성을 위해 통합적인 관리법의 제정과 적용이 필요함을 지지하는 것이다.

<〈그림 3-3〉 통합관리법 필요성 여하

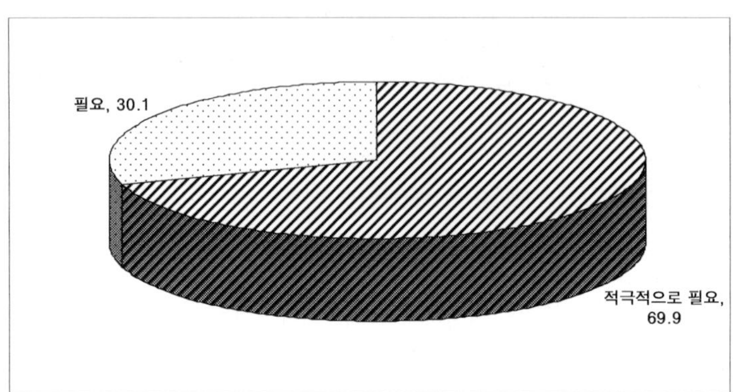

2) 관리규약상의 문제점

(1) 관리규약의 제정 및 개정

공동주택은 동일 단지 및 건물을 다수의 세대가 구분하여 소유하고 있기 때문에 이를 사용하고 관리하기 위해서는 단지의 특성을 고려한 기본 규칙의 제정이 필요하다. 우리나라의 경우 1984년 "표준공동주택 관리규약"을 마련해 전국 공동주택 관리규약의 모델로 이를 적용해 왔으나 1995년 이를 폐지하고 지방자치단체별로 그 특성을 고려해 "공동주택 표준관리규약"을 정하도록 하였다.

이에 따라 주택법 제44조는 시, 도지사가 공동주택 입주자 및 사용자의 보호와 주거생활의 질서유지를 위해 공동주택의 관리 또는 사용에 관해 준거가 되는 공동주택 관리규약의 준칙을 정해야 한다고 규정하고 있다.

가. 제정은 사업주체가 제안하여 최초 입주 예정세대수 과반수 서면합의로 결정한다.

나. 개정은 입주자대표회의 구성원 과반수의 찬성 또는 입주자의 10분의 1 이상의 제안으로 공동주택입주자 등의 과반수 찬성으로 결정한다.

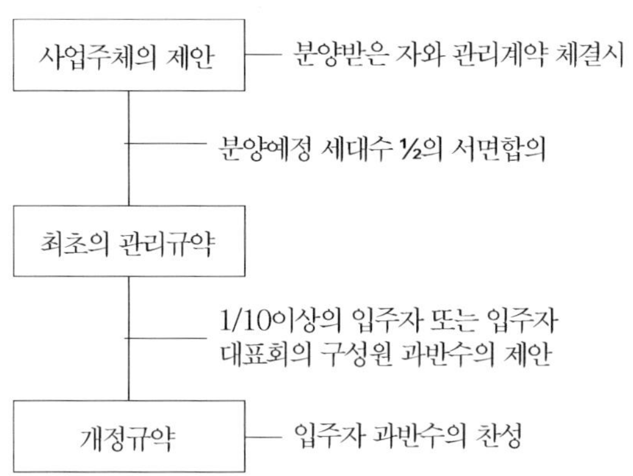

〈그림 3-4〉 관리규약의 제. 개정

자료: 허점도 2001. 6. 공동주택의 효율적인 관리방안연구. 127p

(2) 문제점

현재 공동주택의 대부분에서 사용하고 있는 개별 관리규약들은 개별단지의 독특한 상황을 제대로 반영하지 못하고 있을 뿐만 아니라 일부 내용은 주택법 등의 내용을 위반하는 경우도 있어 합리적인 공동주택 관리에 한계를 지니고 있다.

다른 한편으로 입주자대표회의의 결의와 입주자 과반수 이상의 동의를 필요로 하고 있는 공동주택 관리규약의 개정절차에 대해서도 수정이 필요하다. 효율적 공동주택 관리를 위해서는 다양한 기술적 제도적 변화에 즉각적으로 대처하고 이를 관리에 반영해야 할 것이다. 그러나 공동주택 관리규약의 내용과 문구를 개정하기 위해 입주자 과반수 이상의 동의를 필요로 하는 현황은 많은 시간과 노력이 요구된다. 또한 관리규약의 집행되는 곳이 관리사무소인데 개정에 관한 권리를 갖고 있지 못하다. 입주자들의 경우 관리규약에 대해 관심이 없거나 잘 모르고 있으며 관리규약의 해석에 따른 분쟁이 여전히 발생하고 있어 관리규약이 아파트 공동생활의 규범으로 자리잡고 있지 못한 실정이다.

아파트 관리규약의 실태를 알아보기 위해 아파트 입주자와 아파트 관리자에게 관리규약에 대한 몇 가지를 질문을 하였다. 여기에서 아파트 입주자에게는 관리규약을 알고 있는지 물었고 아파트 입주자와 관리자에게 관리규약이 단지 실정에 맞게 제정되었는지 여부와 잘 지켜지는지를 공통으로 물었다.

그 결과 아파트 관리 규약 자체를 잘 아는 입주자는 약 20%에 불과하며 잘 모른다는 의견이 약 78%를 차지하는 것으로 나타났다. 그다음 아파트 관리 규약이 단지실정에 맞게 제정되었는지에 대한 질문에 아파트 입주자들은 모르겠다(63.9%)는 의견과 단지 실정에 맞지 않는다는 의견이(21%) 우세하였다. 같은 질문에 대해 아파트 관리자들은 60.3%가 맞게 제정되어 있다고 하였고 35.6%가 그렇지 않다고 하였다. 끝으로 아파트 관리규약이 잘 지켜지고 있는지에 대한 질문에 아파트 입주자들은 모르겠다는 의견이 53.5%이며 잘 지켜지지 않는다는 의견이 26.6%이다. 같은 질문에 아파트 관리자들의 65.1%는 관리규약이 준수되고 있지 않다고 하였으며 28.1%가 준수되고 있다고 하였다.

이를 볼 때 아파트 입주자들은 전반적으로 아파트 관리규약 자체를 모르고 있으며 관리 규약이 단지 실정에 맞는지 그리고 잘 지켜지는지에 대해서도 잘 모르고 있음을 알 수 있다. 이는 아파트 관리에 기본인 아파트 관리규약이 현실에서 제대로 인식되지 못하고 있음을 보여준다. 그다음 아파트 관리자들은 관리규약이 잘 지켜지고 있는가에 대한 물음에 결국 아파트 관리규약은 실정에 맞지 않는 문제와 있다고 하여도 준수되지 않는 문제점을 안고 있음을 지적하고 있다.

이러한 공동주택 관리규약의 작성, 적용한계, 개정절차 등의 제한점 때문에 공동주택 입주자대표회의, 관리사무소 등은 개정 필요성이 있는 관리규약내용을 적극적으로 개정하려고 노력하기보다는 단순히 현재의 상태를 유지하는 것에 그치는 결과를 갖게 된다. 즉 공동주택 관리규약의 작성 및 개정을 위해 적극적이고 능동적인 제반 노력이 이루어질 수 있는 관리시스템을 갖추고 있지 못하다.

<표 3-23> 관리규약의 적정성과 준수여하

내 용	응답자	예	아니요	모르겠음	무응답	응답자 (비율)
귀하는 관리규약의 내용을 잘 알고 계십니까?	입주자	70 (19.6)	202 (56.6)	80 (22.4)	5 (1.4)	357 (100)
관리규약이 귀하의 단지 실정에 맞게 제정되었습니까?	입주자	42 (11.8)	75 (21)	228 (63.9)	12 (3.4)	357 (100)
	관리자	88 (60.3)	52 (35.6)	2 (1.4)	4 (2.7)	146 (100)
관리규약이 잘 지켜지고 있다고 생각하십니까?	입주자	62 (17.4)	95 (26.6)	191 (53.5)	9 (2.5)	357 (100)
	관리자	41 (28.1)	95 (65.1)	1 (0.7)	9 (6.2)	146 (100)

3) 공동주택 관리의 전문화에 대한 문제점

(1) 교육과 실무자료의 부족

가. 관리직원에 대한 지속적인 전문교육 부재

관리소장은 주택관리사(보)자격 취득 후 최초로 공동주택에 배치된 날로부터 1년 이내에 관리교육을 받는[60] 것과 장기수선계획 정교육[61] 외에 외국의 제도에서 살펴본 바와 같이 직무수행이나 관리업무와 관련된 기술 습득의 기회가 적어 입주자들이 요구하는 전문적인 관리서비스를 못하는

---

60) 주택법 제58조및시행규칙 제35조.
61) 주택법 제47조제3항과 시행규칙 제26조제3항 및 4항.

실정이다.

입주자의 의식수준의 변화에 대한 대응능력, 새로운 관리기법 도입문제, 새로운 환경체제의 대응능력, 문제 해결능력 등에서 많은 문제점이 야기될 수 있다. 지속적인 직무교육과 전문교육이 부재로 인한 문제점이 크다.

나. 아파트 등 공동주택에 대한 전문적 연구기관 및 교육기관 부족 및 실무자료 부족

아파트관리주체인 관리소장이나 직원들이 전문성이 결여되어 있으며 입주자대표회의 대표들도 역시 애초부터 전문성이 부족한 데다 임기마저 짧아 바람직한 운영이 힘들다. 입주자대표회의 구성원[62] 즉 동대표들을 훈련할 수 있는 기관, 바람직한 연구 자료와 제공처 등 전반적으로 활성화되어 있지 못한 것이 현 실정이다.

(2) 주택관리업의 문제점

가. 관리 전문업체가 영세하여 전문기술의 부족

관리능력의 제고는 대형화와 전문화가 있는데 현실적으로 등록기준이 완화되어 관리전문업체가 대부분 영세하고 관리의 역사가 일천한 관계로 관리경험이나 전문기술이 부족한 실정이다.

나. 위탁관리수수료의 덤핑과 기술력부족의 문제점

현재의 일반적인 위탁관리수수료는 관리평당 30원 전후의 가격대로서 과거 20년 전 수수료와 비슷한 현실에서 기술적 전문성은 고사하고 회사

---

62) 현재 금번 주택법 개정으로 주택법 시행령 제50조6항과 시행규칙 제22조에 입주자대표회의 구성원에 대한 입주자대표회의 운영교육이 명문화되었으나 아직 교육이 활성화되지 않고 있다.

유지비용도 어려운 실정이다. 현재는 보증보험회사의 보험료 역할과 인력 소개회사 역할에 불과하여 이 제도자체의 취지와는 거리가 멀고 공동주택과 사회적 재산을 전문적 기술적으로 관리해서 수명을 연장해야 함은 차치하고 아래 표에서 보는 바와 같이 월간 2000여만 원이 필요한데 이를 위해서는 약 67만 평(20,000000원/30원)을 관리해야 하고, 25평짜리 가구 수로는 약 2만 7천 가구(67만 평/25평)를 관리해야 하는데 이를 단지수로 계산한다면 약 300세대짜리 단지수로는 90단지(2만 7천 가구/300세대단지)를 관리해야 한다. 그러나 현실적으로 90개단지 이상을 관리하는 사례가 많지 못하여 현실적으로는 주택관리회사 자체의 현상 유지관리도 힘든 실정이다.

그리하여 대부분의 경우는 주택관리업을 단독 주업으로 하지 못하고 자격요건구비 등을 편법으로 하여 기술자를 고용하지 않은 채 기술자격증만 빌려서 회사를 설립하고 청소 소독업 등 기타 영업과 더불어 겸업하고 있는 사례가 많다. 또한 매출 수입 면에서 오히려 주업이 아닌 부업적 위치를 차지하고 있는 경우가 많기 때문에 관리의 전문화에 커다란 장애요인이 되고 있다고 보인다.

그리고 위탁관리업자 선정 시에 보통 제안서를 보면 시설유지관리, 기술적인 대안은 없고 인건비 등이나 줄여 관리비만 절감해주겠다는 식의 제안서[63]가 대부분이다.[64]

다. 주택관리회사들의 등록 및 유지요건의 형식성

공동주택의 유지관리를 위한 관리인력이 대부분의 단지에서 저임금에 근무조건의 열악으로 인하여 전문성이 없는 경우가 많다. 입주자대표회의가 자치관리를 할 경우 주택법시행령 제53조제1항 및 5항과 관련하여 별표

---

[63] 그리고 단서조항에 그러한 계획의 이행은 입주자대표회의의 심의에 따른다는 전제를 붙임으로써 결국은 그것을 이행할 책임 부담도 없게 된다.

4에 의한 기술인력 및 장비를 갖추게 하고 있으나 예외적으로 해당법령에서 인정하는 전문용역업체에 용역하는 경우에는 해당 기술인력을 갖추지 않아도 된다고 함으로써 기술력이나 장비 비보유[65]로 인한 문제점도 있다.

위탁관리회사의 설립조건이 너무 쉬워 주택관리회사가 난립되고 전문성이 없으며 시설물 유지관리에 대한 기술진이 거의 없다. 그러나 위탁관리업이 '전문관리업'이라고 하나 경영자가 자본금과 기술인력 1팀을 가지고 신고하면 된다. 10단지를 관리하거나 100단지를 관리하거나 설립신고 시의 기술인력 1개 팀으로도 운영할 수 있도록 되어 있으며 실제로는 당해 단지에 소장으로 나가 있는 수주와 더불어 즉시 채용된[66] 주택관리사(보)에 의하여 운영되고 있는 것이 현실적인 실정이다.

이는 전문 주택관리업 제도의 취지에 어긋나며 이에 대한 제도적인 장

---

64)　　　　　　〈표 3-24〉 위탁관리업의 필요비 추정 (단위: 만 원/월)

구 분	최소 필요 경비	소 계	비 고
인건비	1인당 월평균 200×5인	1,000	법정 기술인력 등
	1인당 월평균 100×1인	100	사무직원(경리 등)
	기업주 인건비 ×1인	300	법인의 대표이사 급여 및 판공비
장비유지비	월평균 50×2대	100	법정장비(운반차량 1대 이상)+승용차 1대의 유류대, 제세 공과금, 보수비, 감가상각비 등
사무운영비	월평균 100	100	사무용품비, 도서인쇄비, 교통비, 통신비, 피복비, 전기 통 공과금, 기타 제사무비
영업비	월평균 400(40개단지 ×10만 원)	400	수주 및 관리비용 등
기 타	이윤, 사무실 임대료, 제투자비와 제부대비용 등 생략		
합 계		2000	

65) 〈표 3-20〉 참조.

66) 대부분의 경우 미리 교육되고 대기되어 있는 기존의 직원을 관리소장으로 파견하는 것이 아니라 관리수주를 함과 동시에 채용하여 관리소장으로 내보내는 것이 일반이다.

치가 필요하다. 결국 주택관리업 제도가 자본금만 갖추고 신고를 하면 아무나 할 수 있도록 한 것은 제도의 장점은 하나도 살리지 못하고 다음과 같은 폐단만 발견되고 있다. 첫째 설립신고 시의 1개 기술팀과 자본금에 의하여 회사를 설립한 후 영리추구만을 해온 결과 전문관리라는 서비스에 대하여 입주민이 느낄 수가 없다. 둘째 관리직원의 자질향상, 전문관리기법의 연구, 보급 등을 통하여 관리서비스의 질을 향상시킬 수 있도록 제도적 장치가 필요하다. 셋째 주택관리업자는 영리업자이므로 위탁관리하고자 하는 공동주택과 위수탁관리계약을 체결하기 위하여 수주활동을 하고 있다. 수주경쟁은 관리서비스의 질, 기술능력, 장비 등에 의하여 결정이 되어야 하나 일부 주택관리업자는 의사결정권을 가진 입주자에게 로비를 하고 금품을 제공하는 등의 부정한 방법[67]으로 수주활동을 하고 있다.

어떤 점에서는 직원, 직업소개소, 근로자 파견업체, 사고발생 시에 회사는 거의 책임을 지지 않고 당사자에게 구상권이나 행사하고 수수료만 받아 챙기는 보증보험회사 기능만 담당하고 있는 것이 현 실정이다. 또한 주택관리업 제도 본래의 기술적 전문적 관리는 거의 찾아볼 수가 없으며 현재의 수수료와 기술력[68]으로는 사실상 불가능하다.

---

[67] 기술이나 장비나 서비스의 질에 의한 수주경쟁을 하지 않고 일반화되다시피 한 소문과 경험자들에 의하면 의사결정권을 가진 입주자대표 회장단에게 관리비의 6개월치 혹은 1년여치의 관리비에 해당하는 금액을 미리 대가로 제공하는 금품로비를 하거나 위탁관리비는 덤핑가격으로 하고(관리평당 30원 전후) 관리인원을 무리하게 줄인다는 약속이나 주차선 도장 조경작업 등을 서비스로 해준다는 약속을 해주면서 비정상적인 수주경쟁을 하고 있다.

[68] 현재 등록된 관리회사 대부분은 자본금 2억 원으로 영세하여 필요한 기술인력 및 장비를 확보하는 데 어려움이 있다. 등록기준은 기술인력 4인 이상과 주택관리사보 1인 이상이므로 법정 보유인력이 최소 5인 이상이고 장비는 소형 운반차량 1대 이상이므로 인건비와 사무실 운영비 및 영업비 등을 감안하면 손익 분기점에 도달하기 위해서는 500세대 기준 30개 공동주택 단지 이상을 관리해야 정상적인 경영이 가능할 것으로 추정된다.

(3) 주택관리사제도(관리직원)의 문제점

가. 주택관리사제도의 문제점

a. 주택관리사제도의 현황

주택관리사제도는 자격시험에 합격하면 주택관리사보 자격이 주어지고 3년간의 일정한 실무경력을 쌓으면 주택관리사가 된다. 2004년 8회 시험 현재까지 24,480명의 합격자를 배출하여 150세대 이상의 단지수 7,738단지를 감안할 때 단지수 대비 3.2배의 인원을 배출하였다.[69]

나. 주택관리사제도 미정착의 문제점

주택관리사제도의 커다란 문제점은 관리소장으로 근무하고 있는 주택관리사(보)가 첫째 한 단지에서 평균 근무기간이 2년 전후[70]의 기간밖에 안 되는 불안정성으로 인하여 단지의 시설물이나 주민들에 대한 애착심과 장기적인 안목을 가지고 전문성 있는 근무를 하려 하지 않고 임기응변식의 근무자세가 되고 있어 전문성 있는 공동주택 관리 발전에 걸림돌이 되고 있다. 이것은 주택관리사뿐만 아니라 주택관리사인 관리소장보다는 덜하지만 관리사무소 일반 직원들에게도 정도의 차이는 있지만 거의 마찬가지이다. 둘째로 입주자대표회의의 부당한 간섭 등으로 인하여 전문성 있고 소신 있는 관리를 할 수 없다. 입주자대표회의 구성원들이 전문성 있는 사람은 거의 없고 가정주부 노년층 등 전문성이 없는 사람들이 대부분이고 주민의 참여의식 부족으로 인하여 전문성 있는 인사보다는 비전문적인 사람들이다 보니 전문성 있는 관리에 문제가 많다. 셋째로 주택관리사

---

69) 〈표 3-8〉 주택관리사보 시험 합격자 현황 참조.

70) 관리소장의 1개단지 재임기간은 정확한 통계가 없지만 일반적으로 관리소장들과 주택관리사협회관계자들과의 면접조사의 결과를 종합하면 2년 전후 정도의 기간으로 추정된다.

(보)도 교육과 연수가 필요하다. 또한 관리소가 완벽한 보수, 유지업무에 소신이 부족해지고 입주자대표회의 임원들에게만 잘 보이려는 인상이 다분하다. 따라서 비용이 많이 드는 업무를 회피함으로써 대형사고의 위험이 잠재하며 회계업무사고 발생 시 그 대책이 모호하다.

다. 주택관리사(보) 관리요원의 신분보장 및 수급 불균형문제

건교부는 1989년 12월 16일 주택관리사제도를 도입하기로 하여 1990년부터 2년에 한 번씩 주택관리사보시험을 실시하여 현재에 이르고 있다. 2004년 현재 8회합격자까지 합하여 지금까지의 총 합격자가 24,480명에 이르고 있다.

이 중에서 현업에 취업하고 있는 주택관리사의 구체적인 현황은 아래와 같다.

〈표 3-25〉 주택관리사(보)취업현황

구 분	전 체	20~150미만	150~300미만	300~500미만	500~1000미만	1000~2000미만	2000세대 이상
합 계	8,950	569	2,413	2,480	2,420	879	189
주택관리사	5,649	107	889	1,327	2,296	855	175
주택관리사보	3,301	462	1,524	1,153	124	24	14

자료: 건설교통부 2003년 12월 31일 현재

〈표 3-26〉 관리소장 계속근무 희망자 현황

구 분	빈도수	비 중
예	75	51.4
아니요	61	41.8
무응답	10	6.8
총 계	146	100

〈표 3-27〉 관리소장 전직 희망이유

구 분	빈도수	비 중
급여가 적어서	40	27.4
근무환경이 안 좋아서	32	21.9
앞으로 발전가능성 없어	36	24.7
적성이 안 맞아서	4	2.7
기 타	11	7.5
무응답	23	15.8
총 계	146	100

현재 의무관리대상 공동주택수가 8,000여 단지로 추정되고 있어(2002년 말 건설교통부자료에는 7,738단지) 의무적인 주택관리사를 고용해야만 하는 단지 비율이 주택관리사(보)숫자의 약 30% 정도밖에 안 되는 셈이어서 수급 불균형으로 인한 관리소장의 근무조건의 열악과 저임금 문제를 초래할 수밖에 없다. 이로 인하여 주택관리 전문화 유도라는 본래 목적에 부응하지 못하고 있는 실정이다. 관리소장들의 이직율과 설문조사를 보면 이직에 대한 희망이 42%에 이르는 것과 평균 재직연수를 보아도 이를 잘 알 수가 있다.

관리요원에 있어서도 위탁관리 시 주택관리업체 변경 등으로 인한 고용승계문제, 낮은 임금수준, 열악한 근무조건과 장래 발전가능성 불투명 등으로 인하여 젊고 유능한 전문기술인력 확보에 어려움이 있다. 실제로 설문조사결과에서도 관리소장들은 현재의 직업에 만족하지 못하고 전직하고 싶다는 결과가 나왔다. 그 이유는 급여부족과 근무환경의 열악과 비전이 안 좋아서 등이다.

주택관리소장이 아닌 영선전기설비 기타 기술인력의 경우에도 재직연수나 자격증소지 및 재직연수를 보아도 더 나은 직장을 구하기 위해 대기하는 직장으로 여기고 근무하는 경우가 많아 문제점이 크다. 사실 주택관리사제도가 도입된 지는 1991년도라면 지금 정상적으로 근무한다면 1996년까지의 합격자가 6,750명으로 2004년 말까지의 전체합격자 24,480명의 28%인데 현재 아래 표에서 재직 중인 9년 이상 재직자 비율은 1.4%에 불과하다. 여기에 융통성을 부여하여 8년 이상 9년 미만 근무자를 합한다 해도 5.5%에 불과한 현실이다. 이것은 이상의 사실들을 여실히 증명해주고 있다.

라. 관리소직원들의 소극적 수동적 관리활동문제

관리사무소는 해당 공동주택에서 발생하는 관리와 관련된 업무를 실질적으로 수행하는 기구이다. 구성원은 관리소장, 경리직, 기술직, 경비직으로 크게 구분할 수 있으며 이 중에서 관리소장이 관리사무소 운영의 실질적인 책임자이다. 대부분의 공동주택에서 관리사무소의 역할은 입주자대표회의의 의결사항을 단순히 집행하고 결과를 보고하는 기구로서 활동하고 있다. 즉 해당 공동주택의 관리에 대해 건물의 결함을 조사, 보고하고 입주자의 의무나 권리사항을 집행하는 수동적인 역할에 그치는 경우가 많다. 관리사무소는 해당 공동주택에 대하여 가장 많은 정보를 가지고 있는 조직이다. 그럼에도 불구하고 관련정보를 적극적으로 활용하여 공동주택 관리의 효율성을 높이고 쾌적한 주거환경을 확보하기 위한 노력보다는 문제를 노출시키지 않는 범위 내에서 공동주택 관리를 수행하는 수동적인 역할에 그치고 있는 것이다.

4) 의무관리 대상의 문제점

현행법은 관리대상 단지를 의무적 관리대상과 임의적 관리대상으로 구분하고 있는데 임의적 관리대상이나 부분적 적용이 이루어지는 단지의 경우 전문적인 관리가 어렵고 계획적인 유지관리가 이루어지지 않음으로써 안전관리 및 건물의 노후화를 재촉하는 결과를 초래하게 된다. 아울러 최근 활발히 건축되고 있는 주거와 상업, 주거와 업무기능의 혼합형태인 주상복합건물의 경우 공동주택 형태임에도 불구하고 관리대상에서 제외됨으로써 향후의 유지관리와 안전관리상의 문제가 우려되고 있는 실정이다.

(1) 의무관리대상 미만 아파트

의무관리대상이 아닌 공동주택은 주택법령이 정하는 바에 따라 입주자가 임의로 관리하도록 하고 있다. 즉 건설교통부장관의 사업계획 승인대상인 20세대 이상인 공동주택 중에서 의무관리 대상 미만주택에 대해서는 주택법령이 정하는 관리방식을 의무화하지 않고 있다. 따라서 의무적 관리대상 공동주택은 주택법령의 모든 규정이 적용되나 임의적 관리대상 공동주택인 경우에는 주택법령이 정하고 있는 자치관리, 위탁관리에 대한 규정이 적용되지 않음으로써 기능인력 확보의무, 장기수선계획 수립의무 등의 규정이 적용되지 않는다. 따라서 관리상 이러한 것과 관련한 문제가 발생해도 대처할 방법이 없다.

의무규정이 적용을 받을지라도 공동생활을 위한 행위제한 위반이나 자치관리 인가규정을 위반하는 것을 제외하고는 거의 모든 의무규정에 대하여 벌칙규정이 없고 행정지도 감독의 법적 근거가 결여되어 있기 때문에 관리상의 문제를 즉 민원이나 분쟁발생 시 유권해석이 곤란하거나 불합리한 조치가 계속될 가능성이 있다.

<표 3-28> 단지규모별 현황

(단위: 개, 단지)

구 분	계	150호 미만	150~500호	500~1000호	1000호 이상
계	21,650	11,379	6,427	2,662	1,182
분양주택	19,640	10,791	5,666	2,214	969
임대주택	2,010	588	761	448	213

자료: 건설교통부주거환경과. 2003. 12. 31. 현재

그리고 2003년 12월 31일 현재 단지 규모별로 볼 때 전체 21,650개 단지 중 500호 이상의 대형단지가 3,844개 단지(17.7%)이며 150호 미만의 소형 단지는 11,379개 단지(52.6%)나 된다.

가. 의무관리대상 아파트 범위협소 문제

의무관리대상은 300세대 이상이거나 세대수가 150세대 이상으로 승강기가 설치되었거나 중앙집중식 난방방식의 공동주택이 해당한다. 주택법령 적용 대상이면서도 150세대 이상이라도 300세대 미만으로 승강기가 설치되지 않거나 중앙난방식이 아닌 경우와 세대수가 150세대 미만인 경우는 임의적 관리대상이 되고 있다.

그런데 현실적으로 최근에 재건축 등을 하면서 비록 1~2개동으로 세대수는 많지 않더라도 고층화가 이루어지고 첨단설비가 도입되는 아파트가 늘어나고 있다. 이는 150세대 미만이라 하더라도 대부분이 고층이고 엘리베이터 등 전기 및 기계설비가 설치되어 있기 때문에 의무관리대상의 아파트처럼 관리를 해야 할 필요성이 있다. 그런데 이러한 아파트들이 현행법에서는 관리대상의 범주에서 벗어나기 때문에 소홀히 관리될 수 있어 전문관리의 사각지대에 놓여지는 문제점이 있다. 이러한 문제를 자연적으로 해결하기 위해서는 의무관리대상 아파트의 범위를 대폭 확대에 대한 검토가 필요하다.

나. 법적 소외대상 공동주택의 관리소홀

주택법령 적용범위일 때는 기술인력 확보의무, 회계감사의무, 관리비구성 및 산정방법, 장기수선 충당금의 적립의무, 장기수선계획 수립의무, 등 여러 가지 관리에 관한 장치가 마련되어 있다. 그러나 소규모 단지는 대부분임의 관리대상으로서 주택법령이 적용되지 않아 최소한의 관리업무도 이루어지지 못하고 있으며 관리원칙이 없어 편의적으로 관리되는 경우가 많아 노후화가 더 빨리 진행되고 있는 실정이다. 의무관리대상과 임의관리대상 단지의 차이는 기술인력 및 장비보유조건, 장기수선 충당금의 적립 등 여러 면에서 차이가 난다.

(2) 주상복합건물의 문제

주상복합건물은 주택법에 의한 적용대상도 아니고 더욱이 의무관리대상도 아니지만 최근 주상복합건축물의 증가추세[71]로 미루어 공적 관리의 강화가 요청되는 측면[72]이 있다.

그런데 주상복합건축물의 상업용과 업무용 건축물의 관리에 대해서는 현재 정부가 공적 관리를 할 수 있는 근거가 미약하고 "집합건물의소유와관리에관한법률"을 적용하고 있다. 이 결과 일정비율 이상의 주거용이 있는 주상복합건축물에 대해 주택법령을 적용하게 되면 입주자 간의 권리행사 방법이 상이하여 현재로서는 근본적인 조치 즉 일반건축물에 대해서도 공적 관리의 근거의 마련과 권리행사 방법의 보완 조치가 없으면 여러 문제가 파생될 것으로 여겨진다.

(3) 영구임대 아파트의 관리문제

영구임대 아파트의 거주자는 소유자가 아니고 어디까지나 이용자에 지나지 않으므로 유지관리는 건설주체인 대한주택공사나 지방자치단체에서

---

71) 주상복합 공동주택 현황 〈표 3-7〉 주상복합주택 현황 참조
    자료: 건설교통부 주거 환경과. 2003. 12. 31.
72) 한국아파트신문 2005. 3. 23. '300가구 미만 주상복합의 관리주체는 아파트 입주자이고, 300가구 이상의 주상복합은 아파트입주자와 상가 입주자가 별도로 대표단을 구성해야 한다'는 서울 중앙지법민사단독14부 판결에서 "주상복합건물의 경우 '주거비율이 90%를 넘거나 주거가구가 300가구를 넘을 경우'에만 입주자대표단과 상가대표단을 별도로 구성, 관리토록 하는 주택법이 적용된다"는 서울시와 건설교통부의 회신에 따라 이같이 적용한다고 판시했다.

관리하고 있다. 영구 임대아파트의 관리문제는 두 가지로 요약해 볼 수 있다. 첫째 입주민의 관리의식 결여가 관리문제로 대두되고 있다. 영구 임대아파트는 어디까지나 임대 위주이기 때문에 분양 아파트와 다른 개념이다. 우리나라 국민성은 내 것과 우리 것에 대한 의식이 현저하게 다르다. 내 것이면 사후관리도 잘하나 우리 것에 대해서는 그렇지 못한 성격이 있다. 둘째 임대주택의 관리업무는 주택법령에서 정한 분양주택의 경우와 달리 임대료의 수납과 정산, 부정입주자 단속업무와 같이 사업주체 고유의 업무가 많은 점도 위탁관리를 전제로 한 주택관리사 배치의 의무화의 걸림돌이 되고 있는 상황이다.

<표 3-29> 의무관리 및 임의관리대상 공동주택의 법령적용여부

구 분	의무적 관리대상 공동주택	임의적 관리대상 공동주택
입주자대표회의 구성의무	○	○
공동생활 위한 행위제한	○	○
관리주체의 관리업무내용	○	○
안전관리계획수립 및 안전관리진단의무	○	○
공동주택 관리규약 제정의무	○	○
사업주체 의무	○	○
사업주체의 선수보증금 예치의무	○	○
자치관리기구의 인가와 기술인력 및 장비보유의무	○	×
회계감사대상	○	×
관리비의 납부의무 및 손해배상책임	○	×
주택관리사(보)의 배치의무	○	×
장기수선계획수립의문 및 장기수선 충당금 적립의무	○	×

주) 주택관계법령적용-- ○, 부적용-- ×
자료: 문영기 방경식: 공동주택 관리론, 서울, 범론사, 1999, p.134.

(4) 공동관리의 문제

주택법 제52조2항은 입주자대표회의는 관리 여건상 필요한 경우에는 입주자 등의 과반수 서면동의를 얻어 인근의 공동주택 단지와 공동으로 관리할 수 있도록 하고 있다. 또한 동법 시행규칙 제23조에 의하면 공동관리 시 1천 세대 이하에 한하여 공동 관리하도록 되어 있다.

공동관리는 1000세대 이하 3개 단지 이하로 할 것이며 다만 300세대 미만의 단지를 인근단지와 공동으로 관리하는 경우에는 1000세대를 넘어도 된다. 구분관리는 500세대 이상의 단위로 구분하여 관리가 가능하다. 이 때 1000세대 이하로 한정하는 것은 범위가 너무 좁아 공동관리의 취지에 부합하지 못하는 점이 있다.

5) 관리방식 시행상의 불합리

아파트 관리자에게 아파트의 관리 형태에 대해 물었다. 그 결과 위탁관리(71.2%), 자치관리(26.7%), 사업자관리(1.4%) 순이었다.

〈표 3-30〉 조사대상 관리소장이 재직 중인 아파트의 관리형태 (2005년 3월 현재)

구 분	빈도수	비 중
사업자관리	2	1.4
자치관리	39	26.7
위탁관리	104	71.2
기 타	1	0.7
무응답	0	0
총 계	146	100

(1) 사업주체 관리를 할 경우

사업주체의 의무관리 기간에는 사업주체가 관리하는 것이 원칙이나 대부분은 관리회사(주택관리업자)에게 그 관리업무를 대행시키고 있다. 위탁받은 관리회사는 관리업무를 입주자 입장에서 적극적으로 관리하여야 하나 사업주체에게 불이익이 가게 되는 것을 방지하여 사업주체의 신임을 받게 되는 데에만 많은 관심을 갖는다.

사업주체의 관리기간 동안 관리업무를 주택관리업자에게 위탁할 경우 관리사무소는 사업주체의 직간접적인 통제를 받을 수 있기 때문에 입주자보다는 사업주체를 옹호하는 입장에 서기가 쉬워 입주자들이 원하는 충분한 서비스를 기대하기 어렵다.

(2) 자치관리를 할 경우

자기자산에 대해 스스로 관리함으로써 보다 책임 있는 관리를 할 수 있으며 자치의식을 높일 수 있다는 장점과 입주자 상호 간의 유대관계가 높아지고 입주민의 의사전달이 신속하다는 장점이 있다. 반면에 비전문적인 관리에 따른 관리서비스와 관리기술의 낙후, 관리비사용의 비효율성, 상호 이해관계의 대립가능성, 소용인력 확충이 어려운 점 등 문제점이 지적되고 있다.

관리사무소는 입주자대표회의의 통제를 받기 때문에 입주자에 대하여 최대의 서비스를 제공할 수 있으나 입주자대표회의가 관리에 대한 전문적인 지식이 없기 때문에 관리사무소를 효과적으로 지휘 통제할 능력이 없으며 직원들은 신분보장이 없어서 주체성 있는 관리업무를 수행하기보다는 당장의 입주자대표회의 임원들의 환심을 사기에 급급하고 있다. 또한 이들은 입주자의 비용부담을 경감하려고만 하여 시설의 충분한 유지, 보수를 하지 못하고 있는 실정이고 대형사고의 위험가능성이 잠재하여 안전사고발생 시 그 대책이 모호하다.

공동주택 소유자가 자기의 공동주택 및 시설물을 직접 관리하는 행위는 소유자의 의사와 능력 및 지휘통제력이 발휘되는 등 장점이 있으나 비전문성 비효율적으로 업무처리 관리요원들이 업무에 안일하게 될 우려가 있다. 또한 현행법령은 입주민의 직접적인 참여가 아닌 동별 대표자로 구성되는 입주자대표회의를 통한 간접참여로 관리하고 있는 실정이며 결국 관리주체의 구성원이 입주자가 아닌 외부인을 채용하여 관리하게 하고 있으므로 관리에 관한 위탁관계로 성립되고 있어 완전한 자치관리가 아니다.

(3) 위탁관리 경우의 문제점

위탁관리는 자영하지 않고 전문업체에게 위탁하여 관리하는 방식이다. 자치관리보다 전문적인 관리를 할 수 있는 반면에 위탁관리의 경우 입주자대표회의의 제안에 의하여 입주자들이 과반수의 서면동의로 관리회사를 선정하게 되어 있는데 입주자대표회의가 대개 어느 특정회사를 선정하여 입주자의 동의를 구하고 있는 실정이다. 이 과정에서 입대회의 구성원과 특정회사와의 불합리한 결탁으로 많은 문제점이 제기되고 있다.

또한 계약을 신규로 체결하거나 갱신함에 있어서 업체 간 기술전문성이나 서비스경쟁이 아닌 관리인원을 줄이거나 관리수수료 인하를 내세우거나 입주자대표들에 대한 금전적 로비를 통한 과당경쟁이 문제이다. 이로 인해 관리수수료가 20여 년 전 가격인 관리평당 30원 전후 가격이 형성되고 있으며 관리서비스의 질은 자연 나아지기보다는 저하되는 경향으로 흐르고 있다는 문제점이 있다.

이에 대하여 관리자에게 설문한 결과 위탁관리비가 대개 관리평당 30원 전후인 것을 어떻게 생각하는지 질문한 것에 더 올려서라도 전문적인 관리를 시켜야 한다는 답이 62.3%이고 적정하다는 견해는 21.9%였다. 그리고 현재 비싸니 더 내려야 한다는 답은 5.5%였다.

우리나라 대단위 아파트에서 자치관리 대비 위탁관리 수가 많아져 가고 있는 이유는 입주자대표에 대한 불신풍조와 아파트관리에 대한 모든 책임이 위탁관리 회사에 전가할 수 있다는 점과 아파트관리비를 최소화할 수 있다는 명분 아래 대부분이 위탁관리의 추세로 되어가고 있는 것이다. 또한 위탁관리 계약은 일괄 도급방식이 아닌 위임관리 형식에 의해서 운영되고 있다.

계약상 위탁관리회사는 관리회사의 책임하에 관리사무소를 구성하고 필요한 요원을 확보하여 관리하여야 하지만 기구 및 정원 그리고 인사에 대하여 입주자대표회의의 방안에 따라 구성, 임명된다. 때문에 실제적으로 관리사무소(위탁관리회사)가 자율적으로 관리할 수 없으면서 유사 시에 책임만 관리회사에 전가하고 운영을 입대회의가 독단적으로 수행하는 것과 다름이 없다. 이는 관리상 문제가 생기면 관리소장에게 책임을 물어 구상권을 행사하거나 행위, 계약, 해지 등으로 책임을 면하는 등 파행적인 운영을 하여 주택관리전문인 제도의 근본적인 취지를 흐리는 행태라고 할 수 있다.

또한 과도한 관리비 삭감은 오히려 위탁수수료 과소문제, 관리직원의 저임으로 인한 관리의 질을 떨어뜨려 시설물의 조기슬럼화의 초래와 사고 발생 우려로 인한 입주자의 불편을 초래하는 경우가 많다.

향후 중대한 관리의 질을 저하하고 민원을 야기할 것을 뻔히 알면서 업자로서 선정되기 위하여 관리인력을 줄이고 인건비를 삭감하여 우리 회사는 잘 관리할 수 있다는 지명원을 경쟁적으로 제출하고 있다. 그리고는 "그 집행은 대표회의의 결정에 따른다."는 단서를 붙여 설명함으로써 사실상 아무런 책임을 부담하지 않고 거의 대부분의 업체는 위탁관리업체로 선정되어 관리에 수반된 책임은 관리소장과 관리직원에게 전가하고 있다는 것이다.73)

---

73) 이상의 사례들은 아파트 관리소를 연구자가 직접 방문하여 현장 근무를 하는 관리소장들과의 면접조사 과정에서 나오는 대다수의 관리소장들로부터 밝혀진 사실이다. 그리고 관리소장과 관리직원들로부터 신원보증 증권을 받아서 처리하고 있다.

6) 입주자대표회의의 문제점

(1) 입주자대표회의에 대한 신뢰수준

현재 살고 있는 아파트의 입주자대표회의에 대한 신뢰정도를 묻는 질문에 설문 대상 입주자들은 매우 신뢰(4.8%)하거나 조금 신뢰하는 것(48.5%)이 가장 많았다. 그다음 모르겠다는 답이 29.7%, 전혀 신뢰하지 않는다는 의견이 16%이다. 이는 아파트에 대한 무관심과 참여 부족으로 입주자가 잘 모르거나 신뢰하지 않는 경우가 많은 것을 의미한다.

〈표 3-31〉 입주자대표회의의 신뢰도

구 분	빈도수	비 중
매우 신뢰한다	17	4.8
조금 신뢰한다	173	48.5
전혀 신뢰하지 않는다	57	16
모르겠다	106	29.7
무응답	4	1.1
총 계	357	100

관리방식별로 입주자대표회의에 대한 신뢰도를 물은 결과 자치관리의 경우 신뢰도가 높은 편이었고 사업자 관리는 낮은 편이었다. 위탁관리가 자치관리보다는 주민 상호 간에 불신이 많기 때문에 자치적으로 관리하지 못하고 전문관리회사에 맡긴다고 볼 소지도 있는 근거가 된다고 하겠다. 그러나 관리에 대한 무관심과 참여의식 부족으로 모르겠다는 의견도 전체 29%나 된다.

〈표 3-32〉 관리방식별 입주자대표회의 신뢰도

구 분	매우 신뢰한다	조금 신뢰한다	전혀 신뢰하지 않는다	모르겠다	총 계
위탁관리	5%	51%	19%	25%	100%
자치관리	6%	54%	11%	29%	100%
사업자관리	4%	38%	17%	40%	100%
기 타	0%	40%	20%	40%	100%
총 계	5%	50%	16%	29%	100%

대표회의에 대하여 잘 알지 못하거나 불신하는 경우도 46%로서 신뢰수준이 매우 약한 것이다. 공동주택의 관리조직은 의결기관인 입주자대표회의와 집행기관인 관리기구로 구분된다. 입주자대표회의는 주민자치기구로 해당 아파트단지의 대표권과 의결권을 가지고 있으며 관리사무소의 관리비 예산에 대한 심의, 집행감사와 아울러 유지관리기준의 설정, 아파트 공용부분과 부대 및 복리시설 등에 대한 아파트 공사 용역 등을 최종심의, 의결하는 중요한 조직이다.

그러나 입주자대표회의는 법적인 측면에서 책임과 권한의 한계가 명확하지 않으며 비전문적인 명예직으로 구성된 입주자대표회의가 관리집행기구의 활동에 지나치게 관여하고 관리소장에 대한 지휘권의 남용적 행사 등으로 관리의 전문성을 저해하는 요소로 작용하고 있는 실정이다.

이와 관련하여 독일, 프랑스, 미국의 경우에는 관리주체의 권한과 책임이 분명하다. 독일의 경우 주거 소유권법에서 최장 5년의 임기동안 관리자가 독자적인 권한을 행사할 수 있도록 인정하고 있으며 관리인은 대외적으로 주거 소유자를 대리하는 법정대리인의 권한을 지니고 있다. 프랑스의 경우 관리자는 최장 3년의 임기동안 공동주택의 관리 책임자로서 운영관리, 유지관리 등 광범위한 권한과 함께 회계상의 적자, 각종 재해에 대한 책임을 지며, 공동소유자증 3인으로 구성된 관리위원회의 감시를 받는다.

(2) 구성원 선정기준의 모호성과 관리상의 비전문성 및 세입자문제

구성원 선정기준 및 적정 인원수에 대한 기준이 모호하여 세대수 혹은 동별에 따른 구성원수의 객관적 타당성을 갖추고 있지 못하는 경우가 있어 입주자 전체의 불신감 발생과 입주자들 사이의 갈등이 조장되기도 한다.

입주자대표회의 구성원들의 전문성과 신뢰도 등에 대한 자질기준이 있어야 하나 입주자로써 단지 내에서 6개월 이상만 거주하면 되도록 하는 기준[74] 이외는 없고 대표들의 업무내용이 입주자의 재산에 미치는 영향이 큼에도 불구하고 봉사직이라 하여 업무결과에 대한 책임규정이 없다.

이번 설문조사에서도 동대표의 전문성과 관리직원의 기술능력에 대하여 물은 결과 우선 입주자대표(동대표)의 관리에 대한 전문성에 대해 입주자인 응답자들은 조금 있다(49.3%)와 전혀 혹은 거의 없다(43.7%)가 비슷하게 나왔다. 그리고 관리자인 응답자들은 71.2%가 부족하다고 보고 있다. 이것은 동대표의 전문성이 대단히 부족하다는 사실을 말해 주고 있다.

<표 3-33> 입주자대표의 전문성 평가

내 용	응답자	부족하다	조금 부족	약간 있다	충분하다	무응답	응답자(%)
입주자대표들의 관리에 대한 전문성에 대한 평가는?	입주자	23 (6.4)	133 (37.3)	176 (49.3)	18 (5)	7 (2)	357 (100)
	관리자	59 (40.4)	45 (30.8)	31 (21.2)	7 (4.8)	4 (2.7)	146 (100)

입주자대표들의 비전문성은 지나친 업무관여와 월권행위 또한 관리주체에 대한 관리감독의 소홀, 부실관리 및 감사업무의 방치, 관리업무의 수행 및 의사결정에 대한 수수방관하는 사태를 초래하기도 한다. 또한 입주자

---

74) 주택법 시행령 제50조. 동별 대표자의 자격은 공동주택에 6개월 이상 거주 (주민등록이 되어 있고, 실제 거주)하고 있는 입주자(당해 공동주택의 소유 자 또는 그 소유자를 대리하는 배우자나 직계존비속)이다.

와 관리주체와의 분쟁, 입주자와 입주자대표회의의 분쟁, 대표회의 구성원 간의 분쟁과 갈등의 반목, 대표회의와 자생단체(노인회, 부녀회, 통, 반장회 등)와의 갈등이 발생할 경우에도 합리적인 해결능력의 부족으로 해결할 수 있는 기회를 놓치게 하기도 한다.

입주자대표회의 구성원을 현재 법이 소유권자중심의 법체계이다 보니 현재 단지구성원의 50% 정도 가까이 추정되는 세입자를 배제한 채로 관리의사가 결정되고 있다. 또한 세입자들은 자기가 내는 관리비에 대해서 감시, 감독권을 전혀 행사할 수 없다는 결과가 되고 관리비 사용에 대한 의결권 역시 없으며 동대표의 선출이나 관리규약을 개정 등에서 전혀 참여할 수 없다. 관리규약은 대리하여 의결할 수는 있지만 사실상 세입자에게 번거로운 대리권의 서류까지 제출하면서까지 그 의결권의 행사를 기대하기는 어렵다. 이러한 상황에서 현실적으로 세입자를 배제하고 공동주택 관리의 발전을 기대할 수는 없다. 실제로 한 조사에서 세입자들은 아파트 관리에 무관심한 것으로 나타났다.[75]

현실적으로 각 아파트단지의 50% 전후의 소유자가 아닌 세입자가 거주하고 있는 것으로 추정하는데 건물의 소유자가 아니라는 이유로 관리상의 의사결정에 배제시킨다면 공동주택 관리의 목표달성에도 문제가 있고 주민화합상에도 문제가 발생하게 된다. 특히 정주의식을 높이고 공동체에 참여제고를 통한 공동체의식의 제고와 관리목표에 문제가 발생하여 관리의 비효율을 초래할 수도 있게 된다.

(3) 무보수 명예직의 문제점

입주자대표회의는 입주자들의 의견을 대변하고 관리사무소의 집행과정을 감시하고 감독하는 기능을 하는 해당 공동주택의 의사결정기구로서 공

---

75) 한국법제연구원, 공동주택의 관리관에 대한 연구, 1996. p.77 세입자는 27.7% 만이 입주자대표 회의 등 관리에 관심을 보였다.

동주택 관리에서 가장 중요한 기구이다. 입주자대표회의의 구성원은 동대표들로서 그들 중에서 선출된 회장, 이사, 감사 등이 있다.

이 가운데 회장과 총무가 입주자대표회의의 업무를 담당하는 것이 일반적이다. 그리고 대부분의 입주자대표회의의 구성원은 각자 자신의 직업을 가지고 무보수 명예직으로 해당 공동주택에 봉사하는 경우가 대부분이며 현실적으로 회피하는 경향이 많아 어떤 경우에는 치열하게 경쟁이 있는 경우가 있는가 하면 동대표를 선출하지 못하는 동도 있다. 이유는 개인적으로 바쁘다든가 여러 가지 있겠지만 수고의 대가 등에 대한 보상 여건이 안 되어 있는 것도 큰 원인일 수 있다고 보인다.[76]

회장, 이사 등 임원에게는 업무추진비를 제공하고 있기는 하지만 입주자대표회의 구성원의 수고에 대한 수당성격이 아닌 실비용만 보상하자는 차원에 불과하다. 무보수라 해서 주민의 관리비가 절약된다기보다는 전문성 있는 인사의 진입이 안 되고 무보수이니까 더욱 책임감이 없게 되고

---

[76]

〈표 3-34〉 입주자대표회의 구성원 참여의욕

구 분	빈도수	비 중
전혀 생각 없다	143	40.1
조금 생각이 있다	169	47.3
적극 참여하고 싶다	44	12.3
무응답	1	0.3
총 계	357	100

〈표 3-35〉 참여하고 싶지 않은 이유

구 분	빈도수	비 중
단지에 별로 관심이 없어서	43	12
내가 해도 마찬가지니까	47	13.2
바빠서	196	54.9
보수가 없으니까	24	6.7
무응답	47	13.2
총 계	357	100

자기들의 수고대가에 대한 보상심리에 따라서 큰 죄의식 없이 관리소의 각종 공사나 용역업자 선정 시에 이권에 개입을 하게 되는 경우도 많다. 때문에 오히려 잘못될 경우에는 지출될 수 있는 수당 이상의 피해를 주민이 볼 수도 있는 여지가 있다.

(4) 책임과 권한의 한계 불분명 및 관리주체에 대한 지나친 간섭의 문제

아파트 단지의 입주자대표회의가 갖고 있는 가장 큰 문제점이 무엇인지에 대하여 관리자에 대한 질문에 입주자대표회의의 비전문성(37.7%), 입주자대표회의의 관리에 대한 지나친 간섭과 독선(30.1%), 문제없음(26%), 동대표들의 이권개입(4.8%) 순이었다.

<표 3-36> 입주자대표회의의 문제점

구 분	빈도수	비 중
입주자대표회의의 관리에 대한 지나친 간섭과 독선	44	30.1
동대표들의 이권개입	7	4.8
입주자대표회의의 비전문성	55	37.7
문제없음	38	26
무응답	2	1.4
총 계	146	100

입주자대표회의는 의결기관의 기능을 수행하고 관리주체는 집행기관의 기능을 수행하도록 되어 있다. 입주자대표회의 법적 권한과 책임의 한계가 명확치 않아 입주자대표회의와 관리주체 간에 분쟁이 있을 경우 이를 조정할 수 있는 제도적 기능이 미약하다. 또한 비전문인으로 구성되는 입주자대표회의가 관리 집행기구의 활동에 지나치게 간섭함으로써 관리의 전문화 및 능률성에 장애요인이 되고 있다.

입주자대표회의의 가장 큰 업무는 개·보수·수선 등 공동주택의 관리

와 관련된 용역 혹은 도급계약의 체결이다. 그럼에도 불구하고 공동주택의 개·보수 공사와 관련된 계약을 함에 있어서 이를 집행하는 과정이나 혹은 공사 완료 후 정산하는 과정에 대한 구체적인 규정이 없다. 따라서 공동주택의 개·보수 공사 계약 체결 시에 공사업체의 선정 공사금액의 조달 및 적정성, 공사 감독의 과정 등과 같은 많은 문제점을 지니게 된다.

(5) 입주자대표회의의 공사업자 선정과정 등에서 이권 개입의 심각성

형식적으로는 입찰공고를 통해 공고하고 있기는 하지만 업자선정 과정은 현재 문제가 많고 입주자대표회의 임원 몇 사람에 의해 자의적으로 정해지고 있고 공사감독도 제대로 되고 있지 않고 있는 경우가 많아 문제점이다.

입주자대표회의는 각종 공사뿐만 아니라 위탁관리를 하는 공동주택에서 용역업체선정까지 직접 선정하는 아파트가 대부분이다. 이러다 보니 입주자대표회의가 자신들이 용역업체를 선정하고는 업무의 집행 즉 공사감독과 경비 지급 등의 업무는 관리사무소에서 집행하게 하고 차후 감사까지 입주자대표회의에서 시행한다.

특히 입주자대표회의 임원진은 외형상으로는 공사업자선정이나 용역업자선정에 대한 입찰공고를 내기는 한다. 전문성이 없는 주민들은 입찰공고를 신문이나 입찰공고지와 게시판 등에 내니까 공정하고 투명하게 정상적인 입찰방식에 의해서 업자선정이 잘 되는 것으로 믿는 수가 많다. 그러나 실제적으로 현행의 업자선정과정에는 커다란 문제가 있다. 그것은 입찰공고라는 형식은 갖추되 실질적으로는 전혀 공정하고 투명한 절차에 의하지 않고 업자를 자기들이 임의적으로 업자와의 유착에 의해 선정하고 공사감독도 제대로 하지 않고 있다는 점이다.[77] 공사업자를 어떠한 사전

---

[77] 이 사실은 각 관리소장과 공사업자들과의 면담조사와 설문조사에서 입주자들도 입주자대표회의와 관리사무소의 용역업자와 공사업자 선정과정에서의 투명성을 의심하고 있다. 그리고 연구자인 본인의 직업상 경험에 의해 명백하

에 정하여진 낙찰조건에 의하여 선정하지 않고 입찰공고지에 "공사업자의 선정은 입주자대표회의의 심의에 따른다"고 해놓고 입주자대표들의 비전문성과 소극적 참여의식을 악용하여 임원진 특히 총무 감사 회장 등이 야합하여 회의를 주도하면서 금전적인 유착관계가 형성되고 있는 사례가 비일비재하다는 것이다.[78] 이로 인한 공사부실과 공사가격 과대로 인하여 주민의 피해가 발생하고 이로 인하여 입주자들로부터 불신을 받는 사례도 비일비재하며 입주자 대표들 간의 분쟁과 갈등도 많이 발생하고 있다.

이 과정에서 관리소장들은 어쩔 수 없이 문제점을 알기는 하지만 본인에 대한 인사권을 임원진이 가지고 있어 이러한 절차에 협조할 수밖에 없다고 한다. 그래서 관리소장에 대한 설문조사에서 관리소장들은 거의 100%가 공사나 용역업자 선정 전에 낙찰조건이 사전에 확정되어야 한다는 데 찬성하고 있고 주민들도 응답자의 00%가 찬성하고 있다. 이러한 사실은 입주자대표회의의 공사업자 선정과정의 투명성과 공정성에 대하여 불신하고 있다는 사실을 나타내고 있다고 판단된다.

공동주택에서는 적어도 조달청의 국가나 공공단체 입찰처럼은 장비 등 문제가 있기 때문에 불가하다 하더라도 전자입찰 전단계의 입찰방식처럼 응찰자에게 15개의 입찰가격 중에서 4개를 선택토록 한 다음에 이 가격을 평균치를 낸 다음에 이를 기준으로(정부입찰은 대개가 이가격의 87.745%를 예정가격) 이 가격의 어느 기준을(예컨대 90%) 예정가로 정한 다음

게 인지하고 있는 사실이고 심각한 상태이다.

[78] 현재 아파트에서 발주되는 입찰공고문의 대부분 즉 거의 90% 이상의 경우가 공사업자나 용역업자 선정기준이 없고 입주자대표회의에서 심의에 따르는 것으로 공고되고 있어 업자선정의 투명성이 일반적으로 심하게 의심받고 있는 현실이다. 본래 정상적인 입찰공고라면 투명성과 합리성을 위해서 또한 국가 및 공공단체에서 시행하는 입찰방식처럼 공고문에 공사업자선정 방법으로서 낙찰방법을 제시되어야 한다. 아파트에서는 현장설명회에서도 낙찰방법을 밝히지 않고 있다. 정상적으로 한다면 사전에 '최저가라든지 평균가, 제한적 최저가, 평균가 직하 혹은 직상 가격이라든지' 일정한 기준이 공시되어야 한다.

이 예정가의 직상 직하를 낙찰자로 정하든가 응찰가격의 최저가 혹은 평균가로 하든가 하는 등의 기준을 사전에 정하여 입찰공고지에 공고하거나 혹은 현장설명회 시에서라도 낙찰기준을 정해주어야 한다. 그럼에도 불구하고 현재는 전혀 그 기준을 정하지 않고 입주자대표회의에서 심의하여 결정한다는 식으로 전혀 투명하지 못하고 애매한 방법으로 공고하고 그 이면으로 특정업자와 금전적 거래를 매개[79]로 공사업자선정이 투명하지 못하게 정하여지고 그에 따른 감독도 제대로 안 되어 결국은 입주자 전체가 피해를 보고 나아가 부실공사를 인하여 공동주택 시설물의 노후화를 초래하고 입주민 간의 불신을 제고시키고 있다. 따라서 용역업자와 공사업자 선정의 적격업자와 투명성 있는 선정을 위한 개선이 특히 필요하다. 이러한 폐단은 90년대 말에도 수사를 받았으나 현재도 근절되지 않고 계속 횡행되고 있다는 것이다.

이번 설문조사에서 공사업체와 용역업자 선정 과정에 관하여 입주자에게 물은 결과를 보면 입주자대표회의나 관리사무소에서 각종 공사나 용역업자 선정 과정에 대해 묻는 질문에 대해 아파트 입주자의 경우 비교적 공정하고 깨끗하다는 의견이 59.4%였다. 그러나 약간 비리가 있다고 보는 시각도 32.2%나 되었으며 아주 비리가 많다고 단정적으로 보는 시각도 4.8%나 된다.

<표 3-37> 공사나 용역업자 선정과정의 투명성에 대한 견해

매우 공정하고 깨끗하다	6	1.7
비교적 공정하고 깨끗하다	212	59.4
약간 비리가 있다고 본다	115	32.2
아주 비리가 많다	17	4.8
무응답	7	2
총　계	357	100

---

79) 소위 커미션으로 공사금액의 5~10% 정도라고 알려지고 있다.

이는 아파트 단지별로 다를 수 있지만 공사나 용역업자를 선정하는 과정에 비리가 아직 상존하고 있음을 보여주는 것이다. 또한 이는 입주자가 참여가 부족하고 관리에 무관심이 심한 현실에서 비리가 있더라도 사실 교묘하고 은밀하게[80] 이루어지는 것이 비리의 특징인데도 32.2%라는 입주자의 3분의 1이라는 숫자가 비리를 의심하고 있다는 것은 참으로 비리가 심각할 수도 있다는 사실을 말해준다.

(6) 사용자 권한을 남용한 독선과 비리

현행법령은 입주민의 직접적인 참여가 아닌 동별 대표자로 구성되는 입주자대표회의를 통한 간접참여로 관리하고 있는 실정이다. 입주자대표회의와 관리소장의 업무분담의 내용이 모호한 것이 현 실정이며 있다 하더라도 사실상 결재권과 인사권을 휘둘러 아파트 모든 업무가 몇몇 이사(임원)들 특히 회장중심으로 잘못된 방향으로 좌지우지될 수도 있는 것이다. 특히 입주자대표회의는 실질적으로 관리소장 이하 직원들의 사용자이기 때문에 사용자 권한을 남용하여 관리주체의 직원들을 무분별하게 부당해고 하거나 의결기구의 권한을 넘어 업체선정에 직접 관여하여 이권을 챙기기나 관리비와 연관되어 관리주체를 무시하고 관리업무의 집행권한까지 행하는 사례도 많이 있다.[81] 그리하여 금전 회계상의 비리나 업자와의 결탁 등 그 부정의 소지는 얼마든지 있는 것이다. 이러한 부정은 심각한 사태를 초래하고 있으며 이를 제도적으로 막을 수 있는 방안의 강구도 필요하다.

---

80) 형식적으로는 공개경쟁 입찰을 시행하는 것처럼 입찰공고를 하되 낙찰업자 결정의 기준과 방식은 차후 입주자대표회의에서 결정하고 낙찰되지 못한 업체는 일체 이의를 제기할 수 없다 하는 단서 규정을 두고 이면에서 특정 공사업체와 밀실거래를 통하여 객관적인 기준도 없이 낙찰업체를 결정하니 일반 주민들은 그러한 내막은 모르고 공정하게 공개경쟁 입찰을 통해 잘 공정하게 처리되고 있는 것으로 오해되고 있는 경우도 많다.

81) 이러한 사실은 연구자가 직접 관리소장과의 면접조사에서도 나타났고 관리자에 대한 설문조사 결과에서도 나타났다.

(7) 입주자대표회의의 법인화 문제

현재의 입주자대표회의가 책임이 명확하게 규정되지 않고 불법행위 시에도 개인에게만 책임을 지울 수밖에 없는 경우가 있어 손해배상 등 책임과 권한관계를 명확하게 하기 위하여 민법상 조합 또는 법인으로서의 법적 자격을 갖도록 하는 방안이 검토되어야 한다. 일본의 경우 건축물의 구분소유에 관한 법에서 구분소유 건물에서 관리조합의 당연결성과 구분소유자 30명 이상일 경우 구분소유자의 3/4 이상의 다수결에 따라 법인이 될 수 있음을 규정하고 있다. 또한 프랑스의 경우 건물의 구분소유관계가 성립되면 구분소유자는 법인격을 갖춘 조건의 당연결성을 규정하고 있다.

7) 감사제도의 문제점

1998년 12월 31일 개정 시에 의무적 회계감사 조항이 삭제되어 아파트 자율에 맡기고 있는바 현행 자치감사는 입주자대표회의 구성원 중에서 선출하도록 하고 감사는 관리주체 업무만을 감사하도록 되어 있어 입주자의 재산관리에 대한 중요한 의안을 심의, 의결하는 입주자대표회의의 업무에 대한 검증방법이 없다.

결국 입주자대표회의 구성원인 감사가 입주자대표회의 결정에 대하여 결국 자신이 한 일을 감사한다는 식이 되기 때문에 아파트 감사제도는 견제와 균형이 없는 것이 되어 입주자대표회의 구성원이 투명성이나 공정성에 문제가 있는 사람들로 구성되어 자체적으로 견제역할이 안 될 경우에는 커다란 문제가 발생할 수밖에 없다.

어떠한 조직이든 견제와 균형의 시스템이 없을 경우에는 문제가 발생할 가능성이 상존한다. 그래서 입주자대표회의와는 별도의 규정에 의해 선출된 감사조직이 있어야 한다.

또한 비전문가가 대부분인 감사의 업무태만으로 인하여 입주자가 피해를 입을 경우에도 아무런 책임규정이 없다. 특히 자체감사의 수준이나 기능이 떨어질 경우에도 공인회계사 감사를 해서 관리재정 및 회계처리에 관한 효율성과 합리성, 회계절차 등에 대한 지도를 받을 수 있는 데도 관리령 개정 시 공인회계사 조항이 삭제된 것은 많은 문제점을 발생시킬 수 있다. 이러한 감사 제도의 문제점에 대하여 현재 입주자대표회의에 대한 감사가 없어 대표회의의 부정이나 잘못을 견제할 수 없고 감사가 전문성이 부족하여 관리사무소에 대한 감사도 유명무실하다는 문제점이 있다는 지적에 대해 아파트 입주자와 관리자 모두에게 설문하였다. 설문에 응한 입주자들은 이러한 문제가 있다는 의견이 36%이고 문제가 없다는 의견이 21%로 나타났다. 한편 이러한 문제에 대해 모르겠다는 의견은 약 41%로 나타났다. 한편 같은 질문에 아파트 관리자들은 52.7%가 문제가 없다고 보았으며 36.3%가 문제가 조금 있다고 응답하였다. 한편 문제가 크다는 의견도 10.3%였다. 이 질문에 대한 아파트 입주자와 관리자의 시각을 비교해 보면 아파트 입주자와 관리자 모두 약 36% 이상이 문제가 있거나 크다고 보고 있다. 이 숫자는 작은 숫자가 아니고 그 문제점을 인정하고 있는 경우가 된다. 그 외에 아파트 입주자들은 주로 여기서 제시된 문제가 관리체계 내의 구조적인 것이어서 잘 알지 못하고 있는 것으로 보인다. 반면 아파트 관리자들은 현행 감사 제도에 대해 문제가 없다고 보는 시각이 절반 정도이다. 이는 실제로 문제가 없다고 해석할 수 있지만 관리자는 감사와 함께 관리체계의 구성원이라는 점에서 문제가 있다고 밝히기 어려운 점도 반영되었을 것으로 추측된다. 관리자는 감사가 전문성이 풍부하여지면 그만큼 힘이 들고 아무래도 체크받을 일이 많으니 현재가 좋을 수 있으므로 애써 문제가 없다고 하는 경우도 있을 수 있다.

8) 지자체의 지도감독의 소홀과 지원조례 제정상의 문제점

(1) 행정지도 감독의 소홀과 형식성

행정지도 감독할 수 있는 법적 근거는 마련되어 있으나 제대로 활용하지 못하고 있으며 마련된 법제 또한 기술적인 관리 감독보다는 행정적인 관리감독사항으로 되어 있어 안전관리 등에 사전 예방적 감독기능은 담당하지 못하고 있다. 또한 엄연히 사회적 요소가 큼에도 불구하고 사유재산 논리와 자율의 미명하에 행정지도감독 소홀과 행정기관의 적극적 조정자로서의 역할을 관리규약에 미루어 방기함으로써 시설물 유지관리를 소홀히 하게 하여 내구성 연장을 위한 역할을 포기하고 있다.

더구나 공동주택 관리법 규정 자체의 애매모호한 부분이 많아 민원이나 분쟁발생 시 유권해석이 곤란하거나 불합리한 조치가 계속될 가능성이 있다. 행정지도 감독을 강화하기 위해서는 공무원의 행정업무가 증대되어야 하는데 현실적으로 관리행정수요에 미치지 못하고 있다.

(2) 벌칙과 행정적 규제의 미비 – 의무이행수단의 미흡

관리자, 사용자로서 수많은 의무가 명시돼 있으나 효과적으로 수행할 수 있는 수단을 확보하지 못하고 있는 실정이다. 주택법과 시행령은 공동주택 관리에 관한 벌칙을 규정하고 있다. 그리고 의무규정의 적용을 받을지라도 공동생활을 위한 행위제한 위반이나 자치관리 허가규정을 위반하는 경우를 제외하고는 거의 모든 의무규정에 대한 벌칙규정이 없다. 또한 행정지도 감독의 법적 근거가 결여되어 있기 때문에 관리상의 문제를 효과적으로 해결할 수 없다.

행정지도감독을 강화하기 위해서는 공무원의 행정업무가 증대되어야 하는데 현실적으로는 관리행정 수요에 미치지 못하고 있다. 시, 군, 구청의 감독의 필요성 여부에 대하여 현재 아파트 관리에 대해 주민과 관리업체 간의 자율적 관리에 맡기고 시군구청은 소극적 신고업무를 담당하고 있지만 앞으로 시군구청의 지도 감독이 어떠해야 하는지에 대한 질문에 아파트 입주자의 39.2%가 현재보다 강화해야 한다고 보았고 44%는 현행대로 유지하면 된다고 하였다. 반면에 완화하자는 의견은 10.1%로 나타났다. 한편 아파트 관리자의 시각은 56.2%가 현재보다 시군구청의 관리 감독이 강화되어야 한다고 보았으며 현행대로 하면 된다는 의견은 34.9%로 나타났다. 이 결과를 볼 때 아파트 관리자가 아파트 입주자보다 시군구청의 관리 감독의 강화가 필요함을 지적하고 있다. 역시 입주자보다 관리업무를 맡고 있는 관리자가 시군구청 등 행정관청의 관리체계에 대한 개입 필요성을 더욱 느끼고 있다고 볼 수 있다.

<그림 3-5> 지방자치단체의 감독강화 필요성

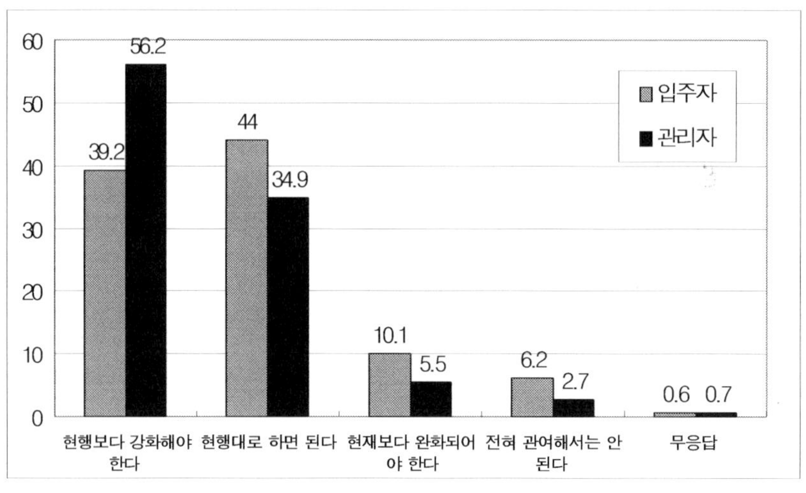

(3) 공용시설물 유지보수비 지원조례 제정상의 문제

주택법제정 시에 공동주택 단지 내에 있는 공용시설물의 유지보수 비용을 보조해 줄 수 있는 근거조항이 신설되었다. 즉 주택법 제43조8항에 근거하여 현재 전국의 기초지방자치 단체에서 지원조례가 계속 입법화되고 있다는 사실이 보도되고 있다. 조례를 제정한 대부분의 지자체는 주택법 또는 도시 및 주거환경정비법에 의해 건설된 20세대 이상의 공동주택을 적용범위로 하고 있으며 하자보수 기간이 경과한 공동주택 등으로 제한하고 있다. 현재 일반적으로 지원의 대상으로는 어린이 놀이터 유지보수, 노인정 유지보수, 단지 내 주도로와 보도의 소규모 보수, 보안 등 보수, 주도로상 하수도 유지보수, 수목의 전지, 단지개방을 위한 담장허물기 사업 등에 대한 보수이다.

<그림 3-6> 지원사업 절차

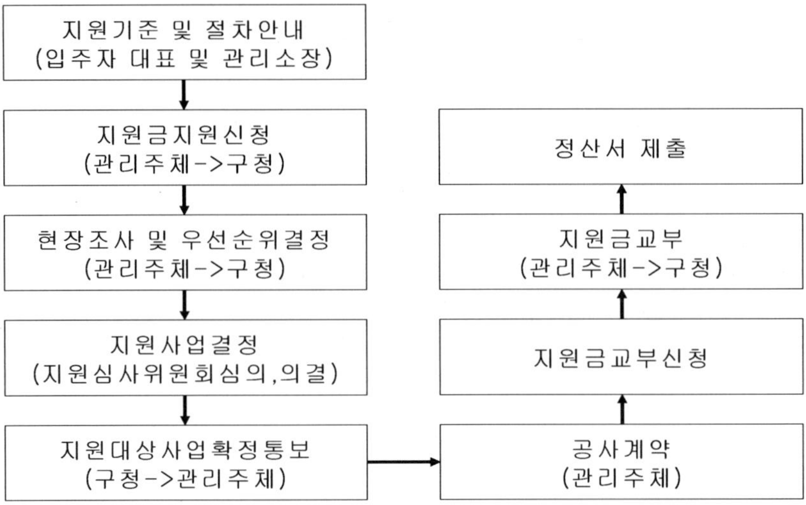

지원기준 및 절차안내 (입주자 대표 및 관리소장)	
지원금지원신청 (관리주체->구청)	정산서 제출
현장조사 및 우선순위결정 (관리주체->구청)	지원금교부 (관리주체->구청)
지원사업결정 (지원심사위원회심의,의결)	지원금교부신청
지원대상사업확정통보 (구청->관리주체)	공사계약 (관리주체)

신청시기 및 방법은 공동주택의 관리소장과 입주자대표회의에서 지원신청부분을 검토 후 서류를 갖추어 구청주택과에 제출하면 현장조사와 각 기능부서의 검토를 통해 심의위원회에서 개별심사를 거쳐 지원하게 된다.

그런데 문제점으로는 지방자치단체별로 재정자립도상 많은 차이가 있기 때문에 같은 서울이나 같은 광역시에 소재하면서도 아예 지원조례가 제정

되지 않아 지원이 없거나 지원내용과 범위 면에서도 큰 차이가 있는 등 형평성의 문제가 있다.[82]

그리고 같은 지자체 내부에서도 공동주택단지 규모에 따라서 혹은 의무관리냐 임의관리단지냐에 따라서도 형평성과 투명성이 보장되도록 해야 할 것이다.

(4) 지자체 담당부서 기술인력 부족과 예산 및 기술지원 체계미비

가. 담당부서 직원들의 인력 및 전문성 부족

담당부서 인력부족과 담당직원들의 순환보직으로 인하여 전문성이 부족하다. 현재 지자체에는 공동주택을 전문적으로 관할 지도규제하는 부서가 지자체에 "주택과" 형식으로 있기는 한데 인력도 2~3명 정도이면서 다른 업무와 같이 보기 때문에 부족하고 전문성도 없어 50%가 넘는 인구가 거주하는 공동주택 관리에 허점이 노출되고 있다. 또한 아파트관리에 대해 기술적인 전문지식을 보유한 유능한 안전 토목 건축전문가가 배치되지 못하고 일반행정직이 그 업무를 담당하고 있어 비효율성을 초래하고 있다.

나. 예산지원 및 기술지원 체계의 부족

지자체의 공동주택 시설유지관리에 대한 예산 및 기술지원 체제부족과 입주자대표 및 관리주체 요원들과 지자체와의 유기적 관계가 부족하다. 그리고 담당공무원의 모두 행정직만 배치되어 있다 보니 공동주택보수나 진단 등에 있어서 기술지도나 상담에 있어서 제대로 행정 지도감독이 되기가 어렵다. 제대로 된 기술적인 행정지도 등을 해주기가 어렵기 때문에 담당부서에 증원과 더불어 기술직의 배치가 필요하다고 본다.

---

82) 아파트관리 신문 2005. 3. 21.

3. 관리체계 부문별 문제점

주민들은 아파트 단지 내에서 가장 문제가 많고 불만스러운 것이 무엇인지를 묻는 질문에 대해 아파트 시설물의 보수 유지 문제(27.2%), 관리비 집행 등 아파트 운영 관리 문제(24.1%), 이웃 간의 무관심이나 갈등과 같은 공동체 관리 문제(20.2%), 아파트의 가치를 높이는 자산관리 문제(15.4%) 순이었다. 이는 아파트 단지 내에 이러한 문제들이 고루 있음을 의미하고 있다.

〈표 3-38〉 가장문제가 많고 불만스러운 것

구 분	빈도수	비 중
관리비 집행 등 아파트 운영 관리 문제	86	24.1
아파트 시설물의 보수 유지 문제	97	27.2
이웃 간의 무관심이나 갈등과 같은 공동체 관리 문제	72	20.2
아파트의 가치를 높이는 자산 관리 문제	55	15.4
관리체계 자체가 문제	20	5.6
방법 및 도난방지 문제	17	4.8
기 타	4	1.1
무응답	6	1.7
총 계	357	100

그리고 관리자인 관리소장들은 비슷한 질문에 대하여 즉 현재 아파트단지의 관리상 가장 중요한 문제를 묻는 질문에 대하여 아파트 관리자들은 아파트 시설물의 보수 유지 문제(32.2%), 이웃 간의 무관심이나 갈등과 같은 공동체 관리 문제(26.7%), 입주자대표회의 등과의 관계 문제(21.2%), 관리비 집행 등 아파트 운영 관리 문제(10.3%) 등의 순이었다.

결국은 항목별로 차이는 있으나 입주자나 관리자 모두 시설물의 보수유지문제를 제일 중요한 문제로 보고 있는 점을 동일하다.

또한 특이한 것은 입주자들이 현재 관리사무소에서는 무관심하다시피한 아파트의 가치관리 문제에 대하여 관심을 기존의 유지관리, 운영관리, 생활관리, 다음으로 지대한 관심을 가지고 있다는 점이다. 따라서 앞으로 관리 분야에서 아파트에서 리모델링 재건축 기타 경영마인드에 의한 재산적 가치관리 분야에 노력을 해야 할 것으로 판단된다.

〈표 3-39〉 관리상 가장 중요한 문제

구 분	빈도수	비 중
관리비 집행 등 아파트 운영관리 문제	15	10.3
아파트 시설물의 보수 유지 문제	47	32.2
이웃 간의 무관심이나 갈등과 같은 공동체 관리 문제	39	26.7
아파트의 가치를 높이는 자산관리 문제	6	4.1
입주자대표회의등과의 관계 문제	31	21.2
기 타	7	4.8
무응답	1	0.7
총 계	146	100

1) 운영관리 측면

운영관리란 공동주택이나 단지의 관리조직을 운영하는 활동과 사무관리, 회계관리 등 제 활동을 포함하는 활동이다. 운영관리란 이러한 좁은 의미도 있지만 그것을 포함하면서 관리조직이 시행하는 생활관리와 유지관리 자산관리를 망라한 광의의 경영관리 시스템을 의미하기도 한다. 여기서는 협의의 의미로 사용한다.

설문조사에서 입주자들은 운영관리 사항 가운데 가장 큰 문제로 아파트 단지 내의 운영관리 사항 가운데 가장 큰 문제를 묻는 질문에 대해 응답자들의 관리비 과다(30.3%), 아파트 회계의 불투명한 관리 및 공사집행상의 비리(29.1%), 관리직원의 근무태만이나 불친절(17.1%) 순이었다. 그리고 문제가 없다는 답도 21.6%에 이르렀다.

<표 3-40> 운영관리상 가장 큰 문제

구 분	빈도수	비 중
관리비 과다	108	30.3
관리 직원의 근무태만이나 불친절	61	17.1
아파트 회계의 불투명한 관리 및 공사집행상의 비리	104	29.1
문제없다	77	21.6
무응답	7	2
총 계	357	100

(1) 관리비의 과다와 절감문제(효율성)

거주하고 있는 아파트의 관리비 수준을 묻는 문항에 대해 설문 응답자의 답은 비싼 편이다(49.6%)와 적당하다(39.2%)가 우세하였다. 이는 아파트 관리비의 수준에 대한 주관적 판단이 서비스의 수준이나 입주자의 소득 수준과 관련이 있기 때문에 나온 결과라고 볼 수 있다. 하지만 응답자의 절반이 비싸다고 생각한 것을 감안한다면 서비스의 향상이나 효율적인 운영이 필요함을 암시한다.

<그림 3-7> 관리비 수준판단

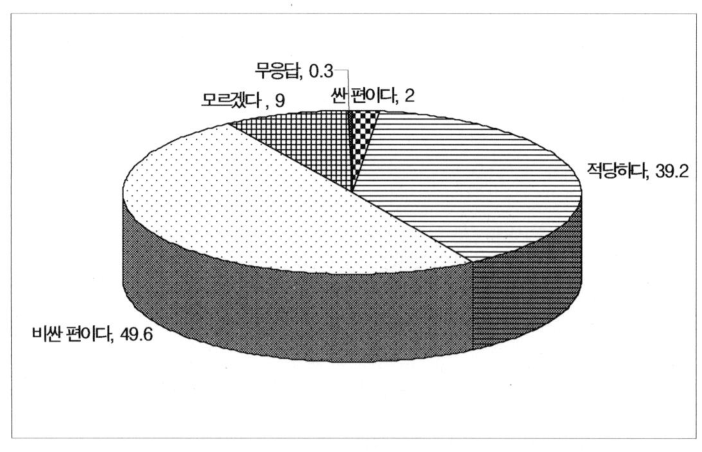

관리비에 대하여 거주 형태별로 관리비에 대한 평가를 보면 월세거주자는 다른 형태보다 비싸다는 의견이 많았고 자가소유의 경우 비싸다는 의견과 함께 적당하다는 의견도 41%로 나타났다. 이는 거주 형태가 곧 소득과 관련되어 있으며 소득은 관리비에 대한 부담능력을 반영하기 때문으로 해석된다.

〈표 3-41〉 거주 형태별 관리비 평가

구 분	싼 편이다	적당하다	비싼 편이다	모르겠다	총 계
전 세	2%	40%	49%	9%	100%
월 세	0%	11%	67%	22%	100%
자가소유	2%	41%	50%	8%	100%
기 타	0%	20%	60%	20%	100%
총 계	2%	39%	50%	9%	100%

관리비 과다 여부에 관하여 거주 평형별로 관리비에 대한 평가를 물었다. 그 결과 18평 미만과 38평 이상이 다른 평형보다 비싸다는 의견이 많았다. 이는 18평 미만의 경우 소득 수준 대비 관리비가 높다고 보는 것이고 38평 이상은 대형 평수로 인한 관리비의 절대 액수가 많아지기 때문으로 보인다.

〈표 3-42〉 거주 평형별 관리비 평가

구 분	싼 편이다	적당하다	비싼 편이다	모르겠다	총 계
18평 미만	0%	11%	56%	33%	100%
18평/28평 미만	1%	43%	41%	14%	100%
28평/38평 미만	1%	42%	54%	3%	100%
38평 이상	6%	29%	58%	6%	100%
무응답	0%	0%	100%	0%	100%
총 계	2%	40%	50%	9%	100%

또한 관리형태별로 관리비에 대한 평가를 물은 결과 전반적으로 관리비가 비싸다는 의견이 많은 가운데 특히 위탁관리의 경우 관리비가 높다는 의견이 많았고 자치관리의 경우는 위탁관리에 비하여 싸다고 한 비율도 많고 비싸다는 비율도 많았다. 이는 위탁관리를 하고 있는 입주자들의 자치관리입주자에 비해서 관리비가 비싸다고 생각하고 있다는 점을 말해준다. 그럼에도 위탁관리를 하는 것은 상호 간에 불신이 자치관리단지에 비해서 많기 때문이다.

<표 3-43> 관리형태별 관리비 평가

구 분	싼 편이다	적당하다	비싼 편	모르겠다	총 계
사업자관리	2%	37%	52%	8%	100%
자치관리	3%	46%	44%	7%	100%
위탁관리	0%	35%	54%	12%	100%
기 타	0%	20%	40%	40%	100%
총 계	2%	40%	49%	9%	100%

(2) 관리비 산정기준의 상이와 세부내역 등의 비교 곤란의 문제점

관리비란 크게 일반관리비, 난방비, 급탕비, 수선유지비, 특별수선 충당금 등 다양한 항목으로 구성되는데 우리나라의 경우 공동주택 관리비를 구성하는 이들 항목에 대한 산정기준이 통일되어 있지 않다. 해당 공동주택의 관리규약 혹은 해당 공동주택의 상황에 따라 다양한 형태로 산정되는 것이 일반적이다. 공동체 삶을 영위하면서 아파트의 경우 전용부분과 공용부분의 유지관리를 위하여 관리활동을 지속적으로 유지하는 데 필요한 인력, 기술, 장비 등이 소요되는 일체의 비용 및 해당 아파트 단지의 입주자 등이 한동안 생활하는 데 사용한 전기 수도 등의 제반 비용을 의미한다.

관리주체는 관리비 및 사용료 징수업무 등을 수행함에 있어서 선관주의 의무를 다해야 하고 매월별로 관리비와 사용료의 징수, 사용, 보관 및 예치 등에 관한 장부를 작성하여 그 증빙서류와 함께 이를 보관하고 입주자 또는 사용자가 이의 열람을 청구하거나 자기의 비용으로 복사를 요구하는 때에는 이에 응하여야 한다.

가. 관리비가 단지마다 차이가 크고 비교의 곤란성

단지마다 관리비산출에 대한 일정한 통일된 기준이 없고 더구나 주택법 시행령에서는 8개 비목에 대해서만 개괄적으로 규정하고 있다. 관리비 부과방법에 대해서는 법령에 정해진 바 없이 각 단지마다 자율적으로 관리규약에 명시하여 운영하도록 하고 있다. 따라서 세대별 분양면적이 다를 경우 입주자 간의 이해가 엇갈려 갈등의 소지가 있고 단지마다도 너무 큰 차이가 있어 문제가 크다.[83]

나. 관리비 사용의 계획성 및 투명성의 부족

관리비 부과제도가 대부분의 아파트 단지는 위탁관리든 자치관리든 사후정산 부과제도를 채택하고 있다. 그래서 위탁관리와 자치관리의 장점을 살리지 못하고 혼합관리 형태를 취하고 있다. 그러므로 관리비의 사전 통제제도인 관리비 예산제도나 도급관리 형태가 발달하지 못하고 있다. 이는 관리비의 방만한 사용으로 이어져 관리비의 낭비와 부정, 비리발생의 한 요인이 되고 있는 것이다.

---

[83] 공정거래위원회의 2003년 12월 5일자 보도자료에 의하면, 공정거래 위원회가 2003년 8월부터 서울, 수도권 및 지방 4대 도시 504 아파트단지 대상으로 관리비를 조사한 결과 서민층을 대표하는 25평이나 선호도가 높은 32평의 유사 아파트 간 관리비가 최고 2배 이상 차이가 난다고 한다.

(3) 공동주택 관리 관련 비리양태와 발생원인

1999년도 언론매체 발표에 따르면 4곳 중 1곳은 관리비와 관련된 비리가 발생하고 있으며 이로 인한 공동주택 주민의 피해는 무려 170억 원에 이르는 것으로 보도되었다.

가. 비리유형과 부정행위 방법의 실태

공동주택의 관리비와 관련한 비리는 크게 6가지 유형으로 분류할 수 있다.

a. 위탁관리업자 선정 시 입주자대표의 금품수수행위

통상 2년 단위로 관리계약을 체결하는데 계약기간이 종료할 때마다 다시 위탁관리회사를 선정하여 위임에 의한 계약을 한다.

이때 위탁관리 회사에서는 지속적인 위탁관리 계약을 체결하기 위하여 공동주택의 동대표를 금품으로 매수하는 사례가 비일비재하게 발생한다.

b. 각종 개, 보수공사와 관련한 용역 계약 시 금품수수행위

공동주택 건물의 개, 보수 공사와 관련한 공사계약과 공사업체 선정 과정에서의 비리는 공동주택 관리에서 가장 많은 비리유형이라 할 수 있다. 각종 공사 및 용역계약 과정에서 업자와 입주자대표 또는 관리소 간에 금품을 수수하는 행위가 발생하고 있다.

도장공사 보일러 세관공사 승강기 교체공사 등 비용이 많이 투입되는 공사의 경우 입대회의 혹은 관리사무소와 해당 공사업체가 결탁하여 일정의 사례비를 착복하는 경우가 있다. 부정한 방법으로는 입찰 공사금액을 사전에 알려주는 행위, 제대로 공사를 하지 않고 준공검사를 해주는 경우 및 수의계약으로 과다계약을 하고 차액을 나누어 착복하는 방법과 특수업체에게 유리하게 입찰조건을 사전에 조율하는 경우 및 기타 여러 가지 방법 등이 있다.

1998년도 경찰에서 발표했던 비리의 방법과 그 양태가 달라지고 있는데 현재 제일 문제가 되고 있는 것은 최근에는 업자 간 담합이나 수의계약은

거의 없고 오히려 공사업자와 발주자 대표인 입주자대표회의 임원 간에 지능적으로 발달된 형태의 비리와 부정이 유행적으로 행해지고 있는데 그것은 외형상으로는 어디까지나 공개경쟁 입찰형식을 취하기는 하되,[84] 공고문에 입찰참가 자격을 필요 이상의 과도한 조건을 두어 특정업자만 유리하게 만들고 또 공고문이나 현장 설명 시에 공사업자 선정기준을 명시하지 않고 "업자선정은 입주자대표 회의의 심의에 따른다"는 막연하고 애매한 표현[85]을 한다. 그다음 실제에 있어서는 회장단 등 임원진이 특정업자를 밀어주기 위하여 특정업체에 기준을 맞추거나 결정 시에 일반 동대표들의 비전문성과 무관심을 이용하여 회의 분위기를 주도하여 자의적으로 특정업체를 선정하고 이면적으로 부정한 금전거래를 하고 공사감독도 제대로 하지 않아 입주민에게 엄청난 손실을 끼치는 사례가 비일비재하게 횡행하고 있다는 사실이다.

공사업자들과 이해관계인들의 말을 종합해 보면[86] 1998년도 경찰에서 비리수사 했던 당시의 비리 양태와는 달리 외형상은 합법적인 방법으로 공개경쟁입찰을 통해 입찰을 시행하는 것처럼 하고 있다. 그러나 실제에 있어서는 지능적이고 은밀하게 비리와 부정의 방식은 계속되고 있다고 보인다. 즉 공사업자 선정 시에 일단 정상적으로 공고는 하고 현장설명회도 시행하기 때문에 외형상으로는 누가 봐도 언뜻 보기에는 공개경쟁입찰로 공정하게 정상적이고 투명한 절차로 행하는 것처럼 보인다.

그러나 보통 정상적인 공개경쟁입찰[87]과 달리 우선 첫째로 입찰자격을

---

84) 대부분의 아파트 관리규약에 일정금액 이상의 공사는 일단 공개경쟁 입찰을 시행하게 되어 있으므로 입찰공고를 내고 공개경쟁 입찰방식으로 진행할 수밖에 없다.

85) 현재 아파트관리 주체가 발주하는 입찰 공고문의 거의 100%가 이와 같이 낙찰방법을 애매하게 표시하고 있어 불신과 부정의 징표가 되고 있다.

86) 이러한 사실은 공동주택관련 공사나 용역업자들과 관리소장 등 관리직원들과의 면접조사 방식에 의해서 알게 된 사실이며 이 분야에서는 일반적으로 알려진 비밀이다.

필요 이상으로 너무 과도[88]하게 하여 소수의 특정업체들만이 참가할 수 있게 해놓고 둘째는 공사업자 선정방식을 사전에 어떠한 기준도 제시하지 않고 단지 "공사업자 선정은 입주자대표회의의 심의 후에 적정업체를 선정하여 통보한다."라고 공고하고 입주자대표회의를 열어 회장과 총무 등 몇 사람들이 거의 일방적으로 업자를 공개적인 기준도 없이 결정하는 경우가 대부분으로 소문이 나있는 실정이다. 그 심의가 그 아파트에 적격한 업체를 선정하기 위하여 꼭 필요한 경우도 더러는 있겠지만 대부분의 경우는 공개경쟁입찰을 빙자하여 특정업자와 입주자대표회의 임원진이 밀실 거래로 금전적 이권을 챙기기 위하여 그러한 애매한 업자선정방법을 미리 정하여 공표하지 않고 있다는 것이다. 그렇게 되면 결국 공사감독도 제대로 이루어지지 않기 때문에 공사의 부실과 관리비의 과도한 지출로 낭비가 이루어지는 것이다.

c. 소모품 사용량을 과대계상 또는 가공 영수 중 첨부하고 횡령하는 행위

단지 내의 공용부분에 사용할 각종 기계부품 복도 및 가로등의 전구 등 다양한 소모품이 필요한데 이 경우 소모품을 과대 계상하거나 허위 영수

---

87) 일반적으로 정상적인 공개경쟁 입찰은 입찰공고문이나 현장 설명 시 배포하는 입찰유의서 등에 공사업자 낙찰방법(예컨대 최저가, 제한적 최저가, 평균가, 기타 등)에 대해서 사전에 필수적으로 공표되는 것이며, 공사입찰 자격에서도 공정하고 투명하며 선정방법도 예정가를 특정인이 좌지우지 못하도록 하고 있다. 현재 국가나 공공기관에서는 설계에 의해서 지초가격을 산출한 다음에 그 기초가격의 3% 전후 범위 내에서 15개의 가격조합을 만들어 그중에서 무작위로 4개를 뽑아 평균가를 예정가로 하고 그 가격의 87.745% 해당금액의 직상가격을 낙찰가격으로 하는 방법을 채택해오고 있다.(제한적 최저가 방식)

최근에는 이것조차도 인터넷에 의한 전자입찰방식에 의하여 예정가를 만드는 방법으로 하는데, 이상의 15개 가격군 등에서 응찰업체가 가장 많이 클릭한 순서대로 4개의 가격을 합계한 후에 이를 4로 나누어 예정가격을 정할 정도로 공정하게 처리하고 있어 예정가 누출과 발주자에 의한 부정이나 업자에 의한 담합 등이 거의 불가능하다.

88) 예컨대 1000만 원짜리 공사를 하면서 입찰참가 자격을 "1년간 단일공사 1억 이상 시공실적 1년간 10억 이상의 시공실적이 있는 업체만이 참가토록 한다"고 하는 경우도 있다.

증을 첨부하는 방식으로 관리비의 수선 유지비 항목에 대한 부정행위가 발생하고 있다.

d. 사문서를 위조하여 횡령하는 행위

직원급료 명세서의 합계금액을 과대하게 조작하여 관리비 통장, 예금청구서를 작성하여 차액을 착복하는 행위로 이런 유형은 관리소 경리직원이 저지르는 유형이다.

e. 관리 외 수입의 조작 및 임의사용

관리비 예금통장에서 생기는 예금이자, 연체 이자수입, 이삿짐 운반 시 곤도라 또는 승강기기 사용료 등의 관리 외 수입이 발생되는데 이를 잡수입으로 계상돼야 함에도 이를 착복하는 경우가 많다. 일부 부녀회와 동대표들이 임의로 관리 외 수입을 사용한다든지 대표회장이 임의로 개인업무에 관리비 사용하여 분쟁과 갈등이 야기되기도 한다. 관리소장이 자리유지를 위하여 입주자대표회장에게 관리 외 수입을 상납하는 경우도 있다고 한다.

나. 부정과 비리의 발생원인

첫째 공동주택 관리제도 및 관리시스템이다. 다양한 관리상에 나타나는 비리는 관리제도와 관리 시스템상에서 나타나는 문제로 생각할 수 있다. 관리제도 측면에서는 관리와 관련된 다양한 제도내용의 체계적 명문화, 규정내용의 구체성 등이 필요하다. 즉 제도 규정과 현장에서 적용되는 규정을 효과적이고 유기적으로 연결하기 위해서는 제도, 내용의 현장적용을 위한 관리지침 혹은 가이드라인의 작성 보급이 시급하다.

둘째는 입주자들의 무관심으로 참여의식 부족이다. 입주자들의 정주의식부족과 공동체의식부족으로 인하여 입주당사자의 감시와 체크가 부족한 것이 가장 큰 원인이다.

셋째는 감사제도의 문제이다. 공인회계사의 의무적 감사는 필수성이 폐지되다 보니 거의 사실상 폐지되고 자체의 감사에 의해 감사하고 있으나 감사의 전문성 부족과 무보수로 인하여 감사를 수시로 하지 않게 되고 또한 입주자대표회의에서 구성원 중에서 선임되고 입주자대표회의에 대한 감사권이 없다 보니 감사의 실효성이 떨어진다.

넷째는 지방자치단체의 감독이 소홀한 점도 아파트비리의 횡행에 일조하고 있다. 지방자치단체가 아파트관리를 사적 자치에 맡기다 보니 감시시스템이 제대로 작동되지 않고 있으며 현재도 지방자치단체 등은 관리주체의 신고 등 서류접수 등의 방식에 의존하고 1년에 한 번만 공동주택 관리 실태를 서면으로 보고받는 식으로 조사하고 있을 뿐이다.[89]

(4) 관리주체 요원의 신분 불안정성 및 사기저하 문제

가. 사기저하와 높은 이직률

대다수 공동주택의 관리직원의 직업적 안정성은 일반 다른 직종의 근로자와 비교하여 극히 취약하여 직장에 대한 애착심이 적고 높은 이직률은 관리의 부실로 이어져 건물설비의 조기 노후화를 촉진하고 있다. 공동주택의 높은 이직률은 민원해결의 어려움과 입주민과의 갈등과 저임금 및 근무조건의 열악함 등과 장래 발전가능성의 불투명으로 인하여 젊고 유능한 직원들은 기회만 된다면 타 직장으로 옮기려 하는 경우가 대다수이기 때문에 유능한 전문요원과 기술인력 확보에 많은 어려움이 따르고 있다. 이러한 상황하에서는 직원들이 자연히 공동주택단지의 시설물에 대한 애착이나 그에 대한 전문성이 떨어질 수밖에 없다.

그다음 아파트 관리자의 임금 수준에 대한 만족도를 보면 매우 불만족과 불만족을 합쳐 65.1%이고 보통이 32.2%, 만족은 2.1%로 나타났다.

---

89) 현재도 구청의 공동주택 관리담당(주택과) 공무원 등이 이러한 방식에 의하고 있음이 구청 공무원 방문면담 조사 결과이며 사실상 담당인원이 부족하여 현지방문 조사는 불가능하다고 함.

앞으로 계속 근무할 것인지에 대한 물음에 아파트 관리자들은 그렇다는 답이 51.4%이고 아니라는 답은 41.8%이다. 이는 임금에는 만족하지 않지만 다른 대책이 없으므로 근무를 계속할 수밖에 없다는 입장으로 보이나 사기가 낮은 상태여서 근무에 효율성이 없다고 판단된다.

또한 장기적인 배려하에 관리가 이루어지지 못하고 임기응변적이고 눈가림식 시설물 보수가 이루어질 수밖에 없으며 시설물의 수명연장에 도움이 되는 제대로 된 유지관리가 될 수가 없게 되는 것이다.

<표 3-44> 임금수준에 대한 만족도

구 분	빈도수	비 중
매우 불만족	21	14.4
불만족	74	50.7
보 통	47	32.2
만 족	3	2.1
무응답	1	0.7
총 계	146	100

나. 신분보장 미비와 관리회사 변경 시 승계문제

관리용역회사의 변경 시에 관리소장이나 관리요원들은 관리하는 공동주택을 이직할 수밖에 없는 현실로 인하여 신분적 불안정성에 의한 관리 시설물에 대한 애착심결여와 전문성 축적이 될 수가 없기 때문에 시설물유지관리에 어려움이 많다.

특히 관리소장은 위탁관리 회사에 동대표의 전화 한 통만으로도 교체되는 일이 비일비재하고 주민이나 동대표들 중 한 사람과라도 서로 소신과 판단이 다름으로 인하여 비위에 거슬리게 말하거나 행동했다고 하여 즉시로 관리회사에 소장을 교체해 달라는 압력이 들어가고 그렇게 되면 관리회사는 동대표들의 뜻을 거스를 수가 없게 될 수밖에 없는 것이 현 실정이다.[90] 그리고 계약기간이 끝나면 재계약을 맺기 위하여 특히 처절할 정도로 입주자대표들의 비위를 맞추기 위해 노력한다. 그리하여 정확한 통계는 아니지만 평균 재임기간이 2년 전후에 불과하다고 알려져 있는 것이 보통이고 그렇게 보는 것이 일반적이다.[91]

이와 관련하여 관리소장의 근무기간이 짧은 이유를 묻는 것에 대해 설문 응답자들은 근무환경 열악(19.3%), 관리업체 변경(18.5%), 주민이나 동대표들과의 갈등(16.5%) 등 다양한 이유가 골고루 지적되고 있다. 이는 현실에서 관리 직원의 근무기간이 다양한 요인이 복합적으로 작용할 수도 있음을 시사한다.

관리주체 구성원들이(소장 및 직원들) 관리회사가 언제 바뀔지 모르고 바뀌면 자신의 능력이나 기여도에 상관없이 직장을 옮겨야 한다. 때문에 소신껏 아파트의 수명연장이나 안전관리 등을 장기적인 안목에서 일하지 않고 우선 임기응변식 동대표들의 비위에 거슬리지 않을 정도의 일만 함으로써 피해는 주민과 국가 사회가 보게 된다.

---

90) 주택관리회사는 그 관리소장을 그만두게 하고 교체시킨 후에 당사자에게는 다른 단지가 나올 때까지 기다리라고 하면 사실상 그것이 해고 통보이고, 노동관계법을 들어 소송 등 제기는 취업 때 각서를 쓴 것도 있고 장래를 위해서 사실상 할 수도 없기 때문에 사실상 실직 상태가 된다는 것이다. 더구나 고용자는 회사이기 때문에 입주자대표회의에 부당해고를 주장할 수도 없어 결국 오래 근무하기 위해서는 전문성을 내세워 소신 있는 발언을 하기는커녕 입주자대표의 비위 맞추고 무슨 일 있을 때마다 로비하기에 바쁘다는 것이 오늘날의 관리현장의 현실이라는 것이다. 그리고 취업할 경우에도 위탁관리회사에게 경험이 없거나 취업을 빨리하고자 하는 주택관리사들은 1개월 치의 급여를 위탁관리회사에게 취업의 대가로 선불하고 있다는 것이 공공연한 비밀로 이번 면접조사결과 거의 일반화된 일로 조사되었다.

91) IMF 이전에는 평균 재임기간이 6개월 전후로 알려져 있었으나 그 후에 취업난 등으로 인하여 재임기간이 길어졌다는 평이 있다. 125)참조

다. 관리인의 기술 및 서비스수준 미흡과 교육의 부재

관리소장과 같은 관리책임자는 완전하고 합리적인 관리기법을 구사할 수 있는 능력이 있어야 하나 사실상 관리소장은 주택관리사(보)자격을 취득한 후 최초로 공동주택에 배치된 날로부터 1년 이내에 관리교육을 받는다. 이 외에 외국의 제도에서 살펴본 바와 같이 주택관리의 업무수행을 위한 직무수행이나 관리업무와 관련된 기술습득의 기회가 적어 입주자들의 요구하는 전문적인 관리서비스를 못하는 실정이다.

입주자의 의식수준은 상당한 발전을 이루는데 이에 따라서 관리인의 의식수준이 변화하지 않는다면 입주민과 관리인 간의 갈등이 심화될 것이고 또한 새로운 관리기법의 도입문제, 새로운 환경체제의 대응능력, 문제해결 능력 등에서 많은 문제점이 야기될 수 있다. 따라서 지속적인 직무교육과 전문교육이 이루어질 수 있도록 신중히 검토되어야 할 것이다. 이번에 실시한 설문조사에서도 관리소장과 해당 관리직원에 대한 유지관리기술 실무교육이 필요하다고 보는지에 대한 질문에 아파트 관리자들은 필요하다는 의견이 총 91.8%이다. 따라서 앞으로 이를 위한 구체적인 대안이 필요할 것이다.

<그림 3-8> 관리직원에 대한 유지관리기술 실무교육

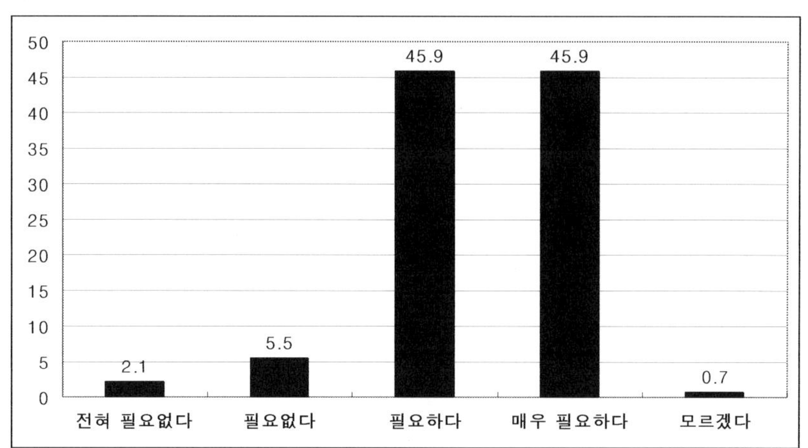

라. 급여만족도가 낮음으로 인한 관리업무에 미치는 영향

현재 관리소장들은 급여 등 근무환경에 대한 만족도가 낮은 것으로 나타난 가운데 그중에서도 상대적으로 급여만족도가 비교적 높은 관리소장은 관리업무가 '잘 이루어지고 있다.'는 의견을 내놓은 것으로 조사됐다.[92] 이 조사에서 동일수준의 타 작업에 비하여 급여수준이 낮은 것으로 대체적으로 만족하지 못하고 있으며 또 이 중에서도 급여수준에 대한 만족도가 관리업무평가에도 영향을 미치고 있는 것으로 나타났다. 또한 현급여 등에 만족하는 응답자들은 유지관리와 운영관리, 생활관리업무가 잘 이루

[92] 아파트관리신문. 2005. 2. 21. 가톨릭대 은난순 연구교원 '공동주택 관리 실태와 관리업무 수행유형' 또한 이 논문에서 수도권 100명의 관리소장들에 대한 설문조사결과 은난순 연구교원은 "설문조사결과 아파트관리소장 등은 전반적으로 관리업무가 잘 수행되고 있지 않다고 평가했다."며 "특히 건축물 노후화에 대응할 수 있는 장기수선계획 관련 업무가 잘 이루어지지 않는 것으로 나타나 관리자를 대상으로 교육과 각종 정보의 체계화 작업, 현장 적용방안의 개발 등을 통해 전문성과 관리업무의 질 향상을 꾀해야 한다"고 강조했다. 또한 "급여 및 근무환경 만족도가 관리업무수행에 영향을 주고 있는 것으로 분석됐다."며 "적정한 급여 기준이 마련돼야 함은 물론 관리자 능력에 따른 급여차이를 인정하되 이를 평가할 기준이 제시돼야 한다."고 주장했다.

<표 3-45> 관리소장의 급여 만족도와 관리업무 수행평가(단위: %)

구 분	수행정도 급여만족도	잘 안됨	보 통	잘 됨
유지관리	불만족	52.63	5.26	42.11
	보 통	51.35	8.11	40.54
	만 족	40.00	0.00	60.00
	전 체	51.52	6.06	42.42
운영관리	불만족	31.58	7.02	61.40
	보 통	26.32	2.63	71.05
	만 족	0.00	0.00	100.00
	전 체	28.00	5.00	67.00
생활관리	불만족	58.18	5.45	36.36
	보 통	65.79	5.26	28.95
	만 족	0.00	0.00	100.00
	전 체	58.06	5.10	36.73

어지고 있다고 답한 반면 불만인 응답자들은 각 부문별로 잘 이루어지지 않고 있다는 의견이 지배적이었다.

(5) 공동주택의 회계관리 문제점

보통 공동주택 관리규약에서는 관리주체가 결산서를 작성하여 회계연도 종료 후 1개월 이내에 입주자대표회의에 보고를 하고 승인을 받도록 규정하고 있다. 입주자대표회의에 대한 결산보고 이외에 관리주체는 또 다시 공인회계사 등의 회계감사를 받도록 하고 있으나 입주자의 동의를 얻는 경우는 공인회계사 등의 회계감사를 생략할 수 있다.[93]

회계감사를 하는 데 있어서 입주자대표회의 구성원 가운데 회계관련 전문가가 없을 경우에는 회계감사의 절차가 요식행위에 불과할 수밖에 없다. 또한 외부에 회계감사를 위탁할 경우에는 그 관련비용을 입주자들이 부담해야 하는 한편 그 결과에 대해서도 입주자 등이 이해하기가 어려운 점이 발생할 수 있다.

(6) 위탁관리수수료 저하경쟁과 관리의 질 저하문제

공동주택의 관리보수란 관리의 대가로 관리수탁자가 받는 일의 대가를 말한다. 관리회사가 입주자대표회의로부터 관리업무를 수탁받을 때(위탁관리의 경우) 그 대가로 위탁수수료를 수령한다.

그런데 관리보수인 위탁관리 수수료가 너무 정도 이하의 가격으로 과당경쟁되고 있는 것이 현실의 양상이다. 이러한 현상이 계속되면 과도한 관리수수료 저가경쟁은 위탁관리의 장점 중의 하나인 전문관리를 받을 수가 없고 단순히 수수료 하향경쟁만 횡행하고 관리의 질을 향상시키기 위한 발전적 경쟁은 일어날 수가 없다. 또한 관리업만 가지고는 위탁관리회사를 운영

---

93) 1998년 개정 시 의무적 공인 회계사 필수적 감사제도 폐지

할 수 없기 때문에 관리업의 전문화는 요원할 수밖에 없게 될 것이다.

주택관리업체 측[94]은 위탁관리 수수료의 고착화가 관리의 질적 향상을 가로막는 가장 큰 걸림돌이 된다고 주장하는데 사실 적정수수료가 보장되지 않는 한 관리의 전문성 제고시키는 재투자는 요원하고 영세한 관리업체의 난립과 관리의 하향평준화를 가속화시키고 있다.

(7) 임차가구의 소외감

임차가구는 똑같이 관리비를 내고 같은 단지 안에 살고 있으면서도 사유재산권논리에 입각하여 입주자대표 피선거권도 없고 의결에 참여할 수도 없다. 단지 회의에 출석하여 임차가구는 관리규약이나 입주자대표회의에서 정해진 내용을 지키고 공동주택의 관리 및 사용에 관한 의견을 피력할 수 있으나 결의권은 없다. 그러다 보니 공동주택단지의 절반 가까이를 점유하고 있는 세입자들은 주체의식도 없고 관리에 피동적일 수밖에 없을 뿐만 아니라 공동체의식도 부족하고 참여의식도 약하다. 공동주택단지의 절반 정도 되는 세대수인 임차가구를 소외시킨 채로 결정된 안건이 제대로 지켜지기는 어려울 것이다.

2) 시설물 유지관리측면

아파트 관리자에게 아파트단지 내의 시설물 유지관리에서 가장 문제가 무엇인지를 물었다. 가장 많은 대답은 시설물 유지관리에 대한 입주자들

---

94) 방문면담 등 조사결과 관리수수료 경쟁은 업체가 타 경쟁업체에서 기술이 아닌 가격을 가지고 경쟁을 하려 하고 입주자대표들도 가격이 싼 것을 좋아하기 때문에 우선적으로 가격을 가지고 경쟁하지 않을 수 없기 때문에 주로 입주자대표들에 대한 금전적 로비와 관리수수료에 의한 수주경쟁을 하고 있다고 한다. 여기에 기술경쟁으로 전문화로 가기 위해서는 공적 개입의 필요성이 있다는 것이다.

의 의식부족(61%)을 꼽았다. 그다음 시설물 유지관리예산 부족(25.3%),
시설물 유지관리에 대한 전문성 부족(11.6%) 순이다.

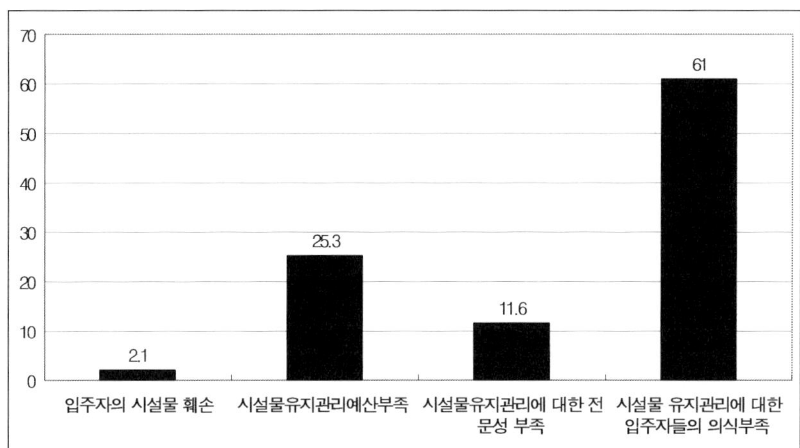

〈그림 3-9〉 시설물유지관리에서 가장 큰 문제

    그리고 관리자 입장에서 가장 관리가 잘 안되고 있거나 어려운 분야의
시설물이 무엇인가라는 설문에 대해서는 소방시설 및 각종 화재위험 등
(43.2%)과 본체건물의 누수 및 안전관리 문제(37%)를 꼽았다.

〈표 3-46〉 가장 관리가 어려운 분야의 시설물

구 분	빈도수	비 중
공동주택 본체 구조물의 누수 및 안전상태	54	37
승강기 전기시설	9	6.2
노인정, 어린이 놀이터	12	8.2
소방시설 및 각종 화재위험	63	43.2
무응답	8	5.5
총 계	146	100

시설물관리는 공동주택과 그에 따른 각종 시설을 효과적으로 관리하여 건물의 수명과 그 기능을 최대한으로 연장시켜 주며 이후 예방 점검으로 입주자의 안전과 쾌적한 생활을 영위시켜 줄 수 있다는 점에서 의미가 있다.

그러나 대다수 입주자의 무관심 및 전문성 부족으로 인한 대표회의의 무책임한 잘못된 결정으로 인하여 보수시기를 놓치거나 아예 보수비용 지출을 회피하는 결정으로 인하여 유지보수를 하지 않음으로 인한 문제점 때문에 시설물의 조기노후화가 발생한다.

또한 관리주체의 무권한과 급여의 저수준, 신분보장 미비 등으로 근로의욕 감소 등으로 인하여 관리의 질이 저하되고 시설물 유지관리가 장기적인 안목에 입각하는 것이 아니라 임기응변에 그치고 부실해지고 있는 경우가 많다.

(1) 초기관리 시 사업주체 의무관리 기간의 문제점

초기에 하자를 파악하여 부실시공 부위 보수로 예방관리를 해야 하는데 더구나 시공한 사업주체가 직접 관리하는 경우는 대단히 드물고 일반적으로는 주택관리업체 등에게 의무관리 대행을 시키는 경우가 대부분이다. 그리하여 초기관리 즉 사업주체관리 기간이 짧다 보면 사업주체가 지정한 위탁관리업체가 재수주를 위해 하자를 들춰내지 않는 경향이 다분하다.

또한 입주자들이 전체가 입주된 것도 아니고 입주자대표회의가 구성된 후 얼마 되지도 않은 기일 내에 인수받는 경우가 많아 시설물에 대해서 전반적으로 사용을 해보고 하자 여부를 파악하기도 전이고 체계적으로 조직화되지 않은 상태에서 관리권을 넘기는 것은 바람직하지 않다고 보인다. 이때 주의하고 꼭 지켜야 할 사항은 인계인수 시에 설계도서 보관 및 설계 변경된 대로 도서보관 여부를 확인하여 인수해야 하는데 현실적으로 잘 지켜지지 않는 경우가 많다.

(2) 입주자대표들의 전문성 부족과 비용부담 회피경향

일반적으로 입주자 대표들의 구성원을 보면 무보수이고 시간적 여유가 있어야 하기 때문에 가정주부 노인 등 전문성이 떨어지는 경우의 인적 구성이 되는 경우가 많다. 그러다 보니 전문성이 부족하고 전문성이 부족하다 보면 시설물유지관리에 대한 불가피성 등에 대한 판단을 하기가 어렵기 때문에 비용이 보수를 하더라도 경제적이고 효율적인 방법이 무엇인지 혹은 꼭 해야 할 일은 하지 않고 하지 않아도 될 경우에는 하게 되는 등 판단을 하기가 어려운 경우가 많다. 또한 대부분의 경우에는 비용이 지출되지 않는 방향으로 결정을 하게 되어 보수의 적기를 놓치는 사례도 많아 사후에 더 많은 비용을 소모케 하는 경우도 발생한다.

그리고 입주자들도 정주의식 부족과 참여의식 부족으로 인하여 시설물 유지관리비용에 대하여 부담을 회피하고 소극적인 자세가 일반적이다. 관리주체 직원이나 관리소장도 굳이 입주자대표들이 시설물 유지보수에 관심을 갖지 않는데 적극적으로 유지보수비용이 들어가는 공사 등을 건의할 수도 없고 해도 효과가 없기 때문에 아무래도 수동적이고 소극적일 수밖에 없어 문제점이 많다. 관리자 입장에서는 다음 표와 같이 입주자대표의 전문성이 부족하다고 보고 있다.

<표 3-47> 입주자대표의 전문성 부족

구 분	빈도수	비 중
부족하다	59	40.4
조금 부족하다	45	30.8
약간 있다	31	21.2
충분하다	7	4.8
무응답	4	2.7
총 계	146	100

(3) 장기수선계획 수립 장기수선 충당금[95] 징수의 문제점

가. 장기수선계획

a. 장기수선계획의 현황

공동주택의 부위별 적정 수선주기에 따른 계획적 수선은 주택의 수명을 연장하고 안전한 주거생활 유지의 필수조건이다. 주택법시행령은 사업주체가 장기수선계획을 수립하여 사용검사 신청 시 이를 제출하도록 되어 있으며 이를 해당 공동주택 관리 주체에게 인계할 것을 의무화하고 있다.

그런데 현행 공동주택 중 의무관리 대상에 대해서는 장기수선계획의 수립이 의무화되어 있으나 상당수의 의무관리 단지가 장기수선계획을 수립하지 않는다. 또한 계획수립이 될 경우도 형식적인 요건만 갖춘 상태로 현실적으로 장기수선계획에 따른 수선은 거의 이루어지지 않고 있는 실정이다.

장기수선계획의 작성을 위한 기초자료는 공종별, 부재별, 내용연한과 이들 각각의 교체주기, 수선주기, 수선비용 등 단지 및 건물특성, 사용자 소비패턴 등을 감안해 수선이 이루어질 수 있도록 다양한 수행계획의 작성지침이 필요하다. 그러나 현재 장기수선 계획의 현실성과 적정성 확보를 위한 기준과 작성방법 등 세부 운영지침이 마련되어 있지 않아 체계적인 장기수선계획의 수립에 문제가 있다.

또한 관리주체는 장기수선 계획을 3년마다 조정하되 관리여건상 필요하면 입주자 과반수의 서면동의를 얻은 경우에는 3년이 경과하기 전에 조정할 수 있다. 관리주체는 장기수선 계획을 조정하기 전에 당해 공동주택의 관리사무소장으로 하여금 시, 도지사가 실시하는 장기수선 계획의 비용산출 및 공사방법 등에 관한 교육을 받게 할 수 있다.[96]

---

95) 2003년 5월 29일 공포된 주택법 제51조에서 공동주택 관리령상의 특별수선 충당금이 장기수선 충당금으로 명칭이 변경됨.

b. 장기수선계획의 문제점

관리주체 및 입주자대표회의의 전문성 결여로 장기수선 충당금을 장기수선계획에 따라 금액을 산정하여 징수하도록 되어 있으나 실제 장기수선계획을 작성할 전문성을 갖추지 못하고 있는 경우가 많다. 그 집행도 입주자대표회의의 사사로운 이권에 따라 주민공동의 이익을 반하여 예치되는 등 공정하게 운용되기 어렵다.

장기수선계획은 전문성이 부족한 관리사무소 직원이 작성하여 작성단계에서부터 형식적인 작성이 되고 있고 장기수선 충당금의 경우 장기수선계획에 의하여 수선행위가 이루어지는 것이 아니라 필요 시 실시하여 체계적인 수선이 이루어지지 않고 있다. 첫째로 장기수선 계획을 작성할 수 있는 공사종류별, 부품별 내구연한 및 교체주기에 대한 기초자료가 부족하다. 둘째로 장기수선계획을 작성할 수 있는 기술인력이 부족하다. 장기수선계획작성을 위한 기초자료가 부족한 상황에서 기술인력이 있다 해도 이들이 장기수선계획 작성할 수 있을지는 의문이다. 셋째로 공동주택의 구조체에 대한 부식방지대책이 현행법령에 제대로 마련돼 있지 않아 건축물의 수명이 단축되고 있다. 아파트에 있어서 없어서는 안 될 균열보수항목이 장기수선계획의 수립기준(주택법시행규칙별표5)에서 **빠져** 있다.

아파트 주요 근간이 되는 외벽, 지붕, 난간, 지하실, 지하주차장, 옥탑, 오수정화조, 복도, 계단, 보, 내력벽, 천장, 바닥, 기둥 등에서 콘크리트의 균열, 박리, 박락, 누수, 철근의 부식노출 등으로 인해 과다한 보수비용이 발생하고 있음에도 이에 대한 기준이 없다는 것은 문제다.[97]

넷째로 장기수선 충당금 적립회피보다 큰 문제는 미수립 시 강행규정이 없어 공동주택의 장수명화를 기대할 수 없고 제재할 규정이 없다는 점이다.

---

96) 현재 대한주택관리사 협회에 위탁되어 장기수선 계획에 대한 조정 교육이 실시되고 있다.

97) 아파트관리신문 2005. 4. 18. 3면, 손성해

행정적인 감독 및 지도감독 부족, 전문성 부족으로 제대로 이행이 안 되어 공동주택의 노후화방지 및 수명연장을 위한 효과적인 수단으로 그 기능을 못한다. 관리소장을 대상으로 한 설문조사에서도 문제점이 나타나 있다.

<표 3-48> 장기수선계획의 수립실태

구 분	빈도수	비중(%)
잘 수립되어 있다	17	11.6
수립되어 있지만 잘된 것은 아니다	113	77.4
수립되어 있지 않다	13	8.9
무응답	3	2.1
총 계	146	100

나. 장기수선 충당금의 문제점

a. 장기수선 충당금의 현황

장기수선계획에 의해 주요 시설을 교체하거나 보수할 경우 비용이 들게 마련인데 이를 위해 적립하는 비용이 장기수선 충당금이다. 장기수선 충당금의 적립[98] 시기는 당해 공동주택의 사용검사일로부터 1년이 경과한 날이 속하는 달부터 매월 입주민(소유자)으로부터 징수, 적립해야 하며 분양되지 않은 세대의 장기수선 충당금은 사업주체가 부담해야 한다.

장기수선 충당금은 관리비와 별도로 징수, 적립해야 하며 입주자대표회의 명의로 금융기관에 예치해야 한다.

① 장기수선 충당금의 부족한 적립

장기수선 충당금의 요율은 당해 공동주택의 공용부분의 내구연한 등을 감안하여 관리규약으로 정하고 적립금액은 장기수선계획에서 정한다. 현재 설문조사에 의하면 규정대로 적립을 하지 않고 있다.

---

98) 장기수선 충당금의 적립에 대하여 주택법 제51조와 시행령 제66조 및 시행규칙 제30조에서 규정하고 있다.

장기수선 충당금의 적립이 잘되고 있는지에 대한 질문에 아파트 입주자의 64.1%가 제대로 적립하고 있다고 하였고 초과적립이 9.8%, 규정보다 적게 적립이 5.6%, 규정대로 안 하는 곳도 10.4%라고 하였다. 한편 아파트 관리자들은 규정보다 적게 적립되어 있다는 의견이 69.9%이고 제대로 적립되어 있다는 의견은 21.9%이다. 아무래도 입주자들은 규정을 잘 알지 못하므로 관리자의 입장에서 부족하게 징수되고 있다는 말이 타당성이 있을 것으로 판단된다고 본다면 현재 장기주선충당금이 규정대로 적립되지 못하고 있어 장기수선계획에 따른 수선공사에 문제점이 제기될 여지가 많다.

〈표 3-49〉 장기수선 충당금 적립실태

구 분	규정보다 초과 적립하고 있다	제대로 적립 하고 있다	규정보다 적게 적립하고 있다	규정대로 안 하고 있다	무응답	총계(%)
입주자	35(9.8)	229(64.1)	20(5.6)	37(10.4)	36(10.1)	357(100)
관리자	3(2.1)	32(21.9)	102(69.9)	3(2.1)	6(4.1)	146(100)

〈표 3-50〉 장기수선 충당금 관리평당 금액

구 분	빈도수	비 중
0에서 100원	36	24.7
101원에서 200원	44	30.1
201원에서 300원	27	18.5
301원에서 400원	9	6.2
401원에서 500원	13	8.9
501원에서 600원	3	2.1
601원에서 700원	1	0.7
701원에서 800원	1	0.7
801원에서 900원	0	0.0
901원에서 1000원	2	1.4
1001원에서 2000원	1	0.7
무응답	9	6.2
총 계	146	100.0

평당 수선충당금에 대한 물음에 평당 301에서 400원이 23.8%, 201에서 300원이 10.9%, 401에서 500원이 6.2%로 나타났다. 그런데 모르겠다는 답도 46.8%에 이르렀다. 장기수선 충당금의 관리평당 금액에 대한 질문에 아파트 관리자의 응답 결과는 101원에서 200원이 30.1%, 0원에서 100원이 24.7%, 201원에서 300원이 18.5% 순이다.

장기수선계획이 수립되지 않은 공동주택의 경우에는 매월 승강기유지비, 난방비, 급탕비, 수선유지비를 합한 금액의 100분의 3 이상 100분의 20 이하로 하되 동 비용은 관리비와 구분하여 징수해야 하고 사용절차는 관리규약으로 정하고 있다.

② 장기수선 충당금의 사용

장기수선 충당금의 사용은 장기수선 계획에 의하되 그 사용절차는 관리규약으로 정한다. 다만 입주자 과반수의 서면동의가 있는 경우에는 하자판정비용 및 하자판정비용의 청구에 소요되는 비용으로 사용할 수 있다.

그런데 조사결과 장기수선계획에 따라 공사해야 하는데 현실적으로 문제는 계획과 실제 보수공사가 별개로 행하여지고 있다는 점이다. 이것은 장기수선계획이 제대로 안 되어 있기 때문일 것이다.

장기수선계획에 따라 보수공사를 하고 있는지에 대해 아파트 관리자들은 어느 정도 계획을 참고한다는 의견이 65.1%이고 전혀 상관없이 한다는 의견이 24.7%이다.

<표 3-51> 수선계획과 보수공사

구 분	빈도수	비중(%)
전혀 상관없이 한다	36	24.7
어느 정도 참고한다	95	65.1
충실하게 따라 한다	6	4.1
무응답	9	6.2
총 계	146	100

③ 월간 세대별 장기수선 충당금 산정방법

월간세대별 산정방법 = 장기수선계획 중의 수선비총액 / (총공급면적 *
12 * 계획기간(연)) * 세대당 주택공급면적

<그림 3-10> 장기수선 충당금 집행절차

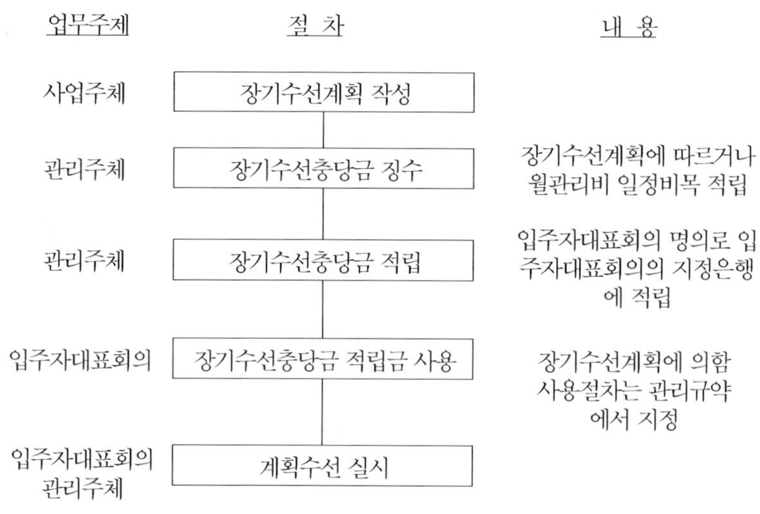

자료: 장기수선 충당금 집행절차 2003 김종배 논문 59p

b. 장기수선 충당금의 문제점

의무관리대상 단지는 장기수선계획에 의거하여 장기수선 충당금을 적립
하여야 한다. 그러나 많은 단지에서 장기수선 충당금의 적립은 장기수선
계획과 별도로 이루어지고 있으며 입주자의 반발내지는 관리주체 스스로
타 단지와 비교하여 임의로 적게 징수하는 사례가 많은 것이 현실이다.

대규모 수선에 필요한 비용은 장기수선 충당금과 입주자들로부터 일시충
당금으로 보충하는 방법을 많이 활용하고 있다. 그러나 공용부분의 수선은
비교적 규모가 크고 수선당시 입주자의 부담이 크기 때문에 합의를 구하기
어려운 문제가 있어 비교적 간단한 공사 위주로 수선이 이루어진다.

이렇게 아예 징수하지 않거나 임의적으로 기준 미만 금액을 징수하는 등 불이행[99]단지에 대한 규제가 없어 적정시기에 부문별 수선이 어려워 공동주택의 노후화를 가속시키는 결과를 초래하고 있는 실정인바 이에 대한 규제와 대책이 필요하다고 본다.

의무관리 대상 단지에서와 일정기준 단지만 의무화하고 있으나 의무화 대상 미만 단지에서도 장기수선계획을 세우고 장기수선 충당금을 적립시 켜야 할 필요성이 점증하고 있으나 법적 규제가 없어 문제이다.

(4) 하자보수제도 현황 및 문제점

가. 공동주택하자의 의의

하자란 공사상의 잘못으로 인한 균열, 처짐, 비틀림, 들뜸, 침하, 파손, 붕괴, 누수, 누출, 작동 또는 기능불량, 부착, 접지 또는 결선불량, 고사 및 입상불량 등이 발생하여 건축물 등이 발생하여 건축물 또는 시설물의 기능, 미관 또는 안전상의 지장을 초래할 정도의 것을 말한다.

공동주택을 시공, 분양한 사업주체(시공자 포함)는 일정기간 내에 발생하는 공동주택의 하자를 보수할 책임이 있고 이를 위해 하자보수 보증금을 사용검사권자가 지정하는 금융기관에 예치하여야 한다.

나. 하자발생의 원인 및 특징

공동주택에서의 하자는 설계단계, 시공단계, 유지관리단계 등에서 발생한다. 그리고 하자는 하나의 요인이 결정적으로 영향을 미쳐서 발생하는 경우는 드물고 둘 이상의 단계에 걸쳐 다수의 요인들이 복합적으로 영향을 미쳐서 발생하는 것이 일반적이다.

---

99) 부산시의 경우 도 지치 및 위탁관리 대상아파트 기준 총 1763단지 중 장기수 선 충당금을 적립하고 있는 단지가 751단지(42.6%로 절반에도 미치지 못하 고 있다. 부산발전 연구원 2002. 12. 공동주택 관리 개선방안에 관한 연구

하자발생의 원인을 단계별로 살펴보면 다음과 같다.

첫째 설계단계 시의 하자원인으로서 설계 시에 주택의 규모와 성능에 대한 충분한 조사와 검토를 거치지 않은 상태에서 공법의 구성이나 자재를 선택함으로써 하자가 발생한다.

둘째로 시공단계에서 하자는 주로 부실시공이다.

셋째로 유지관리단계에서 건물준공 이후 관리단계에서 발생하는 관리조직 관리제도, 수선계획, 전문성 부족 등의 문제에서 발생한다.

하자발생의 특징을 살펴보면 첫째 그 발생원인이 복합적이다. 설계단계 시공단계 유지관리 단계 등에서 발생하고 하나의 요인보다는 둘 이상의 단계에 걸쳐 다수의 요인들이 복합적으로 작용을 해서 발생한다.

둘째 책임소재 규명의 어려움으로 종합적 건축물인 공동주택의 경우 공사 기간이 장기고 수십 종의 공종이 복합적으로 존재하기 때문에 상당한 기일이 경과 후에 발견되며 또 중간과정에서 설계변경 등이 여러 차례 일어나게 되기 때문에 그러하다.

다. 하자보수 보증금의 반환

입주자대표회의는 사업주체가 예치한 하자보수 보증금을 다음 각 호의 구분에 의하여 순차적으로 사업주체에게 반환하여야 하는데 이때 이미 사용한 하자보수보증금은 이를 반환하지 아니한다.

① 사용검사일(단지 안의 공동주택 전부에 대하여 임시사용승인을 얻은 경우에는 입시사용승인일을 말한다)부터 1년이 경과된 때: 하자보수 보증금의 100분의 20

② 사용검사일로부터 2년이 경과된 때: 하자보수보증금의 100분의 20

③ 사용검사일부터 3년이 경과된 때: 하자보수 보증금의 100분의 30

④ 사용검사일로부터 5년이 경과된 때: 하자보수 보증금의 100분의 15

⑤ 사용검사일로부터 10년이 경과된 때: 하자보수 보증금의 15

라. 하자분쟁현황

하자관련 분쟁을 건설공제조합의 자료를 분석하여 보면 1995년부터 2001년 9월까지 건설공제조합이 하자보수 보증을 한 공동주택 중 하자보수 보증금 청구소송으로 비화한 건수는 총 85건이 있었으며 〈표 3-52〉 하자보수 보증금 청구소송 주요 쟁점별 분포 하자관련 분쟁의 쟁점은 입주민들이 주장하는 하자가 공동주택 관리령에서 규정한 책임 범위에 포함되는 여부 및 책임 기간 내에 발생하였는지의 문제와 같이 사실판단의 차이로부터 발생하는 것도 많지만 법령해석의 차이로 인한 쟁점도 많이 있다.

〈표 3-52〉 하자보수 보증금 청구소송 주요 쟁점별 분포

주요 쟁점	건 수	비 율
하자범위 및 보수비용	54	63.5
하자범위 및 보수비용+내력 구조부 책임	19	22.4
하자범위 및 보수비용+종료합의서 효력	5	5.9
보수청구권자 문제	3	3.5
종료합의서 효력	1	1.2
사용검사 시 이미 발생한 하자	3	3.5
합 계	85	100

자료: 이의섭, "공동주택의 하자보수 책임제도 개선방안", 건설산업연구원

마. 하자보수 기간 및 보증금액과 기타의 문제점

하자보수란 당해 공동주택을 건설한 사업주체 등이 일정한 기간 동안 그 공사상의 잘못이나 건축자재의 불량 등으로 인하여 하자가 발생한 경우 이를 의무적으로 보수하는 것을 말하며 민법 및 집합건물의소유및관리에관한법률과 주택법의 하자보수 책임 기간은 〈표 3-53〉과 같다.

<표 3-53> 각종 법령상 하자보수 기간

법 제	하자보수 기간 규정
민법제671조(도급인의 담보책임 – 토지, 건물 등에 대한 특칙)	토지, 건물 기타 공작물의 수급인은 목적물 또는 지반공사의 하자에 대하여 인도 후 5년간 담보책임이 있으며 목적물이 석조, 석회조, 연화조, 금속 기타 이와 유사한 재료로 조성된 것인 때에는 10년간의 담보책임
집합건물의소유및관리에관한법률 제9조(사업주체의 하자보수)	분양자는 민법의 규정에 준용하여 하자담보책임
공동주택 관리령 제16조(사업주체의 하자보수)	주요 시설의 하자보수 기간은 2년, 이 외의 시설인 경우 1년 이상으로 하되, 기둥, 내력벽은 10년, 보, 바닥, 지붕은 5년

자료: 서울시정개발연구원, "공동주택 관리제도 개선방안" 1995, p.46.

　　우선 위와 같이 하자보수 기간이 법에 따라 통일성이 결여되어 있어 혼선을 초래하고 있는 등의 문제점이 있다.

　　또한 하자보수 보증금의 문제에도 첫째 현행 하자보수보증금은 토지비를 제외한 총 공사비의 100분의 3 정도로 하자발생 실태와 비교해 볼 때 매우 미흡한 수준이다.

　　둘째 현금이 아닌 증권으로 즉각적인 대응이 어려운 실정이다.

　　셋째 현행 주택법령 체계에서 사업주체의 하자보수 의무만을 규정하고 있을 뿐 이에 따른 손해배상 의무규정은 없다. 따라서 현행 하자보수 보증금을 초과하거나 하자보수 기간 이후의 하자발생 및 완전보수가 불가능한 경우에는 입주자의 피해를 보상해 줄 수 있는 방안이 마련되어 있지 않은 실정이다.

　　넷째 현행 장·단기 하자범위의 경우 지나치게 포괄적으로 하자 발생 시 사업주체와의 분쟁소지가 있다. 다음으로 하자관련규정의 문제점은 하자범위에 대한 개념정의가 불명확하고 부위별 자재별로 구분되어 있지 않다.

〈표 3-54〉 하자보수 대상시설 공사의 구분 및 하자의 범위와 하자보수 책임 기간

구 분		하자보수기간			주요 시설 여부
		1년	2년	3년	
1. 대지조성공사	가. 토지공사		○		○
	나. 석축공사		○		○
	다. 옹벽공사		○		○
	라. 배수공사		○		○
	마. 포장공사		○		○
2. 옥외급수위생 관련공사	가. 공동구공사		○		○
	나. 지하저수조공사		○		○
	다. 옥외위생(정화조)관련공사		○		○
	라. 옥외급수관련공사	○			
3. 지정 및 기초				○	○
4. 철근콘크리트공사				○	○
5. 철골공사	가. 구조용 철골공사			○	○
	나. 경량철골공사		○		○
	다. 철골부대공사		○		○
6. 조적공사			○		○
7. 목공사	가. 구조체 또는 바탕재공사		○		○
	나. 수장목공사	○			
8. 창호공사	가. 창문틀 및 문짝공사	○			
	나. 창호철물공사	○			
9. 지붕 및 방수공사				○	○
10. 마감공사	가. 미장공사	○			
	나. 수장공사	○			
	다. 칠공사	○			
	라. 도배공사	○			
	마. 타일공사	○			
11. 조경공사	가. 식재공사		○		○
	나. 잔디심기공사	○			
	다. 조경시설물공사	○			
12. 잡공사	가. 온돌공사		○		○
	나. 주방기구공사	○			
	다. 옥내 및 옥외설비공사		○		○

구 분		하자보수기간			주요 시설
		1년	2년	3년	여부
13. 난방. 환기. 공기조화설비공사	가. 열원기기설비공사		○		○
	나. 공기조화기기설비공사		○		○
	다. 닥트설비공사		○		○
	라. 배관설비공사		○		○
	마. 보온공사	○			
	바. 자동제어 설비공사		○		○
14. 급·배수위생설비공사	가. 급수설비공사		○		○
	나. 온수공급설비공사		○		○
	다. 배수·통기설비공사		○		○
	라. 위생기구설비공사	○			
	마. 철 및 보온공사	○			
15. 가스 및 소화설비공사	가. 가스설비공사		○		○
	나. 소화설비공사		○		○
	다. 배연설비공사		○		○
16. 전기 및 전력설비공사	가. 배관배선공사		○		○
	나. 피뢰침공사		○		○
	다. 조명설비공사	○			
	라. 동력설비공사		○		○
16. 전기 및 전력설비공사	마. 수·변전설비공사		○		○
	바. 수·배전공사		○		○
	사. 전기기기공사		○		○
	아. 발전설비공사		○		○
	자. 승강기 및 인양기설비공사			○	○
17. 통신·신호 및 방재설비공사	가. 통신·신호설비공사		○		○
	나. TV공청설비공사		○		○
	다. 방재설비공사		○		○

* 하자의 범위는 공사상의 잘못으로 인한 균열, 처짐, 비틀림, 들뜸, 침하, 파손, 붕괴, 누수, 누출, 작동, 또는 기능불량, 부착, 접지 또는 결선불량, 고사 및 입상불량 등이 발생하여 건축물 또는 시설물의 기능, 미관 또는 안전상의 지장을 초래할 정도의 하자

자료: 주택법시행령 59조제1항 관련 별표6

204

(5) 안전관리와 防災

가. 안전관리계획의 수립

관리주체는 당해 공동주택의 시설물로 인한 안전사고를 예방하기 위하여 〈표 3-57〉과 같은 시설에 대하여 안전관리계획을 수립하고 이에 따라 시설물의 안전관리자 및 안전관리 책임자를 선정하여 각 시설별로 안전관리진단을 실시하여야 한다.

〈표 3-55〉 공동주택의 안전관리대상

안 전 관 리 대 상	
주택법시행령(제64조)	주택법시행규칙(제27조)
1. 고압가스, 액화석유가스 및 도시가스시설 2. 중앙집중식 난방시설 3. 발전 및 변전시설 4. 위험물 저장시설 5. 소방시설 6. 승강기 및 인양기 7. 연탄가스 배출기	1. 석축, 옹벽, 담장, 맨홀, 정화조, 하수도 2. 옥상, 및 계단 등의 난간 3. 우물 및 비상저수시설 4. 펌프실·전기실 및 기계실 5. 주차장, 경노당, 또는 어린이 놀이터에 설치된 시설

자료: 주택법 제49조제1항 및 시행령 제64조제1항 및 시행규칙 제27조

안전관리계획에는 시설별 안전관리자 및 안전관리 책임자에 의한 책임점검사항, 건설교통부령이 정하는 시설의 안전관리에 관한 기준 및 진단사항, 제1호 및 제2호의 점검 및 진단결과 위해의 우려가 있는 시설에 관한 이용제한 또는 보수 등 필요한 조치사항 등이 포함되어야 한다.

그리고 관리주체는 안전관리 책임자를 임명하여 〈표 3-56〉의 공동주택 시설물에 대한 안전관리 진단기준에 따라 각 시설별로 안전관리 진단을 실시하도록 되어 있다. 관리주체는 책임점검과 안전관리 진단의 결과 문제가 있는 것으로 판단되는 경우에는 시설의 이용을 제한하거나 또는 보수 등의 필요한 조치를 강구하여야 한다.

〈표 3-56〉 공동주택 시설물에 대한 안전관리에 관한 기준

구 분		대상시설	점검횟수
정기 진단	1. 해빙기진단	석축, 옹벽, 법면, 교량, 우물, 비상저수시설	연 1회(2월 또는 3월)
	2. 우기진단	석축, 옹벽, 법면, 담장, 하수도	연 1회(6월)
	3. 월동기진단	연탄가스배출기, 중앙집중식난방시설, 노출배관의 동파방지, 수목보온	연 1회(9월 또는 10월)
	4. 안전진단	변전실, 고압가스시설, 소방시설, 맨홀(정화조의 뚜껑을 포함한다.) 유류저장시설, 펌프실, 승강기, 인양기, 인양기, 전기실, 기계실	매분기 1회 이상(다만, 승강기의 경우에는 승강기제조 및 관리에 관한 법률에서 정하는 바에 따른다.)
	5. 위생진단 및 청소	비상저수시설, 우물	연 2회 이상
수시 진단		노후시설, 위해발생의 우려가 있는 시설	매분기 1회 이상

(비고)안전관리진단사항의 세부내용은 시. 도지사가 정하여 고시한다.
자료: 주택법시행규칙 제27조제2항(별표6)

나. 안전교육100)

현행 주택법 49조제2항과 시행규칙 제28조는 단지 내의 안전사고의 예방과 방법을 위해 경비업무에 종사하는 자에 대하여 교육을 하고 교육위탁이 가능하도록 하고 있다. 경비업무에 종사하는 자에게 연 2회 이내 매회별 4시간의 교육시간을 초과할 수 없도록 하고 있다.

다. 안전점검

관리주체는 공동주택의 기능 및 안전을 유지하기 위해 반기마다 안전점검을 실시해야 한다. 다만 16층 이상인 공동주택의 안전점검은 시설물의 안전관리에관한특별법 시행령 제7조1항의 규정에 의한 책임기술자로서 당

---

100) 안전교육은 의무화되어 있지 않고 각 지방자치단체별로 시행하도록 하고 있다.

해 공동주택단지의 직원인자나 주택법제 조 규정에 의한 주택관리사 또는
주택관리사보로서 공동주택 단지의 관리직원인 자 등 시설물안전관리에
관한 특별법 시행령 제7조1항의 규정에 의한 안전점검 교육을 이수한 자
가 실시한다. 제13조의 규정에 의한 지침에 따라 안전점검을 실시하도록
해야 한다.

관리주체는 안전점검결과 건축물의 구조, 설비의 안전도가 취약하여 위
해의 우려가 있는 경우에는 점검대상 구조, 설비, 취약의 정도 , 발생 가
능한 위해의 내용, 조치할 사항 등을 시장, 군수, 구청장에게 보고하고 당
해시설의 이용제한 또는 보수 등 필요한 조치를 하여야 한다.(주택법시행
령제65조)

또한 관리주체는 안전점검을 실시한 결과 재해예방 및 안전성 확보 등
을 위해 필요하다고 인정하는 경우 정밀안전진단을 실시하도록 규정하고
있다(시설물의안전관리에관한특별법 제7조1항) 이때 안전점검 및 정밀안
전진단에 소요되는 비용은 관리주체가 부담한다.

〈표 3-57〉 안전점검 및 정밀안전점검

구분	종 류	대 상	실시시기	내 용	점검기관
안전 점검	일상점검	16층 이상 공동 주택으로서	분기별 1회 이상	일반적으로 행해지는 순찰과 유사한 성격의 점검	관리주체
	정기점검 -초기점검 -정기점검	16층 이상 공동 주택으로서	준공 후 90일 이내 3년 1회 이상	면밀한 육안검사와 간단한 측정기구에 의한 측정으로 이루어지는 계획된 정기점검	
	긴급점검 -손상점검 -특별점검	16층 이상 공동 주택으로서	필요 시	정기점검수준으로 점검	
정밀 안전 점검	정밀안 전진단	16층 이상 공동 주택으로서	하자만료 6개월 전	정기점검 과정을 통해 서는 쉽게 발견하지 못하는 결함 부위를 정밀한 육안검사 및 검사측정장비에 의한 측정을 포함하는 근접점검	시설안전 기술공단 안전진단 전문기관

자료: 박신영, "고층아파트의 유지관리제도 개선방안연구" 대한주택공사(1996)p.28.

그리고 안전점검 결과 안전도가 취약해 위해의 우려가 있는 공동주택에 대해 시장, 군수, 구청장은 다음의 조치를 하고 매월 1회 이상 점검을 실시하여야 한다.

① 공동주택단지별 점검 책임자의 지정

② 공동주택단지별 관리카드 의비치

③ 공동주택단지별 점검일지의 작성

④ 공동주택 단지 내 관리기구와 관계행정기관 간 비상연락체계의 구성

라. 안전관리의 문제와 각종 범죄의 예방대책의 문제

안전점검의 결과 구조 설비의 안전도가 취약하여 재해의 우려가 있는 공동주택에 대해서는 점검책임자 지정, 관리카드비치, 점검일지작성, 관리기구와 관계행정기관 간의 비상연락체계구성 등을 통하여 매월 1회 이상 점검을 실시하도록 되어 있으나 실천을 위한 구체적인 점검지침의 결여로 실효를 거두기 어려운 실정이다.

또한 관리주체에서 이를 위반하여도 제재수단이 미흡하여 시설물의 안전진단 기준은 마련되어 있으나 구체적인 안전관리 계획의 수립에 관한 기준이 없다.

또한 최근에 점점 흉포화되고 지능화되어 가고 있는 공동주택 내에서의 각종 범죄를 철저하게 감시한다는 것은 비용이나 인력 등 해결해야 할 많은 문제가 있어 현실적으로 어려움이 따른다. 그러나 각종 범죄를 예방하기 위해서는 전통적인 방식인 인력중심의 경비도 필요하고 중요하지만 CCTV 등 첨단장비의 기술시스템의 도입을 적극 도입하는 등의 자본적 투자에 대한 검토가 필요하다고 본다.

3) 공동체관리 측면

(1) 공동주택생활의 구조적인 문제점

지금까지 아파트는 입주민들의 의식주를 위한 편리한 공간으로만 인식되어 왔고 우리의 전통적인 마을과 같이 이웃 간에 서로 돕고 정을 나누는 공동체 공간이 되어 오지 못했던 것이 현실이다. 그동안 우리나라 아파트관리는 공용부분의 유지보수와 안전관리, 관리비징수와 같은 유지, 운영측면을 중점적으로 관리해 왔고 주민들의 생활을 원활하게 해주는 생활관리는 활성화되지 않았다. 아파트 공동체 활성화는 말 그대로 콘크리트 벽이 상징하는 무관심과 이기주의, 단절, 소외감 같은 정서들을 해소해 나가는 의미로 해석될 수 있을 것이다.

(2) 입주자들의 정주의식 부족과 공동체문화 부재의 문제

공동주택입주자의 대다수는 주거공간에 대한 장기적인 안목을 갖고 있지 않고 정주의식이 희박, 또한 주택을 주거개념으로 인식하지 않고 투자가치 개념으로 생각하여 몇 년 살다가 적당한 시기에 팔고 이사하겠다는 생각들을 가지고 있는 경우가 대다수인 상태이다.

입주자에게 정기적으로 반상회에 참석하는지에 대해 물은 결과 응답자의 38.1%가 가끔 참석한다고 응답하였으며 대부분 참석한다가 19.6%였다. 전체적으로 참석과 불참으로 나누어 볼 때 전혀 참석하지 않는 경우는 약 18%이며 상대적으로 참석하는 경우가 많은 것으로 나타났다. 그러나 매번 참석하는 경우는 4.8%로 매우 낮은 편이어서 반상회에 대한 주민의 적극적 참여도는 저조한 것으로 판단된다.

<표 3-58> 반상회 참여 여부

구 분	빈도수	비중(%)
매번 참석	17	4.8
대부분 참석	70	19.6
가끔 참석	136	38.1
거의 참석 안 함	65	18.2
전혀 참석 안 함	64	17.9
무응답	5	1.4
총 계	357	100

또한 입주자가 반상회에 참석하지 않은 이유로는 바빠서(42.6%)가 가장 높고 그다음으로 관심이 없거나(16.8%) 형식적 모임(17.1%)이라 생각하는 것이 뒤를 이었다. 이는 아파트 단지 내 반상회가 주민의 의견을 수렴하는 기능을 제대로 하지 못하고 있음을 반영하는 것으로 볼 수 있다.

<표 3-59> 반상회 불참 이유

구 분	빈도수	비 중
바빠서	152	42.6
관심이 없어서	60	16.8
형식적 모임이어서	61	17.1
몰라서	30	8.4
기 타	13	3.6
무응답	41	11.5
총 계	357	100

따라서 공동주택에 사는 사람으로서의 책임과 도리를 잘 모를 뿐만 아니라 동참하지도 않으며 건물의 유지관리에 대한 관심도 없고 오로지 관리비만 적게 부과되는 데 가장 큰 관심이 있을 뿐이다.

또한 입주자 중에는 전유부분에 대하여는 유난히 애착을 가지면서 공유부분의 관리에는 무관심하다는 점도 문제다.

(3) 입주자들의 공동체의식 부족과 개인적 이기주의 팽배

통상 입주 때에 관리규약이나 이에 근거한 사용 세칙 등이 각 세대에게 전해지지만 거주자의 의식은 아직 낮은 실정이고 분쟁도 빈발한 것이 오늘날의 실상이다. 입주자대표회의는 공동주택 관리를 위한 다양한 의견을 수렴하고 행정적으로 반영할 수 있는 조직으로 구성하며 주민을 대신하여 의견을 모으고 수렴하는 곳이어야 하는데 너무 취약한 점이 많다.

따라서 공동주택의 주거생활에서는 이웃 세대들을 배려하는 공동생활 자세와 질서의식을 함양하기 위한 대책이 필요하다.

여가활동과 주민행사 참여도에 관한 설문조사에서 아파트 단지 내에 다양한 여가활동이나 주민행사에 대한 참여 여부를 묻는 질문에 아파트 입주자는 대체로 소극적으로 참여(45.1%)하거나 참여하지 않는(43.7%) 것으로 나타났다. 아파트 관리자들은 51.4%가 소극적으로 참여한다고 하였고 37%가 거의 참여하지 않는다고 답하였다. 이는 여가활동이나 주민행사를 통한 아파트 단지 내 공동체 형성이 잘되고 있지 않음을 잘 보여주고 있는 것이다. 이유는 여러 가지가 있겠지만 아직 단지 내 공동체 형성을 위한 활동에 대한 호응도와 참여도는 낮은 것이다.

<그림 3-11> 여가활동과 주민행사 참여도

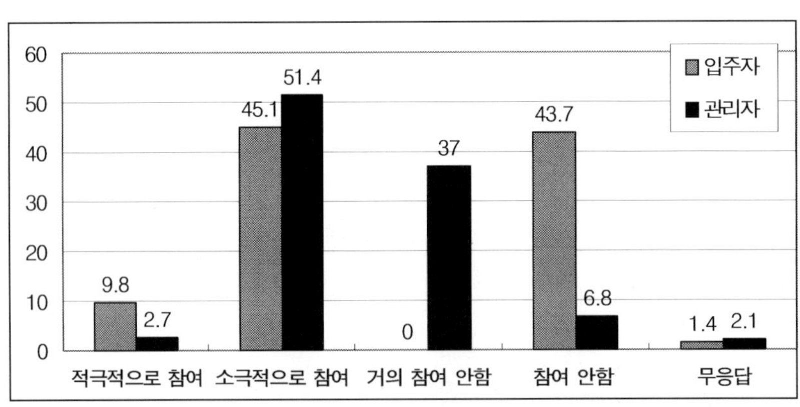

(4) 입주자 간의 분쟁 시 예방 및 해결방법의 빈곤

의견 고충처리제도와 관련하여 아파트 단지 내에 주민의 고충이나 민원 등 의견을 받아들이고 해결해주는 고충처리제도가 있는지에 대한 질문에 아파트 입주자의 53.2%는 어느 정도 되어 있다고 답하였으며 별로 잘 안 되어 있다가 31.9%로 나타났다. 한편 아파트 관리자의 48.6%는 별로 잘 안 되어 있다고 답하였으며 잘되어 있다가 31.5%로 나타났다. 이는 설문에 응한 아파트 입주자와 관리자의 거주 지역이 광범위하다는 점을 감안할 때 아파트 단지별로 주민의 고충처리제도의 운영 여부가 각기 다르며 아직 정착되지 못하고 있음을 보인다.

<그림 3-12> 민원 및 고충처리제도 완비 여하

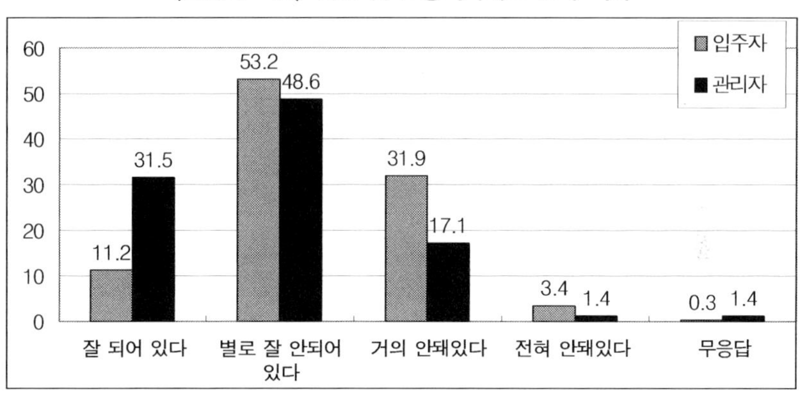

가. 관리규약 등의 위반자처리의 한계

일반적으로 공동주택에서 생활하면서 지켜야 하는 기본질서나 의무 등은 관리규약으로 규정하고 있다. 그러나 공동주택의 관리규약은 일반법규보다 강제력이 현저히 미비하기 때문에 설령 공동생활에서 질서를 위반하였다 하더라도 그 처리가 용이하지는 않다. 예컨대 이웃 간에 소음문제나 동물사육 등의 문제로 민원이 발생하였을 경우 관리규약만으로는 처리해결에 한계가 있다. 관리사무소는 해당원인 제공자에게 행위의 금지를 종용할 뿐 그 이외의 조치를 취하기가 현실적으로 어려운 한계가 있다.

나. 분쟁 조정위원회 운영의 부실

주택법 조에 의하면 입주자대표회의구성, 운영 등에 관한 분쟁, 관리비 운영 및 징수와 관련한 분배, 각종 공사 및 용역발주와 관련된 분쟁, 공동주택의 민원해결을 위하여 조정이 필요한 사항 및 기타 공동주택 관리와 관련한 분쟁 등에 있어서 주민들 스스로 해결하고 조정할 수 없는 부문에 대해 객관적인 입장에서 분쟁을 중재하는 역할을 수행하기 위해 공동주택 분쟁조정위원회를 구성 운영하게 할 수 있도록 규정하고 있고 구성, 운영 등은 지방자치단체의 조례로 정하도록 되어 있다.

그런데 실제에 있어서는 관련 조례조차 제정하지 않고 있거나 조례 등이 있어도 아예 시행을 제대로 하지 않는 경우가 많다. 앞으로 분쟁조정위원회가 효율적으로 운영되기 위해서는 전문인력의 확보와 각종 분쟁에 대한 수사권의 확대 등이 마련되어야 하는 것이 과제이다.

(5) 입주자 단체들의 아파트연합 결성 및 활동의 문제

취지와 활동내용 면에서 대단히 바람직하나 앞으로 해결해야 할 과제는 너무 연합회를 위한 연합회가 되어서는 안 된다는 점이다. 또한 현직 입주자대표도 아니면서 계속적으로 활동을 한다는 것은 현재의 입주자 대표들과의 마찰문제도 생길 수 있다는 점에서 문제점이 발생할 수도 있다.

연합회란 입주자대표 개인들의 연합회가 아니고 각 단지의 입주자대표 회의들의 연합회로 보아야 한다. 그렇다면 일단 입주자대표직을 사임하면 연합회 관여는 새로운 입주자대표들이 해야 하는 문제가 있다. 그리고 지자체에서 이에 대한 육성과 지원을 해주어야 할 것이다.

그리고 입주자대표 연합회의는 보다 장기적인 안목을 가지고 공동주택

관리의 발전을 위해서 관리업자회의나 주택관리사협회 등과 공동 협력하여 상호 협조하면서 노력을 하여야 하는데 아직까지는 연합회는 근시안적인 이익에만 집착하는 것 같은 인식을 주고 있다.

4) 자산관리 측면

가치관리에 대한 주민 반응을 조사하기 위해 설문조사를 한 결과를 보면 관리사무소에서 아파트에 대한 소극적인 현상 유지적 관리에 국한하기보다는 더 나아가 적극적으로 아파트 가치를 높이는 관리가 필요한지에 대해 아파트 입주자의 91.6%가 매우 필요 혹은 필요하다고 하였다. 같은 질문에 아파트 관리자의 84.9%가 매우 필요 혹은 필요하다고 하였다. 이는 아파트 가치를 높이는 관리 즉 자산관리에 대한 관심이 높아지고 있음을 잘 보인다.

<그림 3-13> 아파트에 대한 가치관리 필요성

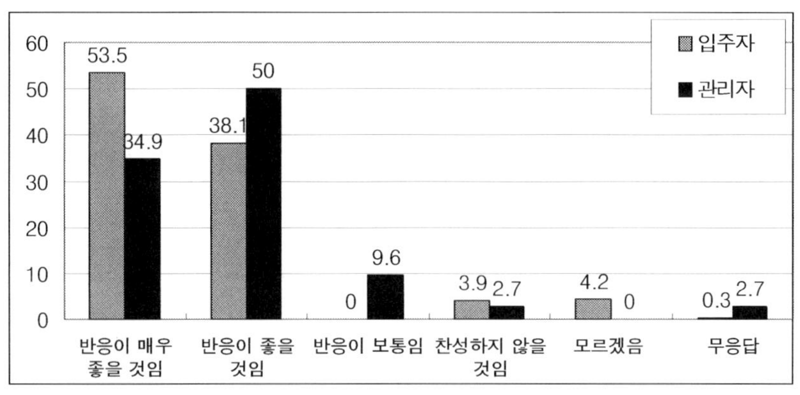

입주자들은 관리에서 가장 중요한 분야로 시설물 유지관리와 운영관리 및 공동체관리에 이어 네 번째로 자산관리 즉 가치관리 분야를 꼽고 있다.[101]

---

101) <표 3-38> 입주자가 가장 문제가 많고 불만스러운 것 참조

또한 관리자에게 현재의 현상 유지적 관리행위에서 나아가 가치를 증진시키는 자산관리까지 고려하는 관리를 한다면 주민들이 어떨 것인가라는 설문에 대하여 관리자들은 84.9%가 매우 혹은 좋을 것이라고 답하였다. 이는 이제는 소극적인 운영관리와 시설물 현상 유지적 관리에서 한 걸음 더 나아가는 관리개념이 도입되어야 한다는 것을 보여주고 있다고 본다.

〈표 3-60〉 입주자의 아파트 가치관리에 대한 관심도

구 분	빈도수	비중(%)
매우 필요하다	191	53.5
필요하다	136	38.1
필요 없다	14	3.9
모르겠다	15	4.2
무응답	1	0.3
총 계	357	100

(1) 관리부실이나 소극적 관리로 인한 재산가치의 하락이나 처분의 지연피해

공동주택이 이제는 하나의 주거형태로 완전히 자리잡고 있을 뿐만 아니라 도시형 주택으로서 각광을 받고 있다. 이러한 공동주택은 관리가 소홀하여 적정 내용연수라 하는 50년에 미치지 못하고 20년도 제대로 경과되지 못하고 건물은 물론 단지전체가 슬럼화되어 재건축을 서두르는 경우가 많아 문제점으로 지적된다.

이는 국가적 사회적으로 막대한 손실이 아닐 수 없다. 공동주택에 대한 적정한 관리는 공동주택에 사는 입주자의 관심일 뿐만 아니라 기존 재고주택의 유효한 활용이라는 점에서 중요한 과제이다.

주민에게 관리를 통하여 쾌적한 생활을 할 수 있도록 하는 동시에 적정한 재산가치를 유지시켜야 한다. 만약에 승강기 급배수 설비 방수문제 내외벽의 도장문제 등으로 인하여 이사를 가거나 매매할 경우 등에 신속히

처분이 되고 제값을 받을 수 있게 되어야 하는데 이러한 관리가 제대로 안 되는 경우로 인하여 피해를 보는 사례가 발생한다.

(2) 가격상향조정 담합운동이나 재건축요건 충족 위한 관리방치행위

입주자대표회의[102]나 부녀회 등이 앞장서서 "우리 아파트는 평당 000원 이하로 팔아서는 안 된다"는 식으로 엘리베이터나 게시판에 써 붙이는 경우 등으로 투기를 부추기거나 부녀회, 반상회[103]를 통하여 행하는 담합운동 등은 바람직하지 못하다. 이를 오히려 양호한 건물관리를 통하여 정상적으로 가격을 상승시킬 수 있도록 유도해야 하는 과제가 있다. 이러한 문제 등을 방치하면 부동산투기를 선도하는 역기능을 할 우려가 있다.

또한 아직 내용연수가 많이 남아 있고 건물상태도 양호한 데도 재건축으로 인한 재산적 이익을 위하여 일부러 고의적으로 관리를 하지 않고 방치하여 결과적으로 사회적 국가적 낭비행위를 초래하는 문제점이 있다.

(3) 장기수선계획의 부실 및 각종 보수 공사의 부실로 인한 자산가치 하락의 문제점

적정한 장기수선계획을 세우고 그에 따라서 장기수선 충당금을 징수하여 적정한 보수와 수선 그리고 리모델링을 하여야 함에도 불구하고 이를 제대로 이행하지 않아 소극적 의미의 유지관리 문제뿐만 아니라 적극적 의미에서의 입주민의 재산가치를 하락시키는 결과를 초래하게 된다.

---

102) 동아일보 1991. 5. 1. 성동구 마장동 세림아파트에서 입주자대표회의가 가격담합을 공식결의하고 각 가구에 안내문 발송하여 아파트가격 인상에 협조해 주도록 당부하고 상호 감시하도록 권장했다는 보도

103) 조선일보 1990. 2. 20. 아파트에서 이루어지는 가격담합은 부녀회나 반상회 등의 조직이 주도하고 있으며 아파트 소유자들도 가격담합이 성공할 경우 자신의 재산권이 보장된다는 실리적 태도를 갖는다.

(4) 재건축 및 리모델링 등 가치관리 행위에 대한 규제완화 등 지원체계 미흡

가. 리모델링의 의의 및 주체

일반적으로 리모델링(remodeling)이란 일반적으로 유지관리 차원에서 시대, 사회의 변화에 성능, 기능이 노후화된 상태로부터 기능적 노후화를 극복하고 성능 및 기능을 향상시키는 것으로 건물의 수명장기화를 위한 방법 중의 하나로 보고 있다. 즉 일상적인 유지관리 및 특정시점에서 진부화된 건물의 기능을 원래 상태대로 회복시키는 보수활동을 포함하여 건물에 새로운 기능을 부가하여 준공시점보다 그 기능을 더 향상시키는 활동을 뜻한다.

리모델링이라 함은 주택법 제42조제2항 및 제3항의 규정에 의하여 건축물의 노후화 억제 또는 기능향상 등을 위하여 증축, 개축 또는 대수선을 하는 행위를 말한다. 공동주택의 리모델링은 최근 재건축요건이 강화되면서 재건축을 할 수 없는 공동주택이 증가함에 따라 관심이 커지고 있는 부분이다.

이에 따라 개정 주택법에서는 리모델링 사업활성화를 위해 리모델링 주택조합 설립근거와 리모델링 용어정의 등을 신설하였다. 리모델링의 주체는 공동주택의 소유자가 당해 공동주택을 리모델링하기 위해 설립한 조합인 리모델링 주택조합, 입주자대표회의가 된다.

나. 리모델링조합의 자격조건 및 동의율

리모델링 주택조합은 인가 신청 시에 당해 주택이 사용검사를 받은 지 10년(증축은 20년 이상)의 기간이 경과하였음을 입증하는 서류를 제출하고 단지 전체일 경우 구분소유자 및 의결권의 각 5분의 4 이상의 동의와 각 동별 각 3분의 2 이상의 동의를 받아야 하고 개별동일경우 해당 동의 구분소유자 및 의결권의 각 5분의 4 이상 동의를 받아야 한다.

그리고 입주자대표회의가 주도할 경우에는 주택소유자 전원의 동의를 받아야 한다.

다. 리모델링의 범위내용

① 리모델링의 증축범위

공동주택의 승강기 계단 및 복도, 각 세대 내의 노대, 화장실, 창고 및 거실 부대시설, 복리시설

② 리모델링 완화 여부 및 적용범위를 결정함에 준수해야 할 사항은 다음과 같다.

· 세대수를 증가시키거나 벽식구조인 공동주택의 세대 통합은 금지하고 있으며 복리시설을 분양하기 위한 것이 아니어야 한다.

· 공공의 이익을 저해하지 아니하고 주변의 대지 및 건축물에 지나친 불이익을 주지 아니하여야 한다.

· 도시의 미관이나 환경을 지나치게 저해하지 아니하여야 한다.

라. 공동주택 리모델링 사업의 절차

<그림 3-14> 공동주택 리모델링사업의 절차

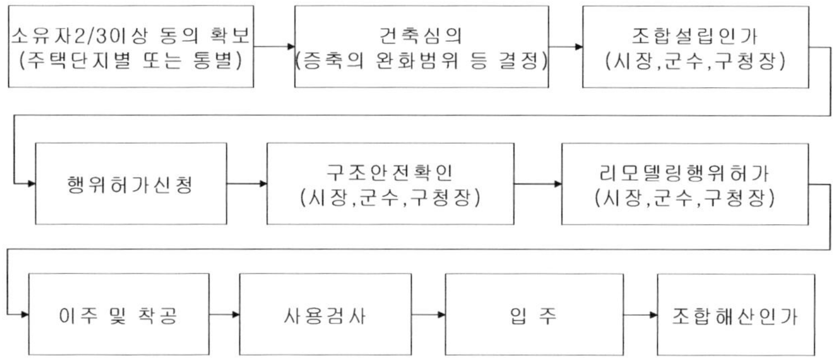

자료: 대한주택관리사협회, 주택관리사보 관리교육(교재, 2005) p.322.

마. 규제완화 및 행정지원체계의 문제점

우선 리모델링을 활성화하고 그에 따른 안전기준을 강화하여야 한다. 활성화되기 위해서는 무엇보다도 증축할 수 있는 범위를 최대한 늘려줌으로써 리모델링을 촉진시켜야 한다. 그리고 그에 따르는 안전성에 지장이 없도록 철저한 설계상, 시공과정상 규제절차를 두어야 할 것이다. 증축의 허용범위를 정책적으로 허용하지 않는다면 리모델링을 촉진시키지 못할 것이다. 적어도 기존면적의 30~40% 정도는 해주어야 재건축을 하지 않고 리모델링에 대한 인센티브로 작용할 수 있을 것이다.

또한 주택의 기능회복을 위한 계단실, 엘리베이터실, 복도, 주차장 등 공용면적과 발코니 등의 서비스 면적을 제한 대상에서 제외하여야 한다.

그리고 구조안전 진단결과 구조체가 취약하여 재건축판정을 받은 주택은 증축을 수반하는 리모델링을 금지하고 구조설계기준 및 감리강화 등을 오히려 강화하여야 한다고 본다.

제 4 장

공동주택 관리체계 개선방안

본 장에서는 제2장에서 설정한 분석의 틀과 분석내용에 따라 공동주택 관리실태와 인식조사 결과를 분석한 제2장과 3장의 연구결과를 바탕으로 공동주택 관리체계의 효율성을 제고하기 위한 개선방안을 제시한다. 이는 크게 법제도 측면과 관리 분야별 즉 운영관리, 시설물 유지관리, 공동체관리, 자산관리 등 분야별로 접근하고자 한다.

제1절 관리체계 개선을 위한 기본방향

1. 전근대적 관리행태의 답습의 한계

1) 관리사무소와 입주자대표회의에 대한 불신과 관리행태의 전근대성 문제

그동안 언론에 보도되는 것이나 1999년 초의 경찰청에서 전국 아파트 비리수사결과 발표결과 등을 종합해 보면 아파트관리는 '사각지대' 그 자체로 남아 있는 현실이다.

그 당시 비리관련으로 무려 5,838명이 형사입건 되었고 4개 단지 중 1개 단지에 해당되는 22%가 비리에 연루된 셈이며 단일 범죄수사로는 우리나라 최대규모로 기록되고 있을 정도이다. 또한 수사대상이 신고된 단지로 한정돼 이루어졌던 점을 감안하면 비리는 대부분의 아파트 단지에서 보편적으로 발생하였다는 분석이다. 그런데 문제의 심각성은 오늘날 이러한 일련의 이러한 아파트 관리사의 비리문제는 일시적이거나 돌발적 사안이 아니고 계속 전근대적으로 답습되고 있다는 점이다. 또한 지금도 이러한 현상은 주민들이 무관심하고 관리의 사각지대에 있는 아파트에서는 그러한 현상은 계속되고 있다[104]고 판단된다.

<표 4-1> 아파트 관리비리 관련자와 그 규모

인 원 \ 관련자	인원수	백분율	비리유형
관리사무소 직원	1983명	35%	관리비횡령 689건, 보험가입 578건, 전기등 시설보수비 272건. 공사입칠 266건. 청소소독용역비250건, 오물수거비 78건 승강기보수점검비 64건. 유류, 가스요금26건. 기타 176건
주민대표	1893명	32%	
관리업자	668명	11%	
기 타	1294명	22%	
계	5838명		

자료: 1999년 5월 16일자 주요 일간지 내용종합(공동주택 관리제도개선방안, 2002)

그런데 이러한 관리 비리문제는 단순하게 비리문제로 끝나거나 주민에게 금전적인 문제의 피해를 주는 데 그치는 것이 아니라 그 과정에서 잘못된 결정과 잘못된 공사 부실과 부실한 부품구입 등으로 인하여 공동주택 시설물의 관리의 부실로 이어져서 문제의 심각성이 크다.

---

104) 한국아파트신문 2005년 4월 6일 보도, 2005년 3월 30일 밤에 광주 광역시 북구의 한 아파트 관리사무소에서 전. 현직 회장단 간에 입주자대표회의 회장직과 옥상방수공사 관련 커미션수수 의혹을 둘러싼 갈등으로 심야에 참극으로 이어져 3명이 사망과 큰 부상이 발생했다고 보도했다. 이 사건은 과거 단지 내 공사관련 커미션 등 금전상 비리를 둘러싸고 그동안 지적돼 왔던 이권개입이나 월권행위 등이 개선되지 못한 채 일부 아파트에서 여전히 답습되고 있는 현실을 단적으로 나타내 주고 있다.

2) 공동주택에 관한 관리정책 기조의 한계점

(1) 공동주택 관리 시책의 변천사적 측면과 한계

공동주택 관리에 대한 시대적 관심과 단지특성에 따라 관리 수행 시 중점을 두고 있는 관리업무 분야는 관리자의 관리목표라든지, 단지주민이 중요시하는 업무 등에 따라 그 비중이 달라질 수 있으며 사회적으로는 제도의 변천과 관리관련 주요 사건을 통해 시기별로 중요시되고 있는 업무유형을 찾아볼 수 있다. 예컨대 공동주택의 보급이 급속히 이루어지던 80년대의 경우 공동주택 관리의 가장 중요한 업무 분야는 물리적인 측면에서의 유지관리였다.

그러나 90년대 중반에 들어와서는 아파트의 노후화와 관련된 관심은 리모델링과 관리비를 둘러싼 재정적 운영비리가 관심을 끌게 되었고 투명한 관리운영문제가 제기되기 시작하였다. 그리고 최근에는 그간의 아파트관리비에 대한 부가세문제 등의 관리비 절감과 투명성 문제에서 그 중점이 무분별한 재건축과 고층화에 따른 재건축과 리모델링의 어려움 국가사회적인 낭비문제를 직시하고 입주민들의 재산권보호를 위해 아파트의 장수명화에 관심이 점점 높아져가고 있는 경향에 있다고 보인다.

그러나 전 국민의 50% 이상이 거주하는 공동주택에 대한 사후관리 중요성이 점증되고 있으며 입주자의 커뮤니티의 활성화 필요성이 증대되고 있다.

또한 이제는 공동주택 관리에서는 상대적 소유권개념에 입각하여 관리권의 비중을 높여야 한다. 그리고 관리의사결정방식도 하향식 방식에서 상향식 방식으로의 기조가 확산되어야 한다.

(2) 관리 당사자 간 기대역할의 측면

가. 입주자

첫째 일반 입주자에서는 욕구다양성과 관리서비스 질에 대한 불만이 고조되어 있으면서 관리참여는 부족하여 소수의 전횡과 이권결탁의 문제 및 입주자 간 상호 갈등과 자체해결 능력부족이 문제다.

또한 관리비 추가부담 한계와 기피로 인하여 장기수선 충당금 부족 시 설물 조기 노후화를 초래한다.

둘째 입주자대표회의는 관리 의결기능이 고유영역을 초과하여 사실상 관리 집행기능까지 전횡을 하는 경우가 많으며 관리의 견제와 균형을 상실하여 관리주체가 입주자대표회의 종속기구로 전락하고 있는 추세이다. 또한 비전문가 무자격자 선임과 이들이 각종 이권개입을 하고 관리에서 비리에 연루되는 사례가 많으며 잘못된 관리비 집행과 인력 의존적 관리 및 소모적 비용을 증가시키고 자본적 지출을 소홀히 하여 시설물 조기 노후화를 초래하는 경우가 많다.

나. 관리주체

첫째 관리사무소직원은 저임금 및 승진한계로 인하여 평생직장의 메리트를 상실하게 되어 재직자는 노령화되고 비전문화되며 다른 직장으로 가기 전의 직장대기소역할을 하고 있는 한 관리서비스의 질은 저하되고 이로 말미암아 관리의 사각지대가 생기는 경우가 비일비재하게 될 것이다.

둘째 주택관리사(보)의 입장에서는 관리업체 직원으로 업무수행을 하게 되면서 입주자대표들의 하수인으로서의 역할만이 강요되고 전문성에 입각한 자주적인 소신에 의한 역할이 극도로 제한되면 주택관리사로서의 직책적 소신은 사라지고 자기 직업에 대한 긍지가 없어 관리서비스의 질은 점점 낙후되어갈 것이다.

또한 주택관리사(보)가 전문성과 신뢰도 등이 저하되어 입주민의 기대에 못 미치는 경우에는 주택관리사 의무배치제도에 대한 입주자의 불만이 발생할 것이다.

셋째 사실상 관리업체의 영세화로 인하여 비전문화되고 있으며 관리인력의 용역업체에 불과하며 관리의 질이 저하되고 있다. 업체 간 관리권 수주 출혈경쟁이 심하고 위탁관리 수수료의 비현실화(약 30원/평)로 인하여 관리질이 저하되어 주택관리의 전문화를 위한 주택관리업 제도의 취지에서 멀어지는 결과가 되고 있다.

관리주체 측면에서는 입주자는 사적 자치화 노력을 극대화해야 하며, 커뮤니티의 활성화를 통한 입주자 참여여건 개선, 관리규약의 구체화, 시설물투자 및 관리주체의 전문화를 위한 자본적 지출의 부담노력이 필요하다. 또한 입주자대표회의 책임을 권한과 상응하게 조정하는 것이 필요하겠다. 관리업체는 관리의 패러다임을 전환하는 노력을 경주해야 하며 관리수주를 위한 출혈경쟁의 지양이 필요하다.

다. 행정청

담당 행정인력이 부족하고 직접적 공적 개입의 한계로 인하여 제도를 통한 자율적 대안이 기대된다. 정책적인 측면에서 중앙정부는 관리서비스 질개선과 시설물의 재산가치를 극대화시키기 위해서는 제도의 구체화, 공동주택 관리의 사각지대인 연립주택, 주상복합건물, 임대주택에 대하여 의무관리대상의 관리대안을 마련하여야 한다. 또한 지방자치단체는 관리서비스 행정력강화, 단지별 관리서비스 평가업무 강화, 각종 관리행정지침을 구체화하는 조치가 필요하다고 하겠다.

2. 여건의 변화와 주택관리 패러다임 변혁의 당위성

1) 정주의식의 증대와 새로운 바람

이웃 간 교류 및 관리참여 등에 대한 반성과 함께 90년대 중반 이후 입주자의 권익보호뿐 아니라 삶의 질 향상, 공동체 형성 등 생활관리 업무가 새로운 분야로 부각되기 시작하였다. 이제는 운영사무관리에 대한 관심뿐만 아니라 시설물의 유지관리 분야에 대해서도 재건축에 대한 사회적 정책적 규제사항이 서서히 나타났다. 또한 이제는 미미하기는 하지만 관리에 있어서 단순한 유지관리에서 한걸음 더 나아가 부동산의 가치관리 즉 자산관리 측면에서 단순하고 소극적이고 현상 유지적에서 보다 적극적이고 전향적인 유지관리를 통하여 부동산 자산관리까지도 관심을 갖기 시작하고 있다.

2000년대에 들어서면서부터는 서울의 경우를 보면 과거에는 도시중심부에서 변두리 외곽의 신축 아파트단지 등으로 주거지를 옮기는 현상이 많아 정주의식이 박약하였으나 최근에는 연립주택이나 오래된 저층아파트를 주민 스스로 재건축조합을 결성하여 재건축하는 사례가 많고 최근에는 서서히 리모델링하고자 하는 사례가 늘어나고 있는데 이는 정주의식의 증가를 뜻하며 여기서 공동체의식과 공동체문화가 활성화될 수 있는 여지가 발아될 수 있다고 본다.

또한 아래로부터는 시민단체 및 각종 사회단체를 중심으로 캠페인과 홍보가 이루어지기 시작하였으며 이러한 사회적 분위기는 주민 간 공동체 활성화, 세입자의 권한 강화, 거주자의 알권리 확보에 관한 법규정의 정비에도 영향을 미치고 있다.

2) 디지털 공동체와 사이버 커뮤니티의 활성화 가능성

수천 세대로 구성된 대규모 아파트단지는 적은 비용으로 정보화를 위한 인프라 구축이 가능하며 가장 짧은 시간 내에 가장 많은 사람들, 소수의 특수계층이 아니라 일반계층의 사람들을 지식 정보화 사회에 적응시키는 역할을 한다. 공동주택 관리에서 인터넷 이용환경을 구축한 사이버 아파트가 최신의 주택형이라면 근미래형 주택으로는 인터넷 이용환경을 가정자동화(home automation: AH)환경을 구비한 인텔리젠트 아파트를 생각할 수 있다.

시대의 변화에 따라 거주자 특성별로 꼭 필요한 과학기술을 주거공간에 도입하여 생활의 편의성과 쾌적성을 높이는 기술과 커뮤니티를 증진할 수 있는 방향으로 공동주택이 개발됨으로써 이러한 기술 등이 공동주택 관리에도 쉽게 활용되어야 할 것이다. 인터넷 환경구축과 홈페이지 등을 통한 정보교환 등 정보화를 통한 사이버커뮤니티공간의 확대를 통한 사이버커뮤니티의 활성화, 경비 통합 시스템화, 홈 오토메이션화 및 고속 인터넷망 보급이 일반화되어 가고 있다. 이러한 변화의 기조에 발맞추어 관리기조도 변하지 않을 수 없는 환경에 직면하고 있는 것이다.

3) 정책기조의 변화의 조짐

우리는 2003년 11월에 주택건설촉진법을 폐지하고 주택법으로 대폭 개편하였다. 그간의 주택공급 위주의 정책에서 아직 미흡하기는 하지만 주택관리에도 비중을 두어가는 정책적 변화의 틀을 마련하여 시행하고 있다. 이는 공급 쪽에만 정책적 비중이 이제는 관리 쪽으로도 정책적 비중을 점점 두어가는 계기가 될 것이다.

그리고 인터넷 환경구축과 정보화의 인프라 구축환경은 점점 공동주택의 관리를 투명화하고 오토메이션화하는 방향으로 정책의 기조도 방향이 잡혀나갈 것으로 생각된다.

3. 향후 관리개선의 접근전략과 새로운 패러다임 구축방안

공동주택 관리의 새로운 변혁을 도모하기 위해서는 관리업무의 영역에 대하여 어디까지 확장할 것인가, 관리업무의 수행은 어떠한 방법으로 수행할 것인지에 대한 인식과 선택에 대한 문제 및 정부 및 지방자치단체의 규제 및 지원책 등이 전제되어야 한다.

1) 관리의 본질에 대한 인식

일시 머물다 떠나가는 공동주택이 아니라 더 머물고 싶고 애착심을 갖게 되는 아파트가 되도록 살맛나는 아파트 마을로서 만들어가는 소유개념이 아닌 주거개념에 의한 관리목표설정이 시급하다. 또한 관리서비스를 사적 서비스로 인식하기보다는 공공 관리서비스로 인식해야 하고 또한 소유권도 기존의 절대성 존중인식에서 공동생활에서의 보다 더 상대성을 인정하는 기조에서 관리권을 강화해야 한다고 본다.

그리고 공동주택의 효과적인 관리는 정책, 제도, 기술, 공동체 문화 등 여러 가지 측면에서 동시적으로 접근하여 대응하여야 한다. 단독이나 부분적으로 접근하여 아파트의 효과적인 관리를 도모하고자 할 경우 다른 부분에서의 취약점을 드러내 아파트관리의 상승효과를 거두기란 어렵다.

공동주택의 관리문제를 해결하는 데에는 체계적 관리의 개념을 도입할 수 있다. 즉 주택관리는 공간의 운영관리, 공동체관리, 시설물유지관리, 자산관리 등으로 크게 나누어 접근할 수 있는데 이 관리활동을 통일하고 종합하여 하나로 체계화(시스템화)함으로써 관리를 능률화할 수 있다. 다시 말하면 주택관리문제는 다양하기 때문에 주택관리활동을 하나의 종합적인 체계로 보고 그 활동을 통일적으로 전개하여 능률성을 확보하자는 것이다.

2) 관리인프라 구축을 통한 체계적 접근과 자율적 관리기조 확립

정책적 방향은 궁극적으로 공동주택의 주거환경개선 및 재산가치를 유지, 증식시키고 관리서비스 질을 개선할 수 있어야 한다. 소위 관리를 위한 관리에 그칠 것이 아니라 살맛나는 아파트로 만들기 위하여 노력하고 재산가치를 보전, 증진시키도록 노력하도록 해야 한다. 이러한 기조에서 관리방식은 정부나 지방자치단체 등의 공권력이 직접적인 통제방식에서 간접적 통제방식 중심으로 하향식 방식에 의한 관리보다는 관리인프라(infra)구축을 통한 시스템적 체계적 접근으로 관리당사자 즉 입주자와 관리주체에 의한 자율적인 관리기조를 유도하는 것이 바람직하다.

① 공동주택 관리에 대한 정책적 방향은 궁극적으로 공동주택의 주거환경개선 및 재산가치를 유지, 증식시키고 관리서비스 질을 개선할 수 있어야 한다.

이러한 맥락에서 ② 관리방식의 기조는 정부의 직접적 통제방식에서 간접적 통제방식 중심으로, 하향식 방식에 의한 관리보다는 관리인프라(infra)구축을 통한 시스템적 접근으로 그리고 정부중심보다는 관리당사자(입주자와 관리주체)의 자율적 관리기조를 유도하는 것 ③ 관리의 본질 인식에서는 관리서비스를 사적 서비스(private service)로 인식하기보다는 공공관리 서비스(public service)로 인식하는 것이 우선 중요하며 또한 소유권의 상대성을 인정하면서 관리권을 강화해야 한다.[105] ④ 관리업무의 영역은 전통적 관리관을 고수하면서 입주자 홍보와 시설물 유지를 부분적으로 한정하여 관리를 위한 관리를 하여 왔다. 이것은 결국 관리서비스의 질의 저하뿐만 아니라 장기수선 충당금 재원확보의 한계로 이어져 시설물의 조기 노후화를 방치할 수밖에 없었다.

따라서 관리업무의 영역을 관리행정＋시설물관리(수선, 리모델링, 재건축)＋입주자관리로 확장하고 이를 위한 구체적 전략으로 관리경영 마인드

---

105) 박은규 2002년 5월 4일 공동주택 관리의 개선방안

를 도입토록 정부가 이를 적극 유도하여야 한다.

더불어 관리주체가 입주자커뮤니티 활성화 노력에 앞장서야 한다. 관리사무소가 지역사회의 중심체로 기능하고 관리사무소가 입주자 상담의 주체가 되고, 청소년을 선도하고, 저소득층을 직업알선을 할 수 있어야 하며, 사회범죄 경감노력에도 중심적 역할을 수행해야 한다.

3) 관리영역의 확대와 총체적 시각의 주택관리

주택관리가 제대로 이루어지기 위해서는 주택설계 단계부터 공동주를 폐기할 때까지 관리적인 사항을 모두 고려해야 하는 총체적인 시각에서 주거관리가 행해져야 한다.

유지관리 측면에 있어서도 주택건설 후 유지관리가 용이하고 비용이 적게 드는 방향으로 주택설비가 갖추어지는 것이 바람직하다. 이러한 측면에서 논의되는 개념이 건축물의 생애주기(Life Cycle Cost)이다. LCC란 일정 기간 내의 초기투자비, 개보수, 교환비, 운영비(광열비 포함) 및 유지관리 경비와 수선비 및 철거비 등의 합계액의 투자결정을 현재가치 혹은 연간가치에 의한 경제상의 관점에서 평가하는 기법이라고 정의하고 있다(이덕영, 2002). 일반적으로 사업주가 건축물의 비용을 고려할 때 주로 초기 건설비용에만 관심을 가진다. 초기비용도 중요하지만 수명주기 동안 총체적 관점에서 비용의 최적화를 이루는 것이 중요하다.

관리 주 업무의 영역은 전통적인 관리관을 견지하면서 관리비징수, 입주자홍보와 시설물 유지관리를 부분적으로 한정하여 관리를 위한 관리를 하여 왔다.

관리업무의 영역을 앞으로는 기존의 본연의 업무 범위였던 시설물관리와 관리비의 조정징수 업무뿐만 아니라 입주자 상담과 개입 및 해결을 하고 더 나아가 자산관리 측면도 앞으로 고려하는 것이 효과적이라고 본다.

4) 관리당사자 간 역학구도에서의 시스템적 협력과 균형원리 도입

관리의 당사자라 할 수 있는 입주자(입주자, 입주자대표회의), 관리주체(주택관리사, 주택관리업체), 정부(중앙정부, 지방정부) 간의 역할은 다음 측면에서 조정되어야 한다. 먼저 각 당사자가 안고 있는 현안이 해소되어야 하는데 이를 구체화시키면 다음과 같다.

① 입주자는 사적 자치화에 노력을 극대화하고 커뮤니티 활성화를 통한 입주자 참여여건을 개선하여야 하며 관리규약을 구체화시키고 시설물투자 및 관리주체의 전문화를 위한 자본적 지출부담노력이 필요하다.

② 입주자대표회의는 기능활성화 및 투명성 확보와 입주자대표회의 책임을 권한에 상응하게 조정하는 것이 필요하다.

③ 관리업체는 관리 패러다임(paradigm) 전환노력을 경주해야 하고 관리를 위한 관리차원을 탈피해서 경영마인드(관리비 절감 및 수익사업전개), 협회전문화, 연구, 교육, 지도를 내실 있게 할 수 있는 시설장비를 갖추어야 한다. 또한 재정건실화 노력과 업체전문화(자본금, 인력, 장비보완, 관리위탁 수수료 현실화), 관리수주를 위한 출혈경쟁을 지양해야 한다.

④ 주택관리사는 협회 전문화를 위해 연구개발, 교육, 지도업무를 할 수 있어야 하고 재정건실화 노력이 병행되어야 한다. 또한, 관리사를 전문화하기 위해 자격시험과목의 조정, 선발인원 정 등이 검토되어야 한다. 그리고 활동방식 조정, 관리사무영역의 확대 재교육강화 등의 조치가 필요하다.

⑤ 지방정부는 관리서비스에 대한 행정지도강화, 단지별 관리서비스 평가업무강화, 행정지원 형평성 유지(아파트와 일반주택의 공용지설에 대한 수선유지비 지원 등), 각종 관리행정지침 구체화하는 조치가 필요하다.

⑥ 중앙정부는 관리 패러다임 전환노력을 경주하는 것이 필요하다.(관리서비스 질 개선＋시설물 재산가치 극대화) 이를 위해서는 제도의 구체화, 관리관여 방식의 이원적 접근(입주자관리 자율적 기반유도, 시설물관

리 공적개입 강화)과 의무관리대상의 대폭확대와 임대주택과 주상복합건
축물의 관리代案 마련이 요청된다.

〈그림 4-1〉 당사자간 견제균형원리와 협력에 의한 시스템적 개선방안

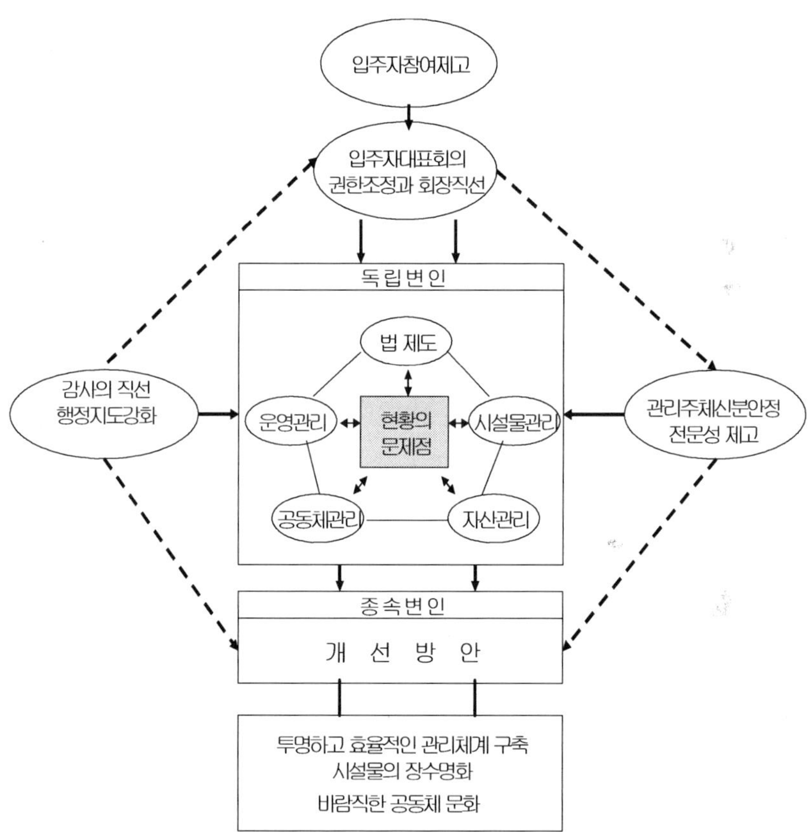

관리당사자 간의 역할과 관계의 전략적 접근은 직접적 통제를 줄이고
간접적 통제로 전환하는 만큼 입주자의 자율권신장, 주택관리사와 관리업
체의 전문육성지원책이 전제되어야 하고 각 당사자 간에 협력체계 구축에
입각하면서도 견제와 균형의 원리도 시스템적으로 작동될 수 있도록 해야
한다. 이를 통해 관리가 주민들로부터 불신받지 않고 전문화되어 투명하

고 효율적인 관리체계구축을 통하여 시설물의 장수명화와 살맛나고 쾌적한 환경과 바람직한 공동체 문화가 정착되는 공동주택이 될 수 있도록 시스템화가 되도록 하여야 한다.

5) 소극적 유지관리개념에서 장수명화와 살맛나는 아파트를 위한 적극적 관리개념으로 전환

소극적 투자에 의한 현상유지 관리에서 적극적 투자에 의한 장수명화에 의한 가치보전과 상승작업을 해야 하며 이제는 단순한 평면적 관리가 아닌 입체적인 물적 인적 모든 관리체제가 되어야 하겠다.

또한 이제는 단순한 비용절감에 치우친 소위 관리를 위한 관리가 아닌 살맛나는 아파트를 만들기 위한 관리로 방향전환을 해야 한다. 최근 환경에 대한 관심이 증가하고 편리한 설비에 대한 요구가 증대되면서 과거주택을 경제적 관점인 수요와 공급의 측면에서 주로 취급해 왔던 것을 인간중심적 관점에서 주택이라는 물리적 환경뿐 아니라 이를 배경으로 그 속에서 생활하며 주거환경을 만들어 가는 인간들의 쾌적하고 안락한 삶에 관심을 가지기 시작했다. 따라서 비교적 단지배치나 건물의 구조 및 시설 등과 같은 물리적 측면은 훌륭한 모습을 갖추어가고 있으나 공동생활을 위한 시설과 공간이 계획대로 사용되고 활성화되기 위한 사용적 측면의 프로그램에 대한 배려는 부족한 편이다.

위와 같은 살고 싶고 바람직한 공동주택 만들기는 중앙정부, 지방자치단체, 관리주체와 공동주택거주자 모두가 자신에게 적합한 역할과 임무를 충실히 이행할 때 가능해진다.

그리하여 앞으로는 입주자의 커뮤니티를 활성화하고, 관리 분야에 대한 가능한 한 경영마인드를 도입하여 관리의 통제를 기해야 하며 관리의 접근전략은 겉도는 전문화, 소수가 전횡하는 자치화가 아닌 자치화, 전문화, 기술집약화, 정보화와 광역화가 동시에 전개되어야 할 것이다.

〈표 4-2〉 공동주택 관리개선 전략과 패러다임의 혁신방안

구 분	현재의 관리행태	새로운 관리 패러다임
관리방식의 기조	· 정부의 직접적 통제방식중심 · 탑다운방식에 의한 관리 · 따라서 관리당사자의 장기권 상대적 미약 및 지원책부재	· 정부의 간접적 통제방식중심 · 관리인프라구축을 통한 시스템적 바텀업접근 · 관리당사자의 자율적 관리기조 강화
관리업무 인식	· 관리서비스: 사적 서비스로 인식 · 소유권〉관리권: 소유권정대성	· 관리서비스: 공공과닐서비스로 인식 · 소유권=관리권: 소유권상대성
관리업무 영역	· 전통적 관리관 고수: 관리비징수+입주자홍보+시설물유지관리, 관리를 위한 관리	· 관리영역의 확장: 관리비징수+입주자홍보+시설물유지관리(수선, 리모델링, 재건축 등)·관리주체(관리소)의 입주자 공동체활성화 노력 · 관리주체(관리소)의 입주자공동체활성화 노력 · 관리경영마인드도입 - 단지주차장유료화, 광고 유료화, 손익계산서상의 흑자노력, 장기권유지 비재원으로 활용 등
관리접근 전략	· 전문화미흡 · 소수가 전횡하는 관리	· 자치화+전문화+기술집약화+광역화

제2절 관련법규 및 제도의 개선방안

1. 통괄적 관리를 위한 관리기본법 제정

1) 관리이념과 철학의 정립

공동주택의 이념과 철학으로는 소유개념이 아닌 거주개념에 의한 관리이념, 공동소유와 개인소유의 차이에 대한 정확한 인식, 공유부분과 전유부분에 대한 개념, 원가절감 위주의 건축철학에서 친환경적이며 안전과 효율적 관리중심의 건축철학 등이다. 또한 지방자치 이념에 맞는 생활정치 차원의 공동주택 관리이념을 구체화시켜 지방자치단체에 공동주택 관리 조례제정권 등을 대폭 위임하여야 한다. 예를 들면 관리비의 부과원칙으로 사용자 부담원칙과 공평부담 원칙의 천명과 구체적 업무처리 지침이 있어야 하고 관리비의 투명성 확보를 위한 공개주의 원칙과 총액주의 원칙천명과 필수적 공개사항 열거 등을 내용으로 담아야 한다.

겉도는 전문화, 소수가 전횡하는 자치화가 아닌 다수의사를 반영하는 자치화와 전문화, 기술집약화, 광역화가 동시에 이루어지고 기능하는 관리시스템이 되어야 하겠다. 그리고 관리가 아파트 관리소장과 입주자 대표회장이 누구냐에 따라 관리의 질이나 운영방식이 바뀌어서는 안 되며 올바른 관리시스템을 정립하기 위한 제도적 지원방안이 필요하다. 아파트관리제도의 개선을 위해서는 관리주체들 간의 역할분담이 필요하며 이용자인 입주자중심의 관리방식이 구축되어야 한다.

2) 통괄적 관리를 위한 관리모법 제정의 필요성

이제 주택관리는 주택건설의 하위 분야가 아니라 주택정책의 중심과제가 되어야 하는 만큼 정부는 단순한 방임적 지도 감독이 아니라 주택관리의 골격을 세우고 공동주택 관리에 대해 전문적인 지원체제를 갖추어야 할 것이다.

공동주택의 유지, 관리에 대한 방향설정과 체계화가 이루어지지 못하고 있는 중요한 이유 중 하나는 이를 규정하는 법령의 체계가 정립되지 못하였기 때문이다. 공동주택 관리의 효율적인 추진을 위해서는 기존 각종 법령에 산재되어 있는 공동주택 관리 관련조항을 정리하여 통괄적인 공동주택 관리법을 제정할 필요가 있다. 이번 설문조사 결과에서도 공동주택 관리에 대한 독자적이고 통합된 관리법이 필요한지에 대한 질문에 대해 설문에 응한 아파트 관리자들의 69.9%가 적극적으로 필요하다고 답하였고 그 외 30.1%가 필요하다고 적었다. 결국 아파트 관리자들은 공동주택 관리의 일관성과 효율성을 위해 통합적인 관리법의 제정과 적용이 필요함을 지지하는 것이다.

〈표 4-3〉 통합관리법 제정 필요성

구 분	빈도수	비중(%)
적극적으로 필요	102	69.9
필 요	44	30.1
불필요	0	0
전혀 필요 없다	0	0
무응답	0	0
총 계	146	100

따라서 공동주택 관리의 효율적이고 체계적이며 종합적인 관리를 위하고 각종 관련 관련법들을 통괄법으로 제정함으로써 법령에 산재해 있는 관련조항을 일원화함으로써 다원적 법률체계를 개선하고 중복성, 상충성을 해소하기 위해서 가칭 "공동주택관리법"의 제정이 필요하다.

민법규정	
집합건물의소유및관리에관한법률	
주택법 및 시행령, 규칙	→ 가칭"공동주택관리법"제정
시설물안전관리에관한특별법	
건축법	
기타 관련법규정	

3) 지방자치단체 조례제정

지방자치단체는 공동주택 관리에 관한 조례를 제정하여 실질적인 관리에 대하여 지도와 감독이 이루어질 수 있도록 하고 적극적인 행정서비스가 이루어질 수 있도록 조직체계를 갖추어 공동주택 관리로 인한 주민갈등과 민원 등에 효율적으로 대처할 수 있도록 해야 할 것이다.

또한 공동주택 관리에 있어서 지방자치단체의 역할을 규정하고 필요한 사항은 조례를 정하여 실질적인 행정력이 발휘될 수 있도록 한다. 공동주택 관리법의 제정과 지방자치단체의 조례의 제정은 공동주택 관리에 대한 실질적인 감독이 이루어질 수 있도록 행정체계를 정비하는 계기가 될 것이다. 그러나 실질적인 관리는 단지별 관리규약과 세부규정을 통하여 자율적으로 이루어질 수 있도록 공공부문에서는 합리적인 제도가 되도록 지속적으로 보완해야 할 것이다.

4) 공동주택 표준관리규약 미흡점 보완

공동주택은 동일건물을 여러 세대가 구분하여 소유해 생활을 하게 됨으로써 이를 사용, 관리하기 위해서는 단지의 특성을 고려한 기본적인 규제가 필요하게 된다. 따라서 입주자 간의 권리관계와 관리운영의 기본원칙을 명시하고 있는 관리규약은 공동생활의 질적 수준향상을 위한 기본법으로 그 기능이 제고돼야 한다. 현재 공동주택의 분양 후 최초의 관리규약은 사업주체가 공동주택을 분양받은 자와 관리계약 체결 시 제안해 분양 예정 세대수의 과반수 서면합의로 결정하고 있다.

그리고 이후에는 해당 공동주택의 10분의 1 이상의 입주자 또는 입주자 대표회의가 제안해 입주자 과반수 찬성으로 개정이 가능토록 돼 있다.

그러나 공동주택 입주자들의 경우 관리규약에 대해 관심이 없거나 잘 모르고 있으며 관리규약의 해석에 따른 분쟁이 여전히 발생하고 있어 관리규약이 아파트공동생활의 규범으로 자리잡지 못한 실정이다. 따라서 입주민의 표준관리규약에 대한 인식제고와 아울러 상황에 맞는 지속적인 세부규정의 개입이 필요할 것이다

〈표 4-4〉 관리규약 준수방안

구 분		빈 도	비 중
실정에 맞게 제정 및 개정	입주자	233	32.6
	관리자	92	31.5
불준수 시에는 불이익을 통한 실효성 확보	입주자	107	15
	관리자	81	27.7
스스로 알아서 하도록 자율에 맡김	입주자	95	13.3
	관리자	11	3.8
입주자대표회의의 적극적 역할	입주자	189	26.5
	관리자	47	16.1
무응답	입주자	90	12.6
	관리자	61	2.1
총 계	입주자	714	100
	관리자	292	100

설문조사에서 아파트 관리규약을 잘 지키도록 하는 방안을 두 개 선택하도록 하는 질문에 아파트 입주자들은 첫 번째로 무엇보다 단지 실정에 맞게 제정 및 개정(32.6%)하는 것을 선택하였다. 그다음 두 번째 대안으로 입주자대표회의의 적극적 역할(26.5%)을 꼽았다.

한편 같은 질문에 아파트 관리자들이 가장 먼저 선택한 방안은 실정에 맞게 제정 및 개정하는 것(31.5%)이며 그다음으로 선택한 것은 불준수 시 불이익을 주는 방안(27.7%)과 입주자대표회의의 적극적 역할(16.1%) 등이다.

이러한 결과를 통해 아파트 입주자와 관리자의 시각을 비교해 보면 공통

적으로 아파트 관리 규약을 단지 실정에 맞게 제정 및 개정하는 것이라 하였고 입주자대표회의의 적극적 역할도 중요하다고 보았다. 여기서 아파트 관리자는 특별히 관리규약을 준수하지 않은 경우 불이익을 주는 방안을 강조하고 있다. 실질적인 아파트 관리의 역할을 담당하는 입장에서 관리규약의 실질적인 집행력 강화가 필요함을 인식하고 있는 것으로 볼 수 있다.

따라서 향후 표준관리규약은 각 단지별 상황에 맞게 자율적으로 계속 개정되어야 하며 불준수 시의 불이익조항도 필요할 것이며 또한 관리규약에 대한 홍보와 인지도도 제고되어야 할 것이다. 일본의 경우 건설성의 주관으로 '중고층공동주택 표준관리모델'을 제시하고 있으며 '단지형식 중고층 공동주택 관리규약 모델' 등을 마련해 건물용도별, 단지유형별로 다양한 모델이 활용되고 있다.

현행 관리규약상은 공동생활의 질서유지를 위해 제정하고 있으나 위반 사항에 대해서는 권고 등을 규정하고 있으나 세부적으로 구체적으로 실효성이 담보되기 위해서는 어느 정도 제재방안을 보완해야 할 것이다.

2. 관리방식 및 범위의 개선방안

1) 사업주체의 의무관리 기간 연장

사업주체의 의무관리는 사용검사일로부터 사업주체가 입주자대표회의에 관리권을 인계할 때까지 의무관리하도록 한 입법취지는 입주자의 편익을 도모하고 사업주체로 하여금 효율적인 설비운용의 점검과 입주 초기의 하자처리 등을 신속하게 하는 데 그 목적이 있다.

그런데 사업주체는 대부분 의무관리 기간 동안에는 관리업무를 관리회사에 위탁하고 있는 실정이다. 이로 인해 관리회사는 관리업무에 전념보다는 이윤추구를 위하여 입주민의 편익보다는 사업주체의 환심을 얻는 데에 관심을 가지며 입주자들이 하자나 문제점을 파악도 하기 전에 의무관리 기간이 종료하는 경우가 많다.

입주자대표회의가 구성된 후 일정 기간 동안 관리에 대한 책임을 지울 수 있는 법적 제한 기간이 연장되어야겠다.

2) 자치관리 개선방안

현재 자치관리는 대규모단지일수록 주민참여의 부족, 소수에 의한 관리 독점 등 비능률이 발생하고 있으므로 주민이 자치를 희망할 경우 소규모 자치관리기구가 좋다. 개선방안으로는 첫째 이론적 실질적 교육훈련 지도 해주는 것이 필요하다. 둘째 대규모단지로 조성된 공동주택은 자치관리와 위탁관리의 장점을 각각 활용할 수 있는 혼합관리를 선택함이 좋다. 자치관리 시에는 단지별로 충분한 기술인력과 장비를 확보하여야 한다.

3) 위탁관리의 개선방안

최근 공동주택 관리의 전문화에 대한 요구가 커지면서 위탁관리방식을 취하는 공동주택단지와 전문관리업체의 수가 증가하고 있으며 이에 따라 위탁관리 업무의 독립성과 전문성을 제고할 수 있는 제도의 개선이 요구되고 있다. 특히 업무범위의 불명확성의 해소를 위해서는 위탁관리업무의 표준화 및 계약제도 도입을 들 수 있다. 특히 우리나라는 전문 관리업의 역사가 짧아 전문적인 기술과 경험을 가진 회사가 적어 감독관청에서 전문 관리회사의 육성이 필요하며 관리회사 등록기준과 회사 유지조건을 강화하고 도급관리 방식을 현행 위탁관리계약에 도입 적용하여야 하겠다.

위탁관리방식에 대한 개선방안을 세부적으로 살펴보면 다음과 같다.

(1) 계약제도 개선 및 표준위탁관리 계약서의 사용 의무화

위탁관리의 현실은 자체적으로 소신이나 재량에 의해서 할 수 있는 일은 거의 없다. 계약방식을 개선하여 실질적으로 위임을 할 수 있도록 위탁의 범위는 총괄 도급계약으로 함을 연구 검토할 필요가 있다.

위탁관리 시 표준계약서를 작성하여 관리의 표준화를 기하고 시행령 규정에서 정하는 관리주체의 업무를 계약내용으로 정하도록 규정함으로써 관리를 둘러싼 책임과 의무를 분명히 하고 더불어 미연에 방지하도록 하여야 할 것이다.

표준 위탁관리계약서에 포함해야 할 내용은 적어도 계약당사자, 관리대상부분, 위탁업무의 내용, 제3자의 재위탁, 선관주의 의무, 위탁업무에 든 비용과 부담의 지급방법, 비용의 승인, 수지보고, 입체금지급, 미수납금의 취급, 관리사무소의 무상사용, 유해행위의 중지요구, 전용부분의 출입, 관리규약의 제공, 수탁자의 사용책임 면책사항, 계약의 해지, 계약의 유효기간, 계약의 갱신, 성실의무, 합의관할 재판소 등이 포함되어야 한다.

또한 관리계약 추진 시에 업체가 제출하는 관리제안서에 기술적 관리요소를 필수적으로 포함토록 관리규약과 표준계약서에 명시하여야 한다.

(2) 위탁 관리업무의 표준화

공동주택의 관리조직은 입주자대표회의와 관리기구로 대별할 수 있는데 자치관리의 경우 입대회의와 관리기구의 구분이 거의 없다고 볼 수 있으나 관리 전문업체에 위탁하는 경우에는 감독기관과 집행기관으로 입주자대표회의와 위탁관리기구로 관리조직의 이원화로 이루어지고 있다.

현행 주택법 시행령에서는 입주자대표회의와 관리기구의 업무와 책임범위에 관한 사항을 명확하게 규정하고 있지 않아 입주자대표회의와 위탁관리 기관 간의 갈등을 유발하는 원인이 되고 있다.

외국의 경우 관리주체의 권한과 책임을 분명히 규정함으로써 전문적인 관리가 가능하도록 제도화하고 있다. 프랑스의 경우 관리자는 최장 3년의 임기 동안 운영관리, 유지관리 등 광범위한 권한과 함께 회계상의 적자, 각종 재해(e/v사고 등)에 대한 책임을 지며 공동소유자 중 3인으로 구성된 관리위원회 감시를 받고 있다.(건설부 1994년)

우선 위탁관리 업무의 범위가 불분명하여 발생하는 문제에 적절히 대응하는 방안의 일환으로서 일본의 경우와 같이 위탁관리업무의 표준화 및 계약제도 도입을 들 수 있다. 즉 1982년 주택택지심의회에서 입주자대표회의와 관리업체가 표준관리위탁계약서를 마련하여 관리업무의 범위와 업무처리방법을 명확히 하기 위한 것으로 "중고층 공동주택 표준관리 위탁계약서"를 작성하여 보급한 바 있다. 이는 관리기관의 책임 관리 및 권한 강화, 관리의 연속성으로 확보할 수 있도록 유도하는 데 그 목적이 있다.

(3) 위탁관리 업체의 전문화

위탁관리업체가 영세하고 전문화의 결여로 관리운영의 문제점을 야기할 뿐만 아니라 자치관리기구 및 위탁관리업체는 관리수수료의 이익만을 챙기려는 경향이 많다. 또 문제가 발생하면 회사가 책임지는 것이 아니라 관리소장과 관리직원이 책임지고 있는 실정이다. 그러므로 주택관리업의 전문화 대형화를 위해서는 수임료의 덤핑을 방지하고 전문화 기술력 향상을 위해서 노력할 수 있도록 주택관리업 등록조건과 유지조건을 현재보다 대폭 상향시켜서 전문성과 기술력으로 수주경쟁할 수 있는 여건을 조성하여야 한다.

(4) 위탁관리에 대한 지도, 감독의 강화

위탁관리의 편법이 횡행하고 관리에 대한 제 규정이 사문화되어 있는 현실을 감안하여 위탁관리 시 관리주체와 입주자의 역할에 대한 홍보를 지속적으로 전개하고 위법하는 입주자대표회의에 대한 단속 및 지도를 강화하여야 할 것이다.

일본의 경우 주택 택지심의회가 정한 중·고층주택표준관리 위탁계약서에는 계약이 쌍무계약으로 당사자의 권리, 의무를 명확히 하고 업무내용을 사무관리업무, 관리원 업무, 청소업무, 설비관리 업무 등으로 나누어 각 업무별로 명세서를 첨부토록 하고 있으며 미국도 업무책임의 주체별로 관리회사, 현장 고용원, 외부계약자, 입주자대표회의로 구분하여 업무의 책임 한계를 분명히 하고 있다.

〈표 4-5〉 위탁관리비에 대한 견해

구 분	빈도수	비 중
현재도 비싸니 더 내려야 한다	8	5.5
적정하다	32	21.9
더 올려주고라도 전문적인 관리를 시켜야 한다	91	62.3
모르겠다	12	8.2
무응답	3	2.1
총 계	146	100

(5) 업체선정의 공정 투명성

위탁관리업체의 선정은 주택법 시행령 제52조제1항에 입주자대표회의 또는 입주자 등의 10분의 1 이상의 제안으로 입주자 등의 과반수 서면동의로 주택관리업체를 선정토록 되어 있는데 주택관리업체의 제안과 선정은 공정하고 투명하게 처리해야 한다. 이러한 분쟁과 불신을 최소화하기 위해서는 주택관리업체의 선정절차, 선정기준, 선정방법 등을 입주자 등에게 투명하게 공개하는 것이 필요하다.

입주자대표회의는 어느 주택관리업체가 우리 아파트를 관리하는 데 있어 가장 적당한지를 여러 기준을 제시해 3~4개 업체를 1차적으로 예비 선택한 후 이들 업체에 대하여 입주자들이 판단할 수 있도록 각종 자료를 제시해서 입주자 등의 과반수 서면동의를 얻어 업체를 선정하는 것이 공정성과 투명성을 확보하고 민주주의 다수결 원리에도 부합한다고 본다. 그 과정에서 이들 업체 선정 시에 공개성, 투명성, 공정성이 보장되도록 업체설명회와 입주민들의 선택권이 보장되도록 무기명 비밀 의사표현 방식이 도입되어야 한다.

4) 의무적 관리 적용대상의 확대

(1) 공동주택 의무적 관리대상 범위의 확대

임의적 관리대상 주택은 회계감사 장기수선 계획수립 및 장기수선 충당금에 관련한 규정을 적용받지 않아 급속한 노후화가 문제시되고 있다. 공동주택의 의무적 관리대상 확대방안으로는 첫째 임의적 관리대상에 대한 주택법령의 적용범위를 확대시켜 나갈 필요가 있다. 현재의 300세대, 150세대 등의 의무적 관리대상 범위를 200세대 100세대를 기본[106]으로 하되 또한 건축 구조상 안전관리 문제가 중요한 경우에는 관리규모가 작은 경우에도 의무적으로 관리대상에 포함시켜야 한다. 예컨대 50세대뿐이라 하더라도 고층이거나 첨단설비 등을 가지고 있을 경우에는 의무적 관리대상에 포함시킬 수 있도록 범위를 단순하게 세대수에만 의하지 않고 여러 기준에 의하여 판단할 수 있도록 함이 타당하다고 본다.

둘째 임의적 관리대상에는 장기수선 충당금 적립 의무규정이 적용되지 않고 있으나 공동주택의 유지관리를 강화하는 차원에서 징수 의무화가 필

---

106) 의무적 관리적용 대상을 150세대와 70세대로 하자는 주장이나 그 하한을 50세대로 하자는 주장도 있으나 그러할 경우 적용대상 범위를 너무 넓힐 경우에는 입주자들의 부담이 너무 커질 수도 있기 때문에 200세대와 100세대를 기본으로 하고 특별한 경우에만 의무대상 범위로 편입하는 것이 좋을 것으로 판단된다.

요하다.

셋째 소규모단지의 경우 관리비 상승을 막기 위해 소규모단지는 인근단지 또는 동단위로 광역 관리체계를 구축해 관리전문화 및 관리비 절감을 도모하도록 해야 한다.

공동관리가 가능토록 공동주택 관리규칙상의 공동관리의 상한선을 조정하거나 광역관리의 개념을 도입하는 조치를 강구해야 한다. 그러나 장기적으로는 지역단위 등의 주택관리기구를 결성하도록 하여 관리기구와 관리인 등을 공유함으로써 전문적인 관리뿐만 아니라 규모의 경제효과에 의해 관리비 절감을 도모할 수 있도록 지역공동 관리제도의 도입이 이루어져야 할 것이다. 일본과 싱가포르에서는 이미 대형화 전문화가 이루어진 관리회사를 중심으로 같은 행정구역 내에 있는 공동주택 또는 동일 사업주체별로 관리대상을 일정블록으로 설정하여 이 같은 효과를 얻고 있다.

넷째 임대주택법 및 도시 재개발법에 의해 건축되는 공동주택을 관리대상범위에 포함시켜 통일적인 공동주택 관리가 이루어져야 한다.

(2) 주상복합 건축물의 의무관리대상 편입

상업지역 또는 준주거지역에서 건설되는 주상복합건물은 연면적 대비 최고 90%가 주거용으로 건축되고 있어 실제적으로는 공동주택과 같은 용도로 사용되고 있으나 사업승인 대상에서 제외되었다는 이유로 의무관리 대상에서 제외되고 있다. 그러나 주택관리는 단독주택, 공동주택, 주택단지 등 모든 환경을 포함하는 방향으로 제도가 정비되어야 한다.

단기적으로는 건축물의 연면적에 대한 주택연면적 합계의 비율(현재는 90%)을 점진적으로 조정하여 의무관리의 영역을 확장하는 것이 필요하다. 장기적으로는 일반건축물의 유지관리법제와 연계하여 대안 마련하여야 한다. 문제는 입주자나 입점자 간의 권리행사방법이[107] 상이하여 현재로서

---

107) 공동주택의 권리행사 방법은 (1세대1표)주의인데 일반 건축물은 (전유 면

는 근본적인 조치 즉 일반건축물에 대해서도 공적 관리의 근거마련과 권리행사방법의 보완조치가 없으면 여러 문제가 파생될 것으로 생각된다.

(3) 공공임대주택 입주자의 관리참여 문제와 주택관리사 배치문제

현재 공공임대 주택관리의 문제점으로는 입주민의 주택관리 소홀 및 공동체 의식결여로 인한 물리적 노후화에 대비한 장기수선비용의 재원부족, 입주자에 대한 생활관리부족, 사회복지적 관리와 입주자 관리참여가 원활하지 못한 점 등이다.

공공임대주택 입주자도 관리비를 내는 만큼 이에 상응하는 입주민의 권리를 부여하는 것이 바람직하다고 본다.[108) 최소한의 협의기능조차 부여되지 않는다면 임대인과 임차인 간의 상호 협의를 명문화한 민법이나 임대차 계약서의 내용과 일치하지 않을 수도 있게 된다. 그리고 임차인 대표회의의 구성에 대해서는 기존과 같이 임의단체로 두도록 함이 바람직하다고 본다.

또한 임대주택 시설물의 노후화를 예방하고 저소득층 입주자에 전문적 관리서비스를 제공하기 위해서는 주택관리사의 배치가 바람직하다는 의견이 제기되고 있다. 또한 주택관리의 전문화라는 미래 지향적 측면에서도 주택관리사의 배치가 긍정적이다.

5) 소규모 공동주택 관리 대행제도의 도입

현행 150세대 이상의 세대에 대해서만 주택관리사를 채용하도록 하고 있는데 현재 연립주택이나 다세대주택 등에 대한 재건축 사업으로 인하여 기계설비와 첨단설비 등을 갖춘 고층 공동주택 중 소규모세대의 공동주택 건설이 활발한 점 등을 볼 때 앞으로 150세대 미만에 대한 관리문제가 커

적의 지분)에 따라 권리의 행사 및 의무의 이행이 이루어진다.

108) 한국아파트신문 2004. 12. 8. 박은규 연구위원 주장

다란 문제로 제기될 수밖에 없다. 전기안전 대행제도와 같이 공동주택 관리 분야에서도 이를 도입하여 공동관리제나 주택관리사 합동사무소를 구성하여 수개의 공동주택을 관리하게 하는 공동관리를 활성화하여 입주자의 비용부담을 줄이면서 효율적으로 관리할 수 있게 제도를 개선해야 한다. 저렴한 비용으로 전문적인 양질의 관리서비스를 받을 수 있도록 하는 관리대행업체제 도입 또는 소규모의 공동주택을 하나의 관리주체를 구성하여 수개의 공동주택을 관리하게 하는 공동관리를 활성화하여 입주자의 비용부담을 줄이면서 효율적으로 관리할 수 있게 제도를 개선한다.

따라서 이들 소외된 공동주택 거주자들을 위해 지방자치단체 중심으로 관리업무를 대행, 관리해주는 역할을 할 수 있는 제도를 마련하는 것이 요망된다.

설문조사결과를 보면 다음과 같다.

현행 주택법상 의무관리대상의 범위가 300세대 이상이거나 150세대 이상으로 승강기나 중앙난방식 아파트로 한정되어 그 외의 아파트는 법적 규제를 받지 않는 문제를 개선하기 위한 네 개의 방안에 의견을 물었다. 먼저 의무관리대상이 아닌 공동주택의 경우라도 장기수선계획, 충당금의 징수 의무화 방안에 대해 아파트 관리자들은 98%가 매우 필요하거나 필요하다고 하였다. 그다음 의무관리대상 범위를 확대할 필요성에 대해 91.1%가 매우 필요하거나 필요하다고 응답하였다. 소규모단지는 여러 단지를 지역단위로 묶어 광역적으로 주택관리기구와 관리인을 공유하는 방안에 대해 69.9%가 매우 필요하거나 필요하다고 보았으나 28.1%는 불필요하다고 응답하였다. 끝으로 소규모 공동주택인 경우는 전문주택관리사 합동 사무소 제도를 설치하여 순회관리를 시키는 방안에 대해 65.1%가 매우 필요하거나 필요하다고 보았으나 31.5%는 불필요하다고 응답하였다. 전반적으로 앞의 두 방안은 절대적인 지지를 얻고 있으나 뒤의 두 방안은 다소 불필요하다는 의견이 있었다.

〈표 4-6〉 의무관리대상 이외 공동주택에 대한 개선방안(관리자)

내 용	매우 필요	필요	불필요	전혀 불요	무응답	응답자 (비율)
의무관리대상이 아닌 공동주택의 경우라도 장기수선계획, 충당금의 징수를 의무화	74 (53.7)	69 (47.3)	2 (1.4)	0 (0)	1 (0.7)	146 (100)
의무관리대상범위를 확대할 필요성	69 (47.3)	63 (43.2)	9 (6.2)	0 (0)	5 (3.4)	146 (100)
소규모단지는 여러 단지를 지역단위로 묶어 광역적으로 주택관리기구와 관리인을 공유하는 방안	34 (23.3)	68 (46.6)	38 (26)	3 (2.1)	3 (2.1)	146 (100)
소규모 공동주택인 경우는 전문주택관리사 합동사무소 제도를 설치하여 순회관리를 시키는 방안	28 (19.2)	67 (45.9)	38 (26)	8 (5.5)	5 (3.4)	146 (100)

3. 입주자대표회의의 위상과 역할 재정립

1) 입주자대표회의 구성원의 비전문성과 무보수명예직의 문제점 개선

(1) 선출 시 자격제한의 문제와 교육을 필수화

전과자나 사회적으로 문제가 있는 사람에 대해서는 배제할 수 있는 제한적 조치를 표준관리규약에 명시함으로써 각 단지에서 관리규약의 준칙으로 삼을 수 있도록 해야 할 것이다.

사실 동대표가 되면 해야 할 일이 무엇인지 잘 모를 수밖에 없다. 비직업적 비전문적 명예직이므로 잘 모를 수밖에 없으므로 교육을 받아야 한다. 금번에 개정된 주택법시행령 제50조에 입주자대표에게 교육의 기회를 열었다.[109] 그런데 이 법에서는 임의적으로 하였는데 의무규정으로 지방자

---

109) 주택법 시행령 제50조3항에 "지방자치단체장은 입주자대표회의의 구성원에게 건설교통부령이 정하는 바에 의하여 제51조의 규정에 의한 의결사항 및

치조례로 입법화하고 교육비도 지자체가 부담토록 해야 한다.

〈표 4-7〉 입주자대표회의의 문제점

구　분	빈도수	비　중
입주자대표회의의 관리에 대한 지나친 간섭과 독선	44	30.1
동대표들의 이권개입	7	4.8
입주자대표회의의 비전문성	55	37.7
문제없음	38	26
무응답	2	1.4
총　계	146	100

(2) 회의비 지급과 이·통장과의 겸직을 통한 갈등해소 및 활성화 방안

현재 대부분의 아파트 단지에서는 입주자대표회의 구성원으로 무보수로 봉사하겠다는 사람이 부족하여 동대표를 뽑기가 대단히 어려운 경우가 많다. 그러다 보니 전문성인사가 동대표가 되는 경우가 별로 없으며 입주자대표들이 대부분 노령층이 많거나 부녀자들로 구성되는 사례가 점점 많아지고 있어 전문화에는 거리가 멀어진다. 그러나 매월 보수를 받는 지자체의 조례에 의해 지방자치단체장이 임명하는 이장이나 통장[110]은 서로가 하려고 하여 경쟁이 치열하다. 이러한 똑같은 아파트단지에서의 이러한 현상은 결국은 보수 여하가 가장 큰 문제인 것으로 판단된다.

한편으로는 동별대표자가 되면 자신의 집에 하자보수는 물론이고 아파트단지(관리사무소)에서 대우받고 책임 없이 권한을 부릴 수 있는 자리라 하여 서로 다툼을 하는 사례도 더러는 있다.

그 운영과 관련하여 필요한 교육을 실시할 수 있다"라고 규정을 두었다.

110) 현재 통장은 일반적으로 매월 20만 원의 민방위 수당과 4만 원의 회의수당 및 일년에 2차례에 걸쳐 200%의 보너스가 지급되어 사실상 1년에 300여만 원의 보수를 받다 보니 경쟁이 치열하다.

그러므로 동대표의 참여율 제고와 전문성 있는 인사를 참여시키는 데 효과적이고 또한 책임감의 제고를 위하여 일비 등 수고의 대가를 지급하여 전문성 있는 인사들이 참여케 하는 것이 입주자대표회의를 활성화시키고 비활성화로 인한 비경제성보다 경제적일 것이다. 현재도 일정부분의 운영비를 직급하는 단지는 많이 있지만 회의수당을 지급하는 단지는 흔하지 않으며[111] 좀더 상향 조정할 필요가 있으며 일반화시켜야 한다.

설문조사 결과에서도 앞으로 전문성 있는 인사가 동대표로 활동하는 것을 촉진하고 수고의 대가 차원에서 동대표의 수당을 지급하는 방안에 대해 아파트 입주자의 68.9%가 찬성하고 있으며 22.1%는 이러한 방안에 대해 반대하고 있다. 이는 전반적으로 입주자들이 이 방안에 대해 공감하고 있는 것으로 보인다. 다만 동대표의 수당지급은 입주자의 경제적 부담이 될 수 있다는 점에서 22.1%의 반대가 있는 것으로 판단된다. 같은 질문에 아파트 관리자는 찬성이 55.5%, 반대가 19.9%로 답하였다. 적극적으로 찬성하는 경우는 16.4%였다. 결국 찬성이 71.9%이고 반대는 27.4%였다. 이 같은 결과는 입주자보다 관리자가 동대표에 대한 수당 지급에 좀더 공감하고 있음을 알 수 있다.

그리고 전문성 있는 인사가 나오지 않는 경우를 방지하고 전문성 있는 인사들을 대표로 나오게 하기 위해서라도 무보수 체계에서 회의수당 등을 현재보다 대폭 상향 조정할 수 있도록 표준관리규약에 유도함으로써[112]

---

111) 광주 전남지역의 업무 추진비 지급실태

> 업무추진비 지급(500세대 이상)
> · 회장: 200,0000~600,000원 정도
> · 총무 및 관리이사: 50,000~200,000
> · 감사: 감사 시마다 5만 원 정도 또는 매월 1십만 원
> · 동대표: 회의 시마다 2~3만 원

　　　자료: 청주시민회의 〈아파트 공동체 운동 강의모음〉집 제4강

112) 현재 어느 정도의 운영비를 관리규약에 정하여 사용하는 단지도 있고 전혀 없는 단지도 이를 상향조정하여 적어도 통장 수당인 월 20만 원 정도의 절

관리의 효율성과 전문성도 제고하고 입주자대표소수의 임원진이나 관리직
원들에 의한 부정과 비리도 방지할 수 있을 것이다.

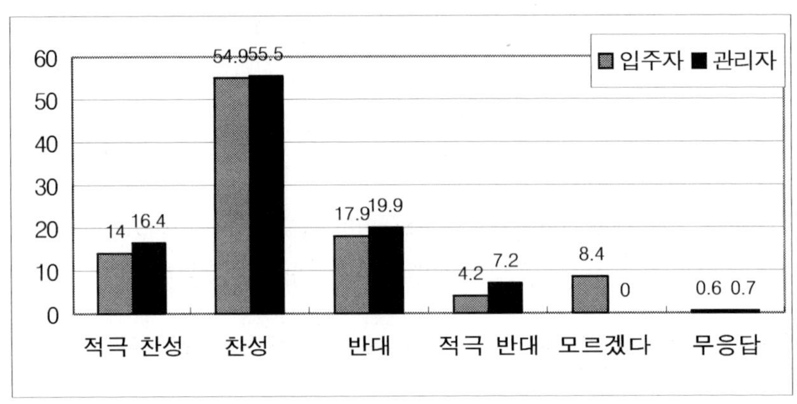

〈그림 4-2〉 입주자대표에 대한 회의수당 지급

그리고 이장, 통장과 입주자 대표들과의 갈등이 있는 경우가 많은데 이
를 해결하고 단지의 화합을 위해서는 동대표와 이·통장을 겸임시킴으로
써 동대표에 대한 무보수의 문제를 어느 정도 해결할 수가 있다. 이를 위
하여 입주자대표회의의 의결을 거쳐 추천을 받은 자만을 지자체장이 이·
통장으로 임명할 수 있도록 하고 동대표직을 그만둘 경우에는 이·통장도
자동으로 그만두도록 입주자대표회의에서 면직의 건의권을 입주자대표회
의에 부여하는 것이 바람직하며 이를 위해 지방자치법령을 개정하여야 할
것이다.

이 문제에 대하여 설문조사를 해본 결과를 보면 그동안 아파트 동대표

반이라도 운영경비가 아닌 개인 참석수당으로 한다면 적어도 현재보다는
동대표 하겠다는 사람이 늘어날 것이고 출석인원 부족으로 정족수미달로
인한 유회사례는 훨씬 줄어들 것으로 판단된다. 예컨대 개포동 주공 2단지
는 임원회의수당 이외에 동대표에게도 출석수당을 지급함으로써 입주자대
표회의 출석률이 대단히 좋다.

와 통장 간에 갈등이 있는 경우가 많고 무보수직인 동대표를 맡지 않으려는 경우를 방지하기 위해 동대표와 통장을 겸직시키거나 입주자대표회의에서 통장에 대한 임명추천권과 해임건의권을 행사하도록 하는 방안에 대해 아파트 입주자의 78.1%는 적극 찬성 혹은 찬성을 하였다. 이 방안을 반대하는 경우는 17.6%에 그쳤다. 이는 대체로 여기서 제안된 방안이 기존의 갈등이나 동대표 기피경향을 어는 정도 완화할 수 있는 방안으로 생각하고 있는 것으로 볼 수 있다. 그러나 같은 질문에 대해 아파트 관리자들은 50%가 적극 찬성 혹은 찬성하였으며 49.3%가 반대 혹은 적극 반대하고 있다. 결국 찬성과 반대가 첨예하게 대립되고 있는 것이다. 이러한 설문 결과를 종합해 볼 때 아파트 입주자는 주로 찬성하는 입장이지만 아파트 관리자의 경우는 찬반이 각각 절반으로 나뉘어져 있다. 결국 이 방안이 곧 입주자대표회의의 위상을 강화하는 결과를 낳는다는 점에서 입주자는 찬성이 강하고 관리자는 찬반이 엇갈리는 것으로도 보인다.

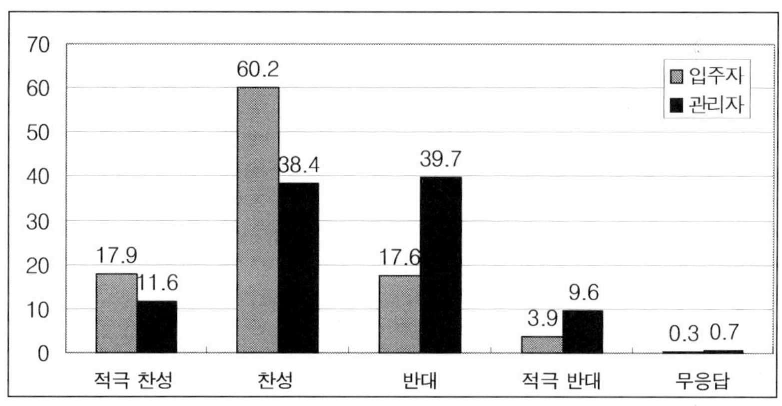

〈그림 4-3〉 통장 임명추천 및 해임건의권 부여

2) 입주자대표회의 운영과 투명성 개선

(1) 세입자의 입주자대표의 피선거권 부여와 의결권의 제한적 허용

분양공동주택의 세입자들에게도 입주자대표 피선거권을 부여하는 방향으로 관련규정을 개정하여야 할 것인지에 대한 검토가 필요하다. 현실적으로 각 아파트단지의 50% 전후의 소유자가 아닌 세입자[113]가 거주하고 있는 것으로 추정되는데 건물의 소유자가 아니라는 이유로 관리상의 의사결정과정에 배제시킨다면 공동주택 관리의 목표달성에도 문제가 있고 주민화합상에도 문제가 발생하게 된다.

물론 세입자대표의 비율은 입주자의사결정상의 큰 흐름을 좌우하지는 못할 숫자에 국한하고 선출비율이나 의사결정 시 참여범위 등을 관리규약상에 법제화하면 소유권과의 마찰을 피하면서도 관리의 효율성과 활성화제고와 단지주민의 화합에 도움이 될 것으로 판단된다. 예컨대 세입자는 임원이나 이사는 될 수 없도록 하고 소유권과의 이해관계가 직결되는 장기수선 충당금 요율 결정 등에 관한 안건의 의결에는 의결권을 제한하는 것은 당연할 것이다.

설문조사를 해 본 결과를 보면 아파트 관리효율화를 위해 소유권과 관계없는 부분에는 임차가구에도 일정 비율의 입주자대표 피선거권을 주어 소유권과 관계없는 관리 분야에 한해 의결권을 부여하는 방안에 대해 묻는 질문에 아파트 입주자는 적극 찬성 혹은 찬성이 50.1%이고 반대가 19.6%로 찬성이 많았다. 그러나 모르겠다는 의견이 22.7%로 매우 민감한 사안임을 보인다. 같은 질문에 대해 아파트 관리자의 경우 반대가 40.4%, 찬성 36.3%였으며 적극 반대가 13%, 적극 찬성이 6.2%로 찬성과 반대가

---

113) 아파트관리신문 2005. 3. 21. 올해 전국 주택보급률은 103%에 이를 전망이고 2004년 말 기준 주택의 자가보유율은 전국은 62.9% 도시지역 65.1%로서 개인이 2~3채로서 사실상 세입자가 과반수의 전후가 될 것으로 판단된다.

다소 팽팽하게 맞서고 있다. 이 결과는 아파트 입주자의 경우 자가소유와 임차자 간의 이해관계가 다름을 반영하고 있는 것으로 보이며 아파트 관리자의 경우 기존 관리체계에 미치는 영향력에 대한 기대에 따라 의견이 다른 것으로 보인다.

<그림 4-4> 임차가구에 대한 입주자대표 피선거권 부여

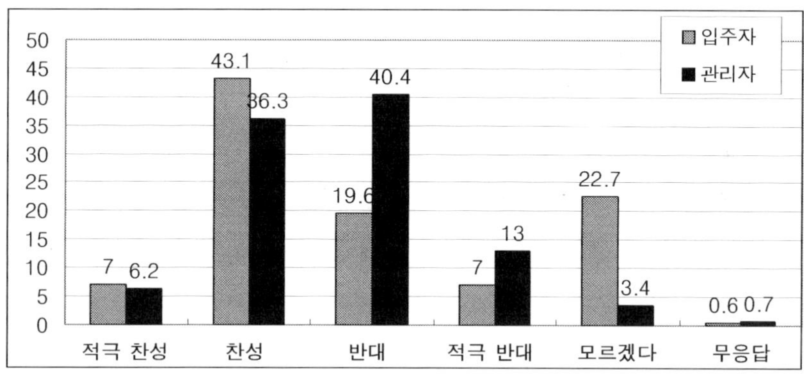

또한 거주형태별 임차자 의결권을 판단하고자 거주형태별로 임차자에 대한 의결권 부여를 묻기 위하여 교차분석을 하여 보았다. 이에 대해 전반적으로 찬성하는 의견이 많았다. 특히 월세 입주자의 찬성도가 높았으며 전세, 자가소유 순이었다. 이는 임차자는 임차자의 권리 강화에 찬성하고 있으며 자가소유자는 임차자에 비하여 소극적임을 보이고 있다.

<표 4-8> 거주형태별 임차가구 입주자대표 피선거권에 대한 의견

구 분	적극 찬성	찬 성	반 대	적극 반대	모르겠다	총 계
전 세	9%	52%	7%	2%	30%	100%
월 세	11%	67%	0%	0%	22%	100%
자가소유	6%	40%	26%	9%	19%	100%
기 타	0%	0%	20%	0%	80%	100%
총 계	7%	43%	20%	7%	23%	100%

그러므로 관리의 효율화와 공동체의 화합과 활성화라는 차원에서는 바람직하지만 소유권과의 충돌과 갈등문제의 소지도 있을 수 있기 때문에 소유권과의 충돌이나 갈등의 소지는 막으면서도 관리의 효율성에 기여하고 공동체의 화합과 활성화에 기여할 수 있는 방향에서 치밀한 연구가 필요하다고 판단된다.

(2) 동대표와 회장에 대한 임면의 주민직선과 임원회의 활성화

대부분의 아파트의 경우 현재 입주자대표회의를 구성하기 위한 동대표를 선거를 통하지 않고 추천 혹은 지명이나 추대형식(세대별 연명부를 가지고 다니면서 돌려 입주민의 서명을 받아서)으로 선출하고 있거나 또는 스스로 자원자에 의하여 선출되고 있는데 이는 물론 동대표의 기피현상에 따른 결과이다. 반면 문제가 있는 동대표[114]의 직권남용도 문제가 되고 있다. 따라서 동대표의 선출은 관리규정에 따라 공식적인 주민의 직접선거에 의한 선출과정을 거치도록 하는 한편 동대표의 비리가 발생했을 시 현재 입주자대표회의에 주어져 있는 해임권을 동시에 입주자에게도 주어지도록 해서 동대표로서의 권리와 의무를 부여토록 해야 한다.

현재 입주자 대표회장을 일반적으로 동별 대표자들이 모여서 다수결이나 추천형식에 의하여 간선제 선출방식으로 전체주민이 참여하지 않고 간선제로 뽑고 있다. 이를 절차상 좀 복잡하기는 하더라도 주민전체에 의한 직접투표 방식으로 동대표와 입주자대표회장을 최다득표 다수결로 직접 선출토록 함으로써 주민의 공동주택 관리에 대한 관심과 참여를 제고시킬 수 있고 회장에게 동시에 회장으로서의 직선에 따른 위상강화와 동시에

---

114) 소위 '직업적 동대표'를 말하는데 입주자대표로서의 기본적으로 갖춰야 할 전문성이나 덕목도 없는 인사가 심지어는 이사 다니는 곳마다 동대표를 자원하여 입주자대표회의의 분위기를 흐려놓거나 악화가 양화를 구축하는 현상을 초래하거나, 경비나 관리직원들로부터 특별대접을 받으려 하고 각종 용역업자 선정이나 공사업자 선정과정에 개입하여 이권에 개입하는 사람들이 있음.

책임성을 부여할 수 있게 된다. 실제로 성공하고 있는 사례[115]도 있다.

그리고 입주자대표회의 업무 중 대부분을 임원회의로 이관시켜 경미한 사항은 임원회의에서 결정하도록 하고 임원의 임기는 1~3년으로 업무의 연속성이 유지되도록 하며 임원의 역할을 분담하여 회계관리, 기계관리, 주민관리, 건물관리 등 분야별로 나눔으로써 전문화시킨다.

(3) 입주자대표 회의의 투명성 확보개선

입주자대표회의가 자신의 권리와 의무를 수행함에 있어 입주민들로부터 신뢰를 얻지 못한다면 의혹과 불신을 낳아 아파트가 분쟁의 소용돌이 속에 빠질 위험이 많다. 따라서 입주자대표회의는 아파트 관련 사안을 의결함에 있어 사심 없이 공정하게 의결해야 하며 그 과정을 공개적이고 투명하게 입주민에게 알려야 한다. 이를 위해 회의 개최 전에 회의일시, 목적 장소 등을 공고하고 회의결과를 관리비부과 내역서나 공고문을 통해 입주민들에게 알려야 한다.

가. 입주자대표회의 회의 규정제정 및 소위원회 설치

입주자대표회의의 내실을 기하기 위해서는 회의 진행과 내용에 관한 별도의 규정을 제정하는 것이 바람직하다. 그리고 입주자대표회의의 전문성을 제고하고 동대표 이외에 다수의 전문가의 참여가 가능하도록 입주자대표회의 산하에 각종 위원회제도를 운영할 수 있도록 제도를 보완할 필요

---

115) 아파트관리신문 2005. 2. 21. 안양시 평촌 부영3차 아파트는 입주민들의 관심과 참여를 유도하기 위하여 동대표와 입주자대표 회장을 입주민들이 직접 선출하도록 제도개선을 해 입주민들로부터 큰 호응을 받고 있다. 선거절차는 관리사무소에서 동대표 출마자를 접수한 뒤 선거일을 지정해서 각동 경비실에 투표함을 설치하고 투표를 실시해서 유효투표수 최다 득표자를 동대표 및 대표회장으로 확정한다. 투표율도 80%에 육박할 정도로 참여율도 높다. 선거관리는 선거 참관위원을 선정해 각동에 배치하는 한편 참관위원에게는 소정의 활동비도 지급한다.

가 있다. 특히 500만 원 이상인 공사나 용역 등 관리비집행은 3인 이상의 소위원회를 구성하여 해당 용역에 관한 정보를 수집하고 주민의견을 수렴하여 민주적인 입찰절차를 거치도록 명시할 필요가 있다.

나. 회의록 작성과 입주민에 대한 공개 및 관리업무에 대한 부당간섭 배제

입주자대표회의는 그 회의를 개최한 때에는 회의록을 작성하여 관리주체에게 보관하게 하고 관리주체는 공동주택의 입주자 등이 이의 열람을 요구하거나 자기의 비용으로 복사를 요구하는 때에는 관리규약이 정하는 바에 의하여 이에 응하여야 한다. 그리고 이를 단지 내 홈페이지에 공개함으로써 주민이 회의내용을 알 수 있을 뿐만 아니라 투명성이 제고되어 독선적이거나 비민주적인 회의는 무언의 견제장치가 형성될 것이다.

또한 입주자대표회의는 주택관리업자가 공동주택을 관리하는 경우에는 주택관리업자의 직원인사, 노무관리 등의 업무수행에 부당하게 간섭하여서는 아니 된다.

다. 관리현황의 공개

입주자대표회의는 관리주체로 하여금 다음 각 호의 사항을 입주자 등에게 전자우편으로 통지하거나 당해 공동주택의 인터넷 홈페이지에 공시하게 할 수 있다.

a. 입주자대표회의의 소집 및 그 회의에서 의결한 사항

b. 관리비 등의 부과내역

c. 관리규약, 장기수선계획 및 안전관리계획의 현황

d. 입주자 등의 건의사항에 대한 조치결과 등 주요 업무의 추진상황

e. 동별대표자의 선출 및 입주자대표회의의 구성원에 관한 사항

f. 관리주체 및 관리기구의조직에 관한 사항

〈그림 4-5〉 관리조직 간 기존의 관리체계 구조와 개선방안

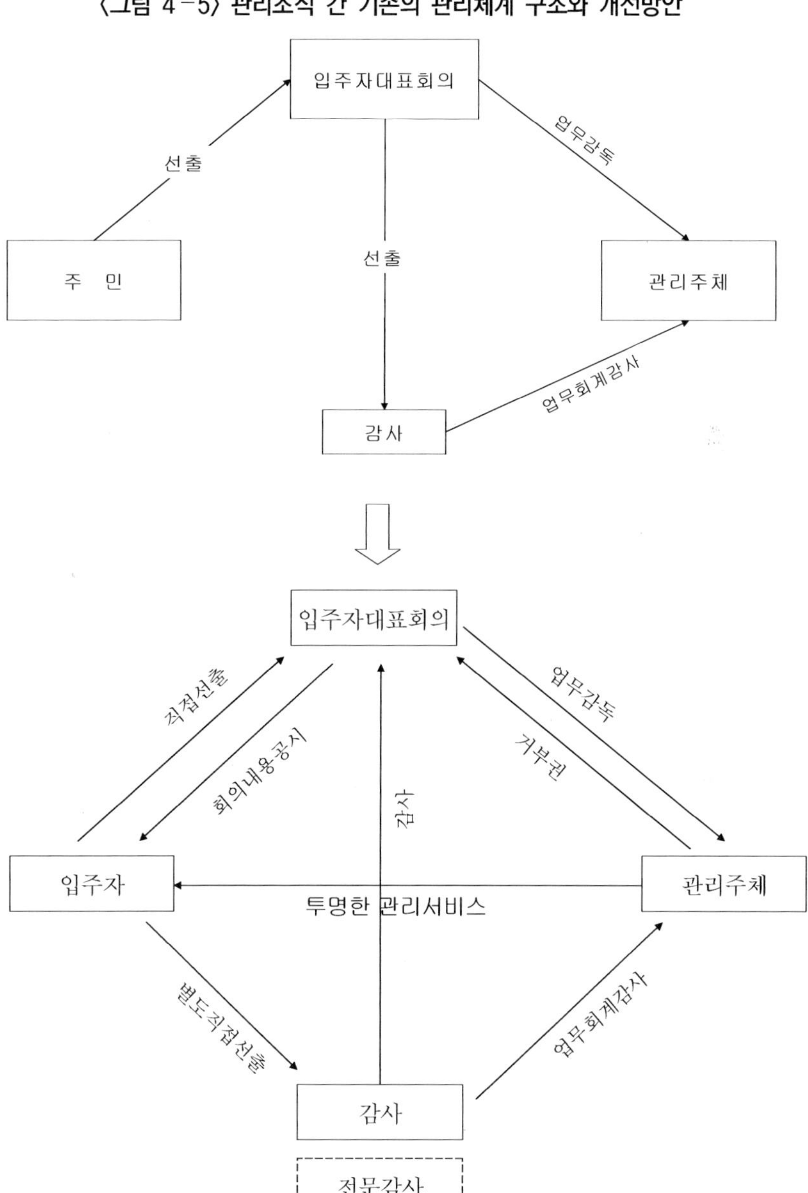

3) 입주자대표회의와 위탁관리업체 및 관리소장의 관계

（1） 입주자대표회의와 관리소장의 관계

위탁관리에 있어서 일반적으로 관리소장은 주택관리업자에 의하여 모집되지만 그의 채용은 입주자대표회의의 사전 승인을 거쳐야 비로소 성립된다. 여기서 관리소장은 형식적으로는 주택관리업자의 직원이면서 그의 대리인으로 볼 수 있다고 판단된다.

그러나 다른 한편으로는 관리소장은 그의 임금이 아파트 관리비에서 지출되기 때문에 이를 결정하는 입주자대표회의의 지배하에 있으며 위수탁관리계약과 관리규약에 따라 입주자대표회의의 잦은 의결과 상근하는 회장이나 임원의 지시를 수행하여야 할 위치에 있다.

따라서 표준관리규약이나 위수탁관리 계약서상에는 형식상 위탁관리업체에 아파트 관리업무를 위탁하는 것으로 되어 있지만 실질적으로는 위탁관리 시의 계약당사자에 불과할 뿐 아파트 관리업무는 사실상 관리사무소장의 책임하에 이루어지고 있다.

다만 공동주택 표준관리규약에 아파트 관리와 관련하여 위탁관리업체는 관리소장이나 직원의 책임에 대하여 연대책임을 지는 점, 관리소장이나 직원이 입주자 또는 제3자에게 손해를 끼친 경우에는 그 손해에 대하여 배상책임을 지는 점 등 위탁관리업체의 책임에 대하여 규정하고 있다. 그러나 앞의 공동주택 표준관리규약이나 위수탁관리 계약서상에 명시되어 있는 위탁관리업체와 관련되어 있는 사항들은 실제 거의 모두 관리소장과 관련되는 사항이고 앞의 입주자대표회의와 위탁관리업체의 관계도 대부분 입주자대표회의와 관리소장 간에 이루어진다 할 것이다.

따라서 공동주택 관리에 있어서 관리주체와 입주자대표회의 관계는 집행기관인 관리주체의 관리와 관련된 모든 행위에 의결기관인 입주자대표회의의 결정이 필요한 점에서 대등한 관계가 아닌 수직적인 관계로 볼 수 있다.

그러나 입주자대표회의는 의결기관이고 관리사무소는 집행기관이 되어야 하는 것이 바람직하다고 본다면 공동주택 관리주체가 업무의 전문성과 지속성을 보장하기 위해서 제도적인 개선과 함께 입주자대표회의와 관리사무소가 수평적인 관계를 형성해야 한다. 또한 입주자대표회의는 관리사무소의 애로사항을 청취하고 개선하는 역할을 하고 관리사무소는 보다 나은 주거환경 형성을 위해 스스로 찾아서 업무를 수행하는 적극적인 자세가 요구된다.

(2) 입주자대표회의와 위탁관리업체의 관계

서울지역 공동주택 표준관리규약을 보면 형식상 입주자대표회의는 아파트관리에 대한 의결기구로서 위탁관리업체는 집행기구로서 역할을 구분하고 있지만 실질적으로는 입주자대표회의는 단순한 의결기구에 머무르지 않고 자치관리의 경우와 마찬가지로 위탁관리업체에 대해서도 관리주체의 기구, 직원의 자격요건, 담당업무, 직원의 임기 및 책임 등에 대해서 모두 입주자대표회의에서 정해준 바에 따르도록 하고 있고 위탁관리업체의 관리업무 전반에 대해서도 직, 간접으로 관여하고 있다고 볼 수 있다.

주택관리업자는 위수탁관리계약에 의하여 아파트단지의 관리에 개입하고 아파트를 관리할 수 있는 권한을 부여받는다. 그러나 아파트 관리인 등에 대해서는 자신의 고유 직원들을 다수 보유하고 필요한 곳에 파견하는 것이 아니라 그 아파트에서 근속해온 기존 직원들을 그대로 고용하는 것이 사례이다.[116]

---

116) 주택관리업자가 자신의 고유직원을 가지고 있으면서 아파트사업장에 투입하는 파견과 유사한 것이라면 입주자대표회의나 주택관리업자 간에 그 직원들의 인건비에 대한 합의가 있어야 할 것이다. 그러나 계약서상에 이러한 합의는 발견되지 않고 오직 위탁수수료로서 관리평당 20원 내지 50원만을 관리계약에서 정하고 있다. 따라서 이와 같은 아파트관리위탁은 파견과 다르다고 본다. 게다가 아파트 일반 관리직들은 장기근속의 정년제 직원이기

우리나라의 위수탁관리 관계의 현실을 볼 때 첫째 주택관리업자가 모든 자금(관리비)의 집행을 입주자대표회의의 승인을 얻어 집행하고 둘째 주택관리업자가 관리소 직원의 임용, 해임, 급여수준에 대해 입주자대표회의의 승인을 얻어야 하고 셋째 주택관리업자가 독자적으로 추가채용, 배치전환, 기존직원의 타 단지로의 근로나 전보발령을 명할 수 없으며 넷째 아파트관리 및 근로자에 대해 독자적으로 결정하고 책임을 질 수 있을 만큼 의무부담 능력이 없다.

결국 이러한 주택관리업자는 관리계약에 의하여 아파트 입주자대표회의가 지배하는 아파트단지에 편입된 자에 불과하며 독자적인 사용자가 아니라 아파트입주자대표회의로부터 근로자에 대한 지시, 감독권만을 부여받고 관리조직을 정상적으로 운영될 수 있게 유대시켜 주는 자에 불과하다고 본다. 그것도 인사권이나 근로조건 결정권한이 배제된 채 아파트 입주자대표회의가 정한 규정과 규칙대로 복무할 것을 지시하고 그 이행을 감독하는 권한만이 주어진 것이다. 실제로는 이런 권한조차도 주택관리업자의 본사 직원이 수행하는 것이 아니라 아파트관리 수탁 시에 비로소 채용된 관리소장에 의하여 수행되는 것이다.

우리나라 현재의 위수탁관리에 있어서의 현실은 위와 같은 상황이기 때문에 독자적인 관리주체가 되지 못하고 관리계약의 효과는 위탁이 아니라 단지 "대리 내지 대행"에 가깝다고 보는 것이 실제에 부합한다고 본다.

결국 이와 같이 입주자대표회의의 권한을 보장하는 위수탁 관리계약은 주택관리업자에게 전적으로 아파트의 독자적 관리를 맡기고 있지 않고 입주자대표회의의 지배하에 관리업무를 대리 대행하게 하는 지위를 줄 뿐이기 때문에 형식적인 위탁관리일 뿐이다.

때문에 이들에 대한 임금수준에 대한 합의도 없었던 것으로 보아 입주자대표회의는 관리업자로 하여금 새로이 근로자를 데리고 들어오게 하는 것이 아니라 아파트에서 사용해오던 근로자들을 계속하여 사용하는 것이다.

그럼에도 불구하고 입주자들이 이 제도 즉 허울뿐인 이 위탁관리제도를 채택하고 있는 것은 관리소장을 비롯한 직원의 결원이 생길 경우 충원이 용이하고 또한 회계나 안전사고 발생 시에 최종적인 책임을 지울 수 있다는 점에서 위탁관리에 대한 선호의 추세는 늘어날 것으로 판단된다.

그러므로 국가는 현행의 위탁관리계약이 실질적으로 위탁관리가 될 수 있게 하고 전문적인 관리가 될 수 있도록 법적인 장치 체계를 갖추어나가야 한다.

4) 입주자대표회의 등의 업무범위와 역할의 정립

입주자대표회의는 공동주택 관리업무의 핵심 주체인데 그 위상과 역할은 제대로 정립되어 있지 않은 것 같다.

(1) 입주자대표회의의 법인화

그러나 입주자대표회의는 관리와 관련된 제반 결정을 심의하고 의결기관으로서 이러한 기능과 권한에도 불구하고 그 지위와 책임이 모호하여 입주자대표회의가 입주민이나 제3자나 관리직원들에게 관리상 손해를 끼친 경우에 배상책임의 범위가 개인적인 범위로 국한되는 경우가 대부분이다. 또한 대표회의에 책임을 이러한 문제점을 해결하기 위해 입주자대표회의를 법인화할 필요가 있다. 현재의 묻기가 어려운 한계점이 있다.

입주자대표회의는 구성원의 사적 재산보호와 편리를 위해 자체적으로 구성된 임의단체로서 법적인 책임과 권한의 한계가 명확하지 않으며[117] 입주자 간의 분쟁발생 시 조정할 수 있는 제도적 기능이 미약한 점이 있다. 또한 입주자대표회의가 관리상 끼친 손해는 개인의 보상책임 범위에

---

117) 주택법상의 입주자대표회의는 민법상 '권리능력 없는 사단'으로서 권리능력 없는 사단은 당사자능력은 갖으나 채무에 관하여 사단재산에 한정되며 각 구성원은 단체의 규칙으로 정한 그 이상의 책임은 부담하지 않는다.

국한되어 있으며 그 구성과 해체가 임의로 이루어짐으로써 이에 대한 행정적 감독 또한 발휘되지 못하고 있다.

이러한 문제점들을 개선하기 위하여 집합건물의소유및관리에관한법률의 관리라는 규정을 원용하여 입주자대표회의 대신 관리조합을 구성하고 이를 법인화할 필요성에 대하여 검토할 필요성이 있다.

프랑스의 경우 건물의 구분소유관계가 성립되면 구분소유자는 법인격을 갖춘 조합의 당연결성을 규정하고 있고 일본의 경우도 건축물의 구분소유법에 구분소유자가 30인 이상이면 구분소유자의 3/4 이상의 다수결의에 따라 법인인 관리조합이 될 수 있음을 규정하고 있다.

(2) 업무의 책임과 권한의 명확한 구분과 전문성 향상대책

개선 방안으로서 첫째 입주자대표회의와 관리사무소의 업무내용은 명백히 하며 책임한계를 분명히 하여야 한다. 입주자대표회의는 의결기능과 감사기능을 강화하는 방향으로 하고 관리사무소는 집행기능을 충실히 하는 방향으로 개선되어야 할 것이다.

둘째 입주자대표회의의 비전문성과 불필요한 업무개입을 방지해야 한다. 부정과 비리로 인해 공동주택 문화창달에 역행하는 문제점을 제도적으로 개선해야 한다.

감독권을 가지고 있는 입주자대표들의 비전문성은 많은 문제를 야기시킬 수 있다. 무엇보다도 동대표들이 업무를 모르면 관리를 잘할 수가 없다. 막대한 재산과 건물의 시설, 장치들의 낭비와 손실을 초래할 수가 있는 것이다. 또 관리직원들의 사기를 저하시키며 부정발생의 요인이 될 수도 있고 나아가 주민들의 이익과 관계없이 종사원들의 의지대로 아파트가 운영되는 결과 등을 초래할 수도 있는 것이다.

셋째 입주자대표회의의 임원자격의 기준과 전문성 제고 위한 교육을 실시해야 한다. 임원의 도덕성과 전문성을 위하여 일정한 정도의 기준을 공동주택 관리규약에 규정한다. 그리고 임원회의의 전문성 제고를 위해서 일정 기간 일정교육기관에 위탁교육을 실시하며 임원의 역할을 분담하여 회계관리 기계관리 주민관리 건물관리 등 분야별로 분장함으로써 전문화시킨다.

넷째 입주자대표회의와 관리소장 간의 명확한 업무구분이 필요하다. 입주자대표회의와 관리소장은 입주자대표회의의 신임에 따라 업무를 수행하게 됨으로 관리업무에 관한 책임과 권한이 명확하게 구분되어야 할 것이다.

입주자대표회의는 의결기구로 관리사무소는 집행기구로 감사는 감사기구로 명문화함으로써 입주자대표회의와 관리사무소와의 업무를 명확히 구분함은 물론 법제화가 요구되고 있다.

(3) 위탁관리업무의 표준화 및 표준위탁관리 계약서 작성

최근 공동주택 관리의 전문화에 대한 요구가 커지면서 위탁관리방식을 취하는 공동주택단지와 전문관리업체의 수가 증가하고 있으며 이에 따라 위탁관리업무의 독립성과 전문성을 제고할 수 있는 방향으로 제도개선이 요구되고 있다. 우선 위탁관리업무의 범위가 불명확하여 발생하는 문제에 적절히 대응하는 방안의 일환으로서 일본의 경우와 같이 위탁관리업무의 표준화 및 계약제도 도입을 들 수 있다. 즉 입주자대표회의와 관리업자가 표준관리업무를 포함한 표준관리 위탁계약서를 마련하여 관리업무의 범위와 업무처리방법을 명확히 하기 위한 것으로 일본의 경우 1982년 주택택지심의회에서 "중고층 공동주택 표준관리 위탁계약서"를 작성하여 보급한 바 있다.[118] 무엇보다도 표준관리 위탁계약서의 제시는 관리기관의 책임과 권한을 명시하고 특별한 경우 외에는 관리계약 기간 중 계약을 해지할 수 없게 함으로써 관리기관의 책임관리 및 권한강화, 관리의 연속성을 확보할 수 있도록 유도하는 데 그 목적이 있다.

---

118) 서울시정개발 연구원, 공동주택 관리제도 개선방안, 1995. p.45.

(4) 관리주체의 거부권 부여검토

주택관리사가 전문성을 소신껏 발휘할 수 있는 여건을 마련해주어야 한다. 불법부당하고 입주자에게 막대한 피해가 돌아갈 수 있는 경우라고 판단되는 경우의 입주자대표회의 결정이나 임원의 지시에는 감사에게 보고하여 정책감사를 하도록 해야 한다. 그래도 문제가 해결 안 되면 거부권을 행사할 수도 있도록 하고 이러한 거부권행사로 인하여 신분상의 위협이나 불이익이 돌아가지 않을 수 있도록 법적 제도적 장치를 해주는 방안을 강구해볼 수도 있을 것이다.

잘못된 의결이나 입주자대표들의 부정한 이권 개입들을 차단하고 전문성에 입각한 소신 있는 관리행위를 보장하는 제도 없이 현재의 상태로서는 견제와 균형의 원리가 작동되지 않는 상태이기 때문에 전문성의 발휘나 입주자대표회의 부정개입이나 잘못된 결정들을 시정하고 바로잡고 전문관리로 나아갈 수가 없는 것이다. 이를 시스템적으로 신분보장과 더불어 거부권을 관리소장에게 부여하고 법으로 거부권의 범위와 절차를 정하여야 한다.

입주자대표회의 의결사항에 대한 거부권행사가 가능하도록 하는 제 규정이 마련되어야 한다. 비전문가 집단인 입주자대표회의의 의사결정 사항에 대한 관리자(전문가)의 의결내용을 수정 및 보완할 수 있도록 요구하는 계기를 마련한다. 무제한적인 거부권 행사가 아니라 입주민과 단지를 위해 꼭 필요한 불가피한 일정요건에 해당하는 경우로 거부권행사 내용을 법규와 관리규약상에 제한한다.

단 이 경우에 관리소장이 해고되는 등 인사상의 불이익이나 위탁관리 계약의 해지 등을 당하지 않도록 하는 감사제도와 연계장치를 마련하는 등 법적 제도적 장치를 마련해 주어야 할 것이다.

이상의 개선방안들과 관련하여 설문조사를 한 결과는 다음과 같다.

아파트 입주자에게 제시한 총 5개의 개선방안을 제시하고 그 필요성의 정도를 물었다. 먼저 입주자대표회의와 관리주체의 업무 구분을 법규에 명시하는 방안에 대해 아파트 입주자의 94.1%가 필요하다고 답하였으며 아파트 관리자의 94.5%가 필요하다고 답하였다. 그다음 입주자대표회의 구성원(동대표)에 대한 주민의 소환권을 관리규약에 명시하는 방안에 대해 아파트 입주자의 85.1%가 지지하고 있다. 한편 아파트 관리자의 71.2%가 지지하고 있으나 23.3%는 적극 반대 혹은 반대의견을 냈다.

관리소장에게 주민을 위해 필요한 경우 입주자대표회의의 결정을 거부할 수 있는 권한을 주는 방안에 대해 아파트 입주자의 75%가 필요하다고 하였으며 25%는 반대하고 있다. 이는 관리소장에게 입주자대표회의를 견제할 수 있는 권한을 주는 것이 필요하지만 과연 어떤 사안에 대해 줄 것인가에 대한 분명한 기준이 없기 때문으로 해석된다. 같은 방안에 대해 아파트 관리자의 88.4%가 필요하다고 하였으며 8.2%는 반대하고 있다.

그다음 입주자대표회의 사항을 단지 홈페이지나 게시판에 공시하는 것을 의무화하여 투명성과 민주성을 보완하는 방안에 대해 아파트 입주자의 약 97%가 필요하다고 답하였으며 아파트 관리자의 85%가 필요하다고 답하였다. 끝으로 동대표와 회장을 주민직선으로 하여 위상과 책임감을 강화하는 방안에 대해 아파트 입주자의 약 92%가 필요하다고 답하였다. 아파트 관리자의 48%가 필요하다고 답하였다. 반면에 45.9%가 반대하고 있다. 이러한 설문 결과를 볼 때 설문에 응한 입주자들은 제시한 개선방안에 대해 전반적으로 공감하면서 지지하고 있는 것으로 보인다.

그러나 마지막 방안인 동대표와 회장의 주민직선에 대해서는 아파트 관리자의 경우 찬성과 반대가 맞서고 있다. 아파트 입주자의 위상을 강화시키는 주민직선에 대한 아파트 관리자는 부정적 입장이 강한 것으로 보이는데 이는 회장의 위상이 강화될수록 관리소장으로서는 부담스러울 수도 있다고 생각하는 것이 아닌가 한다.

<표 4-9> 입주자대표회의 관련체계 개선방안

항 목	설문 대상	매우 필요	필요	반대	적극 반대	무응답	응답자 (%)
입주자대표회의와 관리주체의 업무 구분을 법규에 명시	입주자	63 (17.6)	273 (76.5)	17 (4.8)	1 (0.3)	3 (0.8)	357 (100)
	관리자	88 (60.3)	50 (34.2)	1 (0.7)	2 (1.4)	5 (3.4)	146 (100)
입주자대표회의 구성원(동대표) 에 대해 주민의 소환권을 관리 규약에 명시	입주자	44 (12.9)	260 (72.8)	49 (13.7)	2 (0.6)	2 (0.6)	357 (100)
	관리자	26 (17.8)	78 (53.4)	32 (21.9)	2 (1.4)	8 (5.5)	146 (100)
관리소장에게 주민을 위해 꼭 필 요한(관리규약에 정한 사항) 경 우에는 입주자대표회의 결정을 거부할 수 있는 권한을 주는 방안	입주자	67 (18.8)	197 (55.5)	75 (21)	15 (4.2)	3 (0.8)	357 (100)
	관리자	63 (43.2)	66 (45.2)	12 (8.2)	1 (0.7)	4 (2.7)	146 (100)
입주자대표회의 사항을 단지홈 페이지나 게시판에 필히 공시 의무화로 투명성 민주성 보완	입주자	145 (40.6)	200 (56)	9 (2.5)	1 (0.3)	2 (0.6)	357 (100)
	관리자	28 (19.2)	96 (65.8)	10 (6.8)	2 (1.4)	10 (6.8)	146 (100)
동대표와 회장을 주민직선으로 하여 위상과 책임감을 강화	입주자	70 (19.6)	257 (72)	25 (7)	2 (0.6)	3 (0.8)	357 (100)
	관리자	9 (6.2)	61 (41.8)	60 (41.1)	7 (4.8)	9 (6.2)	146 (100)

4. 감사제도의 개선방안

1) 외부 전문감사기관의 수감의무화 방안

현행제도상 공동주택 관리에 대한 감사방법은 두 가지 있는데 하나는 공인회계사에 의한 감사고 또 하나는 입주자대표회의의 감사에 의한 업무 감사다. 전자는 복식부기에 의한 회계장부 작성 등을 위주로 하는 형식적

감사고 후자의 입주자대표회의 감사는 대부분이 회계에 전문성이 없기 때문에 관리사무소장 등이 부당한 회계처리를 적발하기 어렵다.

따라서 의무성이 폐지된 공인회계사의 복식부기감사를 격년으로는 의무적으로 받도록 하되 꼭 공인회계법인이 아니라도 차후 설립을 고려할 수 있는 가칭 '공동주택 관리공사'나 시민단체에 회계감사를 위탁하여 공동주택 관리의 발전을 이룩하는 데 기여할 수 있을 것으로 판단된다.

2) 입주자대표회의 구성원 중 감사에 의한 감사제도 개선

현재 입주자대표회의 구성원 중에서 감사선출을 하여 감사한다는 것은 제 기능을 발휘하기 어렵고 전문성도 없을 가능성이 많다. 그러나 감사선출기준을 엄격하게 하여 감사의 기능을 활성화하고 업무의 정확성과 투명성을 확보하기 위하여 별도의 규정에 의해 입주자 대표선출과 별도로 독립적인 감사가 선출되면 무소불위의 입주자대표회의 잘못된 결정이나 부정과 이권에 개입하는 사례를 사전에 예방하는 장치적 역할을 하게 될 것이다.

3) 공동주택 감사제도의 개선방안과 체계적 중요성

현재의 제도는 결국 입주자대표회의와 자신들이 임명한 감사가 관리주체에 대해서만 이중적으로 감독과 감사를 하고 정작 가장 최고 권한을 남용하여 행사할 수도 있는 자신들 즉 입주자대표회의에 대해서는 전혀 견제 장치가 없다는 구조적인 문제점이 있다. 입주자대표회의 구성원들이 발의하고 추진하며 결정한 업무에 대하여 제3의 입주민들로부터 타당성을 감사하여야 독선과 편법의 관행을 근절할 수 있을 것으로 본다. 그러나 현실적으로 일반입주자들의 무관심과 참여의식부족으로 거의 시스템적인 검증과 감시가 사실상 불가능하기 때문에 월권과 독선으로 인한 문제와 관리비집행이나 공사업자 선정과정 등에서 부정과 비리로 많은 문제가 발생하고 있다.

이에 대하여 견제와 균형장치로서의 국가로 말하면 감사원과 사법부의 기능을 할 수 있도록 감사제도로 개선한다는 것은 관리직원의 사기진작과 관리의 전문화를 이룰 수 있는 계기가 될 것이므로 감사제도의 개선은 대단히 중요한 의미가 있다고 본다.

주택법 시행령 제50조4의 4항을 고쳐서 감사를 입주자대표회의의 구성원이 아닌 자로 입주자 중에서 2명 이상을 선출한다. 그리고 감사는 관리비, 사용료 및 장기수선 충당금의 부과, 징수, 사용 등 회계관계업무와 관리업무 전반에 대하여 관리주체의 업무와 입주자대표회의 업무를 감사할 수 있도록 개정하여야 한다. 그리고 감사에 대하여는 감사수당을 지급하도록 해야 한다.

이러한 감사제도의 개선에 의한 입주자대표회의에 대한 감사권부여는 입주자대표회의의 월권과 독선에 의한 부정과 비리를 방지하는 데 큰 역할을 하여 균형과 견제자의 역할을 할 수 있기 때문에 감사제도의 개선은 대단히 중요하다고 본다.

이상의 개선방안들과 관련하여 이번 감사제도에 대한 개선방안에 관한 설문에서 감사제도에 대한 개선방안을 크게 5가지로 나누어 제시하였다. 우선 감사에게 입주자대표회의에 대해서도 감사할 수 있는 권한을 부여하는 방안에 대해 설문 응답자의 87.1%가 필요하다고 답하였으며 같은 질문에 아파트 관리자는 53.4% 정도가 매우 필요하거나 필요하다고 하였고 반대의견은 21.2%였다. 그리고 무응답이 25.3%로 나타났다. 이 결과를 볼 때 아파트 관리자가 아파트 입주자보다 감사에게 입주자대표회의 감사권한을 주는 것에 비교적 부정적인 것으로 나타났다.

〈표 4-10〉 감사제도 관련체계 개선방안

구 분	설문대상	매우 필요	필요	반대	적극 반대	무응답	응답자 (비율)
감사에게 입주자대표회의에 대해서도 감사할 수 있는 권한 부여	입주자	50 (14)	261 (73.1)	25 (7)	0 (0)	21 (5.9)	357 (100)
	관리자	17 (11.6)	61 (41.8)	27 (18.5)	4 (2.7)	37 (25.3)	146 (100)
입주자대표가 아닌 사람 중에서 주민 직접선거로 감사를 2명 이상 선출하는 방안	입주자	50 (14)	246 (68.9)	38 (10.9)	1 (0.3)	21 (5.9)	357 (100)
	관리자	8 (5.5)	29 (19.9)	61 (41.8)	13 (8.9)	35 (24)	146 (100)
내부 감사를 1년에 한 번이 아닌 매월이나 분기별로 하는 방안을 관리규약에 규정	입주자	58 (16.2)	204 (57.1)	69 (19.3)	4 (1.1)	22 (6.2)	357 (100)
	관리자	3 (2.1)	34 (23.3)	66 (45.2)	7 (4.8)	36 (24.7)	146 (100)
비용절약상 2~3년마다 한 번씩 공인회계사나 전문기관의 회계감사를 받는 방안	입주자	74 (20.7)	224 (62.7)	40 (11.2)	0 (0)	19 (5.3)	357 (100)
	관리자	14 (9.6)	68 (46.6)	29 (19.9)	7 (4.8)	28 (19.2)	146 (100)
감사들에 대해서는 정기적으로 전문기관의 감사기법과 회계교육 의무화	입주자	54 (15.1)	235 (65.8)	45 (12.6)	4 (1.1)	19 (5.3)	357 (100)
	관리자	20 (13.7)	72 (49.3)	19 (13)	2 (1.4)	33 (22.6)	146 (100)

입주자대표가 아닌 사람 중에서 주민 직접선거로 감사를 2명 이상 선출하는 방안에 대해 아파트 입주자의 82.9%가 필요하다고 답하였으며 아파트 관리자의 경우 매우 필요하거나 필요하다는 의견은 25.4%이며 반대하는 의견은 50.7%로 비교적 높게 나왔다. 여기서 아파트 관리자는 아파트 입주자에 비해 직접 선거에 의한 감사 선출에 강하게 반대하고 있음을 볼 수 있다.

또한 내부감사를 1년에 한 번이 아닌 매월이나 분기별로 하는 방안을 관리규약에 규정하는 방안에 대해 아파트 입주자는 73.3%가 필요하다고 하였고 약 20%는 이를 반대하고 있다. 이에 대해 아파트 관리자의 응답에서 매우 필요하거나 필요하다는 의견은 25.4%이며 반대의견은 45.2%로 비교적 높았다. 24.7%는 응답하지 않았다. 내부 감사를 매월이나 분기별로 강화하는 방안에 대해 입주자의 70% 이상이 찬성하지만 관리자의 경우 약 45%의 반대와 약 25%의 무응답을 보이고 있다. 이는 감사제도의 강화에 대해 입주자와 관리자 간에 서로 이해관계가 다름을 보여주고 있다.

비용 절약상 2~3년마다 한 번씩 공인회계사나 전문기관의 회계감사를 받는 방안에 대해 83.4%가 필요하다고 지적하였다. 아파트 관리자의 경우 56.2%가 매우 필요하거나 필요하다고 보았고 24.7%가 반대의견을 가지고 있었다. 이러한 결과는 아파트 입주자가 관리자보다 전문기관의 회계감사에 매우 긍정적임을 볼 수 있다. 이 역시 감사제도의 강화에 대해 관리자는 입주자에 비해 다소 방어적 자세임을 보인다.

<그림 4-6> 기존의 감사체계 및 개선체계도

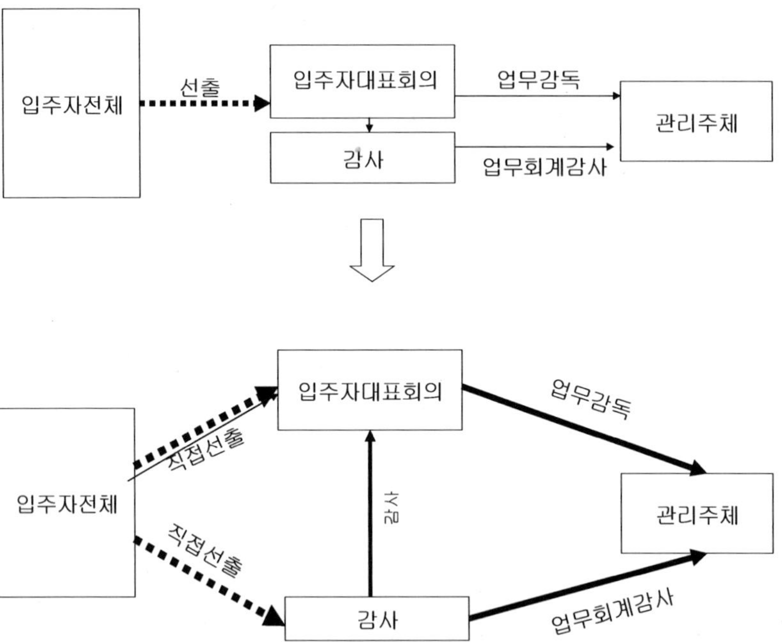

끝으로 감사들에 대해서는 정기적으로 전문기관의 감사기법과 회계교육 의무화를 하는 방안에 대해 아파트 입주자의 80.9%가 필요함에 공감하고 있다. 아파트 관리자의 63%가 매우 필요하거나 필요하다고 응답하였으며 14.3%가 반대의견을 냈다. 그리고 22.6%는 무응답하였다. 이러한 응답의 결과는 우선 감사에 대한 전문기관의 감사기법과 회계교육이 필요하다는 것에 아파트 입주자와 관리자 모두 어느 정도 공감하고 있음을 보인다. 그러나 그 정도는 입주자가 관리자보다 더욱 강하다는 것을 알 수 있다.

5. 공동주택 관리의 전문화

아파트 관리자에게 아파트 관리의 전문성 향상을 위한 방안으로 4가지를 제시한 후 필요하다고 느끼는지 아니면 반대하는지 물었다. 먼저 주택관리회사 등록요건 강화에 대해 91.8%가 매우 필요하거나 필요하다고 응답하였다. 둘째 주택관리회사의 기술적 유지요건강화에 대해 94.5%가 매우 필요하거나 필요하다고 하여 역시 절대적인 지지를 하였다. 그다음 수주량에 비례한 자본, 장비 및 기술인력 보유강화에 대한 질문에 93.8%가 매우 필요하거나 필요하다고 하였다. 끝으로 관리회사 선정 시 필히 3업체 이상 공개설명회를 거친 후 선정투표하는 방안에 대해 65.7%가 매우 필요 혹은 필요하다고 하였으나 24%가 반대하였다.

1) 주택관리사 제도의 정착과 전문주택관리인 양성

공동주택 관리의 본질 및 궁극의 목적은 두말할 나위 없이 '주거안전 및 쾌적한 공동체 생활환경' 그리고 삶의 질 향상을 통한 입주자 및 사용자의 권익보호에 있다 할 것이다.

이러한 사회 공익적 업무를 원만히 수행하게 할 목적으로 국가자격인 주택관리사 제도를 도입 시행하고 있는 것이다.

공동주택은 이제 보편적인 주거공간이 되고 있으며 이에 대한 체계적인 관리가 절실히 필요한 시점이다. 때문에 공동주택 관리를 위한 전문직으로 공동주택 관리사의 육성이 필요하다. 결론적으로 공동주택 관리체계의 효율화를 위해 먼저 입주자대표회의의 권한과 의무의 명시, 관리소장의 고유권한 확립 등이 중요하다. 또한 관리사무소의 많은 인력을 관리해야 하고 입주민에게는 공동체 문화의 선도자가 되어야 한다. 공동주택 관리사에 대한 인식과 이를 육성할 수 있는 제도적 뒷받침이 무엇보다 중요한 시점이다.

첫째 의무적 관리대상이 아닌 공동주택에 대하여는 주택관리사에 의한 공동주택 관리 컨설팅업무 제도를 신설하여 법인 또는 개인사무소나 합동사무소를 개설하는 방안도 검토할 만하다.

둘째 일정규모 이상의 단지에는 보조책임자로서 주택관리사보를 두도록 하여 다양한 입주민의 요구를 충족시키고 직접 관리업무수행 시 겪을 수 있는 시행착오를 줄일 수 있고 또한 단지업무의 연속성과 전문인력 양성에 기여토록 한다.

또한 자연적으로 선임자의 지도를 받으면서 실무교육을 받는 계기가 될 것이므로 최소한 일정 기간의 수습과 비슷한 기간을 둠으로써 처음 배치됐을 때의 오류를 예방할 수 있으며 주택관리사의 전문인 양성에 많은 기여가 될 것이다.

셋째 주택관리사의 전문성을 인정받고 역할을 잘 유감없이 발휘하기 위해서 지속적인 교육훈련[119]과 지원을 통해서 전문인으로 육성해야 하며

---

119) 아파트관리신문 2004. 2. 9. 경희대 유병선, 은난순, 홍형옥 교수가 공동발표한 '공동주택 관리의 전문화를 위한 탐색적 연구'에서 아파트관리소장 151명을 대상으로 설문조사 결과 70.2%가 관리전문화를 위해 재교육이 필요하다는 의견과 공동주택 관리의 전문화를 위해 재교육 내용으로는 유지관리지식(52.6%)이 가장 많았고 관리업무 수행에 있어서 관리주체로서 전문성

주택관리사의 책임과 권한부분을 명문화해서 책임관리 확립을 해야 한다.

넷째 적정한 인원수를 배출하여야 한다. 왜냐하면 너무 많은 수의 주택관리사를 배출한다면 즉 수요에 비하여 공급인원이 과다하면 급여수준이 경쟁적으로 하향 조정되고 열악해지는 것을 막을 수 없게 된다. 그렇게 되면 전문성 있는 인재가 주택관리 분야에 머무르지 않을 것이기에 수요인원수를 감안하지 않고 인원수를 무한정 양산하는 것도 문제가 있다.

상대평가로 하든가 자격제도의 속성상 문제가 있다면 시험의 난이도로 조절한다든가 하면 될 것이다.

다섯째 주택관리사제도의 전문화를 위해서는 주택관리사를 배출하기 위한 시험제도는 중요하다고 보며 현재의 문제점 있는 시험제도에 대한 개선과 주택관리사에 대한 사회적 인식의 재구축이 필요하다고 본다.

지난 6회 때부터 1차 시험과목이었던 국민윤리 과목이 법개정 시 삭제되었는데 윤리과목의 시험과목 복귀와 시설물관리에 대한 비중을 높여야 할 뿐만 아니라 사무관리의 전산화를 위하여 전산학개론도 시험과목으로 추가하는 것이 필요하며 시험의 1차와 2차 실무시험시기를 달리하고 2차

을 발휘하기 어려운 점으로 입주자대표회의의 관여(60.3%)를 가장 우선적으로 꼽았으며 다음으로 고용 및 임금의 불안정(19.2%)과 주민의 관리의식 부족(13.2%) 등으로 답하였다. 그리고 입주자대표회의 구성원을 대상으로 한 공동주택 관리관련 교육이 필요하다고(86.6%) 생각하고 있었다. 이와 함께 위탁관리 아파트관리소장들은 입주자대표회의와 관리주체 간 책임과 한계의 원활한 관계정립을 위해 *입주자대표회의를 조합으로 해 권한과 의무명기(37.6%) *지방자치단체가 관할하는 민원처리 위원회에서 갈등조정(25.5%) *위탁관리를 도급제로 정착(19.9%) 등의 의견을 제시했다.

또 고용안정에 대한 조사에서는 관리소장의 1개단지 평균근무 기간이 25.53개월로 대다수 관리소장들이 고용불안정(59.1%)에 시달리고 있는 것으로 나타났으며 관리소장들이 잦은 이동원인으로는 고용안정을 위한 제도적인 장치미흡(43.3%) 관리소장과 주민, 주민대표 간의 마찰(33.3%) 공동주택 관리가 전문영역으로 정착되지 못함(9.3%) 소속관리회사의 재계약 여부(6.7%) 등이 지적됐다.

과목은 주관식으로 치루도록 시험제도를 개편할 필요가 있다.

〈표 4-11〉 주택관리사(보)시험과목

구 분	과 목	세부 항목
1차시험	민법총칙	·민법개설 법률행위총론 등 포함
	회계원리	·회계기초, 자산, 부채, 자본회계, 회계변경 및 오류수정, 현금흐름표, 기업결합회계, 원가회계 등 포함
	공동주택 시설개론	·목구조, 철골구조, 특수구조를 제외한 일반건축구조와 공기정화, 냉동설비를 제외한 건축설비개론 및 장기수선계획수립 등을 위한 건축적산을 포함
2차시험	주택관리 관계법규	·주택법, 임대주택법, 건축법, 소방법, 승강기 제조 및 관리에 관한 법률, 전기사업법, 시설물의안전관리에관한특별법 중 주택관리에 관련된 규정
	공동주택 관리실무	·시설관리, 환경관리, 공동주택회계관리, 입주자관리, 대외업무, 사무, 인사관리, 안전, 방재관리 및 리모델링 등

2) 공동주택 전담행정부서 확대개편과 전문관리청 설립

결국 직접적 통제와 간섭으로서의 개입은 관리자나 주민이나 반대하되 간접적인 간접적 통제나 지원은 찬성하고 있는 것으로 보인다.

정부가 직접적 통제의 한계를 인식하고 간접적 통제방식으로의 전환하는 것이 필요하다. 그러나 재난예방을 위한 안전관리와 시설물유지관리 등을 위해서는 벌칙을 강화하고 직접적 통제방식을 강화해야 할 필요성도 있다.

주택법 개정과 더불어 지방자치제가 본궤도에 오르는 이 시점에서 공동주택 관리와 관련된 지방자치단체의 역할이 제고되고 재정립되어야 할 것으로 사료된다. 이러한 시점에서 미래의 지방자치단체의 바람직한 역할과 변화의 방향을 제시해보면 다음과 같다.

첫째 지방자치단체는 과거와 같이 공동주택 관리에서 감독, 관리, 규제하는 상위자의 역할에서 벗어나 지도, 교육, 상담을 해주는 주거문화의 선도자의 역할을 맡을 수 있도록 전문지식을 제공할 수 있게 변화되어야 한다.

안전, 환경, 에너지절약과 같은 문제는 정부의 규제와 감독이 요구되나 일반 관리부분에 대해서는 최대한 자율적인 체제를 이루도록 하는 것이 바람직할 것이다.

지방자치단체에서 공동주택을 효과적으로 관리하기 위해서는 전문지식을 갖춘 지방자치단체의 기구와 전담할 수 있는 전문적인 행정직원의 배치가 요구된다. 단순히 책상 앞에 앉아 법규나 도면만으로 공동주택을 관리 감독하는 것이 아니라 실제적으로 평가하고 현실적인 문제를 해결하고 컨설팅할 수 있는 전문지식과 능력을 갖춘 전문인이 요구되고 있다(주택법59조근거).

일본의 경우 지방행정부서의 주택관리 담당자는 주택에 관한 전문가를 선정하여 관리와 시설 전반에 관한 행정지도와 소규모 공동주택단지, 자치관리단지의 관리방법의 가이드라인을 제시해 주고 문제를 해결해주는 상담자로서의 역할을 수행하고 있다.

따라서 지방자치단체의 주택관리 담당자는 공동주택 관리지침, 표준관리서비스 표준화된 관리비 책정기준 등을 제시하고 공동주택의 갈등 발생 시 분쟁해결을 위한 상담자로서의 역할(주택법52조근거)을 수행할 수 있도록 전문인으로 배치하는 것이 필요하다.

둘째 관리 처벌위주의 공동주택 관리에서 제도적으로 인센티브를 주는 행태로 변화되어야 할 것이다. 현 주택법 제54조에는 규정을 위반한 주택관리업체의 등록말소나 허가취소, 영업정지, 과징금 부과 등 처벌조항만이 규정되어 있으나 지방자치단체에서는 이러한 처벌조항 이외에 우수한 주택관리업체에 대한 인센티브를 줄 수 있는 제도적 장치가 요망된다.

셋째 전문적인 주택관리가 수행될 수 있도록 지방자치단체가 주택관리 전문업체의 설립을 지원해주고 위탁관리회사에 대한 감사를 강화하여야 할 것이다(주택법 53조 근거).

주택관리업체가 전문적인 서비스를 제공할 수 있도록 일정한 자격요건을 갖추도록 제도를 정비한다. 따라서 지방자치단체는 관리지원체계를 확립하여 주택관리사에 대한 교육기술, 새로운 장비의 관리 등의 부분까지 지원되어야 할 것이다.

넷째 지방자치단체는 공동주택의 관리지침(guideline), 표준 관리서비스, 전국적으로 표준화된 관리비 책정기준, 관리비 부과내역서의 표준화, 장기수선 충당금의 합리적 관리 기준 등에 대한 지침을 개발하고 보급해야 될 것이다(주택법 44조 근거).

다섯째 바람직한 거주자들 간의 관계망 형성이나 커뮤니티조성을 자연스럽게 유도할 수 있어야 하며 살기 좋은 동네 만들기와 같은 시민운동은 주민과 시민단체의 역할이 매우 중요하므로 시민주도로 이루어지도록 커뮤니티 단위의 주민활동을 장려하고 더불어 사는 공동체의식을 함양하여야 한다. 예를 들면 주택단지 조성이나 재개발, 재건축 과정에서 커뮤니티 센터 등과 같은 공동이용시설이나 기반시설을 풍부하게 제공함으로써 이들 주민이 공동체적 유대관계를 맺을 수 있도록 도와주는 것(장세운, 2001) 뿐만 아니나 커뮤니티 센터의 모범적인 프로그램의 운영을 도와줄 수 있어야 할 것이다.

최근 동사무소의 기능전환에 따른 변화 관리사무소의 다양한 역할 변화 등을 위한 프로그램을 제안해주고 이에 적합한 공간(hardware)과 프로그램(software)의 공급이 요구된다. 공동주택에서의 커뮤니티 활성화는 자율과 자치를 근간으로 하는 사적 자치능력 배양을 위해 필요하다.

(1) 공동주택 관리 전담부서(기구)의 확대개편

현재 주택관리 정책은 주택관리사를 배치하여 주택관리업무를 수행하도록 하고 있으며 관리주체의 직원에 대한 자질향상, 주택관리 기법의 개발, 교육훈련 등 전문인력의 양성을 위한 정책적 배려가 없어 주택관리정책이 전문화에 이르지 못하고 있다.

우선 국가 주무관청인 건설교통부가 전 국민의 50% 이상이 거주하고 있는 아파트의 관리업무를 주거환경과 직원 2~3명이 관장하고 있는데 이를 확대개편하여야 하며, 주무관청의 아파트 관리업무에 관하여 적극적인 행정이 이루어져야 할 것이다.

또한 공동주택 관리에 대한 지도 감독 관청인 시, 군, 구의 주택관리 담당인력을 증원하고 당해 지역의 공동주택 관리 현황 및 지도 감독이 실질적으로 이루어지도록 하고 지도 감독하는 관계 공무원과 관리업무 전문성의 향상으로 효율적인 지도 감독이 되도록 해야 한다.

(2) 주택관리청(혹은 주택관리공단)의 설립

주택관리청이나 주택관리공단을 신설하여 관리문화를 바로세우고 진정한 입주민의 권익보호가 이루어질 수 있도록 공동주택 관리를 통괄적으로 관장할 수 있도록 하여 적극 노력해야 할 것이다.

공동주택 관리의 강화 지도 감사 등을 위해서 주택관리청이나 주택관리공단(가칭) 등을 신설하여 공동주택 관리를 전문적으로 수행해야 할 필요성이 있다. 주택관리공단의 기능으로써 지자체의 위탁에 의한 입주자대표들이나 관리주체직원들에 대한 교육에 관한 사항과 전반적인 관리업무에 대한 지도감독 기능 그리고 각 공동주택의 신청에 의한 감사대행 및 각종 보수공사에 대한 행정적 기술적 자문기능과 전문관리인 양성 및 시험제도 관장과 각종 홍보활동 등이다.

즉 관리공단의 기능을 현재 건교부, 시도, 기초 지방자치단체에 분산되어 있는 것을 일원화하여 지도 감독기능과 정책기능을 통괄하여 전담함으로써 관리정책의 전문성 및 효율성을 제고시키자는 것이다.

일본의 경우 1985년 건설성산하에 주택관리와 관련된 정보제공기관으로 "주택관리센터"를 설립하여 관리조직의 전문화를 지원하고 있다. 주택관리센터는 관리조합의 관리에 대한 적절한 지도, 상담을 행함과 동시에 대규모 수선에 필요한 체계적인 정보제공과 더불어 대규모수선 및 재건축 관련조사 및 연구 등을 주 업무로 행하고 있다.

영국은 THE CHARTED INSTITUTE OF HOUSING이 주택정책 및 관리에 대한 교육과 연구를 담당하고 있다.

이제 우리나라도 공동주택 관리 담당 행정부서의 인적 자원을 충원하고 행정업무를 위탁받아 지도, 감독할 수 있는 공동주택 전담 관리기구를 신설하는 방안을 적극 검토해야 할 것이다.

이에 대한 관리자들의 견해는

아파트 관리주체나 입주자대표회의에 대한 지도, 자문, 감독 및 자문, 교육을 위한 주택관리청이나 주택관리공사 등 전문적인 공동주택 관리기관을 설치하는 방안에 대해 84.9%가 매우 필요하거나 필요하다는 의견이었다. 이는 전문 기관의 필요성을 아파트 관리자 스스로 느끼고 있음을 반영하는 것이다.

〈그림 4-7〉 공동주택 관리 전담기관 설치

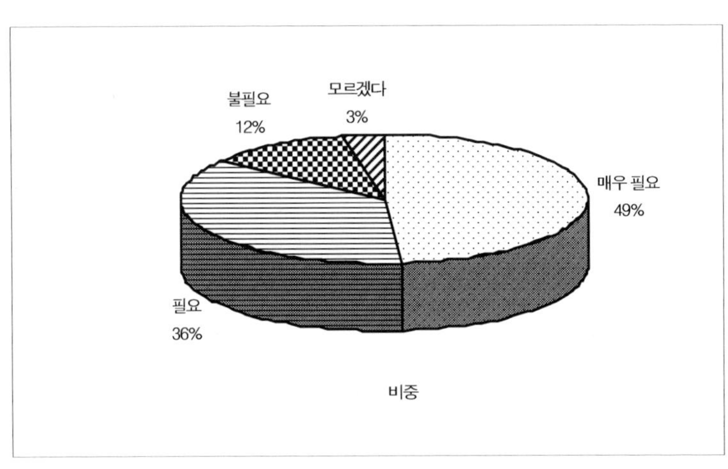

(3) 전문적인 관리기술 자문기관 육성

적절한 장기수선계획의 수립 및 집행을 위해서는 수선계획의 작성에서 부터 시공업자의 선택, 사양의 결정 수선공사 집행과 감리 등에 이르기까지 전문적인 기관의 기술적인 자문과 지원이 필요하다.

전문적인 자문기관으로서는 현재 법정단체인 대한주택관리사 협회를 지정해주고 실적에 따라서 정책적인 보조금을 지원하고 각 공동주택 단지로부터 유료컨설팅이나 자문 그리고 대행수수료, 감사수수료, 교육비 등을 받을 수 있도록 하여야 한다.

3) 주택관리업 제도 개선방안

(1) 주택관리업의 현황

주택관리업이란 전문적인 조직과 지식을 필요로 하는 주택의 관리활동을 대행하는 업을 말한다. 건설교통부의 주택관리업 현황을 보면 2000년 말 기준으로 국내 385개사가 등록하고 있었으나 2002년 말에는 340개 사가 영업을 하고 있으며 영세규모이고 등록기준에 맞는 기술인력을 보유하고 있는 업체가 50% 미만이다. 주택관리업의 등록기준은 자본금 2억 이상 전기, 연료사용, 고압가스, 위험물 관련기술 능력과, 주택관리사, 장비 등이 구비되어야 한다.(주택법시행령 제68조) 또한 주택관리업자들은 납입 자본금의 규모에 따라 관리할 수 있는 공동주택의 수가 달라진다.

관리방식으로 보면 2000년 말 위탁관리 58.2% 나머지가 자치관리 및 사업주체관리다. 위탁관리는 86년의 10% 95년의 37.5%보다 높아졌으나 앞으로도 위탁관리증가추세는 계속될 것으로 본다. 그리고 참고로 이번 본인이 조사한 이번 설문조사통계에서는 71.%가 위탁관리로 집계되었다.[120]

이에 비해 일본은 위탁관리는 75%, 혼합관리는 18% 자치관리 7%로

---

120) 〈표 3-30〉참조

관리의 전문화가 이루어질 수 있음을 볼 수 있다.(1998년 통계)

한편 주택법령의 적용을 받아 관리해야 하는 주택단지수는 2779개로서 서울이 647단지로서 가장 많고 다음이 경남, 경기순이다(1993년 통계).

〈표 4-12〉 관리주체구성비 - 위탁관리의 증가추이

관리주체	1986년	1995	2000
사업주체관리	13.8	13.5	10.8
자치관리	76.2	49	31
위탁관리	10	37.5	58.2
계	100	100	100

자료: 주택산업연구원(2001), 공동주택의 합리화방안 p.17.

그리고 건교부의 통계자료에 의하면 전체 공동주택 2만 1천650개 단지 중 주택법령에 의한 의무관리대상 공동주택은 7897개 단지(분양전환 임대주택 제외)로 이 중 64.4%인 5천87개 단지가 위탁관리를 2천810개 단지가 자치관리를 하고 있는 것으로 조사됐다. 또한 전국적으로 주택관리사(보)는 8950명이 공동주택에 배치(주택관리사보는 3301명)된 것으로 파악되었으며 분양주택과 임대주택에는 각각 8066명과 702명의 주택관리사(보)가 배치돼 근무하고 있는 것으로 나타났다. 주택관리업체의 경우에는 2000년 말에 3백85개 업체가 등록됐으나 지난해 말에는 이보다 줄어든 340개 업체가 등록돼 영업을 하고 있는 것으로 조사됐다.[121]

(2) 주택관리업의 실태와 장래

위탁관리업이 "전문관리업"이라고 하나 경영자가 지본금과 기술인력1팀을 가지고 신고하면 되기 때문에 10단지든 100단지든 설립신고 시의 기술인력 1개 팀으로 운영할 수 있도록 되어 있어 실제로는 당해 단지에 소장

---

121) 아파트관리신문 2004. 6. 14. 건설교통부 통계자료

으로 나가 있는 주택관리소장에 의하여 운영되고 있는 실정이다. 이는 전문주택 관리업제도의 취지에 어긋나며 이에 대한 제도적인 장치가 필요하다.

또한 주택관리회사는 영세하고 과열경쟁으로 인하여 전문기술 축적이 부진하다. 위·수탁계약은 대개 1~2년 계약으로 대부분 아파트단지에서 이루어지고 있다.

현실적으로 관리전문회사의 역할과 활동이 미진하여 본사에서 인력이나 기술지원이 전혀 없는 상태에서 결국 자치관리와 같은 상태에서 위탁수수료만큼 관리비만 증가시킨다는 비판도 크다. 이 경우 입주자대표회의는 위탁관리 시에도 해당 단지의 직원들에 대하여 인사권을 행사하거나 관리업무와 관련된 각종 용역업체를 직접 선정하는 등 권한이 막강하여 그들의 의사에 따라 관리업무가 좌우되는 경우가 많다는 것도 하나의 요인으로 지적할 수 있다. 또한 관리사무소 운영이 독립채산제로서 본사의 조직운영과 관리사무소의 조직운영이 별개로 이루어지는 것에도 원인이 있다고 볼 수 있다.

이와 같이 위탁관리로 선택하여 용역계약을 체결하여 공동주택단지의 관리를 위탁한다 하더라도 입주자대표회의는 자치관리와 동일하게 사용자적인 입장에서 관리업무에 관여하고 있으며 실제로 위탁관리인 공동주택단지에서도 입주자대표회장 명의로 각종 용역업자 선정이나 방수 도장 등 각종 공사계약의 당사자로서 체결하고 있는 실정이다.

이제 주택정책도 건설위주에서 관리 위주로 전환되어야 할 시점이 되었다. 이렇게 되면 공동주택 관리에 대한 인식도 제고되고 주택관리업도 더욱 육성발전되리라 생각된다. 이를 위해 관리기법을 개발하고 관리에 필요한 장비를 개발하고 법제도적인 뒷받침 등 후속조치가 필요하다. 앞으로 아파트 관리시스템을 더욱 고도화 기계화 자동화되어야 하고 특히 설비기기의 운전관리와 방재, 감시업무 등을 컴퓨터로 제어하는 24시간 무인관리 시스템도 실용화되고 있다. 앞으로 사무관리업무 등 소프트 면의 관리도 중요하지만 앞으로는 능률화가 가능한 분야에서 비용을 어느 정도 절감할 수 있는가 하는 것이 관리회사의 경쟁이 될 것은 자명하다.

(3) 주택관리업체 개선방안

주택관리업의 전문성 제고를 위하여 자유 방임주의적이고 자율적인 기조에 맡겨만 둘 것이 아니라 정부나 지자체가 행정지도나 법적 제도적 간섭을 하여 관리업의 전문화를 위해 노력해야 한다. 우선 등록 요건상의 기술적 요건을 상향 조정하고 관리회사의 유지조건도 항상 그 상태 이상을 유지할 수 있도록 한다거나 하여 저가 경쟁으로는 유지될 수 없도록 함으로써 전문화를 위해 나아갈 수 있도록 유도해야 한다.

아파트 관리업체의 선정기준을 묻는 질문에 대해 설문 응답자들은 전문기술력 보유 및 관리 전문성, 주민에 대한 질 높은 서비스 관리회사의 경영상태 및 관리실적 등을 모두 중요하게 보고 있다고 보인다. 아파트 입주자들은 관리업체의 전문성과 질 좋은 서비스를 가장 기대하고 있다고 볼 수 있다.

<표 4-13> 관리업체의 선정 기준

구 분	빈도수	비중(%)
저렴한 위탁 수수료	287	6.2
전문기술력 보유 및 관리 전문성	289	31.9
주민에 대한 질 높은 서비스	286	30.8
관리회사의 경영상태 및 관리실적	287	11.5
무응답	279	19.6
총 계	1428	100

위탁관리 업체의 등록기준이 자본금 2억 원 이상 각 분야 기술자 1인 이상과 주택관리사 1인과 운반차량 1대만 갖추면 주택관리업을 등록할 수 있어 전문성을 기대하기 어렵다. 따라서 주택관리업을 전문화시키려면 주택관리업의 등록기준을 강화(자본금규모확대, 기술자격기준 및 장비확대)

시켜 전문화, 대형화시키고 일정규모 이상의 세대수인 경우에는 광역관리를 하도록 하는 것이 바람직하다.

① 업체존속 요건상의 기술인력 배치 및 장비보유 강화

수탁 단지수에 따라서 장비나 기술인력 보유인원이 비례해서 늘어나도록 관계법을 개정해야 한다. 그렇게 되면 인건비 등 비용부담으로 관리수수료를 20년 전 가격에도 못 미치는 덤핑행위는 더 이상 하기가 어렵게 되고 관리 서비스의 형식화가 점점 개선될 수 있도록 하는 데 도움이 될 것이다. 입주민의 입장에서 보면 주택관리업의 질적 비교가 쉽지 않고 실제로 대동소이하다. 인상요인이 명확하지 않는 한 인근단지의 수준 이상으로 하기가 곤란하다. 그래서 국가가 나서서 전문화를 할 수 있도록 여러 가지 주택관리업 등록 및 유지조건 등을 상향조정하는 등 행정지도 항목을 추가시켜야 할 것이다.

② 계약방법의 개선

위탁 관리계약의 경우 현재의 평당 위탁관리수수료 계약만으로 관리업무를 대행하게 하고 매년 계획에 의거 실시하는 일상적인 업무인 청소, 소독, 승강기 관리 등을 사안별로 시행 때마다 실시하는 업자 선정이 이권과 개입되어 있는 것이 현실이다.

위탁관리의 현실은 자체적으로 소신이나 재량에 의해서 할 수 있는 일은 거의 없다. 계약방식을 개선하여 실질적으로 위임을 할 수 있도록 위탁의 범위는 총괄 도급계약으로 함을 연구검토할 필요가 있다.

주택관리 업자가 종합관리를 원칙으로 하면서 회사 편의에 의하여 일부는 전문 관리업자에게 용역하는 외부 용역체제를 주택관리업자와 외부전문용역 관리업자와의 컨소시엄 형태 또는 대형 주택관리업자의 도입이 필요하다.

③ 표준관리 위탁계약서의 작성보급과 위탁관리 업무의 표준화 및 명확화

공동주택의 관리조직은 입주자대표회의와 관리기구로 대별 자치관리의 경우 입주자대표회의와 관리기구의 구분이 거의 없다고 볼 수 있으나 관

리 전문업체에 위탁하는 경우에는 감독기관과 집행기관으로 입대회의와 위탁관리기구로 관리조직의 이원화로 이루어지고 있다.

최근 공동주택 관리의 전문화에 대한 요구가 커지면서 위탁관리 방식을 취하는 공동주택단지와 전문관리업체의 수가 증가하고 있으며 이에 따라 위탁관리 업무의 독립성과 전문성을 제고할 수 있는 방향으로 제도개선이 요구되고 있다.

위탁관리 계약을 할 경우에 위탁업무의 내용과 범위를 명확하게 하고 위탁자와 수탁자의 인식에 차이가 없도록 해야 하고 만약 당사자 간에 적당히 정한다면 계약체결 후 업무의 한계가 분명치 않아 발생하는 분쟁의 소지를 미연에 방지할 수 있다.

따라서 주택법령과 표준 공동주택 관리규약 또는 표준관리 계약서에 이에 대한 규정을 구체적으로 두어 관리업무 위탁 시에 계약을 분명히 하도록 해야 할 것이다.

일본의 한 예를 들면[122] 일본주택 택지심의회가 정한 중, 고층 공동주택 표준관리 위탁계약서는 계약이 쌍무계약으로 당사자의 권리, 의무를 명확히 하고 업무내용을 사무관리 업무, 관리원 업무, 청소업무, 설비관리 업무 등으로 나누어 각 업무별로 업무명세서를 첨부하도록 하고 있다. 또한 미국도 업무책임의 주체별로 관리회사, 현장고용원, 외부계약자, 입주자대표회의로 구분하여 업무의 책임한계로 분명히 하고 있다.

④ 관리원의 기술능력 향상 및 지역커뮤니티 형성에 기여를 위한 자질 향상을 위하여 교육을 실시하여야 한다.

아파트 관리자에게 아파트 관리의 전문성 향상을 위한 방안으로 4가지를 제시한 후 필요하다고 느끼는지 아니면 반대하는지 물었다. 먼저 주택관리회사 등록요건 강화에 대해 91.8%가 매우 필요하거나 필요하다고 응답하였다. 둘째 주택관리회사의 기술적 유지요건 강화에 대해 94.5%가 매

---

122) 문영기, 방경식공저, 공동주택 관리론141쪽중간

우 필요하거나 필요하다고 하여 역시 절대적인 지지를 하였다. 그다음 수
주량에 비례한 자본, 장비 및 기술인력 보유강화에 대한 질문에 93.8%가
매우 필요하거나 필요하다고 하였다. 끝으로 관리회사 선정 시 필히 3업
체 이상 공개설명회를 거친 후 선정투표하는 방안에 대해 65.7%가 매우
필요 혹은 필요하다고 하였으나 24%가 반대하였다.

<표 4-14> 주택관리업 전문화 방안

구 분	매우 필요	필요	반대	적극 반대	무응답	총계 (%)
주택관리회사 등록요건 강화	87 (59.6)	47 (32.2)	7 (4.8)	1 (0.7)	4 (2.7)	146 (100)
주택관리회사 기술적 유지요건 강화	92 (63)	46 (31.5)	1 (0.7)	0 (0)	7 (4.8)	146 (100)
수주량에 비례한 자본, 장비, 기술인력 보유 강화	73 (50)	64 (43.8)	4 (2.7)	1 (0.7)	4 (2.7)	146 (100)
관리회사 선정 시 필히 3업체 이상 공개설명회 거친 후 선정 투표	32 (21.9)	64 (43.8)	35 (24)	6 (4.1)	9 (6.2)	146 (100)

6. 행정지원체계 개선방안

1) 공동주택 관리를 위한 지방자치단체의 역할변화의 방향

사유재산권에 대한 자율적인 보호관리에 행정력이 간여하는 것은 바람
직한 제도개선이 아닐 수도 있으나 전문적이고 지속적인 관리주체 업무가
보장되려면 적정한 범위 내의 공권력의 행정지도 차원의 관여는 꼭 필요
하다고 본다. 현재 아파트 관리에 대해 주민과 관리업체 간의 자율적 관
리에 맡기고 시군구청은 소극적 신고업무를 담당하고 있지만 앞으로 시군
구청의 지도 감독이 어떠해야 하는지에 대한 질문에 아파트 입주자의
39.2%가 현재보다 강화해야 한다고 보았고 44%는 현행대로 유지하면 된

다고 하였다. 반면에 완화하자는 의견은 10.1%로 나타났다. 한편 아파트 관리자의 시각은 56.2%가 현재보다 시군구청의 관리 감독이 강화되어야 한다고 보았으며 현행대로 하면 된다는 의견은 34.9%로 나타났다.

<그림 4-8> 행정지도감독의 강화여부

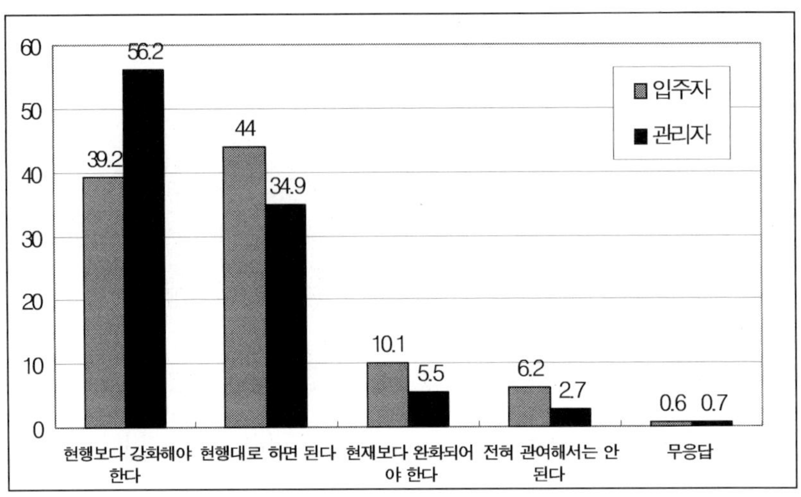

이 결과를 볼 때 아파트 관리자가 아파트 입주자보다 시군구청의 관리 감독의 강화가 필요함을 지적하고 있다. 역시 입주자보다 관리업무를 맡고 있는 관리자가 시군구청 등 행정관청의 관리체계에 대한 개입 필요성을 더욱 느끼고 있다고 볼 수 있다.

결국 직접적 통제와 간섭으로서의 개입은 관리자나 주민이나 반대하되 간접적인 간접적 통제나 지원은 찬성하고 있는 것으로 보인다.

정부가 직접적 통제의 한계를 인식하고 간접적 통제방식으로의 전환하는 것이 필요하다. 그러나 재난예방을 위한 안전관리와 시설물유지관리 등을 위해서는 벌칙을 강화하고 직접적 통제방식을 강화해야 할 필요성도 있다.

주택법 개정과 더불어 지방자치제가 본궤도에 오르는 이 시점에서 공동주택 관리와 관련된 지방자치단체의 역할이 제고되고 재정립되어야 할 것으로 사료된다. 이러한 시점에서 미래의 지방자치단체의 바람직한 역할과 변화의 방향을 제시해보면 다음과 같다.

첫째 지방자치단체는 과거와 같이 공동주택 관리에서 감독, 관리, 규제하는 상위자의 역할에서 벗어나 지도, 교육, 상담을 해주는 주거문화의 선도자의 역할을 맡을 수 있도록 전문지식을 제공할 수 있게 변화되어야 한다.

안전, 환경, 에너지절약과 같은 문제는 정부의 규제와 감독이 요구되나 일반 관리부분에 대해서는 최대한 자율적인 체제를 이루도록 하는 것이 바람직할 것이다.

지방자치단체에서 공동주택을 효과적으로 관리하기 위해서는 전문지식을 갖춘 지방자치단체의 기구와 전담할 수 있는 전문적인 행정직원의 배치가 요구된다. 단순히 책상 앞에 앉아 법규나 도면만으로 공동주택을 관리 감독하는 것이 아니라 실제적으로 평가하고, 현실적인 문제를 해결하고 컨설팅할 수 있는 전문지식과 능력을 갖춘 전문인이 요구되고 있다. (주택법59조 근거)

일본의 경우 지방행정부서의 주택관리 담당자는 주택에 관한 전문가를 선정하여 관리와 시설 전반에 관한 행정지도와 소규모 공동주택단지, 자치관리단지의 관리방법의 가이드라인을 제시해 주고, 문제를 해결해주는 상담자로서의 역할을 수행하고 있다.

따라서 지방자치단체의 주택관리 담당자는 공동주택 관리지침, 표준관리서비스 표준화된 관리비 책정기준 등을 제시하고 공동주택의 갈등 발생 시 분쟁해결을 위한 상담자로서의 역할(주택법52조 근거)을 수행할 수 있도록 전문인으로 배치하는 것이 필요하다.

둘째 관리 처벌위주의 공동주택 관리에서 제도적으로 인센티브를 주는 행태로 변화되어야 할 것이다. 현 주택법 제54조에는 규정을 위반한 주택

관리업체의 등록말소나 허가취소, 영업정지, 과징금 부과 등 처벌조항만이 규정되어 있으나 지방자치단체에서는 이러한 처벌조항 이외에 우수한 주택관리업체에 대한 인센티브를 줄 수 있는 제도적 장치가 요망된다.

셋째 전문적인 주택관리가 수행될 수 있도록 지방자치단체가 주택관리 전문업체의 설립을 지원해주고 위탁관리회사에 대한 감사를 강화하여야 할 것이다(주택법 53조 근거).

주택관리업체가 전문적인 서비스를 제공할 수 있도록 일정한 자격요건을 갖추도록 제도를 정비한다. 따라서 지방자치단체는 관리지원체계를 확립하여 주택관리사에 대한 교육기술, 새로운 장비의 관리 등의 부분까지 지원되어야 할 것이다.

넷째 지방자치단체는 공동주택의 관리지침(guideline), 표준 관리서비스, 전국적으로 표준화된 관리비 책정기준, 관리비 부과내역서의 표준화, 장기 수선 충당금의 합리적 관리 기준 등에 대한 지침을 개발하고 보급해야 될 것이다(주택법 44조 근거).

다섯째 바람직한 거주자들 간의 관계망 형성이나 커뮤니티조성을 자연스럽게 유도할 수 있어야 하며 살기 좋은 동네 만들기와 같은 시민운동은 주민과 시민단체의 역할이 매우 중요하므로 시민주도로 이루어지도록 커뮤니티 단위의 주민활동을 장려하고 더불어 사는 공동체의식을 함양하여야 한다. 예를 들면 주택단지 조성이나 재개발, 재건축 과정에서 커뮤니티 센터 등과 같은 공동이용시설이나 기반시설을 풍부하게 제공함으로써 이들 주민이 공동체적 유대관계를 맺을 수 있도록 도와주는 것(장세운, 2001)뿐만 아니라 커뮤니티 센터의 모범적인 프로그램의 운영을 도와줄 수 있어야 할 것이다.

최근 동사무소의 기능전환에 따른 변화, 관리사무소의 다양한 역할 변화 등을 위한 프로그램을 제안해주고 이에 적합한 공간(hardware)과 프로그램(software)의 공급이 요구된다. 공동주택에서의 커뮤니티 활성화는 자율과 자치를 근간으로 하는 사적 자치능력 배양을 위해 필요하다.

2) 지자체, 행정기관의 지도감독권 및 이행강제수단 강화

공동주택은 수많은 입주자가 거주하는 주택인 점에서 관리를 전담하는 조직이 필요하며 입주자 개인의 의사와 상관없이 조직은 운영될 수 있어야 한다.

또한 공동주택의 유지관리는 입주민의 보다 적극적이고 일정한 부분에서 강제적인 참여가 요구되며 정부는 필요하다면 법령을 강화하여 입주자들의 의사에 반한다 하더라도 장기적으로 국가의 자산을 보존한다는 차원에서 효율적인 관리가 이루어질 수 있도록 지원하는 것이 필요하다.

지방자치시대라고 하는 현실에도 불구하고 지방자치단체의 공동주택 관리부서는 1년에 한 번 공동주택 관리 실태를 점검하고 일상 사무신고, 접수처리를 하는 정도에 그치고 있는 것이 현실정이다.

앞으로는 꼭 필요한 분야에 대해서는 소극적, 형식적인 지도 감독자세를 버리고 적극적인 지도감독이 강화돼야 할 것이다.[123]

그리고 의무조항에 대한 벌칙규정이 마련되어 있지 않고 행정지도 감독의 조치가 마련되지 않아 그동안 많은 문제점을 노출해왔다. 이에 대한 행정지도 및 벌칙규정들을 신설함으로써 위반자에 대한 처벌보다는 오히려 예방적 효과가 크게 유도하여야 할 것이다.

입주자의 의무 불이행에 대해서는 경제적 처벌을 강화하며 이를 단속해야 할 관리주체 책임자에 대해서는 인사상 불이익 처분을 강화하며 주택관리업자는 영업정지처분, 관리주체를 감독하는 입주자대표회의에 대해서

---

123) 최근에 시도지사의 표준관리 규약의 제정, 우수사례 공모 및 우수아파트 관리단지 선정과 공용시설물 보수지원 조례 제정 등 보다 적극적인 행정행위로 변환하여 행정서비스의 영역을 확대해 나가고는 있지만 아직도 외형적이고 소극적인 범주를 벗어나지 못하고 있다.

는 회장자격 등을 박탈하는 인사조치를 강구해야 한다.

3) 지방자치단체의 공용시설물 유지관리비 행정지원조례 제정의 문제점 개선

(1) 조례제정의 실태와 지원항목의 문제

주택법 제43조제8항[124]에 근거규정이 이번 개정 시에 신규로 제정되어 이를 기초로 기초 지방자치 단체별로 공동주택 보조금 지원조례가 제정되고 있다.

2005년 3월 16일 현재 전국적으로 32여 개의 지자체가 공동주택 지원조례를 제정해 시행에 들어갔다.[125] 지역별로는 서울지역과 경기지역이 각각 10곳과 11곳으로 전체의 3분의 2 이상을 차지하고 있다. 서울은 송파구가 2004년 3월 3일 최초로 제정한 이래 9개구 그리고 경기는 과천시가 2003년 12월 31일 제정을 필두로 10개 지자체가 잇따라 제정했다.[126]

---

124) "지방자치단체의 조례로 정하는 바에 의해 제7항의 규정에 의한 관리주체가 수행하는 공동주택 2의 관리업무를 수행하기 위해 필요한 비용의 일부를 지원할 수 있다." 규정이 신설되었다.

125) 지방행정정보은행 www.laib.go.kr

126) 〈표 4-15〉 전국 지자체 공동주택시설물 지원조례 제정현황(2005. 3. 16. 현재)

지 역	조례제정된 지자체
서 울	송파구 성동구 관악구 양천구 영등포구 강동구 광진구 동작구 강서구 강남구
경 기	과천시 김포시 구리시 의왕시 남양주시 성남시 안산시 안양시 파주시 이천시 평택시
전 남	광양시 여수시 목포시 순천시
대 전	서구 유성구 중구
충 남	아산시 서산시
울산시	울주군
경 남	김해시

자료: 지방정보정보은행(www.laib.go.kr)의 자료를 재편성함

이같이 각기 특성과 여건에 맞춘 공동주택 지원조례가 잇따라 제정 시행되고 있으나 아직까지 제정하지 못한 지자체가 대부분이다. 그 이유는 재정이 열악하여 예산확보가 어렵기 때문인데 구체적으로 보면 세수증가가 기대되지 않는 상황에서 공동주택에 비용 등을 지원하기 위해서 세금을 더 내야 하는 상황이 발생하는 것은 대다수의 지역주민들이 반대하는 실정이어서 조례를 제정하더라도 지원범위를 협의하는 데 상당한 진통이 예상된다.

그러나 이를 보다 긍정적이고 능동적이고 전향적 입장에서 검토하여 세율을 높여 재원을 마련하는 것보다는 광역적으로 보조금이나 교부금 등을 지원할 수 있도록 법개정 작업 건의 등을 하는 등 실질적인 지원체계가 확립될 수 있도록 해야 한다. 이를 통해 공동주택 시설물의 장수명화에 기여하고 공동주택 입주민의 쾌적한 생활에 도움이 될 뿐만 아니라 단독주택, 연립주택 주민지역과의 형평성과 더 나아가 재정자립도가 높은 도시지역과의 형평성에도 맞을 것이다.

또한 건축한 지 최소한 몇 년의 시설물의 하자이행 기간경과 규정[127]이라든가 여러 가지 최소한의 제한 규정도 두어야 지자체의 예산낭비도 막을 수 있을 것이다.

(2) 입주자대표 및 관리직원에 대한 교육지원

앞으로 제정되는 조례에는 관리직원들에 대한 교육비는 물론이고 동대표들에게 입주자대표회의 운영과 관련한 필요한 교육을 하기 위한 교육비[128]와 위험시설물에 대한 정기적인 안전진단비가 지자체 지원비로 될

---

127) 예를 들어 하자보수 기간도 지나지 않거나 신축 시에 부실한 것 등을 지방자치단체 예산을 가지고 보수하고 보완공사를 한다는 것은 문제가 있을 수 있기 때문이다.

128) 아파트관리신문 2005. 3. 21. 기사. 2005. 12. 31. 서산시 의회는 법령에 의한 관리사무소직원의 교육비를 단지 내의 주도로의 유지보수, 주도로주변 가로수의 유지보수, 경로당의 유지보구, 어린이 놀이터의 유지보수, 상수도 검침비용과

수 있도록 규정하여야 할 것이다.

〈표 4-16〉 지방정부 등의 공동주택단지 관리업무 지원대상과 지원방식

지원대상: 관리부문별		지원방식	비 고
일반 관리비 부문	경비 안전 도난 불법주차	경비원 인건비 지원	싱가포르는 아파트단지에 경비원 없음. 국가경찰이 일괄 시행. 싱가포르, 일본, 미국, 영국 등에서는 관리비에 대한 일정액을 중앙정부 또는 지자체에서 보조
	행위 금지단속	일정율의 관리비보조	싱가포르, 일본, 미국, 영국 등에서는 관리비에 대한 일정액을 중앙정부 또는 지자체에서 보조
	홍 보	일정율의 관리비보조	싱가포르, 일본, 미국, 영국 등에서는 관리비에 대한 일정액을 중앙정부 또는 지자체에서 보조
청소비부문	청 소	청소차단지차원 또는 일정 비율의 관리비 보조	지자체 고유업무
오물수거비 부문	집하쓰레기 수거	오물수거비 보조	지자체 고유업무
소독비부문	전염병예방	공용부문에 대한 소독비보조 또는 지자체가 직접시행	지자체고유업무
수선유지비 부문	공용부분의 보수	공용도로와 부속시설에 대한 수선유지비 지원	공용시설에 대한 지자체지원
공동전기료 부문	보안 등 전기사용	보안 등에 대한 전기료 실비지원	공용시설에 대한 지자체지원
공동수도료 부문	공원, 놀이터의 수도사용	공원, 놀이터의 수도료에 대한 실비지원	공용시설에 대한 지자체지원

더불어 법령에 의한 관리사무소 직원 교육비를 지원조례에 포함시켰다.

(3) 재정여건에 따른 형평성 문제의 해소와 광역화 필요성

그리고 현재의 법규정이 조례에 위임하기는 했더라도 지방자치단체 간의 재정여건상의 차이라든가 시설물의 차이 등 여러 가지 다른 조건이 다른 경우가 많기 때문에 형평성을 고려하는 조치도 강구되어야 한다. 왜냐하면 지방자치단체의 현재의 재정실정이 그 지역주민만의 능력이나 그 지역 고유의 여건만에 의해서 이루어졌다고 볼 수 없는 점이 많이 있다고 본다면 형평성을 완전히 무시한 채로 특정지역 예컨대 서울의 강남구 서초구 등 몇 개 구는 재정자립도가 100%를 초과한 구도 있고 같은 서울에서도 50%에 못 미치는 구도 있는가 하면 지방의 기초자치단체 중에는 공무원 급여도 제대로 주기가 어려운 현실에서 지방자치라 하여 무조건 위임한다면 지자체 간에도 빈익빈 부익부 현상이 가속화되는 문제점이 발생한다.

도로포장 기타 공동시설물 등 지원조례 제정에서 지원항목이 기초 자치단체별로 너무 상이하면 여러 가지 불공평의 문제 균형의 문제 등이 제기되고 그리고 대도시에서는 여건이 비슷하고 뚜렷한 특색도 없기 때문에 기초자치단체별로 지원체계가 달라야 할 이유가 없다고 본다.

무조건적으로 위임만 할 것이 아니라 어느 정도 광역적으로 통제하고 공통화하는 방안을 강구하는 것이 지자체 간의 형평성에도 부합할 것이다.

4) 아파트관리 시스템개발 제공 및 책자보급과 인터넷상 자료제공 및 관리상담

(1) 아파트관리 시스템 개발제공

아파트는 50년에서 100년의 내용연한을 가지는 재화인 동시에 인간의 거주를 위한 가장 기본적인 요구상품이다.

그러나 아파트의 경우 주택이라는 상품을 사용, 관리할 수 있는 사용설명서를 본 적은 거의 없다. 아파트라는 주택은 다른 일반 전자제품과는 달리 구성요소가 수만 가지이고 다양한 제품으로 구성된 고부가가치의 제품이다. 아파트라는 주택상품은 긴 시간 동안 사용하고 유지보수가 계속 이루어져야 하는 제품이므로 소비자에게 인도 당시부터 세심한 주의가 요구된다. 즉 아파트의 건설 당시부터 유지관리를 감안한 설계, 수선주기, 수선보수 방법 등에 대한 매뉴얼이 필요하다. 유지관리가 복잡하고 어려운 제품은 평균적인 의미에서 고장 발생시기의 예상과 이에 따른 보수 혹은 교체방법의 제시가 필요하다.

기술인력의 부족을 극복할 수 있는 가장 바람직한 방안은 장기수선계획 작성을 위한 프로그램을 만들어 관리사무소에 보급하는 것이다.

정부는 우리나라 아파트의 공통적인 특성을 감안한 장기수선계획 작성을 위한 기초자료를 작성 보급하고 현장 관리사무소는 정부에서 제시된 관련자료를 해당 현장의 실정에 적합하게 가공, 수정하여 장기수선계획을 작성하여 실행하는 것이 필요하다.

아파트의 장기수선계획의 수립에서부터 안전점검, 유지보수, 관리비부과, 입주민 커뮤니티 등 관리업무 전반을 인터넷에서 처리할 수 있는 웹 기반의 아파트관리 통합시스템이 정부지원 등으로 개발해서 공동주택 관리사무소로 하여금 무료로 사용할 수 있도록 국가차원에서 지원할 필요가 있다고 본다.

예컨대 장기수선계획의 수립 및 관리 건축, 시설물 안전점검통지 및 보고서 작성 관리비산출 및 고지서 발행 보수, 보강수선공종에 따른 유지관리 매뉴얼 등 정보제공, 아파트 이력정보분석, 민원접수 및 처리, 각 세대 및 개인별 홈페이지 기능 등을 두루 갖춘 통합형 아파트 관리시스템을 구축하여 보급하고 사용방법 등을 교육시키는 것이다. 이 경우 현재의 공동주택 관리체계화가 가능해질 것이며 현재보다 한 단계 더 업그레이드되어 보다 과학화되고 체계화가 가능해져서 시설물 유지관리와 전반적인 관리가 보다 경제적이고 효율적인 관리가 이루어질 수 있을 것이다.

(2) 책자보급

바람직한 주거문화정착 및 관리 효율성 제고를 위해서 공동주택 관리 일반에 대한 질의회신과 법규해설을 중심으로 한 책자가 관련기관에 배포되고 있기는 하지만(예컨대 서울시, 알기 쉬운 아파트관리, 2004. 3. 부산시, 공동주택 관리 질의회신 판례집, 2001) 일반 입주민들에게는 접근이 어려울 정도로 소량배포이다. 이를 다량 제작하고 일반인이 알기 쉽게 구성해서 배포하거나 저렴하게 판매하고 지방자치단체의 홈페이지상에 공동주택 관리 코너를 개설해서 각종 자료의 제공과 인터넷상담이 가능하도록 할 필요가 있고 이것이 또한 공동주택 관리의 발전을 위해서 바람직하다고 본다.

(3) 인터넷상 자료제공 및 질의회신 상담

만약 이 작업이 가능해진다면 웹사이트에 가입한 단지의 위탁관리회사나 입주자대표회의, 관리사무소에서는 사전에 입력한 건축물대장 및 시설물현황, 이력사항 등 아파트의 기본데이터에 따라 각종 점검업무와 일, 주, 월, 연단위의 수선공사 일정 등을 관리받을 수 있게 돼 효율적인 관리업무 수행이 가능해질 것이다.

또한 입주민들은 이 시스템을 통해 관리비 납부현황과 관리사무소 공지사항 등을 실시간으로 확인할 수 있게 되며 입주민 간 커뮤니티는 물론 입주민 개인별(혹은 세대별) 홈페이지(블로그) 이용과 함께 민원접수 및 처리현황 등도 확인할 수 있어 아파트관리업무의 투명, 효율성 확보 등 다양한 효과를 줄 수 있을 것으로 생각된다.

그리하여 이러한 컴퓨터를 이용한 시스템은 공동주택 관리자에게는 관리현황 파악 및 입주민 간 교류형성 등의 기회를 제공할 수 있을 것이다.

5) 공동주택 분쟁 조정위원회 설치운영

분쟁조정위원회는 주택법 제16조 규정에 의해 사업승인 또는 사용검사를 득한 공동주택 단지 내 입주자대표회의의 구성, 운영 및 동대표의 자격, 신임, 해임, 임기 자치관리 기구의 운영, 관리비, 사용료 및 장기수선충당금의 징수, 사용 공동주택의, 유지, 보수, 개량, 공동주택 리모델링 기타 공동주택의 관리와 관련해 시장이 필요하다고 판단하는 사항 등에 대해 심의 의결하게 된다.

이를 위해 위원회는 입주자대표회의 및 관리주체가 추천한 각 2인과 시민단체, 주택 관련 분야 전문가, 시 고문변호사, 공동주택 관리업무 공무원 및 시의원 등으로 구성하되 전문성과 중립성이 보장될 수 있는 실질적이고 활동이 강화될 수 있는 구성이 되어야 할 것이다.

그런데 아파트관리 신문에 의한 조사에 의하면 서울과 경기, 인천지역의 시, 군, 구 가운데 공동주택 관리 분쟁조정위원회 관련조례를 제정한 지자체는 전체의 36.3%로 저조한 것으로 나타났다. 또한 분쟁조정위원회가 실제로 분쟁을 조정한 사례는 한 건도 없는 것으로 나타나 이에 대한 대책 마련이 시급하다고 본다.[129] 그리고 문제는 분쟁조정위원회의 문제점은 분쟁조정위원회의 결정이 법적 구속력이 없기 때문에 실효성이 없다는 문제점이 있어 보완해야 할 필요성이 있다.

화해 및 조정조서에 의한 판결과 유사한 효력을 부여해서 분쟁조정을 받고도 다시 법적 소송으로 가게 되면 오히려 이중으로 시간과 비용의 낭

---

129) 아파트관리신문 2005. 1. 17. 서울시 25개 자치구를 포함해 경기. 인천지역 등 총 66개 시. 군. 구를 대상으로 공동주택 관리 분쟁조정 위원회 조례제정 및 운영현황을 조사한 결과 조례를 제정한 지자체는 총 66곳 가운데 24곳(36. 3%)으로 나타났다. 뿐만 아니라 조례가 설치된 지자체조차도 분쟁조정위원회 회의를 개최한 곳은 서울 양천구뿐이고 분쟁을 상정하여 처리한 지자체는 지금까지 한 곳도 없었다.

비를 초래하게 될 것이다. 무엇보다도 분쟁은 예방이 중요하므로 아파트에서 다양한 분쟁을 방지할 수 있는 방안을 강구해야 한다.

6) 관리서비스 우수아파트단지 평가제도의 활성화를 위한 인센티브제 강화

공동주택단지 거주민에 대한 서비스를 향상시키기 위한 방안으로 공동주택 관리 운영에 대한 전반적인 평가를 통해 우수단지를 선정하여 인근단지로 확대보급하는 전략이 필요하다. 따라서 최근 자치단체별로 우수관리 아파트선정 사업이 활발하게 이루어지고 있으며 서울시, 대전 인천 경기 충청북도 등에서 본 사업을 추진하고 있다.

그러나 평가항목이 주로 해당 공동체생활을 위한 주민화합 차원의 내용으로 단지의 효율적인 관리를 위한 관련항목은 거의 없는 실정이다. 그러나 타 자치단체의 경우 다양한 평가내용에도 불구하고 이를 뒷받침 해주는 평가자료와 기준설정이 모호하여 평가자의 주관적인 판단에 의존하는 경우가 많다. 또한 평가내용이 법적 의무사항과 다수 중복되어 있어 서류작성 등 평가대상기관의 준비시간이 많이 소요되는 문제점이 있다.[130]

현재 서울시에서 시행 중인 우수 아파트단지 평가 등과 연계하면 지금 현재의 피상적이고 외형적인 아파트관리에 대한 평가에서 명실상부한 관리전체의 입체적이고 구체적인 평가가 되고 아파트관리에 대한 보이지 않는 당근과 채찍이 동시에 이루어질 것이다. 이 제도도 잘 활용하면 현재의 입주자대표회의나 관리주체 등의 비리와 부정이 예방될 것이고 월권 독선적 간섭행위 등이 줄어들어 주민의 대표들에 대한 신뢰가 높여질 것이다.

관리주체에 대한 개별적 지도, 감독은 한계가 있고 단지별 평가제도를 활용하는 것이 정부의 행정력 부족 극복에 도움이 되고 관리서비스의 질적 향상에 기여할 수 있을 것이다. 현행 우수아파트단지 평가제도 등의

---

130) 서울 시정개발 연구원, 아파트관리 평가모델 구축방안, 2001, p.24.

개선을 통한 아파트 관리개선 인센티브제를 보완하여 자율적인 의욕고취 강화시스템을 개발하여야 한다.

평가대상은 의무관리 대상단지이고 평가는 외부평가와 내부평가제도 도입이 바람직하다.

7) 지자체지원 시 장기수선계획과 충당금징수와 연계 시행

이를 연계하여 시설물 유지관리를 위하여 장기수선 계획을 잘 세우고 특별수선충당금을 적정비율 이상을 적립하고 있는 단지에 대하여 인센티브제를 활용하여 시행하면 장기수선계획과 장기수선 충당금 적립에 도움이 될 것이다.

또한 아파트 공동체문화의 바람직한 육성을 위한 지원을 위해서 관리서비스 우수아파트단지 평가제도와 연계하여 시행한다면 공동체 활성화에 촉진제 역할을 할 수도 있을 것이다. 입주자들이 공동체 형성을 할 수 있는 기회를 많이 제공하고 아파트관리에 많은 관심을 가질 수 있도록 행정적인 지원이 필요하다.

8) 동 주민자치 센터와의 유기적 관계

지자체의 업무는 아파트관리 업무와 불가분의 관계다. 전 국민의 50% 이상이 아파트에서 거주하고 있는 현실을 감안할 때 아파트관리를 지자체의 중요한 정책과제로 해야 하는 것은 당연한 것이 되고 있다. 아파트업무는 지자체의 가장 핵심적인 업무인 것이다. 지금 행자부지침에 따라 읍, 면, 동사무소의 업무 중 일부는 기초지자체로 이관하고 대부분의 업무를 '주민자치센터'에서 처리하도록 하고 있다. 이와 관련하여 주민자치센터에서 설치 운영하고 있는데 아파트 관리업무의 최고 의결권자인 입주자대표회의와는 무관하게 운영되고 있다. 주민자치센터는 전 국민의 50% 이상이 아파트에서 거주하고 있는 현실에 감안하여 반드시 입주자대표회의의 참여하에 운영되어야 한다.

뿐만 아니라 지방자치법 제4조제6항에 근거하여 설치하는 통반장 위촉(임명)도 반드시 입주자대표회의가 참여할 수 있는 기회가 보완되어야 한다.

현행 대부분의 지자체에서 제정한 '통, 반장설치조례'에 의하면 통장은 동장의 추천에 의하여 구청장이 위촉하고(임명), 반장은 동장이 위촉도록 규정하고 있다. 그러나 아파트의 경우에는 통장과 반장은 입주자대표회의 추천에 의하여 위촉하도록 해야만 진정한 주민자치 정신에 부합되는 지자체 행정이 되고 입주자대표회의 활성화와 공동체문화 활성화에 도움이 될 것이다.

지자체는 반드시 아파트 관리업무를 가장 중요한 정책과제로 설정하고 이를 위해 주민자치센터를 주민의사에 따라 운영하고 통, 반장을 아파트 입주민 의사에 의해 위촉함으로써 주민자치 정신을 실현해야 할 것이다.

제3절 관리체계의 분야별 개선방안

1. 운영관리측면 개선방안

아파트 단지 내의 운영관리 사항 가운데 가장 큰 문제를 묻는 질문에 대해 응답자들의 관리비 과다(30.3%), 아파트 회계의 불투명한 관리 및 공사집행상의 비리(29.1%), 관리직원의 근무태만이나 불친절(17.1%) 순이었다. 그리고 문제가 없다는 답도 21.6%에 이르렀다.

<표 4-17> 운영관리 중 가장 문제점으로 생각하는 것

구 분	빈도수	비 중
관리비 과다	108	30.3
관리 직원의 근무태만이나 불친절	61	17.1
아파트 회계의 불투명한 관리 및 공사집행상의 비리	104	29.1
문제없다	77	21.6
무응답	7	2
총 계	357	100

1) 표준 관리비 부과내역서 산정 매뉴얼 보급

공동주택 관리비 표준안을 개발해 관리비 부과내역을 알기 쉽게 상세하게 기재하고 입주자에게 통일된 양식의 부과내역서를 제공해야 한다. 이를 통해 이사 시에도 동일한 양식의 관리비 부과내역서를 받아보게 되어 관리비의 투명성을 높이고 관리비를 절감하는 촉매가 될 것이다.

관리비 산정기준 및 산정 대상항목의 불명확화로 인해 산정된 관리비에 대한 해당 주민의 불신감을 해소하기 위하여 관리비 산정을 방지하기 위한 구체적이고 명확한 산정내용 작성, 보급이 필요하다.[131] 관리비 산정항목과 관리비 산정내용에 대한 매뉴얼 작성과 보급이 시급하고 임의적인 관리비 산정을 방지하기 위한 구체적이고 명확한 산정내용 작성보급이 필요하다.

2) 관리비 부과내역서에 관리주체의 업무추진 내용공개

관리주체가 불신을 받는 이유증의 하나로 홍보 부족을 들 수 있다. 따라서 관리비 부과내역서에 한 달간 관리사무소의 업무추진내용을 포함하

---

131) 부산경실련, 전국 표준 아파트관리비, 부과내역 해설서 공청회 자료 2001, p5 동자료에서는 중앙난방식, 지역난방 방식에 관한 표준관리비 부과내역서가 제시되어 있다.

여 입주자들의 건의사항과 기타 투고내용을 기재하여 입주자들에게 알린다면 참여의식을 높이고 불신감을 없애는 데 어느 정도 기여할 수 있을 것으로 보인다.

관리비 부과내역서에는 공지사항, 업무 실시사항과 예정사항, 입주자대표회의의 활동사항과 의결사항, 관리비 부과내역은 물론 입주자대표회의록, 반상회 의결사항, 입찰공고 및 입찰진행과정 부녀회의 활동사항과 관리 외 수입, 지출현황 등을 주민들에게 알리고자 하는 모든 사항을 상세히 수록하여야 한다.

3) 관리비 절감 및 효율성 제고 방안

아파트관리비는 주민들의 주거생활을 위해 필연적으로 소요되는 비용인데 이를 집행하는 관리주체는 입주민들의 요구에 부응하면서 관리비가 꼭 필요한 곳에 사용될 수 있도록 하면서 최소의 비용으로 최대의 효과를 내야 하는 막중한 임무를 지닌다. 이를 위해 많은 아파트에서는 여러 형태로 입주민들의 관리비 부담을 덜어주기 위한 노력을 기울여야 한다. 관리비를 절감하려면 무엇보다도 관리비를 구성하고 있는 8개 비목별 절감방안을 살펴보면서 검토하도록 한다.

설문조사를 통하여 보다 나은 운영관리를 위해 필요한 것을 두 개 선택하라는 질문에 대해 응답자들은 첫 번째로 관리비를 절감하고 운영 효율성을 높여야 한다(31.7%)고 답하였다. 그리고 두 번째로 꼽은 것은 관리비 집행과 공사 집행에서 부정과 비리를 감시하는 것(19.8%)을 꼽았다.

〈표 4-18〉 보다 나은 운영관리를 위해 필요한 것

구 분	빈도수	비중(%)
관리비를 절감하고 운영 효율성을 높여야 한다	226	31.7
관리직원의 성실한 관리가 필요하다	76	14.8
관리비집행과 공사집행에서 부정과 비리를 감시하여야 한다	141	19.8
입주자대표회의가 좀더 적극적으로 운영에 참여하여야 한다	110	15.4
관리체계에 대한 법과 제도를 정비해야 한다	65	9.1
외부 전문기관에 운영관리를 맡겨야 한다	31	4.3
기 타	1	0.15
무응답	34	4.8
총 계	357	100

(1) 일반관리비 절감

일반관리비는 대부분 관리소장을 비롯한 관리직원들의 급여, 보험료 등의 인건비와 관리활동에 소요되는 비품 등의 경비를 의미하기 때문에 관리직원의 수에 따라 결정되는 비교적 고정적인 비용이다.

관리사무소는 각종 시설물의 유지관리와 회계 등의 운영관리를 위해 필요한 전문인력이 배치되어 있기 때문에 관리직원의 업무능력이 관리서비스의 질을 판가름하는 중요한 요소로 작용하고 있다. 이에 따라 많은 아파트에서는 합리적인 아파트관리에 필요한 적정한 수의 관리직원 배치를 선호하고 있으며 무조건적인 관리직원의 축소는 지양되는 추세다. 그러나 중앙난방 방식을 개별난방 방식으로 전환하는 등 난방방식을 변경하거나 경비 시스템을 무인 경비시스템으로 변경하는 등 쾌적한 아파트주거 생활을 위해 입주민들의 동의를 얻어 추진되는 사업에는 관리직원의 축소가 필연적이기 때문에 일반관리비가 절감되는 효과를 거둘 수 있다. 또한 관리직원들이 사용하는 각종 집기와 비품 등은 사무용품 대장을 만들어 효율적으로 사용하고 절약정신을 유도하는 방법으로 일반관리비의 절감을 기할 수 있을 것이다.

(2) 용역비 및 공사비 절감을 위한 공사업자 선택과 감독의 철저

관리비 비목 가운데 청소비, 경비비, 소독비, 승강기 유지비, 수선유지비, 경비용역비 등은 상당수의 아파트에서 외부업체에 용역을 주어 관리를 하고 있는 실정이다. 직영으로 할 경우에는 아파트에서 상주할 수 있는 기술인력과 장비가 소요되기 때문이다. 따라서 용역비를 절감할 수 있는 방안이 곧 관리비를 절감할 수 있는 방법이 되고 있다.

이러한 방법으로서 단지별로 용역비가 천차만별인 점을 고려하여 단지별 용역비를 비교, 검토한 뒤 용역업체를 선정할 것을 대안으로 생각할 수 있다. 그러나 용역서비스의 비용은 자재의 질이나 서비스의 질과 깊은 연관이 있기 때문에 무조건적인 저가용역 체결을 지양하기 위한 단지 간 합리적인 정보교류가 필요하다.

아파트 주민들은 입주민들은 관리비 부과내역서를 보고 용역업체가 명시되어 있는지 소독비와 같이 평당 단가로 용역계약을 체결하는 경우 평당 단가가 어떻게 책정되어 있는지를 살펴본 뒤에 타 단지와 비교해야 할 것이다.

그리고 개·보수공사비를 절약하는 것은 대단히 그 비중이 클 수 있다. 공사업자선정을 양질의 업자를 저렴한 가격으로 공사를 시공시킨다면 절약이 가능하다고 본다. 이는 업자선정 과정에서 견실한 업체를 선택하기 위한 노력과 공사감독을 철저히 한다면 자격미달자에 의한 덤핑입찰도 방지하고 부실공사도 방지하면서 저렴하면서도 견실한 공사를 할 수 있다고 본다. 그 과정에서 입주자대표회의와 관리주체가 투명하고 비리와 부정에 물들지 않고 처리한다면 가능하다. 예를 들어 입찰참가자격을 해당 공사에 적합한 업체라면 다수가 참여할 수 있도록 하고 사전에 공사예정가를 산출하여 보고 적정하면서도 적정한 업체가 낙찰될 수 있도록 낙찰조건을 정한다. 그다음 이를 사전에 입찰공고문이나 적어도 현장설명회시까지는 공개하고 공개경쟁입찰을 실시하여 적정한 업체를 선정하여 공사과정을 꼼꼼하게 감리한다면 공사비를 절감하면서도 견실한 공사를 완수할 수 있을 것이다.

이 과정에서 입주민들의 무관심과 비전문성을 이용한 발주주체인 입주자대표회의 임원진에 의한 부정이 개입되지 못하도록 하기 위하여 감사제도를 입주자대표들의 선출과 별도로 주민직선으로 선출하고, 입주자대표회의에 대한 감사권 부여가 필요하고 또한 입주자대표회의 권한과 관리주체의 권한의 한계를 명확히 규정하는 등의 방법에 의한 구조적인 개선이 이루어져 관리당사자 간 상호 견제와 균형의 원리가 자동적으로 시스템적으로 작동되게 할 필요가 있는 것이다. 그리고 공사업자선정 시에는 입주자대표회의 구성원들의 전문성 부족을 보완하고 미리 준비한다는 목적에서 해당 공사를 위한 소위원회를 구성하여 준비하고 업자선정 및 공사감독까지 입주자대표회의와 공동으로 하는 것이 바람직하다고 본다.

(3) 관리직원 자체 공사실시

아파트관리 직원들이 시설물 전반에 대한 전문지식을 갖고 필요한 범위 내에서 직접공사를 실시하는 사례가 증가하고 있다. 보도블록 교체부터 시작해 화단 만들기, 어린이 놀이터 보수하기, 나무 심기, 정화조 배관 등 시설물의 부품교체 등을 외부업체에 맡겼을 경우 반드시 인건비를 수반하게 된다.

그러나 관리직원들이 관리서비스 정신을 발휘해 이와 같은 공사를 실시하게 되면 자재비 구입만으로 공사를 실시할 수 있게 되어 수선유지비의 절감을 가져오게 된다.

(4) 에너지 절감

절감은 입주민들의 부담이나 불편을 최소화하면서도 비용의 발생을 덜어주는 것이기 때문에 신중하고 합리적으로 아파트의 시설물을 운영하기 위한 노하우가 필요하다. 아파트의 에너지절감은 작게는 입주민들의 관리비부담을 줄여주는 역할을 할 뿐만 아니라 불필요한 동력의 사용을 방지함으로써 국가 및 지구환경개선에도 크게 기여하게 된다. 특히 아파트의 공공시설물 가운데 난방시설의 관리에 소요되는 비용이나 공동 전기료 및 수도료 등은 관리주체 입주민들의 노력을 통해 절감을 이룰 수 있다.

(5) 잡수입 관리

잡수입이란 관리비 이외의 당해 공동주택 관리로 인하여 발생한 수입을 말하며 잡수입의 종류는 일반적으로 공동주택 관리를 함에 있어 발생하는 폐기물 중 생활용품 재활용을 위한 분리수거, 판매비, 단지 내 광고부착료, 알뜰시장 개장장소 대여료, 단지 외 일반인을 대상으로 한 유료주차장 임대료, 단지 내 복리시설 운용수입 등이 있다.

따라서 잡수입의 올바른 관리를 위해서는 무엇보다 잡수입을 입주자 등에게 공개하여 사용하고 입주자 등에게 혜택이 돌아가도록 객관적이고 투명하게 합리적으로 사용하는 것이 바람직하다. 관리규약에 공동주택 관리로 인하여 발생한 수입의 용도 및 사용절차를 정하도록 주택법 시행령 제57조제1항17호는 규정하고 있다.

그러나 공식적인 주민단체가 아닌 부녀회가 독자적으로 사용해서는 안되고 관리사무소 회계에 입금시키고 별도 회계규정을 두더라도 입출금 관계를 관리비 내역서 난에(별도의 항목) 공개함으로써 주민의 신뢰를 높이고 화합을 도모할 수 있을 것이다. 이러한 관계를 관리규약에 사전에 규정해야 한다.

한편 부녀회에서 폐휴지 및 헌옷을 수집하여 직접적인 노력에 의해서 판매하는바 이 수입을 관리로 인한 수익금으로 볼 수 있는지에 대하여는 이것은 공동주택 관리로 인하여 발생한 수익으로 볼 수 없기 때문에 이는 부녀회 등의 자생단체 등에서 투명하게 관리하여 입주민을 위한 비용으로 사용하는 것이 바람직하다.

(6) 수익증대

관리비 절감이란 광범위하게는 입주민들의 관리비부담을 덜어주는 것을 의미하는데 같은 맥락에서 수익증대는 입주민들에게 부과될 관리비용을 줄여주는 역할을 하기 때문에 매우 중요하다. 관리사무소에서 발생하는 수익 중에는 연체료수익, 이자수익, 임대료수익(이동통신 중계기, 도시가스 정압기, 유치원 등 낮시간대 주차장개방수익)잡수익 등이 입주민들의 관리비 부담을 덜어주는 커다란 요소로 작용하고 있다.

이 밖에도 전기요금을 자동 이체하면 요금의 1%를 감면해주는 자동이체할인, 화재보험계약 시 소방성능을 검사한 뒤 화재보험 협회에서 인정할 경우 3%에서 최대 15%까지 보험료를 할인(공지할인, 소화설비할인, 고용계약 및 특수건물할인, 연동계약 시 5% 추가할인)해주는 화재보험 할인 등 관리소의 합리적인 운영관리를 통한 관리비 절감도 가능하다. 뿐만 아니라 고령자 고용촉진 장려금 고령자 신규 고용촉진 장려금 등 정부의 지원자금을 합리적으로 사용해 수익을 창출하는 것도 관리비를 절감하는 방법이 된다. 또한 공동주택 관리 등으로 인해 발생한 수입의 용도 및 사용절차는 주택법 시행령 제54조제1항에는 "관리비 이외의 공동주택 관리로 인하여 발생한 수입(예금이자, 연체료 수입, 부과차익 및 부대시설의 사용료 등)은 당해연도의 관리 외 수입으로 회계처리 한다"와 "제1항의 관리 외 수입은 예산이 책정되지 아니하였거나 예측할 수 없는 지출에 충당하기 위하여 예비비로 적립하는 경우 외에는 회계연도 종료 후 장기수선 충당금으로 적립한다"로 규정하고 있다.

4) 관리직원과 입주자대표 등의 부정, 비리에 대한 개선대책

(1) 공동주택 관리의 부정, 비리의 원인

다양한 관리상에서 나타나는 비리는 관리제도와 관리시스템상에서 나타나는 문제로 생각할 수 있다.

투명성 확보의 저해요소이며 입주자대표회의와 입주자 사이의 상호 신뢰를 무너뜨리는 요소가 될 수 있다.

가. 관리제도

관리제도 측면에서는 과거의 주택법과 주택법시행령 주택관리규칙 등의 관리와 관련된 다양한 제도내용의 체계적 명문화, 규정내용의 구체성 등이 결핍되어 있었다.

단순히 규정내용을 제시할지라도 현장에서 적용할 때는 많이 변질되어 적용됨으로써 제도의 목적과 내용을 훼손시키는 경우가 일반적이다.

제도규정과 현장적용을 위한 관리지침 혹은 가이드라인의 작성 보급이 시급하다.

나. 관리시스템의 측면

현장에서 이루어지는 모든 관리내용과 활동은 절차화가 되지 않고 있다.

예를 들어 개, 보수 공사를 할 경우 개, 보수 공사의 내용과 공사비용의 산정, 공사업체의 선정과 계약 등 모든 과정의 흐름을 제시하여 현장에서 이를 적용할 수 있도록 하는 것이다. 이때 흐름에 따라 적용을 할지라도 단지의 특성을 감안하여 가감할 수 있는 내용을 부가하여 제시하는 것이 바람직하다.

그리고 공동주택 관리가 사유재산논리에 입각하여 관리비의 배분방법과 분쟁과 갈등에 대하여 적절히 유권해석이나 행정지도를 하지 않는 행정기관은 적극적 조정자로서의 역할을 제대로 하지 않고 있다. 이를 자세히 보면 다음과 같다.

첫째로 공동주택 입주자들이 공동주택을 재산증식수단으로써만 생각하여 참여의식과 공동체의식 제고와 입주자대표회의 위상과 역할, 그리고 관리소 직원의 직업의식과 사명감 제고를 위한 사회교육강화의 지속적인 노력이 부족하였다.

둘째 입주자대표회의와 관리소와의 업무구분과 책임 한계가 불명확한 점과 관리비부과 방법이 대부분 사후정산 부과제도를 채택하고 있는 점도 원인이다.

셋째로 제일 중요한 것은 체계적이고 시스템적인 민주원리 즉 견제와 균형의 원리가 자동적으로 작동이 되도록 한다면 부정과 비리는 자리잡기가 어려워질 것이다. 구체적으로는 입주자대표회의 구성원 중에서 감사가 선임되고 입주자대표회의에 대한 감사권이 없다면 부정과 비리로 빠져들 수 있는 가능성은 상존하게 되는 것이다.

그리고 감사기법에 있어서 기초적인 민주적 절차조차 제대로 확립되어 있지 않은 현실이 원시적인 부정을 가능케 하는 원인으로 작용한다.

(2) 공동주택 관리 부정과 비리방지대책

가. 제도적, 법률적 측면의 대책

우선적으로 공동주택 관리의 이념과 철학에 입각한 가칭 공동주택 관리법을 제정하여 공동주택 관리에 대한 여러 법령을 일원화하여 주택의 유지 관리문제를 합리적이고 효율적으로 결정되도록 하여야 할 것이다. 그리고 지방자치단체에서 공동주택 관리 조례를 제정할 수 있도록 구체적인 위임조항을 신설하고 공동주택의 특성에 입각한 적극적 유권해석과 관리비 비리척결과 분쟁과 갈등을 막을 수 있는 법률적 제도적 장치를 마련해야 한다.

나. 행정적 측면의 대책

일반적으로 지금까지는 공동주택은 사유재산이라는 이유만으로 입주자들이 알아서 할 일로 방치하여서는 안 된다.

a. 관리비 유형별 부과내역서 표준양식을 제작보급

사용자 부담원칙과 공평부담원칙은 제대로 지켜져야 하고 공동주택의 특성과 이념 그리고 철학에 입각한 유권해석을 정립해야 할 것이다.

또한 지자체에서 정한 표준 관리규약에 관리비 산정의 원칙을 보완제시하는 방안강구도 필요하며 관리비의 투명성 확보를 위한 공개주의 원칙과 필수적 공개사항 열거 등을 담아야 한다. 각 단지마다 나름대로의 특성에 따라 관리비 내역서를 작성하게 되고 각 단지의 관리비를 상호 비교하는 데에는 한계가 있다. 난방방식, 세대수, 관리면적 등의 다양한 단지특성에 따라 관리비 내역서의 양식이 통일될 필요가 있다.

b. 관리비집행에 대한 감사를 의뢰할 수 있도록 전문기관설치

관리비가 제대로 적정하게 부과되고 집행이 제대로 되었는지에 대한 감사를 통상적으로 해줄 수 있는 전문기관의 설립이 필요하다.

다. 입주자측면의 현실적 대책

공동주택은 개인의 사유재산인 동시에 공공재화의 성격을 지니는 이중재의 건축자원으로 효과적인 활용을 위해서는 오랜 기간 사용할 수 있도록 하는 것이 바람직하다. 일반적으로 준공 후 5년이 지나면 도장공사를 하고 10년 정도 지나서는 방수 공사를 하는 등 계속적으로 개, 보수 공사를 수행하게 된다. 아파트의 개, 보수 공사과정에서 공사비리를 제거할 수 있는 요소를 제안하면 다음과 같다.

a. 용역이나 공사업자 선정의 투명성 제고

아파트 관리주체의 의사결정 과정이 투명하여야 한다. 대부분이 아파트 관리주체 구성원은 건축에 대한 경험과 지식이 비교적 적다. 따라서 의사결정 과정이 매우 복잡하고 결론에 도달한다 해도 쉽게 번복되기 쉽다. 따라서 회의내용과 결과를 아파트 거주자에게 공고함으로써 모두가 참여한 분위기를 조성하는 것이 필요하다.

공동주택건물의 개, 보수 공사와 관련한 공사계약과 공사업체 선정 과정에서의 비리는 공동주택 관리에서 가장 많은 비리유형이라 할 수 있다.

b. 공사업자 선정기준의 사전 제정과 모든 과정을 공개 및 홍보

현재 용역과 각종 개보수 공사업자 선정 과정에서 가장 문제가 되고 있는 것은 형식적으로는 공개경쟁 입찰을 하는 것처럼 입찰공고도 내고 형식적인 절차는 거치지만 실제적으로는 대부분이 불공정하고 업자와의 밀실적 거래가 횡행하고 있는 것이 현실이다.[132]

그리고 그러한 부정과 비리는 가격 면에서 낭비를 초래하고 감독의 부실로 이어져 결국 모든 피해는 입주민에게 돌아가게 된다.

이러한 부정과 비리로 인한 피해를 방지하기 위해서는 다음의 대책이 필요하다. 첫째는 공사업자선정의 기준에 대하여 중간가이든 최저가이든 제한적 최저가이든 여러 가지 방법이 있을 수 있으므로(정부공사에서는 최저가 제한적 최저가 평균가 등 여러 가지가 있으며 현재는 전자입찰제를 시행하여 공정하게 시행하고 있다.) 어느 방법이든 공고문이나 현장설명회 시에 응찰업자들에게 공시함으로써 객관성과 신뢰성 공정성을 확보하여 부정과 비리를 사전에 예방할 수 있을 것이다.

둘째는 꼭 입주자대표의에서 심의를 거쳐야 된다고 판단될 때라면 입주자대표 몇 명이 정할 것이 아니라 이때 비리와 부정을 방지하기 위하여 아파트의 비공식이든 공식이든 모든 관심단체 대표를 참여시켜 적격업자

---

132) 현재 아파트에서 공사업자 선정 과정상 문제로 일반적으로 지적되고 있는 것은 첫째는 입찰참가자격을 과도하게 설정하여 특정업자만이 참여할 수 있게 만드는 경우(예컨대 2천만 원 미만 공사를 하면서 연간 공사실적 20억 원에 동종 단일공사 2억을 요구)와 그리고 공사업자 선정기준에서 '공사업자 선정기준은 입주자대표회의의 심의에 따른다'고 공고한 다음에 실제로는 입주자대표회의에서 회장과 총무이사 감사 등이 회의를 주도적으로 이끌어가면서 회장단의 뜻하는 바대로 업자를 선정하는 과정에서 업자와의 금전적 거래에 의해서 유착과 뒷거래에 의해서 공사업자 선정이 이루어지고 감독도 소홀하게 되는 경우가 있다.

를 1차로 선정하여 업체선정 방법을 정하고 1차 선정된 업체에 대한 업체설명회를 갖는다. 그다음 각 대표들에게 무기명 비밀투표를 실시하여 선정하되 전 과정을 계속적으로 진행되는 순서에 따라 부녀회라든가 노인회 등에 알리고 엘리베이터와 게시판에 공시하고 단지 홈페이지에 공고하는 방식을 취한다. 그러면 주민도 신뢰할 것이고 그 과정에서 잘못되는 점은 이의나 전문성을 가진 주민을 통하여 더 좋은 방법에 대한 건의 등이 제기될 것이고 또한 비리나 부정은 발붙이기 어려울 것으로 판단된다.

개, 보수공사진행 과정과 공사 후의 결과를 모든 아파트 거주자가 감독, 감시하는 자율적인 참여 분위기의 형성이다. 공사 후 결과에 대한 비판과 냉소보다는 공사진행에 대한 계속적인 관심과 입주자대표회의 구성원을 격려하고 요구사항을 전달함으로써 효과적인 의사전달 체계를 갖추는 것이 바람직하다.

c. 용역 및 공사업체 선정 특별위원회 구성

위탁관리회사의 선정이나 일정금액 이상인 도장, 방수, 구조물보강공사와 청소, 소독, 조경 등 용역업체의 선정을 보다 투명하게 하기 위하여 업체선정을 위한 특별위원회 혹은 소위원회 등을 구성한다. 그다음 해당 공사나 용역의 관련정보를 수집하고 공사준비를 하는 과정에서 주민의견을 수렴하여 민주적이고 공개적인 절차를 거치도록 한다.

이를 운영함에 있어 구성인원은 여기에 동대표를 비롯하여 통반장, 부녀회, 노인회 및 입주민 중 전문가 등과 각종 단지 내 단체의 추천을 받아 구성하고, 업체선정 시에는 설명회, 공개입찰의 과정을 거치도록 한다. 그다음 공사착공 후에도 감리 감독도 철저히 하도록 하여 부실공사를 추방하고 업체선정의 공정성 투명성을 보장함으로써 용역이나 공사의 견실성을 보장해야 할 것이다.

d. 공사업자 선정 기준 등을 미리 정하여 발표해야 비리 방지가능

현재 외형상으로는 공개경쟁으로 용역이나 공사업자를 선정하는 것처럼

위장하여 밀실에서 특정업자와 거래를 통하여 업자선정을 하고 있는데 그 방법의 하나가 "공사업자의 선정은 입주자대표회의의 심의로 선정 후에 통보한다"라는 식으로 밀실거래가 횡행하고 있다.

이를 방지하기 위하여서는 당연히 사전에 입찰의 낙찰기준이 제시되어야 함에도 사후심의라는 자의적인 기준을 대서는 절대로 안 된다. 이러한 기준이 용납돼서는 안 되고 입찰공고를 내기 전에 미리 낙찰기준(예컨대 최저가, 평균가 제한적 최저가 등)을 확정해서 낙찰방법을 사전에 공시하여야 한다. 이를 법규나 관리규약에 명시하여 사전에 비리의 원인을 제거 예방하여야 한다.

공사업자선정이 비리에 의해서 선정된다면 공사감독도 부실화되어 부실공사가 될 수밖에 없다.

이와 관련하여 개선방안에 관하여 설문조사결과를 살펴보면 다음과 같다.

아파트 관리에 필요한 용역업자와 공사업자 선정에 대해 관리비낭비와 공사감독의 부실로 주민의 불신이 높다는 것을 개선하기 위한 방안에 대해 입주자들에게 물었다.

우선 공사대책위원회를 구성하여 공사업자를 선정, 감독하는 방안에 대해 84.9%가 적극 찬성 혹은 찬성하고 있다. 반면에 반대는 12.9%에 그쳤다. 또한 공고 시나 현장설명 시에 업자선정 기준을 미리 발표하여 투명성을 높이는 방안에 대해 절대다수인 93.5%가 지지하였다. 끝으로 결정이나 공사감독도 공사대책위원회와 입주자대표회의가 합동으로 하는 방안에 대해 89.1%가 적극 찬성 혹은 찬성하고 있다. 이러한 결과를 종합해 볼때 여기서 제시된 세 가지 방안은 전반적으로 입주자들로부터 절대적인 지지를 받고 있다.

그리고 같은 질문을 관리자들에게 물었다.

우선 공사대책위원회를 구성하여 공사업자를 선정, 감독하는 방안에 대해 38.2%가 적극 찬성 혹은 찬성하고 있다. 반면에 반대는 54.1%로 매우 높았다. 또한 공고 시나 현장설명 시에 업자선정기준을 미리 발표하여 투명성을 높이는 방안에 대해 87%가 지지하였다. 끝으로 결정이나 공사감독도 공사대책위원회와 입주자대표회의가 합동으로 하는 방안에 대해 50.7%가 적극찬성 혹은 찬성하고 있다. 반면에 43.1%가 반대 혹은 적극 반대하고 있다.

〈표 4-19〉 공사관련 비리방지 견실공사 개선방안

개선 내용	설문 대상	적극 찬성	찬성	반대	절대 반대	무응답	응답자 (%)
입주자대표회의와 별도로 공사에 전문성을 가진 주민중심으로 ○○ 공사대책특별위원회를 구성하여 공사업자를 선정하고 감독	입주자	51 (14.3)	252 (70.6)	45 (12.6)	1 (0.3)	8 (2.2)	357 (100)
	관리자	12 (8.2)	45 (30)	71 (48.6)	8 (5.5)	10 (6.8)	146 (100)
공고 시나 현장설명 시에 업자선정기준(예컨대, 최저가, 제한적 최저가, 평균가 등)을 미리 발표토록 하여 투명성제고	입주자	75 (21)	259 (72.5)	19 (5.3)	1 (0.3)	3 (0.8)	357 (100)
	관리자	28 (19.2)	99 (67.8)	11 (7.5)	3 (2.1)	5 (3.4)	146 (100)
결정이나 공사감독도 ○○공사대책 특별위원회와 입주자대표회의가 합동으로 하여 견제와 균형을 취함	입주자	56 (15.7)	262 (73.4)	31 (8.7)	1 (0.3)	7 (2)	357 (100)
	관리자	18 (12.3)	56 (38.4)	57 (39)	6 (4.1)	9 (6.2)	146 (100)

그러나 아파트 관리자의 경우 업자선정기준 발표 등 투명성을 높이는 방안은 대체로 찬성하지만 공사대책위원회의 구성과 감독, 공사대책위원회와 입주자대표회의가 합동으로 공사감독을 하는 방안에 대해 반대 의견이 거의 절반 정도였다. 이는 아파트 관리자의 이해관계를 반영하는 것으로 보인다.

　e. 가칭 주택관리청(주택관리공단)에 대한 공사에 대한 자문과 공사결과에 대한 준공검사의 대행의뢰

앞으로 가칭 주택관리공단이나 관리청 등이 출범한다면 거기에 공사에 일정금액 이상공사는 이곳에 예정가라든가 업자선정 절차의 공정성과 적격업자 선정 및 공사감독에 관한 것을 의뢰하는 방안을 생각해 볼 수 있다.

현재 지자체에는 서울인 경우는 구청에 구청의 시설물을 관리하기 위한 시설관리공단이 있는데 이곳에 의뢰하는 방안을 강구할 수 있을 것이다. 물론 전문관리기관이 출범할 경우에는 시설관리공단을 하부조직으로 한다는 전제이다.[133]

〈표 4-20〉 관리비 집행 점검표

1. 급료명세서의 합계금액이 맞는지 확인하고 합계금액과 예금지급전표, 그리고 해당 장부금액이 일치한지 확인한다.
2. 각종 공사 용역계약서 금액과 세금계산서 금액 그리고 장부 또는 예금인출 금액과 일치한가를 확인한다. 공사완료보고서 작성도 의무화한다.
3. 각종 소모품(형광등, 장갑, 전구, 부품 등)의 수불부를 작성하게 한다. 수불부 입고 수량과 영수증 그리고 수불부 출고수량과 교체수량이 일치한지 현장 확인한다. 교체수량은 별도분리 수집보관 한다.
4. 관리비 지출 금액영수증, 특히 세금계산서는 관할세무서에 신고하였는지를 확인한다. 급료 등에 관한 갑근세와 연금, 국민건강보험료 고용보험료, 산재보험 등 4대 보험 등을 제대로 신고 납부하였는지 확인한다.
5. 관리 외 수입 중 예금이자와 연체료 수입 그리고 이삿짐 운반 시 승강기 사용료수입은 필수적으로 잡수입 계상되어야 한다. 만약 잡수입 명세에 누락 시에는 원인과 사용처를 확인한다. 보험료, 리베이트, 상인기부금, 광고게재료 등 기타 관리 외 수입은 어떤 것이 있는지를 조사한다. 그리고 그 수입과 지출은 어떻게 관리되고 있는지 확인한다. 대개의 단지는 자치부녀회 기금으로 관리되는 경우가 많다.
   이때에는 자치부녀회 기금의 수입과 지출내역을 공개시키고 공동의 이익을 위해 사용하도록 유도하여야 한다.

---

133) 현재 서울의 각 구청산하에 각 구청의 체육시설이나 청사 등을 유지관리하기 위해서 시설관리공단 등이 있다. 이를 중앙의 주택청이나 공동주택 관리공사 등의 하부기관으로 활용할 수 있도록 법제화하는 것도 바람직하다.

f. 관리비 집행의 정기적 감사

관리비 점검표를 만들어 연 1회의 결산감사는 물론이고 내부적인 감사에 의하여 적어도 분기 1회 이상은 감사함으로써 관리비 집행의 부정을 예방하고 적정성을 보장할 수 있을 것이다.

5) 연체관리비에 대한 예방과 해결대책

(1) 예방책

입주자가 납부하는 관리비에는 세대의 사용량뿐만 아니라 단지 공용부분의 적정한 유지관리에 필요한 비용이 포함되어 있기 때문에 연체한 세대의 관리비는 선의의 입주민들이 그 부담을 떠안아야 하게 되는 것이다.

아파트관리주체는 관리비 연체를 방지하기 위하여 위해 평상시 아파트 홈페이지, 단지 내 게시판, 엘리베이터 등이나 내용증명 발송에 의하여 관리비 납부를 적극 홍보하는 것이 필수적일 뿐만 아니라 2개월 이상 연체세대인 경우에는 이메일과 전화통보 독촉을 하여 장기체납세대가 되지 않도록 사전에 수시로 독촉함으로써 우선적으로 관리비를 내도록 하여야 한다. 실제로 각 시중은행은 전화독촉을 수시로 계속하여 심리적 압박을 가함으로써 우선적으로 은행신용카드대금을 지불하도록 하는 데 성과를 거두고 있다.

(2) 장기체납자에 대한 대책

장기연체자나 고의적인 연체자에 대한 대책으로서는 보통 일반채권 회수방법과 같이 가압류 조치를 취한 후에 소액심판을 청구하는 방법도 있지만 시간적 경제적 손실이 크기 때문에 지급명령제를 도입하여 채권자와 채무자(관리비 연체세대)가 법정에 출석하지 않고도 서류심사만으로 신속하게 분쟁을 해결할 수 있는 제도이다. 이 제도는 본안소송 비용의 10분의 1이라는 저렴한 수수료를 부담하면서도 법원이 지급명령을 내는 즉시로 채무가 확정되기 때문에 확정판결과 동일한 효력을 가진다.

6) 관리직원의 사기진작과 전문성 향상대책

(1) 관리소장의 마인드와 자세가 공동주택의 분위기와 효율성 좌우

아파트관리소장인 주택관리사가 어떠한 근무자세와 어떠한 마인드를 가지고 근무하느냐에 따라서 공동주택의 분위기가 달라지고 관리의 효율성이 달라질 수 있기 때문에 관리소장의 마인드와 자세는 공동주택 관리에 있어서 대단히 중요하다.

마치 가정에서 가정주부의 마인드와 가정관리 자세가 그 가정의 분위기와 살림의 효율성에 얼마나 중요한가 하는 것과 유사하며, 입주자대표회의는 가정에서는 가장과도 흡사하다고도 볼 수 있다.

그러므로 관리소장인 주택관리사가 소신을 가지고 전문성에 입각한 관리를 능동적으로 창의성 있게 펴나갈 수 있도록 어느 정도 합리적인 범위에서의 자율적인 권한을 부여하여야 한다.

그러나 현재의 상황은 입주자대표회의가 이를 인정하지 않고 일방적이고 수직적인 지시와 명령하달체계만 존재하고 있어 관리소장의 전문성에 입각한 소신과 창의성이 발휘되지 못하고 관리가 답보상태에 놓여 있다고 판단된다. 마치 가정에서 가장이 너무 살림의 세부적인 것까지 간섭과 통제를 심하게 하여 주부가 살림을 수동적이고 눈치보기식으로 적당히 하다 보니 그 가정의 분위기가 어둡고 살림살이가 발전이 없는 경우와 유사하다.

(2) 관리소장에 대한 신분안정 대책

특히 현재 관리소장들의 신분안정이 되지 않아 문제가 많다. 정확한 통계는 없지만 관리소장의 한 단지에서의 평균 재임 기간은 IMF 이전에는

6개월이 안 되다가 최근에는 2년 전후 정도로 늘어났지만 심지어는 2~3개월도 안 되어 수시로 바뀌는 단지도 비일비재하다.[134]

단기간에 관리소장이나 관리직원이 바뀌는 것은 체계적이고 지속적인 업무수행이 어려워질 뿐만 아니라 고용이 안정적이라는 인식이 주택관리소장의 근무의욕에 가장 큰 영향을 끼치는 변인으로 나타났다.[135] 이에 대한 제도 주택관리사의 고용에 관한 규정을 보완하여 법제화하는 방안이 바람직하다고 본다.

아파트 관리 업무에 대한 친숙성과 업무 연속성을 위한 관리직원의 신분보장이 필요한지를 묻는 질문에 대해 설문 응답자들은 바람직하다고 생각하거나 찬성한다는 답이 85.2%로 다수를 차지하고 있다. 신분보장이 필요 없거나 반대한다는 입장은 12.9%였다. 이는 입주자가 관리직원의 신분보장을 통한 업무 효율성 향상을 기대하고 있음을 보인다.

<표 4-21> 관리직원의 신분 보장

구 분	빈도수	비중(%)
근무성적에 문제가 없다면 바람직하다	188	52.7
약간 찬성한다	116	32.5
그럴 필요 없다	36	10.1
자주 바뀌어야 좋으니 적극 반대	10	2.8
무응답	7	2
총 계	357	100

같은 취지의 질문을 관리자에 한 결과 관리업자 변경 시에도 관리자에 대한 신분을 보장하는 것이 단지 내의 친숙성과 문제의 숙지를 촉진하고

---

134) 현재 정확하게 나와 있는 통계는 없음. 125)참조
135) 한국아파트신문 2004. 3. 10. 홍형옥, 은난순, 유병선 경희대 생활과학연구소 연구원의 '주택관리소장의 근무의욕과 직업 만족도에 미치는 영향요인 분석'

관리의 효율성과 시설물유지관리의 전문성 확보에 필요하다는 견해에 대해 아파트 관리자는 매우 필요하다는 의견이 50%, 필요하다는 의견이 39%, 필요 없다는 의견은 11%였다.

<표 4-22> 관리직원의 신분안정

구 분	빈도수	비 중
매우 필요	73	50
필 요	57	39
불필요	13	8.9
전혀 불필요	3	2.1
무응답	0	0
총 계	146	100

관리사무소의 핵심주체는 주택관리사인 관리소장인데 이들에 대한 신분의 불안정은 관리의 불안정을 가져오는 경우가 많기 때문에 이에 대한 견제장치가 필요하다고 본다.

그 방안으로서 문제가 있다고 하는 관리소장이 과연 대다수 주민들도 그렇게 판단한다면 교체해야 되지만 대다수 주민이 보았을 때 문제가 없다고 본다면 교체하면 안 된다. 그것을 판단하기 위해서 합리적이고 객관적인 방안으로서 주민전체에게 투표를 시켜서 관리소장의 거취를 정하면 객관적 정당성이 확보될 수 있을 것이다. 또한 임기를 정해서 관리업체가 교체되더라도 임기를 보장해주되 단 임기 내에 문제가 있다고 판단되면 주민전체의 투표에 의해 과반수득표 여하에 의해서 해임 여부를 결정하는 방식으로 취업규칙이나 관리규약 등의 제도를 개정함으로써 관리소장의 신분을 안정적으로 보장해줄 수 있다고 판단된다.

그러나 이러한 고용안정을 악용하는 사례를 방지하기 위해서는 법률상 규정되어 있는 주택관리사의 자격취소 및 정지에 관한 조항을 보다 더 세밀하게 검토하여 관리소장으로서의 역할을 하지 못했을 경우의 책임조항도 함께 마련되어야 할 것이다.

(3) 사기진작을 위한 관리직원에 대한 인식제고와 신분안정 대책

관리직원들은 대부분이 저임금인 경우와 세대수에 비하여 인원이 너무 적으며 공용부분을 넘어서 개인세대의 자질구레한 부분까지도 서비스를 받아야 한다는 인식을 가지고 있으며 그러한 요구에 부합되지 않으면 관리인에 대하여 그릇된 편견을 가지고 불만을 토로하기 일쑤다.

그러다 보니 젊고 전문적인 기술력 있는 사람은 거의 찾아보기 힘들고 있다 하더라도 좀더 나은 직장을 구하기 위하여 일시적으로 근무하는 징검다리로 생각하거나 고령으로 다른 곳에 취업이 불가능한 정도의 사람들만이 업무에 종사하고 있는 경우가 많다. 그러한 것은 공동주택 관리의 효율성과 전문적인 관리로의 발전에 결코 바람직하지 않다.

입주자들에게 관리업무의 중요성과 관리직원들의 업무의 중요성을 인식시키고 아파트관리 업무에 잘 참여하고 협조할 수 있도록 홍보해야 하며, 관리회사가 바뀌어도 입주자대표회의는 관리직원의 근무상의 하자가 없는 한 직원을 해고할 수 없도록 법제화하여야 하며, 관리회사와는 별도로 관리단지의 소속직원으로 하여금 단지를 장기적인 배려하에 관리하여야 할 것이다.

그리하여 시설물 유지관리담당자인 직원이 장기 근속하여 당해 공동주택 시설물에 대하여 누구보다 잘 파악해서 잘 알고 자기직무에 애착을 가질 수 있도록 처우개선 시스템을 개발하는 것이 너무 단기간 근무하는 바람에 당해 시설물에 기본적인 사항도 파악하지 못한 채로 다른 단지로 근무지를 옮기거나 다른 직장으로 가기 위한 징검다리나 더 나은 직장을 구하기 위한 직장대기소로 여기는 풍조를 불식하고 장기간 근무하면서 자기직장과 담당직무에 애착과 전문성을 가질 수 있도록 하기 위한 대책이 필요하다.

이러한 대책의 일환으로 입주민에 대한 홍보, 노동조합의 결성 행정지도와 감독 등이 강화되어야 하고 위탁관리 계약 조항상에도 직원교체 문제에 대한 제한규정을 둘 수 있도록 법령상의 조치가 있어야 하겠다. 따라서 입주자는 확실하게 잘못이 있는 경우에만 관리인을 견책하거나 교체해야 하며 입주민의 지나친 주인의식과 불필요한 관리참여와 간섭, 과도한 요구 등으로 관리인의 근무의욕을 저하시키고 창의력을 꺾는 일이 없어야 될 것이다.

(4) 관리자 적정인원과 임금단가 산정기준의 보급

관리회사는 관리제안서에서 보통 관리의 질에 대한 경쟁을 하려고 하는 경우는 별로 없고 관리인원을 줄이고 임금을 삭감하는 문제로 입주자대표회의나 주민들에게 접근하는 경우가 많다. 이는 능력 있는 인재확보와 관리요원의 장기근무를 통한 공동주택 관리의 전문화와 효율적인 관리를 위해서 결코 바람직하지 않다.

또한 근무 중인 경우에 있어서도 관리자의 적정인원과 노임단가의 적용기준이 없기 때문에 입주자대표회의에서 임금 등을 임의 설정함으로써 근무자의 근로의욕을 저하시키는 사례가 많이 발생하는데 관리자 적정인원 산정 및 임금단가의 적용기준을 작성하여 보급하여 근로자 임금수준에 대한 명확한 기준을 제시해 줄 필요가 있다.

(5) 관리주체의 수동적 소극적 관리자세 개선방안

현재의 수동적이고 소극적인 눈치보기식의 적당주의적 관리자세를 개선하고 전문적인 관리기술과 해당 공동주택에 대한 시설, 환경, 행정 등의 다양하고 많은 정보를 적극적으로 활용할 수 있는 관리사무소로 변화하기 위해서는 관리사무소에 보다 많은 역할과 권리 등이 부여되어야 할 것이다. 또한 관리사무소의 관리를 수동적인 역할에만 머무르게 하는 입주자 대표회의나 입주자 등의 인식 변화도 함께 이루어져야 할 것이다.

이러한 입주자대표회의와 관리사무소의 관계형성은 해당 아파트단지의 공동체 문화를 형성하는 중추적인 기능을 하게 되므로 해당 아파트의 물리적 결함이나 단지특성을 가장 잘 파악하고 있는 관리주체가 입주자대표회의의 의견을 이끌어가는 선도적 입장에서 업무를 수행하도록 하는 것이 바람직하다.

입주자대표회의와 관리사무소가 수평적인 관계를 형성하고 입주자대표회의는 관리사무소의 전문적인 관리에 대한 건의사항과 애로사항을 청취, 개선하는 역할을 하고 관리사무소는 보다 나은 주거환경 형성을 위해 스스로 찾아서 업무를 수행하는 적극적인 전환이 필요하다.

(6) 전문성 향상대책

관리소장과 해당 관리직원에 대한 유지관리 기술 실무교육이 필요하다고 보는지에 대한 질문에 아파트 관리자들은 필요하다는 의견이 총 91.8% 이다. 따라서 앞으로 이를 위한 구체적인 대안이 필요할 것이다.

<표 4-23> 관리소장과 해당 관리직원 실무교육

구 분	빈도수	비 중
전혀 필요 없다	3	2.1
필요 없다	8	5.5
필요하다	67	45.9
매우 필요하다	67	45.9
모르겠다	1	0.7
무응답	0	0
총 계	146	100

가. 지속적인 전문교육의 실시

관리소장이나 관리직원 등 관리책임자는 완전하고 합리적인 관리기법을 구사할 수 있는 능력이 있어야 한다. 그러나 사실상 관리소장은 주택관리사보 자격을 취득한 후 최초로 공동주택에 배치된 날로부터 1년 이내에 관리교육을 받는 이외에 외국의 제도에서처럼 주택관리의 업무수행을 위한 직무수행이나 관리업무와 관련된 기술습득의 기회가 적어 입주자들이 요구하는 전문적인 관리서비스를 못하는 실정이다. 입주자의 의식수준은 상당한 발전을 이루는데 관리인의 의식수준이 변화하지 않는다면 입주민과 관리인간의 갈등이 심화될 것이다. 또한 새로운 관리기법의 도입문제, 새로운 환경체제의 대응능력, 문제해결능력 등에서 많은 문제점이 야기될 수 있다. 따라서 지속적인 직무교육과 전문교육이 이루어질 수 있도록 검토되어야 할 것이다.

이러한 교육문제는 관리소장인 주택관리사에 대한 교육은 간헐적으로 위탁관리업체, 대한주택관리사협회나 지방자치단체를 통해서 이루어지고 있으나 하위직원들에게는 그러한 교육 즉 각 분야별 기술교육이 체계적으로 이루어지지 않고 있다. 이를 위하여 전문기관에 의하거나 위탁관리회사를 대형화 전문화시키거나에 의해서 전문적인 분야별 교육이 이루어져야 사회 공공재적 성격도 가지고 있는 공동주택 시설물의 유지관리를 통해서 장수명화 및 주민생활의 쾌적성 유지에 기여될 수 있을 것이다.

나. 정기적인 분야별 직무기술교육

공동주택의 관리의 핵심적 역할을 하는 관리직원의 능력에 따라 건물의 유지, 보수 등을 통해 건물 내 부대시설의 수명연장과 노령화를 방지할 수 있으며 주민에 대한 질 높은 서비스를 극대화할 수 있으므로 관리인의 전문성 향상은 대단히 중요하다.[136)]

이를 위해서 공동주택 관리직원을 전문적으로 교육할 수 있는 자문 및 전문교육기관을 설립하거나 현재의 대한주택관리사 협회를 활용하는 것이 바람직하다.

다. 주택관리 전문회사를 전문화 대규모화

지역별로 지방자치단체의 시설물 관리공단이나 중앙의 전문 관리기관 산하에 분야별 전문관리원에 대한 분야별 '풀'제를 지역적으로 운영하는 방안도 고려해볼 수도 있으나 유지 운영상 문제가 있을 수 있다. 그러므로 현재의 영세하고 기술적으로 비전문적인 관리회사들을 설립 및 유지조건 등의 법적 요건을 강화해서 기술적으로 전문화시키고 대규모화시키는 방안이 강구되어야 할 것이다.

2. 시설물유지관련 개선방안

1) 아파트유지관리 매뉴얼작성 의무화

적어도 선진국 수준의 공동주택의 50년 이상의 장수명화가 가능하도록 사업주체로 하여금 시설유지관리 매뉴얼과 상세 시방서를 여러 상황에 즉응할 수 있도록 작성해 보급토록 의무화하는 등 정부가 종합적인 유지관리체계를 구축해야 한다.

---

136) 한국아파트신문, 2004. 6. 23. 울산대학교 주거환경학과 김선중 교수 외 2인이 한국주거학회 논문집을 통해 '공동주택 관리인을 위한 보수교육 개선에 관한 연구'라는 논문에서 144명의 울산광역시 의무관리대상 아파트단지에 근무하는 관리소장을 대상으로 실시한 설문조사에서 응답자의 90.8%가 관리소장을 포함한 관리직원들에 대한 수시교육과 훈련이 필요하다고 답하였고 기술직 직원교육의 의무화에 대해서도 71.5%가 긍정적 반응을 보여 아파트 관리인력의 전반적인 교육의 필요성을 인식하고 있는 것으로 조사됐다고 발표하였다.

공동주택시설 유지관리 시스템을 이용하여 공동주택의 장기수선계획 수립 및 실적관리와 공동주택 안전점검 및 관리, 입주민에 대한 서비스, 공동주택 유지관리 매뉴얼 서비스 및 관리 등에 활용할 수 있도록 함으로써 관리의 전산화 및 관리의 질을 격상시키는 계기가 되도록 해야 할 것이다. 그리고 이를 운용할 수 있도록 관리소장 등에 대한 교육이 따라야 할 것이다.

종합적인 유지관리체계구축을 위해 주택건설기준을 전면 손질하고 주택관리 방법부터 리모델링기준까지 체계적으로 관리기준을 제도화해 나가야 한다.

공동주택 관리업무의 발전을 위한 정부의 역할은 공동주택의 유지관리를 감안한 설계를 하도록 하고 설계자가 유지관리 매뉴얼을 작성해 관리주체와 입주자에게 제공하게 하는 것과 설명서의 보급을 의무화하는 등 주택의 성능유지 및 수명연장방안을 강구해야 한다.

또한 벽식구조로 건설되는 공동주택의 특성상 대부분의 설비가 매입돼 사실상 유지관리가 어렵고 설비재의 노후화가 촉진돼 건축물의 수명을 단축시키는 단점이 있다. 라멘조 아파트의 건축을 적극유도하고 주택설계 시 설비재의 내구연한을 명시해 수순 및 교체주기를 명기토록 하는 등 설계기준을 강화해야 한다.

2) 관리회사 설립 및 유지요건의 기술적 전문화 요건 강화 및 육성지원

현재 형식적인 주택관리회사의 기술적 요건을 실질적인 기술적 관리가 가능할 수 있도록 설립요건을 강화하고 주기적으로 점검하며 아파트 위탁관리 제안서 제출 시에도 그러한 항목이 필수적으로 포함될 수 있도록 공동주택 관리규약에 제한적 규정을 두어야 할 필요가 있다. 그러해야 현재 형식적인 관리에 그치고 있는 위탁관리에 공동주택 시설물의 장수명화에 도움이 될 수 있는 좀더 실질적이고 기술적 관리가 가능해질 수 있을 것이다.

따라서 관리회사의 전문화를 추구하기 위해서는 주택관리업의 등록기준을 강화(자본금 규모확대, 기술인력 자격자수)시켜 전문화, 대형화시키고 일정규모 이상의 세대수의 경우에는 광역관리를 하도록 하는 것이 바람직하다. 이것은 관리의 전문화를 통한 수선유지의 효율성 등 규모경제 효과를 창출할 것이다. 인접단지를 통합하여 1개의 전문회사가 관리함으로써 전문 기술인력을 이용 효율성과 기술의 전문화가 이룩될 것이다.

또한 관리조직이나 운영방법 등에서 전문성을 추구할 수 있도록 관리전문회사를 육성하고 지원하는 체제가 정착되어야 한다. 관리회사가 전문화된 관리를 위해 교육센터설립 등 기술투자를 하는 경우에는 국민주택기금을 활용할 수 있게 하거나 금융기관에서 지원해줄 수 있는 체제가 구축되어야 한다.

3) 하자보수제도의 개선방안

일반적으로 주택의 성능은 주택생산에서뿐만 아니라 이후의 보증제도의 구축에 의해 결정되는바 현재의 공동주택 사업주체의 하자담보 책임제도의 하자보증 범위 및 보증 기간의 부적절, 하자보수 보증금 부족 등의 문제점 해결을 위해서는 주택성능 보증제도의 도입이 필요하다.

외국의 경우 주택의 하자문제를 해결하기 위해 주택보증제도를 시행하고 있는데 제도상의 특징을 살펴보면[137] 단기보증은 1차적으로 분양사업자가 책임을 지고 1차적으로 분양사업자가 책임을 지지 않는 경우에 한하여 보증기관이 책임을 지고 장기보증인 경우에는 분양사업자에게 책임을 지우지 않고 보증기관이 책임을 지는 제도이다.

성능기준도 우리나라보다는 구체적이며 면책조항을 상세히 규정하고 있다. 특히 일본은 공사별로 구체적인 하자의 범위와 면책조항을 두고 있다.

---

137) 한국건설산업연구원, 공동주택의 하자보수 책임제도 개선방안, 2002, p.47.

(1) 하자범위에 대한 개념정의를 개선

현행 주택관리 법령의 장, 단기 하자범위의 경우 사업주체와의 분쟁소지를 방지하기 위하여 하자담보 책임의 범위를 시설물 부위별로 명확하게 규정하는 것이 필요하며 지나치게 포괄적인 하자범위를 규정하지 말고 하자책임의 범위를 보다 명확하게 규정하도록 함으로써 입주자와 사업자 간의 분쟁을 사전에 예방할 수 있을 것이다.

(2) 하자보수 보증금액의 증액과 운영체계에 대한 개선

우선 현행 토지비를 제외한 건설비의 3%로 되어 있는 하자보증 금액을 10% 정도로 상향 조정하고,[138) 1년에서 10년차의 하자보수 보증금을 일괄 보증서로 제출하는 경우에는 각 연차별(1, 2, 3, 5, 10년차) 하자보증 기간의 경과 내지 해제 시 신속한 귀속이 곤란할 뿐만 아니라 시공업체에서 하자보수 지연 시 보증기관에서 보증서의 약관 등을 이유로 하자보증금 인출을 지연시키는 경향을 초래할 수도 있기 때문이다. 이 같은 문제점에 대한 해결방안으로는 보증금액을 보증 기간 각 연차별로 귀속할 수 있도록 조치하고 하자 불이행분에 대해서는 즉시 가능토록 추가 보완조치가 요구된다. 또한 하자발생 시 신속하고 간단한 절차에 의하여 하자가 보수될 수 있도록 다각적인 방안을 법령에 명문화해야 한다.

(3) 하자담보책임의 범위 및 기간제도의 개선

현행 공동주택 사업주체의 하자담보 책임제도의 불합리성 즉 하자보증 범위 및 보증 기간의 부적절, 하자 보수 보증금 부족 등의 문제점을 해결하기 위해서는 주택성능 보증제도의 적극적 도입이 요구된다. 현행 주택

---

138) 실제로 현재 아파트입주 후 사용 중의 방수 도장 시설물 하자를 보수하기 위한 공사의 하자보증 금액은 공사금액의 10%가 보통이고 20%인 경우도 비일비재하게 이루어지고 있다.

법령에서는 내력구조부에 대한 하자에 대하여는 하자보수 기간이 기둥과 내력벽은 10년 보, 바닥은 5년으로 규정하고 주택이 무너졌거나 무너질 우려가 있다고 판정되는 경우를 그 범위로 하고 있다.

외국의 경우 내력구조부 하자기간이 대체로 10년이지만 그 대상이 훨씬 광범위하다. 따라서 철저한 하자보수를 위해서는 내력구조부에 대한 보증책임 기간의 연장검토와 함께 시설부위별 자재별로 내구연한 및 결함 발생주기 등을 감안하여 하자범위와 하자보수 책임 기간의 조정이 필요하다.

(4) 하자보수 책임보증 및 손해보상제도

하자 여부 판정의 지연과 분쟁 및 시공책임자의 보수지연으로 인한 피해를 방지하기 위해 사전에 부위별로 하자의 세부기준을 제시하고 하자보수 책임보험 및 손해보험제도를 도입하는 방안을 적극 강구하여야 한다.

즉 근본적으로는 하자보수를 위해 책임보험과 손해보험으로 구성되는 이중보험제도의 도입이 필요하다. 우선 주택사업자뿐만 아니라 설계자, 자재생산자, 감리자 등도 하자에 대한 책임을 지도록 하고 이들에게 일정 기간 동안 책임보험에 가입하도록 의무화해야 할 것이다.

이 경우 법정 내구연한 동안에 발생되는 하자에 대해서 우선 손해보험의 보험사가 하자에 대한 손실을 보상해 준다. 그다음 소유자를 대신하여 책임당사자인 사업주체에 그 손해의 보수비용에 대한 청구권을 행사하면 사고책임업자는 책임보험으로부터 보험금을 타내어 손해보험회사에서 청구한 수리비를 변제함으로써 신속한 하자보수 및 분쟁조정이 가능하게 될 것이다.

주택사업자뿐만 아니라 설계자 자재생산자 감리자 등도 하자에 대한 책임을 지도록 하는 이 제도는 특히 시공상의 하자 문제를 크게 축소시킴으로써 자연적으로 공동주택의 수명연장을 가능하게 한다는 점에서 하자문제에 대한 근본적인 해결방안이라 하겠다.

이러한 방안과 관련하여 입주자와 관리자인 관리소장을 상대로 설문한 결과를 보아도 그 필요성이 강력히 요구되고 있음을 알 수 있다.

하자보수문제가 제기될 경우를 대비해 하자보수책임보험 및 손해보험제도를 도입하는 방안에 대해 아파트 입주자의 절대 다수인 95%가 매우 필요 혹은 필요하다고 답하였다. 같은 질문에 대해 아파트 관리자의 절대 다수인 97.2%가 매우 필요 혹은 필요하다고 답하였다. 결국 하자보수책임보험 및 손해보험제도에 대해 아파트 입주자와 관리자 모두 적극적으로 지지하고 있다.

〈그림 4-9〉 하자보수 책임보험 및 손해보험

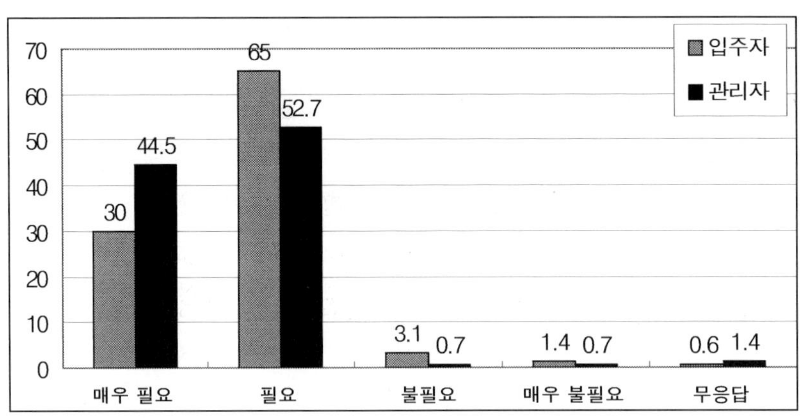

(5) 공신력 있는 하자보수 기관을 설치

시공업자와 입주자(관리주체) 사이의 쟁점하자의 판정을 위해 제3의 공신력 있는 기관을 설치한다.

〈그림 4-10〉 하자보수 업무흐름도

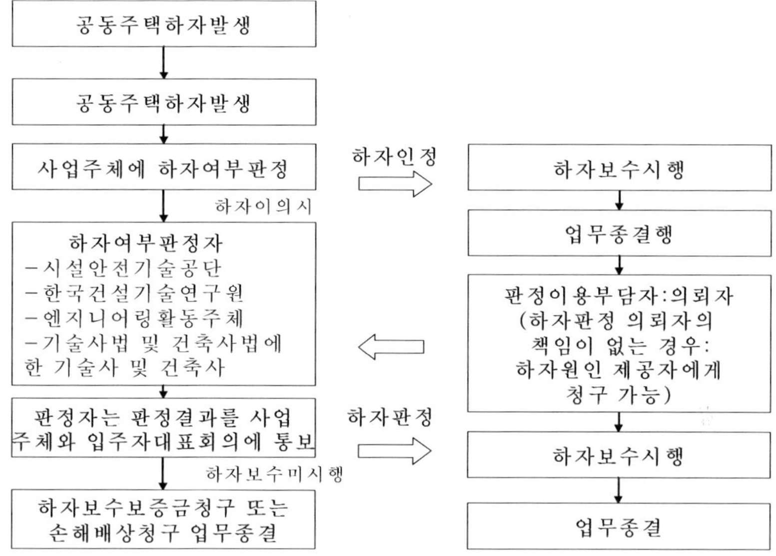

〈그림 4-11〉 공동주택의 하자보수 요구절차

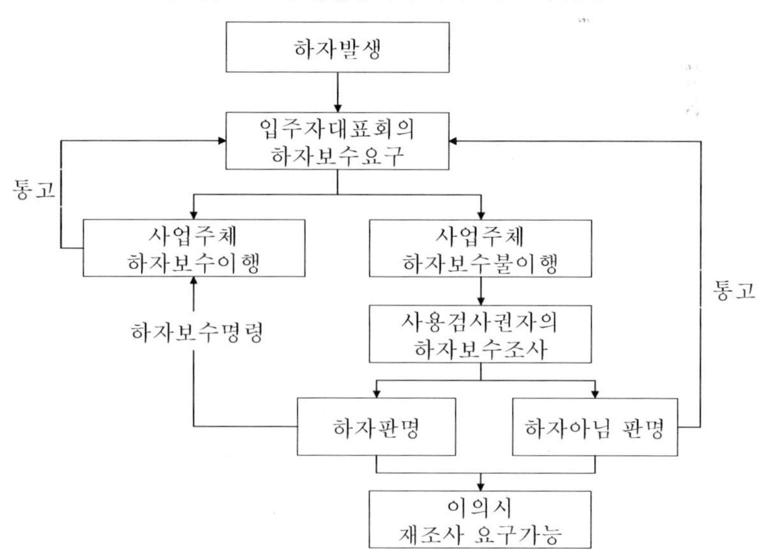

4) 시설물 유지관리 전문기술 지원체계 강화

공동주택의 적정시기 유지관리를 위한 장기수선계획의 수립, 집행의 위해서 수선계획의 작성에서 집행까지 전문성이 요구되므로 전문기술 지원기관의 설립을 통한 기술지원이 필요하다. 외국의 경우 주로 전문관리회사가 공동주택의 유지관리를 체계적으로 관리하고 있다. 일본의 경우 1985년 건설성 산하에 주택관리센터를 설립해 관리조직의 전문화를 지원하고 있다. 주택관리센터는 관리조합에 대한 지도와 상담을 하고 도시에 대규모 수선에 필요한 체계적인 정보제공과 금융조달의 위한 보증업무, 대규모 수선 및 재건축 관련 조사 및 연구를 수행하고 있다. 이 밖에 사단법인 고층주택관리업협회에서는 "맨션보전진단센터"를 설치해 공동주택 유지관리와 관련한 전문적인 지원을 하고 있다.[139]

지자체의 담당부서의 기술적 인원도 보강개편하여 현재의 미온적이고 형식적인 행정지원 체계에서 벗어나 행정지도 자문기능을 강화해야 하며 적절한 장기 수선계획의 수립 및 집행을 위해서는 수선계획의 작성에서부터 시공업자의 선택, 사양의 결정, 수선공사 집행과 감리 등에 이르기까지 전문적인 기관의 기술적인 지원이 필요하다. 기술지원기관은 그 성격에 따라 첫째 공동주택 관리법(가칭) 등 특별법의 제정에 의한 공동주택 관리 공단(가칭) 설립 또는 지자체 각 시, 도, 구군청에 설치된 시설관리공단이 확대개편하고 체계화하여 보다 전문적인 공동주택 관리가 가능하도록 행정지도 감독과 교육 등이 가능하도록 하여야 실질적인 관리가 가능해 질것이다.

---

139) 서울시정개발연구원, 아파트관리 평가모델 구축방안, 2001, pp.58-59.

5) 장기수선계획과 장기수선 충당금의 적립 등에 관한 개선방안

(1) 재건축보다 보수나 리모델링을 통한 공동주택의 장수명화

재건축이나 리모델링이 필요 없을 정도로 평소 상시 관리를 할 수 있는 관리체계를 구축하여야 한다. 설계부터도 차후 수선보수나 리모델링을 하기 좋도록 설계 시공단계부터 국가가 지도감독하고 설계지침을 제정하여야 할 것이다.

장기수선계획도 이러한 관점에서 수립되고 조정되어야 할 것이다.

(2) 장기수선계획의 문제개선

장기수선계획의 실질적인 담당자이고 관리자인 관리소장에 대하여 아파트 장기수선계획이 수립되어 있는지에 대한 질문에 수립되어 있지만 잘된 것은 아니라는 의견이 77.4%인 반면에 잘 수립되어 있다는 의견은 11.6%에 그쳤다. 또한 수립되어 있지 않다는 의견도 8.9%이다. 따라서 앞으로 장기수선계획에 대한 개선이 필요하다.

〈그림 4-12〉 장기수선계획의 문제점

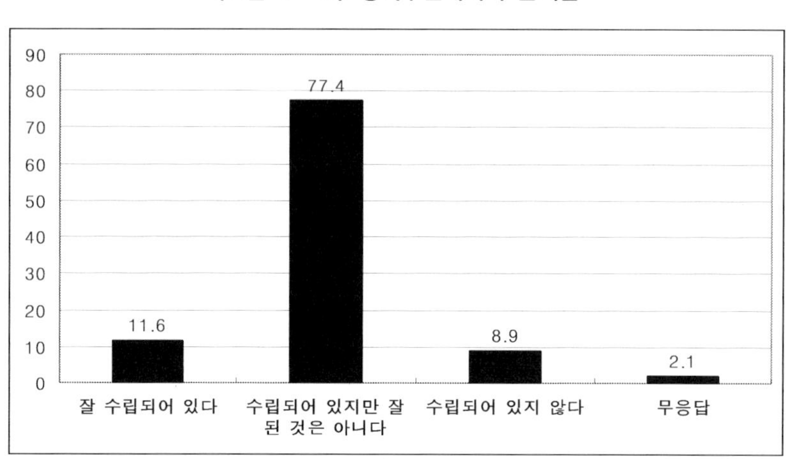

　장기수선계획의 수선 주기율을 현실에 맞게 바꾸어야 하며 아파트의 유지관리계획은 장기적인 관점에서 수립되어야 한다. 아파트의 장기수선계획의 작성은 단순히 무엇을 언제 얼마의 비용을 들여 공사를 한다는 개념에서 벗어나야 한다. 이를 구체적으로 보면 다음과 같다.

　첫째는 건물의 각 부위 혹은 부재 등의 성능과 기능을 측정할 수 있는 도구가 있어야 한다. 예를 들어 옥상방수의 경우 일부분이 훼손되었다고 전체로 확대하기에는 한계가 있다. 따라서 전체 면적에 대한 훼손면적, 혹은 투입된 비용 대 전면공사비용과의 대비 등의 측정 방법이 필요하다.

　둘째는 건물전체에서 수선주기가 비슷한 공사 종류의 경우 가급적 한 시기에 일괄적으로 조정하는 것이 바람직하다. 일괄적인 공사는 자재 혹은 인건비의 절감을 유도할 수 있다.

　셋째 공동주택의 구조체에 대한 유지보수를 위하여 부식방지는 대단히 중요하다. 부식방지는 구조체의 균열된 틈을 통해서 우수나 공기 중의 탄산가스가 유입되지 못하도록 균열을 철저히 보수해야 한다. 그리고 도장공사를 할 경우라도 우선적으로 균열보수공사를 철저히 한 다음에 하여야 할 것이다.

　이러한 문제에 대한 것은 공동주택의 대단히 중요한 문제이므로 장기수선계획의 수립기준(주택법시행규칙 별표5)을 개정해서 공동주택구조물의 균열(크랙)에 대해서 철저하게 주기적으로 보수해야 한다. 또한 도장공사와는 별도[140]로 보수할 수 있도록 해야 할 것이다.

　넷째는 비용의 계산이다. 비용은 현재가치를 미래가치로 환산하는 할인

---

[140] 현재는 일반적으로 도장공사를 하면서 서비스개념으로 도장공사의 전 처리작업의 일환으로 외벽균열 보수공사를 하다 보니 철근을 타고 우수가 침투하고 철근이 부식이 연속적으로 발생함에 따라 콘크리트 벽면의 박리박락현상이 자주 일어나고 있어 앞으로는 균열보수공사에 중점을 두어 별도공사로 할 수 있도록 하는 것이 구조체를 보호하는 데 기여가 된다고 본다.

율의 개념이 도입되어야 한다. 오늘의 1000원 가치가 미래에도 1000원의 가치로 머물 수는 없다. 따라서 이자율 혹은 물가상승률 등을 도입한 할인율 개념으로 충당금 금액을 환산하는 작업이 필요하다. 그 외에 수선주기, 공사방법 등의 다양한 요인이 체계화되어야 하는 것도 필수적이다.

(3) 장기수선 충당금액 문제개선

장기수선 충당금은 사업주체가 작성한 장기수선계획에 의해 적립하도록 되어 있지만 사업주체가 장기수선계획을 수립하지 않고 사용검사를 신청하거나 사용검사권자가 장기수선계획에 관계없이 사용검사를 해준다 해도 사업주체나 행정관청 모두 처벌규정이 없어 현실적으로 이행되지 않고 있다.

장기수선 충당금은 관리비의 7개 비목의 몇 %의 비율로 정하여 징수할 수 있도록 의무화함으로써 공동주택의 노후화 방지 및 수명연장을 위한 수단으로 활용할 수 있을 것이다.

① 현재 장기수선 충당금의 적립액이 부족하여 적립률을 상향조정 하지 않으면 계속적으로 적자가 누적될 것이며 특히 주거문화의 새로운 패러다임과 리모델링 등의 자금수요 확보차원에서 수선계획을 세우고 장기수선 충당금이 적립돼야 한다.

리모델링을 위해서는 대폭 상향조정의 필요성이 제기된다. 이를 뒷받침하기 위해 적립액에 대한 소득공제, 부동산거래 시 장기수선 충당금 적립액의 공시방안을 마련하여 적립금 담보로 장기저리 융자지원도 검토해 볼 만하다.

또한 임의관리대상 공동주택에 대하여도 장기수선계획 수립을 의무화하여야 한다. 임대주택도 관리령을 원용하여 장기수선 충당금의 부담주체를 소유자인 임대사업자로 명확히 하여 의무이행 확보수단을 강구하여야 한다.

장기수선계획이 수립되지 않은 공동주택의 장기수선 충당금 적립률의 최저한을 높여야 한다.

100분의 3에서 100분의 20까지를 적립토록 규정되어 있는데 현재 100분의 3 정도에서 적립하고 있는 것으로 나타나 100분의 7~20 정도로 연차적으로 규준을 둠이 타당하다고 보인다.

현재 실제로 장기수선계획의 수립과 장기수선 충당금을 적립하고 있는 단지는 전체의 약 25% 정도로 대개는 법령에서 명시하고 있는 최소한의 금액만을 징수함으로써 실제로 대규모 수선 시에는 입주자들로부터 일시 충당금을 받아 보충하는 방법을 많이 활용하고 있다.

장기수선 충당금의 적립은 당해 공동주택의 단순한 유지보수의 목적을 넘어서 국가의 자산을 관리한다는 차원에서 접근해야 하며 주거생활의 다양한 욕구에 부응할 수 있는 방향으로 연구되고 제도화되어야겠다.

② 잡수입금의 시설의 개보수 및 장기수선 충당금으로 편입

공동주택 관리과정에서 발생하는 단지 내 잡수입금 등의 수입금은 반드시 시설개보수나 장기수선 충당금에 편입되도록 해야 한다.

③ 국민주택기금의 융자

현재 공동주택의 대규모 수선을 위한 비용충당의 한계성을 고려해 국민주택기금을 통한 장기저리 융자제도의 도입이 필요하다.

(4) 불이행 시 불이익조항과 유도방안

과징금들을 장기수선계획이나 장기수선 충당금이 불이행되거나 불충분한 경우에 제재를 가하고 잘하는 단지에 대해서는 우수아파트 사례심사 시 이익을 받도록 하고 국민주택기금융자 시에도 연계시킴으로써 인센티브로 활용하여야 한다.

이상의 개선방안과 관련하여 설문조사를 실시한 결과를 보면 다음과 같다.

〈표 4-24〉 장기수선계획 및 충당금제도 개선방안

항 목		매우 필요	필 요	불필요	무응답	응답자 (비율)
장기수선 계획작성 세부기준 및 표표준매뉴얼 제작보급	입주자	135 (37.8)	209 (58.5)	3 (0.8)	10 (2.8)	357 (100)
	관리자	79 (54.1)	61 (41.8)	2 (1.4)	4 (1.7)	146 (100)
연체료 및 기타 잡수입을 장기 수선 충당금에 편입	입주자	90 (25.2)	229 (64.1)	25 (7)	13 (3.6)	357 (100)
	관리자	16 (11)	102 (69.9)	4 (16.4)	4 (2.7)	146 (100)
장기수선 충당금 부족 시 장기 저리 융자나 보험제도 개발	입주자	68 (19)	237 (66.4)	37 (10.4)	15 (4.2)	357 (100)
	관리자	18 (12.3)	81 (55.5)	39 (26.7)	8 (5.5)	146 (100)
장기수선계획 불이행 및 불징수 또는 미달징수에 처벌강화 등 행정규제	입주자	55 (15.4)	198 (55.4)	87 (24.4)	17 (4.8)	357 (100)
	관리자	19 (13)	96 (65.8)	28 (19.2)	3 (2.1)	146 (100)

　　장기수선계획을 효율적으로 집행하기 위한 4가지 방안을 제시한 후 이에 대한 의견을 물었다. 우선, 장기수선계획작성세부기준 및 표준매뉴얼 제작보급에 대해 아파트 입주자의 절대다수인 96.3%가 매우 필요 혹은 필요하다고 답하였다. 같은 질문에 아파트 관리자의 절대다수인 95.9%가 매우 필요 혹은 필요하다고 답하였다.

　　그다음 연체료 및 기타 잡수입을 장기수선 충당금에 편입하는 방안에 대해 아파트 입주자의 89.3%가 매우 필요 혹은 필요하다고 하였다. 같은 질문에 아파트 관리자의 80.9%가 매우 필요 혹은 필요하다고 하였다. 반면에 16.4%가 불필요하다고 답하였다.

　　장기수선 충당금부족 시 장기저리융자나 보험제도를 개발하는 방안에 대해 아파트 입주자의 85.4%가 매우 필요 혹은 필요하다고 답하였고 불필요하다는 의견은 10.4%였다. 한편 아파트 관리자의 67.8%가 매우 필요 혹은 필요하다고 답하였고 불필요하다는 의견은 26.7%였다.

끝으로 장시수선계획불이행 및 불징수 또는 미달징수에 처벌강화 등 행정규제 방안에 대해 아파트 입주자의 70.9%가 매우 필요 혹은 필요하다고 보았고 불필요하다는 견해는 24.4%였다. 아파트 관리자의 78.8%가 매우 필요 혹은 필요하다고 보았고 불필요하다는 견해는 19.2%였다. 이상의 설문 결과를 종합해 보면 제시된 방안에 대해 아파트 입주자와 관리자 모두 공감하고 있으나 각 사안에 대한 지지도는 조금씩 다르다. 특히 장기수선 충당금 부족 시 장기저리융자나 보험제도에 대한 아파트 관리자의 지지도는 상대적으로 낮았다.

(5) 공동주택의 유지관리 전문기술 지원기관 설립

적절한 장기수선계획의 수립 및 집행을 위해서는 수선계획의 작성에서 부터 시공업자의 선택, 사양의 결정, 수선공사 집행과 감리 등에 이르기까지 전문적인 기관의 기술적인 지원이 필요하다.

일본의 경우 1985년부터 건설성 산하에 주택관리와 관련된 정보제공기관으로 주택관리센터를 설립하여 관리조직의 전문화를 지원하고 있다. 관리조합의 관리에 대한 적절한 지도, 상담을 행함과 동시에 대규모 수선에 필요한 체계적인 정보제공과 더불어 금융조달을 위한 보증업무, 대규모 수선 및 재건축관련 조사 및 연구 등을 주 업무로 행하고 있다.

6) 안전관리 및 방재관리강화

(1) 공동주택 안전점검교육 확대

16층 이하의 공동주택은 관리주체가 자격 여부와 안전점검 여부와 관계 없이 점검할 수 있도록 돼 있으나 건축물의 구조나 설비의 중요성을 감안할 때 반드시 안전점검 교육을 필한 자나 책임기술자가 할 수 있도록 안전점검교육을 확대 개선책이 필요하다. 안전점검 교육도 관리소장에 국한할 것이 아니라 기술 분야 직원에게도 교육의 기회를 확대해야 할 것이다.

(2) 일상점검과 강화를 통한 안전관리 강화

가. 수시점검

유지관리자 또는 관리주체의 일상적인 유지관리 업무로 육안으로서 일일 점검 또는 필요하다고 판단되는 때에 수시로 실시하는 비정기적인 점검이다.

나. 정기점검

조기에 손상을 발견하기 위해 육안을 이용해 반기별 1회 이상 실시하는 점검으로서 가능한 공동주택에 근접해 점검하고 손상 판정기준에 따라 상태 등급을 기록하는 것이다.

다. 정밀점검(초기점검포함)

공동주택의 안전성을 확보하기 위해 3년에 1회 이상 정기적으로 실시하는 점검, 정밀육안점검 및 장비를 이용해 손상부위 및 손상의 정도 등 손상 상세사항을 그림 또는 도면에 기록한다. 초기점검은 신설구조물의 경우 준공 후 6개월 이내에 시행토록 한다. 초기점검 내용은 구조물 상태의 판단 및 구조물의 문제점 또는 문제점 발생 가능성이 있는 구조부위를 확인하고 기록해 추후 세부심한 주의를 필요로 하는 사항에 대해 점검 중에 평가해야 한다.

라. 긴급점검

태풍, 집중호우, 폭설 등의 재해가 발생한 경우나 긴급한 손상이 발견됐을 때 또는 관리주체가 필요하다고 판단하다는 경우에 실시하는 모든 점검, 필요한 경우에는 장비를 사용해 실시한다.

마. 정밀안전점검

유지관리자가 안전점검을 실시한 결과 공동주택에 대해 물리적, 기능적 결함을 발견하고 재해예방, 및 안전성 확보 등을 위해 필요하다고 판단될 경우 그에 대한 신속하고 적절한 조치를 하기 위해 구조적 안전성 및 결함의 원인 등을 조사, 측정, 평가해 보수, 보강 등의 방법을 제시한다.

이 같은 점검은 공동주택의 수명연장과 입주민의 안전을 위해 관리주체가 게을리 해서는 안 되는 업무 중 하나이다.

(3) 안전관리 의무개선

공동주택 공용부분에서의 예상치 못한 안전사고에 대한 대비로 현재는 의무적으로 화재보험에 가입하고 있으며 승강기와 곤도라 사고에 대비하여 손해보험에 가입하고 있다. 그 밖의 안전사고 예컨대 빗물누수, 및 낙하사고, 급배수 설비사고 놀이터 시설물에서의 사고 등에 대해서는 대비책이 없는 실정이다. 유지관리 및 안전관리 분야에서 손해보험제도의 적극적인 도입이 이루어질 수 있도록 이를 제도화하고 주거자의 의식향상을 도모하도록 해야 할 것이다.

관리주체의 안전관리 업무이행을 확실히 하기 위해서는 "표준관리위탁계약서"에 안전관리에 관한 점검사항을 구체적으로 명시하도록 해야 할 것이며 전문기관에 의한 정기적인 점검을 의무화하도록 하는 방안을 강수해야 한다.

앞으로 안전관리 기술능력이 부족한 관리주체의 안전점검이 실효를 거두기 위해서는 안전관리지침 작성을 위한 기준, 안전관리 및 안전점검을 위한 구체적인 지침 등이 제시되어야 한다.

주택법령에는 관리주체의 안전관리 의무를 규정하고 있으나 실행지침은 제시되어 있지 않다. 공동주택의 효과적인 관리를 위해서는 일상적 또는 주기적으로 관리주체가 안전관리 할 수 있는 안전관리대상 시설물과 안전관리 진단기준에 대한 구체적인 지침이 필요하다.

(4) 범죄예방 시스템구축

최근의 경비시스템은 인력의 순찰, 방범활동을 주로 하는 인력경비 방식과 CCTV 등과 같은 첨단장비를 활용한 감시체제인 무인경비 방식으로 구분된다.

인력경비는 기존의 아파트에서 시행해오던 경비시스템의 전형으로서 이는 사람에 의한 경비방식이기 때문에 입주자의 상황과 그에 따른 알맞은 대처가 가능하다는 장점이 있다. 다시 말해서 상황적 대처가 유연하고 순찰 업무 중 위급상황발생사건이 일어나는 시점보다 앞서 범죄를 억제할 수 있다는 장점도 갖고 있다. 반면에 무인경비는 시설과 장비의 첨단화로 인해 가능해진 방법을 최근 신규아파트에서 도입이 점차로 확대되고 있는 실정이다.[141) 무인경비의 장점은 우선 경비관리의 과학화로 경비대상물의 정확한 감시가 가능하고 이에 따라 책임한계도 분명하다. 그러나 무인경비는 범죄사건을 미연에 방지하는 것이 어렵다는 단점이 있다.

이처럼 인력경비와 무인경비는 상대적인 장·단점을 가지고 있기 때문에 경비시스템의 선택에 있어서 우선적으로 중시해야 할 것은 해당 아파트의 단지 사정과 상황에 맞는 체제를 도입해야 한다는 점이다.

그리고 공동주택의 안전을 위해서는 그것이 어느 방식이든 한계가 존재

---

141) 국토연구원 국토연구 2000, 10, p.54−61 지능형 아파트와 공동주택 관리

한다. 이 때문에 아파트경비원의 교육 강화 등 경비체제에 지속적인 관심과 노력이 필요하다.[142]

아파트의 다양한 공간에서 불특정 다수에 의해 일어나는 범죄사건 사고를 경비시스템이 완벽하게 차단하기란 불가능하므로 주민의 자치적인 참여와 인근파출소[143]와의 연계가 동시에 병행되는 것이 완벽한 범죄방지에 필수적이다.

3. 공동체 활성화 방안

그동안 단지 내의 시설물관리와 관리소의 운영 방안에만 초점이 맞추어져 오던 아파트의 관리업무도 입주민들의 화합과 편익을 증대시키는 내용으로 그 영역이 확대되고 있는 실정이다.

1) 입주자 현황 및 실태파악의 철저와 고충처리의 신속을 통한 생활관리 질의 제고

(1) 입주자 실태파악의 철저

관리주체가 공동체 생활관리를 잘하기 위해서는 무엇보다도 중요한 것은 각종 홍보와 교육 또는 협조를 얻어내기 위해 현재 입주자들의 현황을 정확하게 파악하는 것이다. 입주자들의 요구와 희망사항을 파악하여 그 문제를 해결하고 입주자 상호 간의 이해관계를 조정하며 원만히 공동생활에 참여하고 협조하도록 하는 업무다.

입주자의 민원을 해결하고 이해관계를 조정하며 입주자의 협조를 유도

---

142) 주택법 제49조와 시행규칙 제28조는 아파트 경비업무 종사자에 대한 교육 의무를 명시하고 있다.

143) 요즈음은 명칭이 '지구대'라고 바뀌었음

해 내기 위해서는 먼저 입주자의 실태를 파악하는 절차가 선행되어야 한다. 입주자 실태를 파악하기 위해서는 첫째 입주자의 생활상태 및 그 변동사항을 카드로 작성하여 조사 정리한다. 둘째 입주자로 구성되는 각종 조직 예를 들어 입주자대표회의, 부녀회, 노인회, 반상회 등의 운영실태를 조사하여 입주자관리를 위한 기초자료로 활용할 수 있도록 하여야 한다. 셋째 관리주체는 입주자의 공동생활을 규제하기 위한 각종 법령이나 관리규약의 내용을 숙지하고 있어야 한다.

실태파악에 있어 고려할 사항은 입주자의 요구와 희망사항 처리, 개개 입주자와의 대화, 반상회 등을 통한 관리업무 홍보, 입주자 불만해소 및 친목, 유대강화 관리회보 발간 등의 업무를 수행하여야 한다.

(2) 입주자 고충처리를 통한 생활관리 질 제고

주민들의 불만으로 대표적인 첫째 공공시설의 부족 및 이웃 간의 불협화음으로 인한 긴장과 의존적인 의식구조에서 오는 사회적 불안 둘째 청소상태와 보수문제로 인한 물리적 불만 셋째 승강기고장 및 각종 설비의 고장과 조경시설의 유지상태 등의 생활 여건에서 오는 불만 넷째 관리사무소 직원의 불성실과 불친절한 자세에서 오는 불만 다섯째 단지 내 질서유지를 위한 관리사무소의 각종 제약사항과 연체료 등의 규제에 대한 불만 등이 있다.

관리사무소에 이러한 불만을 호소하면 관리소직원들은 기꺼이 대화를 나누며 분위기 조성에 노력하고 겸허하게 들어주고 유형에 따라 처리하고 잘못이 있으면 정직하게 시인하고 시정해야 하며 입주자와 관리자와 견해차이는 해소하도록 대화를 통해서 설득하고 협조를 구하는 노력을 해야 한다.

2) 입주자 책임인식과 참여를 통한 공동체 의식의 제고

입주민들은 관리업무가 중요하다고 생각하고 있지만 현재 관리상태에 대해서는 불만족하고 있는 것이다. 그러면서도 거주자의 관리참여 의사는 그다지 높지 않은 것이 현실이다.[144)145)]

공동주택 관리의 질적 향상을 위해서는 지자체 및 관리자의 노력뿐만 아니라 거주자도 관리수행의 중심이 되어야 한다. 거주자의 공동생활에 대한 의식과 관리참여에 대한 의식변화가 무엇보다도 이루어져야 하겠지만 이러한 변화는 일시에 이루어지는 것이 아니기 때문에 사회전체적으로 또 각 단지별로 캠페인이나 홍보 등을 통해 조금씩 이루어가야 한다.

그리고 공동주택 관리에 있어서 가장 중요한 것 중의 하나가 입주자의 확고한 책임의식과 단지관리에 상호 협력하는 일이다.

기본방향으로서는 주민의 일체의식을 함양 유발하고 나아가 공동의식을 고취하며 공동주택과 단지에 대하여 애착심을 함양한다.

입주자의 자율적인 참여를 유도하기 위해서는 입주자 각 계층을 망라해

---

144) 아파트관리신문 2004. 11. 22. 가톨릭대 은난순 연구교원. 거주자의 공동주택 관리업무에 대한 인식과 관리 참여의사에 관한 논문

145) 입주자대표회의 구성원 참여의사 빈곤과 그 이유
단지발전을 위해 입주자대표회의의 구성원으로 참여할 의향이 있는가 하는 질문에 대한 설문대상의 47.3%는 조금 참여의 의향이 있고, 12.3%는 적극 참여하고 싶다고 하였다. 반면 40.1%는 전혀 참여할 생각이 없다고 답하였다. 이는 전반적으로 참여하고자 하는 입주자와 그렇지 않은 입주자가 양분되어 있는 상황을 보인다.
입주자 가운데 참여하려는 층과 참여하지 않으려는 층이 양분되어 있는 상황을 보면 면밀하게 분석하기 위해 참여하고 싶지 않은 이유가 무엇인지 질문하였다. 이에 대해 54.9%는 바빠서 참여할 수 없다고 하였으며 13.2%는 자기가 참여해도 마찬가지이기 때문이며 12%는 단지에 대한 관심이 없기 때문이라 하였다. 이 결과를 통해 유추해 보자면 입주자들은 참여 자체에 대한 관심이 없다기보다는 개인적인 사정으로 참여하지 못하고 있음을 보여준다.

서 골고루 참여시키며 충분한 이해와 홍보를 통해 합리적인 대표회의를 구성할 것이며 조그마한 사안이라도 토론을 거쳐 공개적으로 하며 민주적 절차와 방식에 의해 해결해 나가도록 하여 입주자 스스로가 문제를 민주적으로 처리하는 훈련을 쌓도록 하여야 한다.

또한 공동주택의 구조와 입주 여건의 특수성에서 오는 제 문제의 해결을 위해 단지 협동운동을 장려한다. 예컨대 소비절약의 캠페인, 주변청소하기 등 환경미화작업, 폐품수집, 각종 체육행사, 노인효도잔치 등을 통해 입주자들의 참여와 협동을 유도한다. 그리고 입주 시에나 평소에도 주민에 대한 관리전반에 대한 안내책자를 만들어 공급하고 공동생활 규범을 제정하여 이를 준수하도록 홍보 및 규제하여야 한다.

3) 임차입주민의 참여 활성화

현재 공동주택에는 세입자가 적지 않은 비율로 구성되어 있다. 소유권자가 아닌 세입자는 공동주택의 임시거주자일 뿐 주택법령과 관리규약상에서는 아무런 법적 권리를 지니지 못하는 것이 법의 체계이고 관리와 운영에도 참여하지 못하게 되어 있다.

물론 관리와 관련한 비용 중에서 장기수선 충당금의 경우는 공동주택 시설물의 중, 장기적인 관리를 위해 적립하는 것으로 세입자가 부담하는 것이 아니다.[146]

현재도 실질적으로 세입자를 무시하고 관리를 할 수 없는 현실을 감안하여 1998년 12월 말에 공동주택 관리령의 개정이 이루어져 집주인의 동

---

146) 서울시 공동주택 표준관리규약 제00조에서는 관리주체는 장기수선 충당금, '시설물의안전관리에관한특별법'에 의한 안전점검비용, 공동주택 관리령에 의한 안전진단 실시비용은 관리비와 구분(항목상 구분)하여 징수하되 월별 고지서에는 비용부담 주체를 소유자라고 명시하여 부과하여야 한다고 되어 있다.

의절차 없이 동별 대표자의 피선거권을 제외한 동별 대표자 선출권, 관리업자 선정권, 관리규약개정권, 기타 관리 개선방법 진술권 등을 행사할 수 있게 되었다.

그러나 입주자대표회의에 나가서 적극적으로 공동주택 관리에 관련한 정책을 의결하는 권리는 전혀 없다. 공동주택 건물의 실질 소유자보다도 해당 공동주택에 대해서 제반 문제를 더 잘 알고 있는 임차 입주민이 공동주택 관리에 적극적인 참여를 할 수 있도록 현행 소유주에 한한 입주자대표회의 피선거권을 부여하고 재산권에 영향을 미치지 않는 부분에 대해서는 투표권을 행사할 수 있도록 해야 한다. 또한 소유자의 사유 재산권에 영향을 미치는 부분에 대해서는 소유권자인 동대표들만이 별도로 결정에 참여할 수 있게 하더라도 일정비율의 세입자 동대표 숫자를 관리규약으로 사전에 법제화하여 피선거권을 주는 방안을 강구할 필요가 있다.

이는 요즈음 세입자가 소유자보다 더 많거나 비슷한 현실과 생활관리에 관리결정을 할 경우에까지 꼭 소유자만이 결정권을 가지는 것이 합리적이지 않을 수 있을 뿐만 아니라 실제 규범을 실천해야 할 사람들이 참여를 배제시킨 결정은 실효성과 공감대를 형성시키는 데 문제가 있을 수 있기 때문이다.

4) 정주의식 고양과 공동체 문화 창달을 위한 커뮤니티 시설의 확보와 커뮤니티 활성화

설문조사에서 아파트 단지 내 입주자 간의 친목을 도모하고 공동체 활성화를 위해 필요한 것을 2개 고르라는 것에 대해 아파트 관리자들은 주민 의견을 수렴하고 일상의 갈등을 해소할 수 있는 시스템 마련(27%)을 첫 번째로 꼽았고 두 번째로 꼽은 것은 여가활동이나 커뮤니티를 위한 시설의 확충(20.6%)을 꼽았고 다음으로 부녀회, 반상회 등 반공식모임 활성

화 지원(12.7%)이나 등산, 운동 등 각종 취미활동 자생단체모임 활성화를
선택하였다.

<표 4-25> 입주자친목과 공동체 활성화를 위하여 필요한 것

구 분	빈도수	비중(%)
주민의 각종 자선 봉사활동 행사의 개최 지원	38	13
주민 의견수렴하고 일상의 갈등을 해소할 수 있는 시스템 마련	79	27
주민들이 공동으로 활용할 수 있는 커뮤니티 및 여가활용과 운동을 위한 시설의 확충	60	20.6
부녀회, 반상회 등 반공식모임 활성화 지원	37	12.7
등산 운동 각종 취미활동 자생단체 모임 활성화 지원	33	11.3
단지 내 소식지 배포나 인터넷 홈페이지 운영 등 정보화	26	8.9
기 타	3	1.1
무응답	16	5.5
총 계	292	100

(1) 커뮤니티시설(공용공간)의 확보의 중요성과 대책

커뮤니티시설이란 지역사회의 공동체 의식이 형성될 수 있도록 돕는 시
설이다. 여기서 커뮤니티는 지역사회의 유대를 표현하는 공동체로서 공동
체 의식이란 거주자들이 이웃 간에 서로 연대감을 가지면서 같은 지역사
회의 일원으로서 소속감을 갖는 것을 말한다.

그리고 공동체란 마을 촌락 도시 거대도시 등 지역적 단위들을 대상으로
하여 일어나는 사회적 관계들, 문화적 공유의 연대성을 가지는 집단이다

커뮤니티시설은 아직 그 이름이 정해진 것이 아니라 학자에 따라 아파
트단지에서는 공용공간.147) 옥외공간 등으로 다양하게 불리고 있으며 법

---

147) 공동주택단지의 옥외공간은 주민의 놀이, 휴식, 운동, 이웃 간의 교제 등 일
    상생활에 필요한 다양한 옥 외 활동이 일어나는 공간으로 단지 생활에 반
    드시 필요한 반 공공적 요소이다. 즉 각 세대 간의 사유 영역을 확보하기

령에서는 부대, 복리시설로 규정하고 있다. 즉 커뮤니티 시설은 아파트단지에서 주민들이 공동으로 이용하는 공간으로 이웃 간의 교류와 접촉의 장소와 시설이다.[148]

커뮤니티시설은 생활영역에 따라서 확장되는데 전용공간 밖의 공용공간으로서 현관, 테라스, 1층 전용마당과 같은 공용공간은 단위세대 주변의 생활영역이 형성되고 이곳에서는 이웃 간의 담화나 유아놀이 등의 행위가 이루어진다. 단위세대 주변영역이 좀더 확장되면 주거동 주변영역으로 이어진다. 공용접근로, 공용마당, 주거동 내 공용시설 공간 등이 해당되며, 이곳에서는 주거동 주변에서 일어나는 행위에 더하여 주민들이 함께 화단이나 식물을 가꾸거나 취미생활 등이 이루어지는 공간이다.

아파트 주거동 주변의 커뮤니티 시설은 어린이 놀이터, 유치원 보육시설 주민운동시설, 근린공공시설, 노인정, 주민공동시설, 문고, 화장실 등이 있으며 현행법규에 아파트 공동체 관련시설들의 설치기준을 정해놓고 있다.

커뮤니티시설 즉 공용공간은 아파트에서의 공동체 문화 창달을 위한 각종 프로그램들을 시행할 수 있는 물리적인 공간이기 때문에 공동체 문화의 하드웨어적 역할을 하는 장소적 공간이 되고 각종 프로그램이나 활동내용들은 소프트웨어적 역할을 하기 때문에 하드웨어 없이 소프트웨어가 작동될 수 없다. 이렇듯이 이 공용공간인 커뮤니티시설을 확보하는 것이야말로 공동체문화를 활성화시키는 데 매우 중요한 장소적 공간이 될 것이다.

그리고 앞으로 리모델링이나 재건축 재개발 신규단지개발 등 신축 시에도 공동체 의식의 형성을 제고시킬 수 있는 공용공간 즉 커뮤니티 시설을 설계 시부터 적극 반영되도록 하여야 할 것이다. 그러므로 국가나 지방자

위한 완충공간의 성격과 다양한 옥 외 생활환경(휴식, 놀이, 상호교류, 이동, 서비스 등)을 수용하는 생활공간으로서의 성격을 동시에 갖는다(대한주택공사, 1994).

148) 홍형옥, 유병선공저, 주거관리론 p.168.

치단체는 공동주택 단지계획 단계 시나 재건축 시에도 이러한 공용공간 확보와 배치에 대한 적극적인 고려를 할 수 있도록 행정지도 등 적극적으로 해야 할 것이다.

(2) 관리주체가 입주자들 간의 커뮤니티 활성화에 선도적 역할수행

아파트 주민조직의 활성화는 그냥 이루어지는 것이 아니다. 주민 모두가 관심을 가져야 하며 주민들이 아파트일에 관심을 가지게 하기 위해서는 무엇보다 친교가 이루어져야 한다.

관리사무소를 중심으로 장소적 중심체가 되고 인적으로 연락적 중개 매개적 중심체가 되기가 가장 적합한 여건에 있으므로 이러한 역할에 앞장서도록 노력하고 현재의 위상이 추락되고 소극적이고 사기가 침체된 관리사무소가 지역사회의 중심체로 발돋움하여 중심적 기능을 수행해야 한다. 또한 입주자 상담과 민원 해결에 앞장설 뿐만 아니라 청소년을 선도하고 저소득층을 위해 직업알선도 할 수 있도록 유도하고 사회범죄 절감노력에도 중심적 역할을 수행하는 조직체가 될 수 있도록 관리규약 등 관계규정을 정비하는 등 조치를 취해야 한다.

〈그림 4-13〉 공동체 활성화의 중심적 역할(입주자)

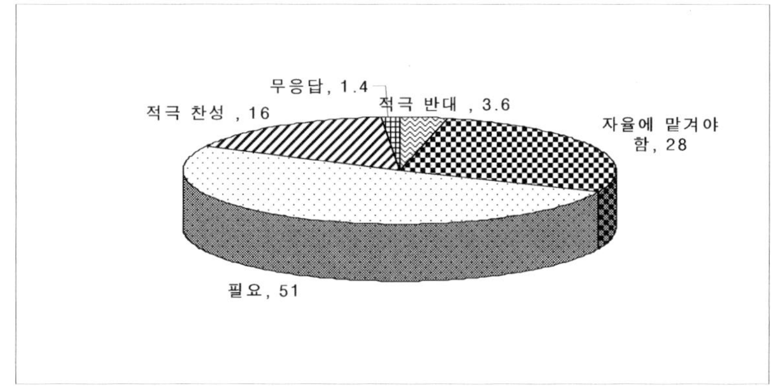

입주자에게 관리사무소가 주민자치조직을 지원, 주민 간 분쟁 해결, 공동체 활성화를 위한 중심체 역할을 해야 한다고 보는지를 묻는 질문에 적극 반대한다는 입장은 3.6%이며 필요하거나(51%) 적극 찬성한다(16%)는 의견이 우세했다. 이는 이제 관리사무소가 운영관리나 유지관리의 업무에서 탈피하여 좀더 적극적으로 아파트 주민을 위한 활동을 해야 함을 주민들이 점차 요구하고 있음을 잘 보인다.

또한 관리자에게 입주자에게 입주자대표회의나 관리사무소가 주민자치조직을 지원, 주민 간 분쟁 해결, 공동체 활성화를 위한 중심체 역할을 해야 한다고 보는지를 묻는 질문에 적극 반대한다는 입장은 2.1%이며 필요하거나(52.7%) 적극 찬성한다(22.6%)는 의견이 우세했다.

이는 이제 입주자대표회의나 관리사무소가 운영관리나 유지관리의 업무에서 탈피하여 좀더 적극적으로 아파트 주민을 위한 활동을 해야 함을 주민들이 점차 요구하고 있음을 잘 보인다.

<그림 4-14> 공동체 활성화의 중심체 역할(관리자)

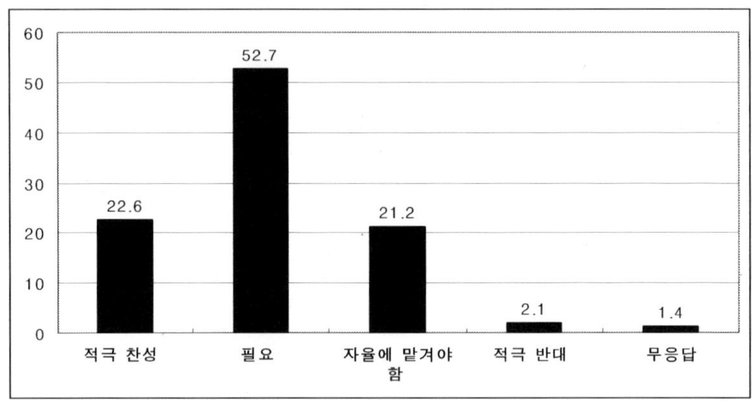

입주민들의 참여는 공동주택 동별 대표자선출과 관리규약개정, 관리업자, 기타 공동주택생활에 대한 의견개진 제시 등에서부터 공동주택 단지 내 나

무심기, 꽃가꾸기, 청소, 분리수거 등까지 다양한 형태로 표출될 수 있다.

그러나 관리주체는 보다 신명나는 취미활동이나 운동모임 즉 예컨대 입주민 노래자랑 윷놀이대회 주민 등산대회, 경노잔치, 단지 가꾸기 등을 마련하여 관리사무소와 부녀회 입주자대표회의 등에서 추진에 협조를 하고 도와주어야 할 것이다.

각종 주민운동회 탁구 정구 배드민턴 등 자생단체 활성화 지원촉진을 통한 주민 간 친교촉매 역할행사를 통하여 보다 더 공동체 의식은 돈독하게 하고 강화될 수 있을 것이다.

(3) 반상회

반상회는 지방자치단체의 최말단 조직으로서 부녀회가 자발적이고 뜻있는 여성들이 모인 봉사단체인 데 비하여 반상회는 자발적이기보다는 하나의 행정조직의 말단 조직으로서 반강제적이라고도 할 수 있으며 반공식적인 주민조직이라 할 수 있으면서 골고루 조직되어 있어 여론수렴에 상당히 타당성 있는 결과를 도출해 낼 수 있는 시스템이라 할 수 있다. 부녀회는 주민전체를 망라하지 못하지만 적극적이고 자발적인 주민들의 의견수렴에는 유리하다. 또한 이러한 과정에서 아파트 관리를 효과적으로 하기 위해 서로의 의견을 개진하고 이를 관리자 혹은 동대표에게 전달하여 전체 주민의 의견을 수렴하는 창구 역할을 할 수도 있다.

그러나 현재 공동주택 내부에서의 반상회는 활성화되지 못하고 있어 이에 대한 대책을 마련하여 활성화시키는 것이 바람직하다.

(4) 부녀회

부녀회는 공동주택 관리와 직접 관련한 공식적인 조직기구는 아니지만 비공식적인 관리관련 주체라 할 수 있다.

단지 해당 공동주택에 거주하는 사람을 중심으로 구성된 조직이기 때문에 입주자대표회의와 관리사무소에 적지 않은 영향력을 발휘하게 된다. 따라서 부녀회는 공동주택의 비공식적인 자치기구이기는 하나 공동주택 관리상에 중요한 역할을 차지한다.

부녀회의 역할은 공동주택의 공동체생활을 위한 것이 대부분으로 쓰레기 분리수거, 경로잔치, 화단조성 등 바람직한 공동생활의 형성에 중요한 역할을 한다. 그리고 부녀회 운영을 위한 기금확보를 위해 바자회 혹은 알뜰시장 개최, 쓰레기분리수거 등의 활동을 펼친다.

이러한 부녀회활동은 입주자대표회의 혹은 관리사무소와 마찰을 일으키기도 한다. 입주자대표회의는 공동주택 관리를 위한 공식적인 기구로 다양한 면에서 부녀회보다는 우위에서 활동을 한다. 그러나 다양한 부녀회 활동에 비추어 볼 때 공동주택의 공동질서 확립을 위한 그 역할이 지대하다고 볼 수 있다. 따라서 관리사무소나 입주자대표회의 등과의 협조적인 관계는 공동생활의 사회적 관계를 형성하는 데 필수 불가결한 것으로 판단된다.

이를 위해 사전에 관리규약이나 별도의 규정을 제정하여 부녀회 임원선출 등 조직에 관한 규정이나 기금의 확보와 사용 및 입주자대표회의와 관계 등에 대한 규정을 사전에 제정해야 한다. 이를 통해 현재 빈번한 입주자대표회의와 부녀회 간의 마찰의 소지를 줄이고 분쟁을 사전에 예방하여 공동주택 단지의 공동체 화합과 발전에 기여토록 해야 한다.

5) 공동체 사회의 의견수렴과 반영의 체계적 구조화

(1) 단지 내 자생단체장과 관리에 전문성 있는 인사를 입주자대표회의 구성원이나 자문위원으로 추천

아파트관리에 대한 전문적인 지식 혹은 경험이 있는 건축, 행정, 기계 및 전기설비 분야의 전문성을 가진 주민이 대표회의에 참석할 수 있도록

동별대표의 자격조건에서 피선거권에서 우선권을 부여하도록 제도적으로 규정할 필요가 있다.

그리고 이들이 입주자대표로 직접 참여하지는 않더라도 환경, 수질, 질서, 예의 교육, 인사, 재무관리 등 공동주택 생활 및 관리에 관련되는 인사들로 구성되는 자문위원회를 구성함을 아파트관리규약에 명시하여 제도적으로 보완하는 것도 매우 바람직하다고 본다.

동대표 자격을 기본적으로 동비례 세대수 비례기준이 주가 되겠지만 예컨대 부녀회장, 통장, 등산회모임대표, 세입자대표 등 기타 단지 내에서 여론이 모일 수 있는 규모의 단체라면 관리규약에 특별 동대표자격을 부여하도록 규정을 두어야 한다. 이는 각계각층의 단지입주자들의 여론이 응집될 수 있도록 함으로써 단지 내 화합과 공동체 활성화에 이바지하고 입주자대표회의가 입주민 전체를 대표할 수 있도록 제도적인 장치를 마련하는 것이 바람직하다고 본다.

이렇게 되면 입주자들의 주인의식과 자치의식이 고양되고 몇몇 입주자대표들에 의한 전횡과 독선에 의한 불협화음과 사고를 미연에 방지할 수 있을 것이다.

(2) 의견수렴 통로의 구조적인 설치

어떠한 중요한 안건을 의결하기 전에 어느 정도 수렴된 의견의 확실성을 보완하기 위해 설문조사를 하거나 부녀회를 통해 관리사무소에 주민의 의견이 언제든지 수렴될 수 있는 의견서를 작성할 수 있게 해야 한다. 또한 대표회의 구성원 즉 동대표들에게 의견을 개진할 수 있도록 창구역할을 자연스럽게 잘될 수 있도록 하는 것이 필요하다.

예컨대 게시판과 의견함 설치 홈페이지에 의견수렴란 설치 등도 바빠서 현실적으로 참여하지 못하는 사람들의 의견수렴에 도움이 될 것이다. 특히 조용한 다수의 의견을 청취수렴하기 좋은 통로는 엘리베이터 앞에 의견함 설치와 단지의 인터넷홈페이지에 의견을 개진할 수 있도록 하고 이 의견이나 민원에 대해서는 필히 일정 기간 내에 답신을 주도록 의무화하는 규정을 관리규약에 제정하는 것도 좋은 방법이다.

(3) 주민자치위원회 및 센터 등 유관기관과의 유기적 관계 형성

입주자대표회장과 총무 등 입주자대표회의 구성원들과 관리소장이 유관기관에 적극 참여함으로써 지방자치 시대의 주민들의 의견을 정확하고 신속하게 수렴하여 이를 자치행정에 반영토록 하는 것이 바람직하다고 본다.

또한 자치행정기관의 바람직한 건설적인 제안이나 정보를 주민들에게 성실하게 알림으로써 주민의 애로사항과 이익을 대변하고 주민의 주체적인 참여를 실현하는 기능을 하게 되는 것이다.

가능하면 지방자치단체는 입주자대표회의 회장단을 우선적으로 동사무소 주민자치위원회 위원이나 파출소(지구대) 등에서 주도하는 방위협의회 구성원으로 위촉해야 한다.[149] 또한 단지 내 공동주택 관리 문제를 지방자치단체와 유관기관과의 범죄에 대한 방위협조체제를 구축함으로써 인근 공동주택 단지와 유기적인 연관을 맺도록 하고 단지 내 방범 등 치안문제에 공동대처를 할 수 있도록 관리체계를 갖출 필요가 있다.

(4) 아파트연합회 활성화로 단지 간 정보교환 및 유관단체와 협력으로 문제의 공동해결에 앞장

최근 아파트 입주민운동은 공동주택 관계법령의 개정, 시민사회단체의 아파트 공동체 운동 침체 등 주변환경의 변화와 맞물려 새로운 모습으로

---

149) 개포동 주공아파트 단지들은 인극 파출소(지구대)의 소장과 각 단지 관리소장 구의원 기타 인사들을 구성원으로 하는 방위협의회를 구성하여 운영하고 있으며 이 모임에서 관리소장이 내는 회비는 아파트관리사무소 비용으로 내고 있다.

거듭날 것을 요구받고 있다.

지금까지 아파트 입주민운동은 단위 아파트 입주민들의 권익을 보호하고 지역의 아파트 현안에 대응하는 등 다양한 운동을 펼쳐왔다. 하지만 아파트 입주민들을 진정으로 대변해 향후 아파트 공동체 운동을 성공적으로 이끌기 위해서는 아파트 운동환경의 변화에 맞추어 지금까지 성과와 한계를 겸허하게 수용해 앞으로 운동의 올바른 방향을 모색해 나가야 할 것이다.

현재 전국아파트 연합회 등이 전국적으로 조직되는 등 조직확대와 활성화되어 가고 있다. 그러나 아직 실질적인 성과와 활동은 미약하다고 보인다. 아파트에 관한 연구기관을 별도로 두어 연구결과를 각 아파트에 제공하고 1개 아파트단지에서는 하기 힘든 일이나 전문적인 인력과 예산 등의 규모가 큰 분야에는 연합회에서 맡는 것이 효과적일 것으로 생각된다.

아파트연합회를 구성을 통한 입주민의 아파트관리에 대하여 관심과 참여를 증진시키고 아파트 단지 간에 정보교환과 공동의 운동을 통하여 공동주택의 문제점을 해결하는 데 도움이 될 수 있도록 지자체 등에서 지원을 해주는 것도 바람직하다.

앞으로 연합회는 대학과 시민단체 주택관리업과 주택관리사협회 등의 관련단체들과 상호 연계 협조하여 바람직한 운동방향을 모색하고 공동주택의 효율적인 관리체계를 연구하고 구축하는 데 앞장서야 할 것이다.

국가와 지방자치단체는 이러한 일을 위하여 필요한 지원과 협력을 해주어야 할 것이다.

6) 홈페이지, 이메일 등 정보화 촉진으로 타 아파트와의 정보교환과 커뮤니케이션 활성화

최근 인터넷 매체의 양 방향성과 관리사무소의 대민지원이라는 관리서비스 본질의 특성을 기반으로 홈페이지 구축이 빠르게 확산되고 있다. 아파트 홈페이지는 아파트라는 공동체 단위를 중심으로 주거생활에 필요한 정보를 제공받을 수 있으며 홈페이지를 통해 아파트의 소식과 각종 공지사항을 보다 편리하게 관리사무소와 입주민이 주고받을 수 있다. 또한 홈페이지를 통해 인근지역 편의시설 안내를 받을 수 있으며 관리사무소 측에 민원을 신청할 수도 있다.

이는 기존의 단지 내 게시판과 관리사무소의 직접 방문 등의 번거로움을 어느 정도 해소시켜 주기도 하며 보다 다양한 방식으로 입주민과 관리사무소의 상호 교류를 원활하게 만들 수도 있다.

또한 홈페이지를 통하여 얻을 수 있는 큰 장점 중의 하나는 관리비 부과내역서와 관리규약 회계관리, 입주자대표회의 회의록과 관리와 관련된 각종 문서들을 입주민에게 공개해 관리의 투명성을 확보할 수 있다는 점이다.

관리비 부과내역서의 경우 기존에는 관리사무소가 인쇄한 내역서를 우편함으로 발송하는 방식은 배달사고 등으로 인해 종종 입주민 등에게 전달하지 못하는 경우도 있다. 그러나 내역서를 홈페이지를 통해 공개하는 경우에는 이러한 문제점을 극복할 수 있고 컴퓨터가 있는 곳이라면 어디서나 받아볼 수 있다.

또한 대부분의 아파트 홈페이지들이 주로 입주민들로 이용자를 한정해 아이디와 비밀번호를 입력하고 접속했을 때(로그인)만 위의 문서들을 열람할 수 있게 만들어 보안유지에도 효율적이다. 이 점은 특히 홈페이지를 통해 입주민 공동체를 형성할 수 있다는 점에서 긍정적이다. 홈페이지의 로그인 방식은 입주민들에게 소속감을 심어주는 역할도 되기 때문이다.

이처럼 아파트 인터넷 홈페이지는 여러 가지 측면에서 아파트관리와 운영에 효율적인 기능을 제공하고 있다.

또 이와 함께 홈페이지 운용은 온, 오프라인의 꾸준한 연계를 전제 한다는 점도 간과할 수 없는 요소로 지적된다.

정보통신부는 사이버코리아21 일환으로 지식 정보화 사회인프라 구축을 목표로 초고속 정보통신 아파트에 대한 인증제를 수립하였고 이를 계기로 주택건설업계에서는 사이버 아파트건설에 주력하고 있다. 수요자의 높은 호응을 얻고 있다. 또한 사이버 아파트는 단지별로 근거리 통신망(LAN)을 구축해 입주자들에게 지역정보, 홈쇼핑, 아파트관리 등의 각종 서비스를 제공하는 사이버 커뮤니티를 형성하는 데 주안점을 두고 있다. 또한 인터넷 홈페이지를 통한 관리업무[150] 및 관리비의 공개로 투명한 관리를 할 수 있으며 주민들 간의 화합을 도모할 수 있는 가상 커뮤니티 공간도 만들 수 있다.

7) 공동체 문화 육성을 위한 지원

공동체란 공동사회 또는 생활이나 운명을 같이하는 조직체를 말하는데 그 범위에 따라 국가 공동체, 지역 공동체, 마을 공동체, 가정 공동체 등의 용어로 사용하고 있다.

아파트 공동체는 그 성격이 마을 공동체와 동일한 것이지만 그 주거형태가 단독주택이 아니고 공동주택이라는 특수성을 가지고 있다. 따라서 아파트 공동체 문화는 마을 공동체 문화에 공동주택의 특수성이 더해져 형성되는 새로운 문화다. 마을 공동체 문화의 기본은 자치정신과 상부상조하는 두레 정신이다. 이에 따라 아파트 공동체 문화의 근본도 자치정신과 두레 정신이 돼야 할 것인데 유감스럽게도 자치정신과 두레 정신이 마비된 상태로 아파트 공동체 문화가 형성돼 가고 있는 것같이 보인다.

정부나 지방자치단체는 이 점을 중시하여 아파트 공동체 문화 형성에 지대한 관심을 가지고 이를 바람직한 방향으로 지원육성[151]하는 노력을

---

150) 홈페이지활용사례: 관리비부과내역서. 관리규약. 회계관리. 등의 공개. 민원 신고 및 접수. 입주미 카드작성과 보유차량현황통계 채팅을 통한 입주자대표회의. 반상회개최. 공동구매. 아나바다운동전개 등

151) 아파트관리신문 2004. 1. 20. '아파트 공동체 활성화와 입주자대표회의 역할' 곽도의 석사학위 논문에서 분당, 일산, 산본, 수도권 5대 신도시 아파트 입

해야 한다.

우리는 그동안 건설의 물량증가에서 관리중심으로 가는 길목에 서 있으나 이제부터는 공동체의 문제를 생각해 발전시켜 나가야 한다. 결국 아파트는 관리의 문제보다도 자치의 문제이고 공동체의 문제가 더욱 중요한 것이다.

이러한 취지로 우리나라에서 국가공동체는 법령에 의해 지역공동체인 지방자치단체는 조례에 의해 마을 공동체인 아파트 공동체인 아파트는 관리규약에 의해 운영된다. 운영주체를 정부라고 한다면 중앙정부 지방정부이며 아파트 공동체는 마을 정부라고 표현할 수 있을 것이다. 이러한 사회를 떠받치고 있는 하부 사회조직을 보호 육성하는 일이야말로 지방정부를 튼튼히 하고 국가사회를 굳건히 하는 지름길이다. 그러한 차원에서 정부나 지방자치단체는 아파트 공동체를 지원하고 보호 육성해야 한다.

4. 자산관리 개선방안

관리사무소에서 아파트에 대한 소극적인 현상유지적 관리에 국한하기보다는 더 나아가 적극적으로 아파트 가치를 높이는 관리가 필요한지에 대해 응답자의 91.6%가 매우 필요 혹은 필요하다고 하였다. 이는 아파트 가치를 높이는 관리, 즉 자산관리에 대한 관심이 높아지고 있음을 잘 보인다.[152]

그리고 아파트 가격(가치)을 높이기 위해 필요한 활동 두 가지를 선택하라는 질문에 대해 첫 번째로 꼽은 것은 계획적인 유지보수와 쾌적한 환

주민 64.2%와 동대표 59.8%는 아파트 공동체 활성화를 위해 지방자치단체의 재정지원이 필요하다는 생각을 갖고 있는 것으로 조사됐다. 아파트 공동체 활성화의 필요성에 대해서는 입주민 60.6% 동대표 77.1%가 필요하다고 답했다. 그리고 공동체 활성화를 위해 가장 역할이 큰 단체를 묻는 질문에서 입주민 41.2%와 동대표 69.2%가 각각 입주자대표회의라고 답했다.

152) 〈표 3-39〉 참조

경조성(31.25%)이 가장 많았다. 그리고 두 번째로 많이 꼽은 것은 노후아파트에 대한 재건축이나 리모델링 공사이고(22.3%) 그다음으로 많은 것이 입주자에 대한 다양하고 편리한 서비스(20.3%)였다. 그 외에 공원, 주차시설 등 공동시설 확충 등에 대한 선호가 높았다. 이는 아파트 가치 관리를 위해 다양한 활동이 필요함을 알 수 있다.

〈표 4-26〉 아파트 가치를 높이기 위한 활동

구 분	빈도수	비중(%)
계획적인 유지 보수와 쾌적한 환경조성	223	31.25
노후한 아파트에 대한 재건축이나 리모델링 공사	159	22.3
공원, 주차시설 등 공동시설 확충	100	14
입주자에 대한 다양하고 편리한 서비스	145	20.3
단지 주민 간의 화합과 화기애애한 분위기 조성	26	3.65
단지 주민들 간의 아파트의 적정가격 유지에 대한 합의	23	3.2
무응답	38	5.35
총 계	357	100

그리고 아파트 주민들이 재건축과 리모델링을 통해 재산가치 증식에 관심이 있는지에 대한 질문에 아파트 관리자들은 관심이 있다는 의견(45.9%)과 관심이 없다는 의견(48.6%)이 대립하고 있다. 이는 단지마다 여건이 다양하고 주민의 이해관계가 상이하기 때문으로 판단된다. 그리고 현재의 아파트가 고층아파트로서 재건축으로 인한 재산가치증가가 그렇게 클 것으로 판단이 안 되고 대부분의 저층아파트는 이미 재건축을 진행 중이거나 완료한 곳이 많기 때문에 그렇다고 판단된다. 그러므로 최근에 완전히 물리적으로 철거한 후에 그 자리에 신축하는 재건축이 재산관리의 주축을 이루어 왔으나 앞으로는 점점 평소의 유지관리와 리모델링 그리고 나아가 무형적 관리방향으로의 자산관리의 비중이 옮겨갈 것으로 판단된다.

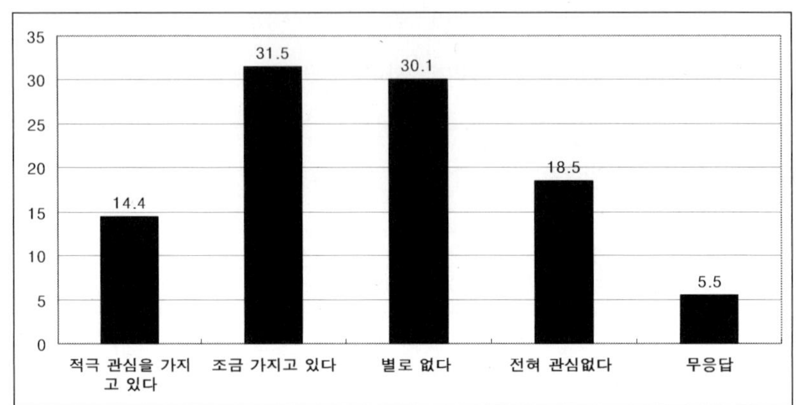

〈표 4-15〉 재건축, 리모델링에 의한 재산가치 증식

1) 관리에 있어서의 경영마인드 도입

관리업무의 영역을 관리행정과 시설물유지관리 및 입주자 생활관리와 자산관리 분야까지로 확장하고 모든 분야에 구체적인 관리전략으로서 경영마인드를 도입토록 지자체나 정부가 유도하여야 한다. 공동주택의 자산가치를 높이기 위해서 울타리를 개선한다든지 도장 시에 그래픽을 타 단지에 비해서 가치 있게 하거나 커뮤니티시설(예컨대 아파트 내의 복리시설)을 타 아파트에 비해 잘한다든지 해서 아파트의 재산가치나 매매나 전월세가치를 증대시키는 활동을 적극적으로 해야 한다.

또한 보수공사 예컨대 옥상방수공사를 할 경우에도 부분적인 보수가 경제적일지 전체를 하는 것이 현명할지를 경영적 측면에서 판단하자는 것이다. 보수공사를 하더라도 직영으로 할지 공사업자에게 용역을 줄지 기술자만 고용하고 자재 등은 제공하는 방식에 의할지를 판단하는 것 등이다.

단지 주차 유료화 주간 유료주차장 활용, 유료광고의 확대유치, 판매업자들에 대한 그간의 수동적인 입장에서 적극적유치 등 기타 분야 등에서 수입을 극대화시키고 관리를 효율적으로 하여 최소경비로 최대효과를 이룰 수 있도록 경영마인드를 도입할 필요가 있다.

2) 공유부분 유지개량의 계획적 시행에 의한 재산가치관리

주거자산 관리에서는 일상적인 유지관리에 시설관리기법이 도입되어 자산가치 보전을 위한 중장기 계획에 따라 경영마인드에서 관리가 이루어져야 한다. 또한 조직과 비용의 효율적인 운영관리를 넘어 수익목표를 위한 예산과 비용통제와 마케팅기법이 적용되어야 한다.

공동주택의 물리적 관리는 거주자가 안전하고 쾌적한 생활을 지속하기 위해 필요하다. 또한 재산가치를 보전하여 이사갈 때 납득할 만한 가격으로 팔거나 전월세를 뺄 경우에 신속하게 처분되고 좋은 조건으로 되기 위해서도 큰 의미가 있다. 건물과 기계설비 등은 경과연수에 따라 노후화를 피할 수 없으나 계획적인 유지와 보수로 상당한 정도 노후화를 방지하여 재산가치도 증대된다고 판단된다.

또한 아파트 등의 매매가격 결정에는 공용부분의 관리상태도 큰 비중을 차지한다. 예를 들면 외벽도장 등의 수선에 의한 매각가격의 상승분은 1가구당 경비부담을 덜고도 남는 것 등이라 하겠다.

3) 주민 간 선린관계 형성 등 공동체 활성화로 무형자산의 가치관리

관리사무소에서 시설물 유지관리를 제때에 적절하게 시설물 유지관리를 하는 것은 그 아파트 단지의 자산가치에 영향을 끼친다고 보기 때문에 관리에 있어서 대단히 중요하다. 공동주택의 가치는 단순히 건물과 환경의 양호할 뿐만 아니라 거주자 간의 상호 의존관계까지 포함된다.

결국 그 아파트가 주민 간에 사이좋고 화기애애하여 살맛나는 아파트라는 평판이 있는 것과 동대표나 입주자 간에 불협화음이 많고 쟁송이 잦다는 평과 소문이 밖으로 나돌 때 그 아파트에 대한 자산가치로서의 평가는 상당한 차이가 날 것으로 판단된다. 그렇다면 이러한 분야의 관리의 양부가 자산가치에 영향을 끼칠 수 있다고 보이므로 관리에 있어서도 신경을 써야 할 부분이 된다.

4) 리모델링 등 활성화를 위한 지원체계 개선

지금까지는 일정 기간이 지나면 재건축 등에 대한 기대심리로 인해 입주민은 무론 관리주체도 보수에 대한 중요성을 간과하는 경향이 많았다. 그러나 최근 재건축요건이 까다로워지고 고층아파트에 대한 재건축의 이익이 대폭 감소하거나 실익이 없어지게 됨으로써 그에 대한 리모델링이 급부상하고 있다.

리모델링이나 재건축, 대수선, 예방적 유지관리행위 등은 1차적으로는 노후화된 시설에 대한 물리적인 성능개선으로서 생활의 편익제고와 쾌적성 확보를 위한 것이지만 이것은 대단히 중요한 부동산 관리면서 자산관리라 할 수 있으며 점차 중요한 관리 분야로 부각될 것이다.

준공된 아파트는 시간의 경과에 따라 설비, 자재 등이 노후화되고 주거공간에 대한 기대치가 변화하여 새로운 기능에 대한 충족욕구가 발생하게 된다. 이에 따라 노후화된 설비의 교체 및 보강, 중앙난방을 개별난방으로의 교체, 전용공간의 확대, 정보화 기능의 부여 등 건축물 성능개선에 대한 필요성이 높아지게 된다.

일반적으로 준공 후 20년 이상 된 아파트는 2000년 38만 호, 2010년에는 154만 호로 전체 재고량의 48.7% 규모로 추산된다.(박용석, 2000) 그리고 우리나라는 2002년 말에 주택보급률 100%를 이미 달성했다. 이로 인하여 앞으로 아파트 가격은 만성적 초과수요 해소로 인하여 아파트가격 안정화에 상당한 영향을 줄 것으로 예상되고 이러한 가격의 안정화는 주택을 투자개념에서 거주개념으로 인식전환을 촉진하여 리모델링 시장의 확대에 중요한 영향요인이 될 것이다.

이미 주택법에 리모델링에 대한 규정이 신설되었다. 그러나 아직 세부적인 지원 절차 등에 대해서는 규정되지 않고 있다. 리모델링을 활성화하기 위해서는 규제사항을 보다 더 완화해 주어야 할 것이며 정부차원의 세제, 금융지원과 입주민들의 리모델링에 대한 인식변화 등 다양한 요건이 수반돼야 한다. 현재 국민주택규모에 대해서는 지난해에 부가가치세가 면제되고 있으나 취득세, 등록세의 면제 문제와 국민주택기금의 확충을 통한 저리융자, 주택담보비율 완화 등이 필요하다.

그리고 리모델링에서 안전성 기준의 강화와 주택에 대한 주택공급 규칙 마련이 필요하고 하자담보 책임주체와 기간에 대한 기준이 필요하다.

그리고 효율적인 리모델링 사업을 위해서는 최초 아파트 건축 시에 리모델링이 쉽도록 벽체시공 기법을 도입해야 하고 표준공사비 기준마련과 공동주택 리모델링관련 전문기관 설립이 필요하다.

그리고 증축을 통한 아파트가치 상승에 치우쳐 있는 입주민들에 대하여 필요한 부대시설 등 단지 여건과 특성을 고려한 쾌적한 주거환경을 만드는 것이 중요하다는 점을 교육과 홍보 강화가 필요하다. 또한 평소 유지관리를 철저히 하고 공동체 의식이 풍부한 아파트가 리모델링 사업에 있어서 큰 성과를 거둘 수 있다는 점을 인식 전환시킬 것이 필요하다.

제 5 장

결 론

제1절 결론과 정책적 시사점

1. 요약과 결론

1) 요 약

급격한 경제발전과 산업화에 따른 인구의 도시유입, 핵가족화, 택지의 절대부족 등은 도시지역의 주택수요를 폭발적으로 증가시켰으며 이에 우리나라 전체 주택 중 공동주택이 차지하는 비율이 50%를 상회하여 이제는 본격적으로 공동주택 시대에 접어들었다고 할 수 있다.

우리는 그동안 주택의 공급에만 주로 치중하여 왔으며 사후관리에는 소홀해 온 것이 사실이다. 그 결과로 우리나라는 공동주택 등 주택의 수명이 20년 정도밖에 안 되고 있다. 이는 건축방식에도 문제가 없는 것은 아니겠지만 사후관리가 부실한 것이 주원인이라고 판단된다. 그 결과 아파트는 관리가 방치되고 노후화되어 왔고 재건축을 노리는 아파트에서는 오히려 건축물관리를 일부러 악화시키는 사례까지 있어 왔다.

공동주택의 제 수명을 다하지 못할 때는 국가의 경제적 사회적 비용이 커지는 것은 물론 그에 따른 비용은 결국 국민의 부담으로 귀착된다.

그리고 건물의 장수명화의 중요성에 이어 이제는 특히 공동주택 관리는 단지의 운영관리 유지관리 중심의 기능적인 관리뿐만 아니라 사람들 간의 공동체육성, 홍보와 같은 생활관리 내용도 중요해지고 있다. 공동주택이라는 건물을 잘 유지관리하여 수명을 늘리고 생활관리를 통하여 단지에 대한 애착을 갖도록 지원하며 관리비 절감 등 운영관리를 잘하는 것이 공동주택의 수명 기간 동안 거주성을 높이는 길이 될 것이며 나아가 그러한 장수명화와 공동체 활성화를 위해서 관리를 함에 있어서 자산관리 차원에서 단순하게 유지보수의 소극적이고 과거 상태의 원상회복적인 관리를 할 것이 아니라 모든 관리 과정에서 경영마인드를 도입한 가치관리 개념을 도입해야 한다. 즉 가치관리 차원에서의 자산관리도 이제는 공동주택 관리에서 고려해야 할 중요한 분야라고 생각된다. 따라서 공동주택의 사후관리에 대한 새로운 패러다임의 도입이 필요한 실정이며 살맛나는 공동주택으로 만들기 위하여 정주의식을 제고하고 공동체 문화를 활성화시키기 위하여 획기적인 정책방향 전환과 인식의 변화가 필요하다고 하겠다.

이러한 문제를 개선하고자 시민단체나 공동주택 내부에서도 자치적으로 많은 활동을 해오고 있으나 활성화되지 못하고 있다. 더욱이 관리체계상에 불합리성이 여러 분야에 산재해 있어 관리의 투명성과 효율성의 부족을 초래하는 등 문제점이 많이 있다. 이러한 사실의 상황적 관점에서 관리실태의 문제점을 파악하여 우리의 아파트 관리를 체계적으로 시스템적으로 관리가 될 수 있도록 주로 체계적이고 구조적인 면에서 기존의 틀을 개선함으로써 전문성을 발휘하여 관리의 효율화와 서비스의 향상을 가져올 수 있을 것이다.

그러한 목적을 이루기 위하여 우선적으로 현재의 관리실태를 파악하여 관리현황의 문제점을 파악하여 이를 해결하기 위한 개선방안을 강구하는 데 주력하였다.

이상과 같은 연구의 결과를 요약하면 다음과 같다.

우선 문제점을 파악하기 위한 방법으로 총론격인 법제도적인 측면과 각론격인 관리체계의 분야별로 운영관리 측면, 시설물 유지관리, 공동체관리, 자산관리 측면으로 나누어서 문제점을 파악하고 또한 이 문제점에 대한 개선방안도 법제도적인 총괄적 분야와 관리체계의 4개의 각론 분야에 대한 개선방안을 논술하는 방법으로 고구하였다.

이상에서 논의한 본 논문을 전체적으로 순서대로 요약한다면 다음과 같다.

먼저 우선적으로 법제도상의 문제점과 개선방안을 논하면

공동주택 관리에 관한 법령이 산재돼 있어 적용에 있어서 혼돈과 체계적으로 관리하는 데 많은 문제점이 있고 또한 이제 공동주택 거주자가 전 국민의 50%가 넘는 현실과 주택보급률 100%를 초과하고 있는 현실 및 공동주택 관리의 중요성에 비추어 볼 때 이제는 공동주택 관리에 관한 통괄적인 법의 제정이 필요하다.

관리규약은 해당 공동주택 단지의 실정에 맞게 제정하고 개정해야 하되 불준수 경우에 대한 이행이 되도록 하는 제도적인 장치가 필요하며 주택관리업자의 비전문성과 형식적인 관리를 개선하기 위해서는 정부가 개입하여 설립요건과 회사유지조건 및 수주량에 비례하는 기술적인 유지조건을 법제화하면 덤핑도 방지하고 전문화된 관리로 점점 나아가게 되는 계기가 될 것이다.

또한 주택관리사인 관리소장에 대한 신분안정을 보장해 주기 위해서 임기제를 관리규약에 규정하고 임기 내에 해임하려면 주민전체의 투표에 의해서만 가능하도록 법제화함으로써 전문성 있는 관리가 뿌리내리도록 하여야 한다.

의무관리의 범위를 현재보다 대폭 확대하여 최근 많이 건설되고 있는 초고층 아파트의 관리에 대한 수요에 부응하고 주상복합아파트와 임대아파트에 대하여도 의무관리 범위를 대폭 확대하는 방안을 강구하여야 한다.

그리고 입주자대표회의 권한의 한계와 범위를 규정하고 회의절차 규정과 회의내용을 공개토록 제도를 법제화하여 입주자대표회의의 투명성을 확보하고 참여의 활성화를 통해야 한다. 소수의 전횡이 지배하는 입주자대표회의가 아니라 입주민의 전체 의사를 대변할 수 있도록 입주자대표회의 회장을 직선하여 위상과 책임을 강화하고 관리주체에 대한 지나친 간섭과 월권을 금지하여야 한다. 그리고 입주자대표회의에 통장(이장)에 대한 임면 추천권과 해임건의권을 부여하고 입주자 대표들에 대하여는 현재의 무보수원칙을 바꾸어 회의수당을 지급하여 입주자대표에 전문인들의 참여를 유도하여 책임감을 부여하고 민주화 투명화 전문화를 이룰 수 있도록 구조적이고 시스템화가 되도록 제도를 정비하여야 한다.

이론적으로는 관리소장을 비롯한 관리사무소는 입주자대표회의가 업무에 대한 결정을 해주면 집행을 하는 집행기관으로 인식되고 있다. 하지만 현실적으로는 지나치거나 부당한 간섭 등으로 소신과 전문성에 입각한 집행이나 관리활동을 하지 못하고 수직적인 관계에서 사사건건 간섭되고 모든 일을 입주자대표회장과 총무가 일일이 관여하는 사례가 많이 있다. 임면권과 급여를 입주자대표회의에서 주기 때문에 수평적인 동등한 관계는 될 수 없는 것이 당연한 현실이지만 너무 수직적인 관계로 설정되면 입주자대표회의가 권한을 오용하거나 독선적으로 행사하더라도 막을 방법이 없고 관리주체가 전문성을 발휘할 수가 없게 된다. 결국 그 피해는 입주자에게 돌아갈 수밖에 없게 되므로 입주자대표회의의 권한의 한계를 규제하고 관리주체에게도 입지를 보장해주는 법규적인 조치가 필요하며 이는 관리의 투명성 및 전문성 향상과 입주자의 이익을 위해서 바람직하고 필요한 시스템화에 도움이 되는 것이다.

또한 감사제도의 문제점을 개선하기 위하여 현재 감사제도에서는 입주자대표회의와 입주자대표회의에서 선임된 감사가 관리주체를 이중으로 감독하고 통제하지만 입주자대표회의에 대한 감사제도는 없다. 그러다 보니 견제가 안 되는 상태에서 입주자대표회의가 권한을 월권적으로 남용하여 입주민에게 막대한 손해를 입히는 결정을 하는 경우가 있다 하더라도 사전에 견제할 방법이 현재는 없는 것이 큰 문제다. 이러한 위험요소를 제거하기 위하여 민주주의의 기본원리인 견제와 균형의 원리가 자연적으로 기능을 발휘할 수 있도록 감사제도를 개선하기 위하여 동대표 선출과는 별도로 주민직선으로 감사를 2인 이상 선출케 하고 일정 범위의 항목에 대하여는 입주자대표회의에 대한 감사도 할 수 있는 권한을 주어야 한다.

그렇게 되면 자동적으로 각종 용역업체 선정과 공사업체 선정 과정에서의 비리가 상당부분 감소되어 투명성이 보장되고 입주자대표회의와 주민 간에 신뢰가 제고되어 공동체 활성화에도 많은 도움이 될 것으로 판단된다.

그리고 지방자치단체의 관여는 간접 통제형을 견지하고 지도감독상 소홀의 문제를 개선하여 시설물유지와 안전문제에 대해서는 행정지도 감독을 강화하고 불이행 시 이행수단을 확보하여야 한다. 공용시설물 지원조례의 형평성 확보를 위해 광역적 지원조례로 지원 범위를 통일하고 세부적인 시행을 위해 조례시행규칙을 제정한다.

전담부서의 인력부족 및 기술력부족 해결을 위하여 전담행정부서 확대 개편과 공동주택 관리공사 등의 전문기관을 설립한다. 또한 중앙정부와 지방자치단체는 관리서비스 질 개선과 시설물 재산가치 극대화를 위해 제도의 구체화 단지별 관리서비스 평가업무 강화, 행정지원 형평성유지, 각종 관리행정 지침 구체화하는 조치가 필요하다.

주택관리업체와 주택관리협회는 연구 교육 지도를 내실 있게 할 수 있는 시설장비를 갖추어야 한다. 또한 자본금 확충 장비보완 관리수수료 현실화를 통한 업체 전문화를 하고 관리수주를 위한 출혈경쟁을 지양하게 하여야 한다.

전문화 없는 출혈경쟁을 방지하기 위하여 정부는 업체등록 요건과 유지조건상에서 기술력과 장비보유조건 및 기타 조건 등을 위탁관리 수주량에 비례하여 갖추도록 하게 함으로써 20년 전의 위탁수수료보다도 못한 소위 보증보험료에 불과한 형식적이고 전문관리와 전혀 거리가 먼 현행의 실태가 개선될 수 있을 것이다.

그래야만 현재의 전문관리제도의 취지와는 전혀 거리가 멀고 대형사고

시에 회사에 책임이나 면책하고자 하는 위탁관리제도에서 벗어나 공동주택의 전문관리 취지에 부합하는 출혈경쟁이 지양되고 기술력으로 경쟁하는 주택관리업 제도가 육성될 수 있을 것이다.

다음으로 관리체계의 각 분야별로 문제점과 개선방안을 제시하면 다음과 같다.

첫째로 운영관리 측면에서의 문제점으로서 아파트 단지 간에 관리비의 비교가 가능하도록 표준관리비 양식을 제정 보급하고 홈페이지 등을 활용하여 양 방향 의사소통으로 민원을 해소하고 정보교환을 촉진한다.

또한 관리에 있어서 부정과 비리 중 가장 큰 각종 용역업자와 도장 방수공사 등 공사업자 선정 과정에서의 비리를 방지하기 위하여 선정절차를 실질적인 공개경쟁 입찰이 될 수 있도록 세부적인 절차를 규정하고 낙찰자 선정기준을 투명하게 사전에 공개하고 소위원회와 감사에 의한 견제와 검증이 가능토록 함으로써 부정과 비리가 시스템적으로 방지되도록 절차화한다.

관리소장 및 관리직원들의 사기가 침체되고 소극적이고 수동적인 자세를 벗어나게 사기진작과·신분관계 안정을 위하여 관리소장의 임기제를 도입하고 임기 내 해임은 주민투표로만 가능하도록 하여 근무상태에 문제가 없는 한 장기적으로 근무시키는 것이 주민과 시설물에 대한 숙지도의 증진에 의해서 공동체관리와 시설물유지관리에 대하여 임시 변통적인 관리에서 벗어나 체계적이고 전문적인 관리로 나아가는 데 도움이 될 것으로 판단된다.

둘째로 시설물유지관리에서 시설물유지관리 매뉴얼을 보급해주고 주택관리회사의 기술적 유지조건을 상향조정하여 형식적인 관리가 되지 않고 전문적인 관리가 될 수 있도록 육성지원해야 할 것이다. 그리고 하자보수 제도에 있어서 하자보증금액의 증액과 운영체계개선 및 하자보수 책임보험 제도를 도입해서 하자의 신속처리와 손실을 감소시켜야 할 것이다. 장기수선계획의 수립이 제대로 되도록 하고 이에 따른 장기수선 충당금의 징수와 보수가 충실히 이루어지도록 행정지도와 감독이 이루어지도록 해야 한다. 범죄예방을 위해서 첨단기기에 의한 범죄예방 시스템을 구축하도록 노력하되 주민 상호 간의 자발적인 유대를 통한 방범체계를 구축하고 주변 유관기관과 평소에 유기적인 범죄예방 시스템을 구축하여야 한다.

셋째로 공동체 활성화 방안으로서 입주자의 책임인식과 참여의식을 제고하여 공동체 문화를 활성화하고 임차입주민의 참여도 활성화를 도모하며 이러한 것들을 위해서는 무엇보다도 공동체 문화의 하드웨어 역할을 할 수 있는 공유공간 즉 커뮤니티 시설의 확충과 관리에 노력해야 하며 관리주체가 앞장서서 활성화를 위해 보조적인 역할을 강화해야 한다. 그리고 홈페이지 이메일 등을 활용하여 관리비도 이를 통해 고지하고 입주자대표회의 내용 공개나 민원 등의 고충처리도 이러한 정보화 시스템을 활용함으로써 맞벌이부부나 관리사무소를 방문하기 어려운 바쁜 입주민들의 민원해결과 주민 간 혹은 관리소와의 양 방향성 정보교류 등에 대단히 중요하기 때문에 활성화시켜야 한다.

넷째로 모든 관리행위에 있어서 경영마인드를 도입하여 자산관리의 가치관리 개념을 동시에 고려하는 것이 단순하게 소극적으로 관리를 위한 관리를 하고 원상복구지향적 관리를 하는 것보다 적극적으로 전향적인 관리를 해주기를 입주민들이나 관리자에 대한 설문조사에서도 나타났듯이 앞으로는 점차 공동주택 관리에서 새로이 관심을 가져야 할 분야가 될 것이다.

그리하여 관리주체는 관리 패러다임의 전환노력을 해야 하며 관리를 위한 관리에서 관리에 경영마인드를 도입하여 관리비의 절감은 물론이거니와 관리비의 지출의 효과를 극대화시키며 또한 소극적이고 현상유지적인 관리행태에서 진일보하여 새로운 패러다임을 가지고 적극적인 관리로 변환하여 관리의 효율화를 최대화하고 더 나아가 입주자의 재산가치를 보전하고 증대시키는 역할의 자산관리에도 역할을 하는 그러한 관리로의 진일보가 필요하다고 판단된다.

2) 결 론

이상에서와 같이 현재의 공동주택 관리 현황의 문제점을 개선하기 위해서는 사안마다 대처하는 즉응적인 대처방법으로는 불가능하다. 따라서 체계적인 측면에서 바라보고 여러 시스템이 자동적으로 작동되어 스스로 견제와 균형이 이루어지면서도 나아가 각자의 기능이 화합과 협력으로 승화되어 시너지효과를 발휘될 수 있도록 하여야 한다.

그리하여 효율적인 관리체계로 개선되어 공동주택이 장수명화되고 그 안에서 정주의식이 형성되고 인정이 넘치고 살맛나는 활성화된 마을 공동체가 형성될 수 있도록 구조적이고 체계적으로 관리체계를 개선하여야 한다.

본 연구자가 본 논문에서 탐구하고자 한 방향은 일시적이거나 사안사안별로 대처하는 관리개선책이 아니라 당사자 간에 잘 화합하고 협조해서 주민의 신뢰와 참여가 제고되어 시스템적으로 효율적인 관리체계로의 개선방안을 구축하기 위한 시스템적인 개선방안을 연구코자 하였다. 그러기 위해서는 현재의 불합리한 체계와 구조를 개선해야 한다. 이를 구체적으로 보면 다음과 같다.

첫째 관리주체에게 힘을 실어주고 관리를 안정시키기 위해서는 관리주체의 핵심인 관리소장의 신분을 보장해주고 위상을 강화시켜서 임기보장을 법제화해야 한다. 이를 통해 임기 내에 해임을 하기 위해서는 전체주민의 주민투표방식에 의함으로써 소수에 의해 자의적으로 관리소장을 해임하는 사례를 방지하고 또 반대로 이를 악용하는 관리소장에 대한 대책으로서는 주택법령상의 자격정지나 박탈 등의 제재조항을 세밀하게 규정하는 방안이 있다.

둘째 입주자대표회의의 정통성과 책임성을 강화시켜 주기 위해서 주민 직선에 의해서 입주자대표회장과 구성원인 동대표를 선출하고 통장(이장)의 선임권에 대한 추천권과 해임건의권을 부여해서 단지 안에 불협화음의 소지를 없애고 권위를 인정하며 회의참석수당도 지급한다. 단 현재의 책임은 없으면서도 무제한적 권한을 제어하기 위해서 업무의 권한의 한계관계를 명문화시키면서도 감사를 주민직선에 의해 선출하고 입주자대표회의에 대해서도 견제할 수 있도록 감사권을 부여함으로써 잘못될 경우에 견제할 수 있도록 구조적인 견제장치를 확립한다.

그렇게 되면 정부나 지자체는 간접 통제하면서도 지원을 아끼지 않고 입주자는 입주자대표회의를 인정해주고 협조하면서도 소수인에 의해서 관리소장을 함부로 해임시키지 못하게 하여 관리사무소를 안정시켜 업무의 일관성을 유지시키며 감사를 직선하여 기존에 입주자대표회의가 선임한 감사체계와 달리 관리주체에 대한 감사뿐만 아니라 입주자대표회의에 대해서도 감사권을 부여함으로써 결국은 기존의 입주자대표회의의 권한에 정통성을 인정해주고 부당한 권한을 줄이고 현재 하수인에 불과한 관리주체의 권한을 강화시켜줌으로써 관리의 일관성과 전문성을 발휘할 수 있는 토대를 마련하자는 것이며 그러하게 되면 주민들도 신뢰감이 높아지고 참여의식이 높아지게 될 것이다. 또한 관리의 민주화와 투명화로 체계적인 개선이 이루어져 시스템적으로 관리가 이루어져서 전문화와 효율성이 제고됨으로써 공동주택의 수명은 장수명화가 이루어지고 공동체 문화의 활성화가 이루어져서 살맛나는 공동체 문화가 시스템적으로 이루어질 수 있을 것이다.

이는 또한 어느 한 당사자의 역할만으로는 불가능하며 입주자와 입주자대표회의와 감사 및 관리주체 그리고 정부가 5자가 일체가 되어 협력하고 노력하되 견제와 균형의 핵심 당사자는 입주자대표회의와 감사 그리고 관리주체의 3자이며 이는 마치 민주주의 국가 권력체계가 3권 분립하에서 움직이는 체계와 비슷하다.

정부의 역할은 사적 자치의 당사자들을 중재 조정하고 공공서비스의 질 제고 및 관리의 효율성 유지를 위한 조정, 통제 및 적정수단을 강구하는 일이다. 또한 관리사무소가 입주자자치를 근간으로 하면서 관리주체의 전문화, 기술 집약화 등을 조화시키는 것이 제1차적인 관리의 기본방향이 될 것이다. 관리주체에게 전적으로 위임하는 것 내지 사적 자치의 원칙만을 내세워 입주자 자율에 일임하는 것은 무리가 따르며 관리서비스를 사적 서비스(private service)로 인식하기보다 공공관리 서비스(public service)로 인식하는 것이 중요하다.

또한 관리의 투명화 전문화 통제를 위해서 사전적이고 시스템적으로 갖추어야 할 가장 중요한 관리당사자 간 역할은 상호의 역할 간에 어느 한 쪽으로 너무 치우지지 않으면서도 상호 협력화합 되어 에너지효과를 발휘해야 한다. 이는 서로 견제와 균형의 원리가 자동적으로 시스템적으로 작동되면서도 당사자 역할 기능 간에 상호 협력을 통해서 관리체계가 효율적으로 발전할 수 있도록 하는 것이다.

이상에서 본 바와 같이 관리당사자 간의 역할과 관계의 전략적 접근은 정부의 직접적 통제를 줄이고 간접적 통제로 전환하되 입주자의 자율권 신장과 주택관리사와 관리업체의 전문육성이 전제되어야 한다. 이제는 우리도 이미 주택보급률이 100%를 상회[153]한 만큼 무리한 주택건설보다는 기존의 아파트를 보전 관리하여 거주자의 주거향상을 도모하는 것이 중요하며 오히려 주택의 공급정책은 주택의 관리 분야보다 하위 분야가 되도록 체제가 개편되어야 하고 모든 법적 제도적 체계도 관리 위주로 공동주택에 관한 정책의 중심이 바뀌어야 한다.

마지막으로 공동주택이라는 시설물에 대한 쾌적성과 장수명화를 위한 관리도 중요하지만 그 내부에 살고 있는 입주자들의 정주의식을 가지고 주민 상호 간에 공동체 의식을 가지고 살맛나는 마을 공동체를 이루어 공

---

153) 이미 2002년도 말에 주택 보급률이 100%를 상회하였다.(건교부자료)

동체 문화를 활성화시켜 나갈 수 있도록 잘 관리하는 것도 똑같이 중요하다. 이러한 양자 간의 관계는 별개의 문제가 아니라 상호 보완적이고 불가분의 관계가 될 것이다.

2. 정책적 시사점

이상의 본 논문에서 연구 검토한 결과를 토대로 몇 가지 정책적 개선방안을 제시하면 다음과 같다.

1. 산만하게 운영되고 있는 주택관리와 관련된 법령들을 통합하여 "공동주택관리기본법"을 제정 시행하고 임대주택이나 재개발 등에 의한 공동주택에도 전면적으로 확대 시행하여야 한다.

주택법의 관리에 관한 규정들과 개별법에 산재해 있는 관리와 관련한 조항들을 체계적으로 정비하여 공개념을 대폭 강화한 특별법으로서의 가칭 공동주택관리에관한법률을 제정할 뿐만 아니라 공동주택 관리 관련 조례도 제정해서 시행해야 할 것이다.

2. 공동주택 관리의 사각지대인 의무적 관리대상 미만 아파트와 주상복합 건물과 임대주택 연립주택 등에 대하여 관리대안을 마련하여야 하며 중앙정부는 관리서비스 질 개선과 시설물 재산가치 극대화를 위해서는 제도의 구체화 지자체는 관리서비스 행정력 강화 단지별 관리서비스 평가업무 강화, 각종 관리행정 지침을 구체화하는 조치가 필요하다.

정부나 지방자치단체는 공동주택 관리담당 행정부서의 인적 지원을 충원하고 행정업무를 위탁받아 지도 감독할 수 있는 공동주택 전담기구를 신설하는 방안을 적극 검토해야 할 것이다.

3. 입주자대표회의의 회장 및 동대표들의 직선제를 도입하고 단지 실정에 따라 감사와 입주자대표들에게 일정액의 회의수당 등을 지급하도록 관리규약에 명문화할 수 있도록 표준관리규약에 도입하는 것이 입주자대표

회의의 구성원과 감사에게 봉사와 희생에 대한 위상제고와 어느 정도의 보상을 해주면서 책임도 명확히 하여 관리조직을 개선하고 책임과 의무를 강화해야 한다.

4. 입주자대표회의에 대하여 현재 통장이 동장의 추천으로 구청장이나 군수 시장 등이 임명하고 있는데 동장의 추천권의 행사에 공동주택의 통장추천은 필히 입주자대표회의에 임명추천권과 해임건의권을 부여하도록 함으로써 동대표와 통장의 겸임을 유도하여 무보수 문제를 일부 해결하거나 임명추천과 해임건의권을 주도록 지방자치조례와 표준관리규약상에 부여해줌으로써 양자 간에 상하 협조관계를 확실히 하고 불필요한 갈등을 해소하고 협력시킬 수 있는 방안이 될 수 있을 것으로 본다.

5. 공동주택 관리의 문화를 이루어 가는 데 가장 큰 걸림돌이 입주자대표회의 관리주체와의 명확한 역할 구분이 되어 있지 않아 입주자대표회의가 전문성을 가진 관리소장이나 관리 직원에게 지나친 간섭으로 관리의 전문성 발휘가 지장을 받고 입주자대표들의 월권에 의한 부정과 비리가 심각한데 이에 대한 대책이 필요하다.

6. 현행 제대로 역할을 하고 있지 못한 감사를 입주자대표회의 구성원 중에서 선임할 것이 아니라 입주자들이 감사를 독립적으로 별도로 직접 선거방식으로 선출하고 감사에게 입주자대표회의에 대한 감사권도 부여하도록 하여 시스템적으로 견제 기능이 작동될 수 있도록 제도를 구조적인 틀을 개선하는 것이 입주자대표회의의 각종 공사나 용역업자 선정 등에 개입하여 금전적인 이권에 개입하는 부패를 예방하고 관리주체에 대한 지나친 월권적인 부당한 간섭과 독선을 방지함으로써 입주자대표회의의 투명성보장과 관리주체에 대한 불필요한 부당한 간섭을 줄임으로써 관리주체를 활성화시키고 입주자대표회의에 대한 주민의 신뢰를 제고시킴으로써 공동체 활성화에 기여하게 될 것이다.

7. 관리소장의 임기를 보장해 주기 위해 임기제를 도입하고 전체 주민

투표에 의해서만 임기 전 해임을 시킬 수 있도록 하여 신분을 보장해주어야 관리가 안정되고 전문화가 착근될 수 있는 토양이 마련될 것이다. 단 이러한 신분보장 장치를 악용하는 관리소장에 대해서는 주택관리사 처벌조항을 현재보다 세부화하여 제정하면 될 것이다.

8. 현재 공동주택 관리에서 주민의 불신을 초래하고 시설물유지관리의 부실화와 관리비 낭비를 초래하는 것은 위탁관리업자 선정 및 조경 청소 등 각종 용역업자선정의 비리와 도장 방수 등 각종 보수공사업자 선정 시의 비리와 부정으로 인한 부실공사업자 선정과 감독의 부실이 가장 큰 원인이다.

이를 제도적으로 방지하기 위해서는 법규나 관리규약에 구체적인 각종 용역업자 공사업자 선정기준을 정하고 그 기준도 사전에 공개적으로 적어도 현장 설명회 시까지는 상세하게 발표하도록 의무화하는 등 보다 구체적인 제도적 장치가 필요하고 큰 공사가 있을 경우에는 전문성이 부족한 입주자대표회의에만 맡기지 말고 해당 공사대책 소위원회를 구성하여 미리 공사준비도 시키고 공사감독까지 공정하게 하도록 하는 것이 부실공사 방지를 위해 바람직하다.

현재 용역이나 공사업자 선정을 둘러싼 전 현직 입주자대표회의 간 부녀회 간 또는 주민 간에 심각한 불신으로 분쟁과 갈등 속에 법정 다툼과 폭력사태 등으로 얼룩지는 공동주택 단지가 점점 늘어나고 있다.[154] 핵심원인은 용역업자와 공사업자 선정의 잡음과 그로 인한 부실공사의 책임문제와 부당한 커미션수수와 얽혀있는 것이 대부분이다.

정부입장에서 현재 형식적으로 내고 있는 입찰공고문에 반드시 용역이나 공사업자 선정기준을 명기하도록 함으로써 보다 더 선정 과정을 투명

---

154) 한국아파트신문 2005. 4. 6. "전 현직 회장 공사커미션 얽혀 심야 참극" 및 4. 27. 보도사례 등 다수와 아파트관리신문 2005. 4. 25. "난방공사업체 선정 과정 비리로 대표회장 및 소장 등 15명 입건" 등 다수

하게 할 수 있다고 보며 현재상태는 자율적으로 할 수 없는 단계이고 이는 정부에서 법적 제도적으로 장치를 마련해주어야 한다. 이렇게 되면 금전적 로비가 줄어들게 되고 공사의 부실도 방지되며 투명성 보장으로 주민 간의 불신과 불화도 훨씬 감소될 수 있을 것이다.

9. 위탁수수료가 보통 관리 평당 30원 전후이며 무임에 가까운 10~20원/평 인 경우도 적지 아니한데 이를 사적 자치원리라 하여 무한정 방치할 것이 아니다. 제도의 본래 취지인 전문 관리는 실종되고 관리직원 인력소개소 내지 사고가 발생할 경우에 보증보험 역할[155] 정도나 하는 제도로 전락해 있는 실정이라 해도 지나치지 않다. 현재의 상태를 방치한다면 앞으로도 전문관리로 가기는 불가능하다. 특별한 규제도 없고 전문 관리에 대한 법적 규제 장치도 없다면 지금대로 전문성 경쟁은 실종되고 결국은 수수료 하향 경쟁만이 계속되고 로비에 의한 수주활동만이 계속될 것이기에 전문화는 요원할 수밖에 없기 때문에 정부가 나서서 주택관리회사로 하여금 제대로 수수료를 받고 실질적인 관리와 전문화된 관리를 안 해주면 안 되도록 정부와 지방자치단체가 주택관리회사의 전문성 향상을 위하여 설립요건과 회사 유지요건을 현재보다 강화하고 수주량에 비례하여 본사의 자본금이나 기술력과 장비 등에 대한 조건을 비례하여 강화시키는 등 제도적 장치와 행정 지도감독 등을 하여야 할 것이다.

10. 유지관리계획이 수립되어 노후화를 방지하고 이를 위한 비용으로서 장기수선 충당금의 적정화가 현실성 있게 적립되어야 한다. 공동주택은 장시간 사용하고 유지보수가 계속적으로 이루어져야 하므로 건설 당시부터 유지관리를 감안한 설계, 수선주기, 수선보수 공사방법 등에 관한 공동

---

155) 위탁관리회사는 평소에는 관리를 관리소장에게 맡겨버리고 보통 사고가 발생하면 관리회사가 실질적인 책임을 지는 것이 아니라 관리소장에게서 취업 시 5000만 원짜리 정도와 경리 등은 3000만 원 정도의 신원보증 증권을 받아두었다가 유사 시에 구상권을 행사하여 해결하는 방식으로 회사는 아무 책임을 지지 않고 있는 식으로 위탁관리를 운영하고 있는 것이 보통이다.

주택사용 매뉴얼이 작성되어 보급되도록 해야 한다.

11. 하자보수에서 하자 범위에 대하여 분쟁과 그로 인한 보수공사의 지연을 예방하고 또한 하자로 인한 손실을 보상하기 위하여 책임보증 및 손해보상 제도 도입 등을 통해 입주민을 보호하고 공동주택의 수명연장을 가능하게 할 수 있을 것이다.

12. 공동주택 관리의 정보화 촉진

생활의 편의성과 쾌적성을 높이는 기술과 커뮤니티를 증진할 수 있는 방향으로 공동주택이 개발됨으로써 이러한 기술들이 공동주택 관리에서도 활용되어야 할 것이다.

홈페이지 구축 등을 통한 정보공개 및 네트워크에 의한 정보교환으로 관리의 투명화를 이루고 또한 이 과정을 통하여 참여동기를 유발시킬 수 있게 될 수 있을 것이다. 또한 이 과정에서 시설물 유지관리에 대한 의식을 고양시키고 각종 용역업자 선정과 도장 방수 등 공사발주 시에 공사업자 선정방법의 적정성 투명성의 보장을 통한 고효율 저비용을 추구할 수 있게 될 수 있을 것이므로 이를 활성화시키기 위해 우수아파트 평가제도나 공동주택에 대한 공용시설물 지원제도와 연계시킴으로써 이를 촉진시킬 수 있는 방안이 될 것이다.

그리고 정보화가 잘되고 정보공개가 잘되면 공동주택 관련비리도 점차 없어질 수밖에 없을 것이다.

결국 공동주택 관리의 목적은 입주자들이 편리하고 쾌적한 주거생활을 영위토록 함이며 주택의 경제적 사회적 문화적 가치를 높이는 것이다. 따라서 이러한 공동주택의 효율적인 관리를 위해서는 제도권이나 제도권 밖에서의 지속적인 노력이 필요하고 이를 위해서는 정부나 행정기관의 제도개선 의지, 관리주체 등의 전문적이고 신뢰성 관리신조 그리고 입주자 등의 공동체형성을 통한 관리참여 등이 상호 보완적으로 작용할 때 비로소 공동주택 관리가 체계적으로 정착될 수 있을 것이다.

공동주택 관리제도의 문제점이 시급히 개선되어 입주자의 민주의식이 성숙되고 단지 내의 공동생활 규범이 정착된 후 법령상의 미비점이 보완되어야 진정한 제도개선의 효과를 가져올 수 있을 것이다.

그리고 우리나라의 공동주택은 개인의 재산이라는 개념에서 벗어나 국가와 사회의 재원으로 인식되어야 하고 정부도 주택공급에 중점을 두는 것이 아닌 재고주택에 대한 관리에 중점을 두게 되는 수요자를 위한 새로운 정책으로 전환시킴으로써 소수만이 아닌 대다수가 참여하는 공동체 문화의 활성화와 공동주택의 내구연한이 현재의 기존의 20년에서 앞으로는 40년, 50년 이상이 되도록 노력하여 장수명화가 되도록 해야 될 것이다.

제2절 연구의 한계

본 연구의 한계와 향후 연구과제로는 본 논문이 관리제도의 문제점을 검토하고 보다 나은 개선방안의 고찰에 중점을 두어 연구하다 보니 입주민의 행태의 속성과 공동체 문화의 내용부분이 미흡한 면이 있으며 자산관리 측면도 앞으로 공동주택 관리 분야의 한 측면으로 자리매김을 해야 한다는 문제의 제기를 한다는 차원에서 의미를 부여하였다.

향후 공동주택 관리에 관한 연구에서는 입주자의 욕구변화와 공동체 문화정착에 관한 연구가 계속 되어야 하고 관리에서 자산관리 분야의 가치관리 측면에도 관심을 기울여야 할 것이다.

참고 문헌

1. 단행본

문영기. 방경식(1999), 공동주택 관리론. 범론사

김준(1998), 공동주택실무, 경록출판사

윤정숙 · 김선중 · 안옥희, "주거학 조사분석방법", 문운당, 1997

이병수(2001), 공동주택 관리제도의 현주소, 아파트주민에게 드리는 편지. 부연사

곽인숙, 공동주택소비자권리찾기, 더불어 사는 주거만들기. 서울: 보성각,
　　　2001

대한주택산업건설협회, 주택사업 관계법령집, 2004. 4.

대한주택관리사협회(2005), 주택관리士補 관리敎育(교재)

대한주택관리사협회(1999. 1.), '공동주택회계실무'

대한 주택관리사협회(1998. 1.), '공동주택 방수공사 유지관리 매뉴얼'

대한주택관리사협회, '공동주택 업무편람'

21세기 주택정책연구원(1999. 4.), '아파트관리 무엇이 문제인가' 서울, 천광사

신현대(2000), 공동주택 관리실무, 서울 세창출판사

홍형옥, 유병선(2003), 주거관리론, 서울 교문사

경실련도시개혁센터(2003. 3.), 더불어 사는 주거 만들기. 보성각

강혜경 외 6인 공저(2002. 9.), 공동주택 관리론, 도서출판 신정

2. 보고서 및 관련 자료집

은난순, 2004, "공동주택 관리사의 전문직화를 위한 탐색적 연구", 한국가정관
　　　리학회지 제21권 3호

한구소비자보호원, "공동주택 관리제도에 관한 연구", 1990

고 철, 공동주택의 효율적 관리방안, 1996

서울 시정개발연구원, 2001, 아파트관리 평가모델 구축방안

강혜경 외 6인(2001), 전국 아파트관리비 표준 부과내역서 해설서, 송인기획

한국건설 산업연구원(2002. 6.), 공동주택의 하자보수 책임제도 개선 방안

서울시정개발연구원(2000), 아파트단지 행정지원 범위에 관한 연구

부산경실련(2001) 부산지역 공동주택 관리비 부과내역서 표준화―아파트를
　　　중심으로―

한국소비자보호원(1999), 아파트관리비 비교조사-서울 및 수도권 중심으로

건설교통부 한국건설교통기술평가원(2004. 2.), 공동주택의 장수명화를 위한
　　　유지관리 시스템 개발연구 보고서

대한주택공사(1994), 공동주택 관리서비스 제고방안 연구, 서울: 대한주택공사

대한주택공사 주택연구소(1996), 고층아파트 유지관리제도 개선방안연구

박은규, 박근석. 김용성, 서광선(2002), 공동주택 관리제도 합개선방안, 대한주
　　　택공사 주택도시연구원

박은규(2000), 도시공공서비스 공급체계의 광역화 전략, 아파트 관리서비스를
　　　중심으로 한국행정학회 하계 학술대회 발표논문집

건설교통부, 주택업무 편람. 2000, 2002

건설교통부, '주택건설종합계획' 2000. 3.

국토개발연구원, 주택성능보증제도의 개선방안연구. 1995. 6.

서울특별시, 아파트관리에 관한 여론조사, 1999. 6.

서울특별시, 공동주택표준관리규약, 2004. 5.

경기도, 공동주택표준관리규약, 2004. 6.

벽산아파트 관리규약 2004. 7.

서울노원구의회(1997. 9.), '살기 좋은 아파트 만들기'

서울 노원구청(1999. 2.), '공동주택길잡이'

서울특별시, 알기 쉬운 아파트관리, 2004. 3.

대전발전연구원, 2001, 효율적인 공동주택 관리방안

부산발전연구원(2002. 12.), 공동주택 관리 개선방안에 관한 연구, 이정헌

한국건설산업연구원, 공동주택 하자보수책임제도 개선방안, 2002. 6.

건설교통부(1994), '공동주택의 재건축실태와 수명연장방안연구'

건설교통부(1999) 국토건설종합계획
대한주택공사(1999), 아파트관리비 절감사례 연구
대한주택공사(2000), 공동주택단지 리모델링 방안연구
대한주택공사 주택도시연구원(2001. 1.), 박광재, 백혜선, 서수정, 아파트 공동
        체 실현을 위한 방안연구
서울특별시, 2004, 아파트관리 우수단지 평가기관 선정 사업설명회 자료
주택산업연구원(2004. 12.), 주택관리사제도 발전방향에 관한 연구. 중간보고서
대한주택공사(1999. 2.), 아파트 관리비 절감사례연구
건설교통부(2001), 건축물의 리모델링 활성화를 위한 제도적 기반 마련 연구
박은규 외 1인(2001), 아파트단지 관리인원배치기준에 관한 연구
투명한 아파트 관리비 길라잡이(2000. 2001), 강혜경 외 8인 연구, 행자부 민
        간단체 지원사업
박은규 외 1인, 입주자편익제고를 위한 아파트관리서비스공급체계에 관한 연
        구, 2001
박은규 외 1인, 신속한 아파트 시설물 A/S 시스템 구축방안, 2000
방경식, 공동주택 관리의 합리화 방안, 2001
장영희, 공동주택 관리제도 개선방안, 1995
총무처 직무분석기획단, 정부혁신 2010, 1998

3. 논문 및 학회지

김선중 · 박현옥, 1996, "공동주택 관리인의 관리업무 중요도 인식 및 수행에
        관한 연구", 대한가정관리학회지 제34권 5호.
은난순, 2004, "거주자의 공동주택 관리 업무에 대한 인식과 관리참여 의사",
        한국가정관리학회지, 제22권 3호,
천현숙, 2002, 아파트주거문화의 특성에 관한 연구, 연세대학교 대학원 박사학
        위논문
김선중, "공동주택의 유지관리체계화를 위한 결함의 현황과 수선시기에 관한
        연구", 연세대학교 대학원 박사학위논문, 1988

조인정, "신세대 소비자의 주거가치와 주거선호", 서울대학교 대학원 박사학위논문, 1994

조규장(2003), 공동주택 관리제도의 효율적 개선방안에 관한 연구, 건국대학교 부동산대학원 석사학위논문

곽인숙, 주택법 개정에 따른 공동주택 관리영역에서의 지방자치단체의 역할, 한국가정관리학회지 제21권 제5호, 2003

유병선. 홍형옥(2000), 주거관리의 사회적 구축을 위한 연구의 접근 방법과 쟁점, 한국주택 학회지 8(1)

이대형 외 3인 공저(1999. 3.), '아파트 근로자의 고용승계에 관한 연구' 서울. 레 인보기획

이병기(1999), "집합건물의 실체적 관계에 관한 연구", 청주대학교 대학원 박사학위논문

이성식(1997), 우리나라 공동주택 관리의 법제와 실무에 관한 연구, 연세대 대학원 석사학위 논문,

김기평(1999), 서울시 공동주택의 관리 방안에 관한 연구, 서울시립대 학교대학원, 석사학위 논문

김기룡(2003), 공동주택 관리의 효율화 방안에 대한 연구 ― 분쟁관리를 중심으로 ― 단국대 정책경영대학원 석사학위 논문

허점도(2001. 6.) 공동주택의 효율적인 관리방안 연구, 동아대학교 정책대학원 석사학위 논문

은난순(1995), 공동주택 생활관리 만족 및 요구에 대한 연구. 경희대학교석사학위 논문.

강혜경(2002), 아파트단지의 커뮤니티 디자인을 위한 공동생활공간의 계획방향 연구. 부산대학교대학원 박사학위논문

김종배(1999), 공동주택 관리제도 개선에 관한연구, 성균관대학교 경영 대학원 석사학위 논문

이원성(2001. 12.), 공동주택 관리의 발전방안에 관한 연구, 한성대학교 행정대학원 석사학위 논문

은난순(2002), 공동주택 관리업무 수행평가도구 개발, 경희대학교 박사학위논문

한국시설안전기술공단, 2004, 공동주택의 장수명화를 위한 유지관리 시스템

개발 연구보고서, 건설교통부·한국건설교통기술평가원.

김혜승, 2000, "지능형 아파트와 공동주택 관리", 국토논단, 국토연구원

유병선·홍형옥, 2000, "주거관리의 사회적 구축을 위한 연구의 접근방법과 쟁점", 주택연구 제8권 제1호,

진미윤(1999), 공동주택거주자의 주거비 부담능력에 관한 연구, 연세대학교 대학원 박사학위논문

진미윤. 이유미. 김혜란(2001), 아파트거주자의 근린의식과 근린관계에 대한 조사연구, 대한건축학회 논문집 통권 155호

채혜원, 홍형옥(2002), 지역공동체에 관한 연구의 접근방법과 쟁점, 한국가정관리학회지 20(1)

김종성(2003) 공동주택 관리제도 개선방안에 관한 연구, 건국대학교부동산대학원석사학위 논문

박은규, 아파트 관리서비스 공급체계의 관역화에 관한 연구, 한국외국어대 대학원 박사학위 청구논문, 2000. 12.

박은규, 새로운 공동주택의 관리패러다임 구축방안. 한국 주택관리학회보 제3권 제1호. 2001.

주택박은규, 2002, 공동주택 관리제도 개선방안, 대한주택공사 주택도시연구원, 제1회 관리박람회 세미나발표자료.

홍성지(2004), 공동주택 관리체계 개선에 관한 연구, 건국대학교 대학원 박사학위논문

양원진(2003. 2.), 공동주택 리모델링의 실태분석과 정책적 개선방안에 관한 연구, 한성대학교 대학원 박사학위논문

박경난(2001), 임차가구거주 공동주택의 유지관리에 대한 연구. 연세대 대학원 박사학위논문,

박철수(2000. 12.), 공유공간과 공동체(아파트 공동체 실현을 위한 공동생활공간 확대방안) 한국도시연구소, 도시연구 제6호

경실련 도시개혁센터, 더불어 사는 주거만들기, 서울, 보성각, 2000. 3.

한빛관리(1998. 11.), '공동주택관련 종합정보' 천광사

아파트생활문화 연구소, 청주시민회, 한국도시연구소, '2000 도시공동체실현을 위한 아파트 공동체 운동' 심포지엄자료집, 2000. 10.

김재구(2002. 6.), 공동주택 거주자 만족도 분석을 통한 유지관리 개선방안 연구, 중앙대학교 건설대학원 석사학위 논문

구자훈(2003. 6.), 예방보전측면의 공동주택 유지관리를 위한 데이터베이스 시스템 축에 관한 연구

김종성(2003), 공동주택 관리제도 개선방안에 관한 연구, 건국대 부동산대학원 석사학위 논문

이기배((1999), 서울시 공동주택 유지관리에 관한 연구. 서울시립대학교 산업대학원 석사학위 논문

박승호(2000), 소규모공동주택 유지관리에 관한 연구. 서울 시립대학교 도시과학대학원 석사학위 논문

대한주택공사(2001), 아파트 공동체실현을 위한 방안연구

한범진(2003. 2.), 공동주택의 유지관리를 위한 장기수선계획에 관한 연구, 경희대학교 대학원-공학석사 논문

방학영(2003), 공동주택의 특별수선충당금 적립제도 및 개선방안에 관한 연구, 건국대학교 부동산대학원 석사학위 논문

4. 외국문헌

Anne Power with PEP Associates, "Housing Mnagement", London: Longman Group, 1991

Basile, F., and Caruso, G.C., "Multihousing Management 1", U.S. National Association of Home Builders, Home Builder Press, 1989

Cooper C. and M. Hawtin, Housing, Community and Conflict: Understanding Resident Involvement, England: Arena Ashgate Publishing, 1997

Donnison, D. and D. Maclennan, The Housing Service of the Future, UK: Longman, 1991

HDB,Annual Report 1999/2000

Hong Kong Housing Authority, Annual Report 1999/2000.

Fitzsimmons, J. and M. Fitzsimmons, Service Management Operations,

Strategy, and Information Technology, Mcgraw Hill, 1998

Franklin, B. and D. Clapham, "The Social Construction of Housing Mnagement", Housing Studies, 12(1), January 1997

Gormley, W. Jr., Privatization and Its Alternatives, The University of Wisconsin Press, 1991Lawrence, J., "Housing Quality: An Agenda for Research", Urban Studies 32(10), 1995

Savas, S., Privatization and Public Private Partnerships, N.Y.: W. W. Seven Bridge Press, 2000

CHMC, Annual Report 2000.

Osborne, D.and T.Gaebler, Reinventing Government How the Entrepreneurial Spirit is Transforming The Public Sector(N.Y.: A Plume Book, 1993).

Savas, S., Privatization–The key to Better Government,(New Jersey: Chatham House, 1987).

Lindley R.& P.Higgins, Maintenance Engeering Handbook, Fourth Edition, (1980)

Christine, B., Housing Management Changing Practice(Lodon: Macmillan Press, 1992).

Foddy, W., Constructing Questions for Interviews and Questionnaires: Theory and Practice in Social Research(Cambridge University Press, 1994)

Franklin, B. and D.Clapham, "The Social Construction of Housing Management", Housing Studies, 12(1)(January, 1997), pp.7–26.

Gormley, W.Jr., Privatization and Its Alternatives the University of Wisconsin Press.1991)

Kelley, E., Practical Apartment Management 3th.,(IREM, 1990).

日本總合主生活, マンションの修繕計畵作りの實際, 日本, 星雲社, 1992

澤田博一外, 4人, マンション管理組合運營の手引き, 東京: 住宅新報社, 1992

伊藤武史, 集合住宅の住宅政策, 東京: 有斐閣, 1980

福嶋孝之, 高層集合住宅の維持管理, 東京: 學芸出版社, 1983

住宅宅地審議會, 日本中高層共同住宅 標準管理委託契約書, 1982

山奇古都子, 住居管理槪念に關する試論, 現代ハウゾク論, 1986
平井宣雄, 法政策學一法制度設計の理論と實際, 東京: 有斐閣, 1995
松村秀一, 田辺新一監修, 生活価値創造住宅開發技術硏究조합編(1996)
近未來住宅の技術がわかる本

5. 인터넷사이트

대한주택관리사협회, www.khma.org/
건설교통부, www.moct.go.kr
통계청, www.nso.go.kr
서울 시정개발연구원, www.khma.org/
주택도시연구원 huri.jugong.co.kr
한국주택학회, www.kahps.org/inc/index.asp
한빛관리, www.hanbbit.co.kr
한국아파트신문, www.hapt.co.kr
아파트관리신문, www. aptn.co.kr
아파트네트워크, www.apartnetwork.com
법제처, www.moleg.go.kr
참여연대 아파트 공동체 연구소, peoplepower21.org/apt
아파트생활문화연구소, www.apt21.or.kr

6. 신문, 잡지

· 한국아파트신문사. 한국아파트신문, 1999. 4.~현재
· 아파트관리신문사. 아파트관리신문, 1999. 5.~현재
· 월간 아파트관리(아파트관리신문사), 2002년 4월 창간호부터 2005년 4월 호
    까지 통권 37권
· 기타 일반 일간 신문들 중 아파트관리관련기사

부 록

공동주택 관리체계의 현황과 개선방안에 관한 설문지(입주자용)

안녕하십니까?

　현재 저는 공동주택 관리체계 개선에 대해 연구하고 있습니다.
　이 연구는 그동안 공동주택 관리체계가 안고 있는 많은 문제점을 진단하고 이에 대한 개선방안을 제시하는 것이 주요 목적입니다.
　이 설문조사는 공동주택 관리체계에 대한 문제점의 진단, 그리고 개선방안에 대한 의견을 얻기 위한 것입니다. 설문조사는 개인의 비밀을 완전하게 보장하기 위하여 무기명으로 실시되며 응답결과 또한 통계적으로만 처리됩니다. 끝으로 가장 좋은 개선방안은 주민이나 이해당사자로부터 나온다는 점을 이해하시고 여러분의 기탄없는 의견을 간곡하게 부탁드립니다.

　　　　　　(연락처)　　전 화: 02) 2213-2345
　　　　　　　　　　　휴대전화: 011-248-9142
　　　　　　　　　　이메일: taekhwanin@yahoo.co.kr

****□ 다음은 귀하의 아파트 거주에 대한 질문입니다.**

1-1 현재 살고 계신 아파트에서의 거주 기간은?   년간 살고 있음

1-2 거주하고 계신 아파트의 관리방식은?

① 위탁관리 ② 자치관리 ③ 사업자관리 ④ 기타 (   )

1-3 귀 단지의 총 세대수는?   세대

****□ 다음은 아파트 공동체 관련 질문입니다.**

2-1 현재 귀하가 살고 계신 아파트 단지에 반상회가 정기적으로 열리고 있다면 어느 정도 참석하고 계십니까?

① 매번 참석한다   ② 대부분 참석한다

③ 가끔 참석한다   ④ 거의 참석하지 않는다

⑤ 전혀 참석하지 않는다

2-2 현재 귀하가 아파트 단지 내 반상회에 참석하지 않는다면 그 이유는 무엇입니까?

① 바빠서   ② 관심이 없어서   ③ 형식적인 모임이라 생각하여

④ 몰라서   ⑤ 기타 (   )

2-3 현재 귀하가 살고 계신 아파트 단지에 귀하의 고충이나 민원 등 의견을 받아들이고 해결해주는 고충처리제도가 잘되어 있습니까?

① 잘되어 있다   ② 어느 정도는 돼 있다.

③ 별로 잘 안 되어 있다   ④ 아주 안 되어 있다.

2-4 귀하가 살고 있는 아파트 단지 내에 운동, 등산, 취미 등과 관련된 여가활동이나 주민행사(예를 들어, 마을잔치, 화단가꾸기, 경로잔치, 체육대회 등)가 있다면 귀하는 현재 어느 정도 참여하고 계십니까?

  ① 적극적으로 참여 ② 소극적으로 참여 ④ 참여 안 함

3-1 귀하는 관리사무소가 보다 더 주민자치조직을 지원하고 주민 간 분쟁을 해결에 앞장서고 적극적으로 공동체 활성화를 위해서 중심체역할을 해야 한다는 주장에 대해서 어떻게 생각하십니까?

  ① 적극 반대한다   ② 그럴 필요 없이 자율에 맡겨야 한다
  ③ 필요하다   ④ 적극 찬성한다.

□ 다음은 법규와 제도에 관한 사항입니다.

4-1 다음은 아파트 관리규약은 공동체 생활유지를 위해 아파트 주민 간에 합의로 제정된 자치규약입니다. 이 규약에 관한 질문입니다.

내 용	예	아니요	모르겠음
귀하는 관리규약의 내용을 잘 알고 계십니까?			
관리규약이 귀하의 단지실정에 맞게 제정되었습니까?			
관리규약이 잘 지켜지고 있다고 생각하십니까?			

4-2 아파트 관리규약이 잘 지켜지도록 하기 위해 다음 중 어떤 방안이 가장 필요하다고 생각하십니까? 2가지만 골라주십시오

  ① 실정에 맞게 제정 및 개정
  ② 불준수 시에는 불이익을 통한 실효성 확보(벌칙금 등)
  ③ 관리규약은 스스로 알아서 하도록 자율에 맡긴다
  ④ 입주자대표회의의 적극적 역할

5-1 입주자대표회의와 관리주체의 업무의 한계가 명확하지 않고, 입주자대표회의가 전문성 부족과 독선으로 주민에게 손실을 끼치는 잘못된 결정을 하거나 관리주체에 대한 지나친 간섭으로 관리의 전문성을 저해하고 관리직원의 사기를 저하시키는 경우가 많은데 이를 위한 견제와 균형을 위한 개선방안에 대한 귀하의 의견은?

항 목	매우 필요	필요	반대	적극 반대
입주자대표회의와 관리주체의 업무 구분을 법규에 명시				
입주자대표회의 구성원(동대표)에 대해 주민의 소환권을 관리규약에 명시				
관리소장에게 주민을 위해 꼭 필요한(관리규약에 정한 사항)경우에는 입주자대표회의 결정을 거부할 수 있는 권한을 주는 방안				
입주자대표회의 사항을 단지홈페이지나 게시판에 필히 공시의무화로 투명성 민주성 보완				
동대표와 회장을 주민직선으로 하여 위상과 책임감을 강화				

6-1 현재 관리사무소에 대해서는 입주자대표회의와 감사가 감독하고 감사하지만, 입주자대표회의 자체에 대한 감사제도는 현재 없기 때문에 입주자대표회의에 부정이나 잘못이 있어도 감사할 수가 없어서 문제가 있다는 지적과 감사가 회계에 대한 전문적 지식이 부족하여 관리사무소에 대한 감사가 제대로 안 된다는 지적이 많습니다. 귀하가 살고 있는 아파트 단지에서도 이러한 문제가 있습니까?

① 문제가 크다

② 문제가 조금 있다

③ 문제없다

④ 모르겠다

6-2 감사제도에 문제가 있다고 생각하는 경우, 이를 개선하기 위한 다음의 개선 방안에 대한 귀하의 의견은 어떻습니까?

항 목	매우 필요	필요	반대	적극 반대
감사에게 입주자대표회의에 대해서도 감사할 수 있는 권한 부여				
입주자대표가 아닌 사람 중에서 주민 직접선거로 감사를 2명 이상 선출하는 방안				
내부감사를 1년에 한 번이 아닌 매월이나 분기별로 하는 방안을 관리규약에 규정				
비용절약상 2~3년마다 한 번씩 공인회계사나 전문기관의 회계감사를 받는 방안				
감사들에 대해서는 정기적으로 전문기관의 감사기법과 회계교육 의무화				

7-1 현재 아파트 관리에 대해서 주민과 관리업체 간의 자율적 관리에 맡기고 시군구청은 소극적 신고업무만 담당하고 있습니다. 앞으로 시군구청의 아파트관리에 지도 감독은 어떠해야 한다고 생각하십니까?

① 현재보다 강화해야 한다　　② 현행대로 하면 된다

③ 현재보다 완화되어야 한다　　④ 전혀 관여해서는 안 된다

□ 다음은 아파트 운영관리에 관한 질문입니다.

8-1 귀하는 단지발전을 위해서 입주자대표회의의 구성원으로 참여할 의향이 있으십니까?

① 전혀 생각 없다　② 조금 생각이 있다　③ 적극 참여하고 싶다

8-2 만약 참여하고 싶지 않다면 그 이유는 무엇입니까?

① 단지에 별로 관심이 없어서　　② 내가 해도 마찬가지니까

③ 바빠서　　　　　　　　　　④ 보수가 없으니까

9-1 그동안 동대표는 무보수이기 때문에 동대표를 하려는 사람이 별로 없다는 지적이 있습니다. 앞으로 동대표의 전문성 있는 인사의 참여의 촉진과 수고의 대가차원에서 동대표에게 어느 정도의 수당을 지급하는 것을 어떻게 생각하십니까?

　① 적극 찬성　　② 찬성　　③ 반대　　④ 적극 반대　　⑤ 모르겠다

10-1 아파트 동대표와 통장(또는 이장) 간에 갈등이 있는 경우도 많고, 통장(월 20만 원 정도의 수당이 지급됨)은 서로 하려 하고, 동대표는 기피하는 경향(무보수)이 있으므로 동대표와 통장을 겸직하게 하거나 또는 입주자대표회의에서 통장에 대한 임명추천권과 해임건의권을 행사하도록 함으로써 겸직에 의해서 갈등해소와 무보수문제를 어느 정도 해결할 수 있다는 방안에 대해 어떻게 생각하십니까?

　① 적극 찬성　　② 찬성　　③ 반대　　④ 적극 반대

11-1 현재 귀하가 살고 있는 아파트 단지 내의 운영관리 사항 가운데 가장 큰 문제는 무엇입니까?

　① 관리비 과다

　② 관리 직원의 근무태만이나 불친절

　③ 아파트 회계의 불투명한 관리 및 공사집행상의 비리

　④ 문제없다

11-2 앞으로 현재 귀하가 살고 있는 아파트의 보다 나은 운영 관리를 위해 필요한 것은 무엇입니까? 다음 중 2개를 선택해 주시기 바랍니다.

　① 관리비를 절감하고 운영 효율성을 높여야 한다

　② 관리직원의 성실한 관리가 필요하다

　③ 관리비집행과 공사집행에서 부정과 비리를 감시하여야 한다

　④ 입주자대표회의가 좀더 적극적으로 운영에 참여하여야 한다

⑤ 관리체계에 대한 법과 제도를 정비해야 한다

⑥ 외부 전문기관에 운영관리를 맡겨야 한다

⑦ 기타 (   )

12-1 현재 관리소장등 관리직원들의 재임 기간에 대해서 어떻게 생각하십니까?

　　① 너무 자주 바뀐다　　　　② 약간 짧은 편이다

　　③ 적당하다　　　　　　　　④ 너무 장기 근속한다

12-2 관리직원의 근무 기간이 짧다면 그 이유는 무엇이라고 생각하십니까?

　　① 저임금　　　　　　　　　② 무능력

　　③ 근무환경 열악　　　　　④ 주민이나 동대표들과의 갈등

　　⑤ 관리업체 변경　　　　　⑥ 기타

13-1 아파트 관리업체를 선정할 때 가장 중요한 기준은 무엇이라고 생각하십니까? 다음의 보기 가운데 가장 중요한 것부터 순서로 아래에 번호를 적어주십시오 (   )

　　① 저렴한 위탁 수수료　　　② 전문기술력 보유 및 관리 전문성

　　③ 주민에 대한 질 높은 서비스　　④ 관리회사의 경영상태 및 관리실적

14-1 위탁관리회사가 바뀌는 경우에는 관리직원도 교체되는 경우가 대부분인데 신분보장을 해주는 것이 업무의 친숙성과 시설물숙지에 의한 업무의 연속성 및 효율성 증진은 물론 공동주택의 수명연장을 위해서도 필요하다는 주장에 대한 귀하의 견해는 어떻습니까?

　　① 근무성적에 문제점이 없다면 바람직하다　　② 약간 찬성한다

　　③ 그럴 필요 없다　　　　　④ 자주 바꿔야 좋으니 적극 반대한다

15-1 귀하는 현재 관리비 수준은 어떻다고 생각하십니까?
① 싼 편이다　② 적당하다　③ 비싼 편이다　④ 모르겠다

16-1 귀하는 현재 살고 계신 아파트의 입주자대표회의를 신뢰하십니까?
① 매우 신뢰한다　　　　　　② 조금 신뢰한다
③ 전혀 신뢰하지 않는다　　　④ 모르겠다

17-1 귀하는 입주자대표회의나 관리사무소에서 각종 공사나 청소업자 선정 등 공사업자 및 용역업자 선정과정에 대해 어떻게 생각하십니까?
① 매우 공정하고 깨끗하다　　② 비교적 공정하고 깨끗하다
③ 약간 비리가 있다고 본다　　④ 아주 비리가 많다

18-1 현재 아파트에는 대체로 절반 가까이 임차거주자가 있는데 아파트 소유자 중심으로 아파트 관리가 이루어지고 있습니다. 관리효율화를 위해서 앞으로 소유권과 관계없는 관리 부분에는 임차가구에도 일정비율의 입주자대표 피선거권을 주어 소유권과 관계없는 관리 분야에 한해서는 의결권을 부여하는 것이 어떻겠습니까?
① 적극 찬성　② 찬성　③ 반대　④ 적극 반대　⑤ 모르겠다

9-1 다음 중 현재 귀하가 살고 있는 아파트 단지 내에서 가장 문제가 많고 불만스러운 것은 무엇입니까?
① 관리비 집행 등 아파트 운영 관리 문제
② 아파트 시설물의 보수 유지 문제
③ 이웃 간의 무관심이나 갈등과 같은 공동체 관리 문제
④ 아파트의 가치를 높이는 자산 관리 문제
⑤ 관리체계 자체가 문제

⑥ 방범 및 도난방지문제

⑦ 기타 (   )

****☐ 다음은 아파트 시설물 유지관리에 관한 질문입니다.**

20-1 현재 동대표들의 전문성과 관리직원들의 기술능력에 대하여 어떻게 생각하십니까?

내 용	전혀 없다	거의 없다	조금 있다	충분 하다
입주자대표(동대표)들의 관리에 관한 전문성				
관리직원들의 관리 기술능력 및 전문성				

20-1 각종 정기적인 용역업자 선정과 방수 도장 등 공사업자선정에 있어서 주민들로부터 불신을 받고 투명하지 못한 사례가 많다고 하는데 이를 개선하기 위한 다음의 개선방안에 대하여 어떻게 생각하십니까?

내 용	적극 찬성	찬성	반대	절대 반대
입주자대표회의와 별도로 공사에 전문성을 가진 주민중심으로 00공사대책특별위원회를 구성하여 공사업자를 선정하고 감독				
공고 시나 현장설명 시에 업자선정기준(예컨대, 최저가, 제한적 최저가, 평균가 등)을 미리 발표토록 하여 투명성 제고				
결정이나 공사감독도 00공사대책특별위원회와 입주자대표회의가 합동으로 하여 견제와 균형을 취함				

21-1 장기수선 충당금의 적립은 잘되고 있습니까?

① 규정보다 초과적립하고 있다   ② 제대로 적립하고 있다

③ 규정보다 적게 적립하고 있다   ④ 규정대로 안 하고 있다

21-2. 장기수선 충당금을 적립하고 있다면 관리평당 금액은?   _____원

21-3 원칙상 아파트는 장기수선계획을 수립하고 이에 따라서 장기수선 충당금을 징수하고 장기수선계획에 따라서 수선공사를 하여야 아파트의 각 종 설비의 기능보전과 쾌적성이 유지되고 건물의 수명을 연장할 수 있습니다. 이를 위한 효율적인 방안으로서 다음 방안을 어떻게 생각하십니까?

항 목	매우 필요	필요	불필요
장기수선계획작성세부기준 및 표표준매뉴얼 제작보급			
연체료 및 기타 잡수입을 장기수선 충당금에 편입			
장기수선 충당금부족 시 장기저리융자나 보험제도 개발			
장기수선계획불이행 및 불징수 또는 미달징수에 처벌강화 등 행정규제			

22-1 하자보수문제가 제기될 경우에 하자인지의 여부와 시공책임회사의 지연으로 인하여 문제가 많은데 이를 위해 부위별로 하자의 세부기준을 제시하고 늑장 처리되는 것을 방지하기 위해 하자보수책임보험 및 손해보험제도를 도입하는 방안을 어떻게 생각하십니까?

① 매우 필요   ② 필요   ③ 불필요   ④ 매우 불필요

****□ 다음은 아파트 자산관리에 관한 질문입니다.**

23-1 귀하는 관리사무소에서 아파트에 대한 소극적인 현상유지적 관리에 국한하기보다는 더 나아가 적극적으로 아파트 가치(가격)를 높이는 관리도 필요하다고 생각하십니까?

① 매우 필요하다   ② 약간 필요하다

③ 필요 없다   ④ 모르겠다

24-1 귀하가 현재 살고 계신 아파트에서 아파트 가격(가치)을 높이기 위해 어떤 활동을 하는 것이 필요하다고 생각하십니까?(대표적인 2가지 선택)

① 계획적인 유지 보수와 쾌적한 환경조성

② 노후한 아파트에 대한 재건축이나 리모델링공사

③ 공원, 주차시설 등 공동시설 확충

④ 입주자에 대한 다양하고 편리한 서비스

⑤ 단지주민 간의 화합과 화기애애한 분위기조성

⑥ 단지주민들 간의 아파트의 적정가격 유지에 대한 합의

25-1 귀하께서 특별히 생각하시는 아파트관리에 있어서 문제점과 개선점이 있다면 적어주시기 바랍니다.

**□ 설문 응답자에 대한 일반사항입니다. 세대주를 기준으로 해당 사항에 O표 또는 관련내용을 적어주시기 바랍니다.

26-1 성별: ① 남 ② 여

26-2 나이: ① 20대 ② 30대 ③ 40대 ④ 50대 ⑤ 60대 이상

26-3 최종학력: ① 중졸 이하 ② 고졸 ③ 대졸 ④ 대학원 졸

26-4 세대주의 직업:

① 기업체 고위임직원 및 관리자　② 전문/기술직　③ 공무원
④ 사무직　⑤ 생산관련직/운전직　⑥ 서비스직
⑦ 판매직　⑧ 자영업 (상업)　⑨ 주부
⑩ 기타 (　　　　　　　　　)

26-5 거주주택 평수:

① 18평 미만　② 18~28평 미만
③ 28~38평 미만　④ 38평 이상

26-6 현재 거주하고 있는 아파트는 임대인가요, 자가인가요?

① 전세　② 월세　③ 자가소유　④ 기타 (　　　　　　　　　)

26-7 소재지역은? ______ 구 ______ 동 ______ 아파트

공동주택 관리체계의 현황과 개선방안에 관한 설문지(관리자용)

안녕하십니까?

현재 저는 공동주택 관리체계 개선에 대해 연구하고 있습니다. 이 연구는 그동안 공동주택 관리체계가 안고 있는 많은 문제점을 진단하고 이에 대한 개선방안을 제시하는 것이 주요 목적입니다.

이 설문조사는 공동주택 관리체계에 대한 문제점의 진단, 그리고 개선방안에 대한 의견을 얻기 위한 것입니다. 설문조사는 개인의 비밀을 완전하게 보장하기 위하여 무기명으로 실시되며 응답결과 또한 통계적으로만 처리됩니다.

끝으로 가장 좋은 개선방안은 관리자나 이해당사자로부터 나온다는 점을 이해하시고 여러분의 기탄없는 의견을 간곡하게 부탁드립니다.

특히 저는 현장에서 관리를 담당하면서 우러나오는 소장님들의 고견과 애로사항을 연구에 적극 반영코자 합니다.

〈연락처〉 전 화: 02) 2213-2345
휴대전화: 011-248-9142
이메일: taekhwanin@yahoo.co.kr

****□ 다음은 아파트 관련 법규 및 제도에 관한 질문입니다.**

1-1 현재 공동주택 관리에 관하여 독자적인 통합된 관리법이 없고 여러 법에 산재되어 있어 적용상 혼선을 초래하는 경우가 많습니다. 앞으로 '공동주택관리법' 등과 같은 공동주택 관리의 일관성과 효율화를 위한 통괄적인 관리법의 필요성에 대한 귀하의 생각은?

① 적극적으로 필요　② 필요　③ 불필요　④ 전혀 필요 없다

2-1 관리규약에 대하여 어떻게 생각하십니까?

내 용	예	아니요	모르겠음
관리규약이 귀하의 단지실정에 맞게 제정되었습니까?			
관리규약이 잘 지켜지고 있다고 생각하십니까?			

2-2 아파트 관리규약이 잘 지켜지도록 하기 위해 다음 중 어떤 방안이 가장 필요하다고 생각하십니까? 2가지만 골라주십시오

① 실정에 맞게 제정 및 개정

② 불준수 시에는 불이익을 통한 실효성 확보(벌칙금 등)

③ 관리규약은 스스로 알아서 하도록 자율에 맡긴다

④ 입주자대표회의의 적극적 역할

3-1 현재 과반수 이상의 공동주택단지가 위탁관리를 하고 있는 실정인데 주택관리업의 전문화에 많은 문제가 있습니다. 관리평당 30원 전후로 덤핑가격과 동대표들에 대한 금전적 로비에 의해 수주활동을 하고 관리는 형식적으로 이루어지는 경우가 비일비재한데 관리의 전문성 향상을 위한 개선방안에 대한 아래의 방안에 대한 귀하의 의견은?

내 용	매우 필요	필요	반대	적극 반대
주택관리회사 등록요건 강화				
주택관리회사 기술적 유지요건강화				
수주량에 비례한 자본 및 장비 및 기술인력 보유강화				
관리회사 선정 시 필히 3업체 이상 공개설명회 거친 후 선정투표				

4-1 주택법상의 의무관리대상의 범위가 300세대 이상이거나 150세대 이상으로 승강기가 설치되거나 중앙난방식인아파트이고 그 이외의 아파트는 거의 법적 규제를 받지 않아 공동주택의 관리가 부실화되어 공동주택의 장수명화에 문제점으로 지적되고 있습니다. 아래에 제시된 개선방안에 대해 어떻게 생각하십니까?

내 용	매우 필요	필요	불필요	전혀 불필요
의무관리대상이 아닌 공동주택의 경우라도 장기수선계획, 충당금의 징수를 의무화				
의무관리대상범위를 확대할 필요성				
소규모단지는 여러 단지를 지역단위로 묶어 광역적으로 주택관리기구와 관리인을 공유하는 방안				
소규모 공동주택인 경우는 전문주택관리사 합동사무소 제도를 설치하여 순회관리를 시키는 방안				

5-1 공동주택 관리의 관리주체나 입주자대표회의에 대한 지도, 감독 및 자문, 교육을 위하여 주택관리청이나 주택관리공사 등 전문적인 공동주택 관리기관을 신설할 필요성에 대한 귀하의 생각은?

① 매우 필요　② 필요　③ 불필요　④ 모르겠다

6-1 현재 아파트 관리에 대해 주민과 관리업체 간 자율적 관리에 맡기고 시군구청은 소극적 신고업무만 담당하고 있습니다. 앞으로 시군구청의 아파트관리에 지도 감독은 어떠해야 한다고 생각하십니까?

  ① 현재보다 강화해야 한다　　　② 현행대로 하면 된다

  ③ 현재보다 완화되어야 한다　　　④ 전혀 관여해서는 안 된다.

7-1 현재 관리사무소에 대해서는 입주자대표회의와 감사가 통제하고 감사하지만, 입주자대표회의 자체에 대한 감사제도는 현재 없기 때문에 입주자대표회의에 부정이나 잘못이 있어도 감사할 수가 없어서 문제가 있다는 지적과 감사가 회계에 대한 전문적 지식이 부족하여 관리사무소에 대한 감사가 제대로 안 된다는 지적이 많습니다. 귀하가 관리하고 있는 아파트 단지에서도 이러한 문제가 있습니까?

  ① 문제가 크다　　② 문제가 조금 있다　　③ 문제없다　　④ 모르겠다

7-2 위에서와 같이 감사제도에 문제가 있다고 생각하는 경우, 이를 개선하기 위한 다음의 개선 방안에 대한 귀하의 의견은 어떻습니까?

항 목	매우 필요	필요	반대	적극 반대
감사에게 입주자대표회의에 대해서도 감사할 수 있는 권한 부여				
입주자대표가 아닌 사람 중에서 주민 직접선거로 감사를 2명 이상 선출하는 방안				
내부 감사를 1년에 한 번이 아닌 매월이나 분기별로 하는 방안을 관리규약에 규정				
비용절약상 2~3년마다 한 번씩 공인회계사나 전문기관의 회계감사를 받는 방안				
감사들에 대해서는 정기적으로 전문기관의 감사기법과 회계교육 의무화				

****□ 다음은 아파트 운영관리에 관한 질문입니다.**

8-1 관리자 입장에서 현재 아파트 단지 내에서 가장 중요한 문제는 무엇이라고 생각하십니까?

① 관리비 집행 등 아파트 운영 관리 문제

② 아파트 시설물의 보수 유지 문제

③ 이웃 간의 무관심이나 갈등과 같은 공동체 관리 문제

④ 아파트의 가치를 높이는 자산 관리 문제

⑤ 입주자대표회의 등과의 관계 문제

⑥ 기타 (   )

9-1 귀하가 근무하시는 아파트 단지의 입주자대표회의는 어느 정도 입주자의 지지를 받고 있습니까?

① 지지를 많이 얻고 있다   ② 지지를 조금 얻고 있다

③ 지지를 얻지 못하고 있다   ④ 대단히 불신을 받고 있다.

9-2 귀하가 관리하는 단지의 입주자대표회의의 가장 큰 문제점은 무엇이라고 생각하십니까?

① 입주자대표회의의 관리에 지나친 간섭과 독선

② 동대표들의 이권개입

③ 입주자대표회의의 비전문성

④ 문제 없음

10-1 귀하가 근무하고 있는 아파트의 관리형태는 무엇입니까?

① 사업자관리 ② 자치관리 ③ 위탁관리 ④ 기타 (   )

11-1 그동안 동대표는 무보수이기 때문에 동대표를 하려는 사람이 별로 없다는 지적이 있습니다. 앞으로 동대표의 전문성 있는 인사의 참여의 촉진과 수고의 대가차원에서 동대표에게 어느 정도의 수당을 지급하는 것을 어떻게 생각하십니까?

 ① 적극 찬성   ② 찬성   ③ 반대   ④ 적극 반대

12-1 아파트 동대표와 통장(또는 이장) 간에 갈등이 있는 경우도 많고 통장(월 20만 원 정도의 수당지급 됨)은 서로 하려 하고 동대표는 기피하는 경향(무보수)이 있으므로 동대표와 통장을 겸직하게 하거나 또는 입주자대표회의에서 통장에 대한 임명추천권과 해임건의권을 행사하도록 함으로써 겸직으로 갈등해소와 무보수문제를 어느 정도 해결할 수 있다는 방안에 대해 어떻게 생각하십니까?

 ① 적극 찬성   ② 찬성   ③ 반대   ④ 적극 반대

13-1 관리직원 본인들과 입주자대표들의 관리의 전문성에 대하여 어떻게 생각하십니까?

내 용	부족하다	조금 부족	약간 있다	충분하다
귀하의 관리 전문성에 대하여 어떻게 생각하시는지?				
입주자대표들의 관리에 대한 전문성에 대한 평가는?				

14-1 현재 위탁관리비는 대개 관리평당 30원 전후인데 이에 대해서는 어떻게 생각하십니까?

 ① 현재도 비싸니 더 내려야 한다   ② 적정하다

 ③ 더 올려주고라도 전문적인 관리를 시켜야 한다   ④ 모르겠다

15-1 현재 아파트에는 대체로 절반 가까이 임차거주자가 있는데 아파트 소유자중심으로 아파트 관리가 이루어지고 있습니다. 관리효율화를 위해서 앞으로 소유권과 관계없는 관리 부분에는 임차가구에도 일정비율의 입주자대표 피선거권을 주어 소유권과 관계없는 관리 분야에 한해서는 의결권을 부여하는 것이 어떻겠습니까?

　① 적극 찬성　②찬성　③ 반대　④ 적극 반대　⑤ 모르겠다

16-1 입주자대표회의와 관리주체의 업무의 한계가 명확하지 않고 입주자대표회의가 전문성 부족과 독선으로 주민에게 손실을 끼치는 잘못된 결정을 하거나 관리주체에 대한 지나친 간섭으로 관리의 전문성을 저해하고 관리직원의 사기를 저하시키는 경우가 많은데 이를 위한 견제와 균형을 위한 개선방안에 대한 귀하의 의견은?

항 목	매우 필요	필요	반대	적극 반대
입주자대표회의와 관리주체의 업무를 구분을 법규에 명시				
입주자대표회의 구성원(동대표)에 대해 주민의 소환권을 관리규약에 명시				
관리소장에게 주민을 위해 꼭 필요한(관리규약에 정한 사항)경우에는 입주자대표회의 결정을 거부할 수 있는 권한을 주는 방안				
입주자대표회의 사항을 단지홈페이지나 게시판에 필히 공시의무화로 투명성과 민주성을 보완				
동대표와 회장을 주민직선으로 하여 위상과 책임감을 강화				

17-1 귀하는 입주자대표회의나 관리사무소에서 각종공사나 청소업자선정 등 공사업자 및 용역업자 선정과정에 대해 어떻게 생각하십니까?

　① 매우 공정하고 깨끗하다　　　② 비교적 공정하고 깨끗하다
　③ 약간 비리의 의혹이 있다　　　④ 아주 비리가 많은 것 같다

17-2 각종 정기적인 용역업자 선정과 방수, 도장 등 공사업자선정에 있어서 주민들로부터 불신을 받고 투명하지 못한 사례가 많다고 하는데 이를 개선하기 위한 다음의 개선방안에 대하여 어떻게 생각하십니까?

내 용	적극 찬성	찬성	반대	절대 반대
입주자대표회의와 별도로 공사에 전문성을 가진 주민 중심으로 00공사대책특별위원회를 구성하여 공사업자를 선정하고 감독				
공고 시나 현장설명 시에 업자선정기준(예컨대, 최저가, 제한적 최저가, 평균가 등)을 미리 발표토록 하여 투명성제고				
결정이나 공사감독도 00공사대책특별위원회와 입주자대표회의가 합동으로 하여 견제와 균형을 취함				

18-1 관리업자변경 시에도 관리자에 대한 신분을 보장하는 것이 단지 내의 친숙성과 문제점의 숙지로 관리의 효율성과 시설물유지관리의 전문성 확보로 공동주택의 수명 연장을 위해 필요하다는 견해에 대한 귀하의 생각은 무엇입니까?
① 매우 필요하다   ② 필요하다
③ 그럴 필요 없다   ④ 전혀 필요 없다

****□ 다음은 아파트 유지관리의 문제점과 개선방안에 관한 질문입니다.**
19-1 관리소장과 해당 관리직원들에게 유지관리(기술)관련 실무교육이 필요하다고 생각하십니까?
① 전혀 필요 없다   ② 필요 없다
③ 필요하다   ④ 매우 필요하다.
⑤ 모르겠다

20-1 귀하가 근무하는 아파트의 장기수선계획은 잘 수립되어 있습니까?
① 잘 수립되어 있다
② 수립되어 있지만 잘된 것은 아니다
③ 수립되어 있지 않다

20-2 장기수선 충당금의 적립은 잘되고 있습니까?
① 규정보다 초과 적립하고 있다　　② 제대로 적립하고 있다
③ 규정보다 적게 적립하고 있다　　④ 규정대로 안 하고 있다

20-3. 장기수선 충당금을 적립하고 있다면 관리평당 금액은?　　　　　원

20-4 장기수선계획에 따라 보수공사를 하는가?
① 전혀 상관없이 한다
② 어느 정도 참고한다
③ 충실하게 따라 한다

20-5 원칙상 아파트는 장기수선계획을 수립하고 이에 따라서 장기수선
충당금을 징수하고 장기수선계획에 따라서 수선공사를 하여야 아파트의 각
종 설비의 기능보전과 쾌적성이 유지되고 건물의 수명을 연장할 수 있습니다.
이를 위한 효율적인 방안으로서 다음 방안을 어떻게 생각하십니까?

항 목	매우 필요	필요	불필요
장기수선계획작성 세부기준 및 표표준매뉴얼 제작보급			
연체료 및 기타 잡수입을 장기수선 충당금에 편입			
장기수선 충당금 부족 시 장기저리융자나 보험제도 개발			
장기수선계획 불이행 및 불징수 또는 미달징수에 처벌강화 등 행정규제			

21-1 하자보수문제가 제기될 경우에 하자인지의 여부와 시공책임회사의 지연으로 인하여 문제가 많은데 이를 위해 부위별로 하자의 세부기준을 제시하고 늑장 처리되는 것을 방지하기 위해 하자보수책임보험 및 손해보험제도를 도입하는 방안을 어떻게 생각하십니까?
　① 매우 필요　② 필요　③ 불필요　④ 매우 불필요

22-1 귀하가 관리하고 있는 아파트 단지 내의 시설물 유지관리에서 가장 문제는 무엇입니까?
　① 입주자의 시설물 훼손
　② 시설물유지관리예산부족
　③ 시설물유지관리에 대한 전문성 부족
　④ 시설물 유지관리에 대한 입주자들의 의식부족

22-2 현재 귀하가 관리하고 있는 아파트에서 가장 관리가 잘 안 되고 있거나 어려운 분야의 시설물은 무엇입니까?
　① 공동주택 본체 구조물의 누수 및 안전상태
　② 승강기 전기시설
　③ 노인정, 어린이 놀이터
　④ 소방시설 및 각종 화재위험

□ 다음은 아파트 공동체관리의 문제점과 개선방안에 관한 질문입니다.
23-1 아파트 단지 내 입주자 간의 친목을 도모하고 공동체 활성화를 위해 필요하다고 생각되는 것은 무엇입니까? 2개만 선택해주십시오
　① 주민의 각종 자선 봉사활동 행사의 개최 지원
　② 주민 의견수렴하고 일상의 갈등을 해소할 수 있는 시스템 마련
　③ 주민들이 공동으로 활용할 수 있는 커뮤니티 및 여가활용과 운동을

위한 시설의 확충

④ 부녀회 반상회 등 반공식모임 활성화 지원

⑤ 등산 운동 각종 취미활동 자생단체모임 활성화 지원

⑥ 단지 내 소식지 배포나 인터넷 홈페이지 운영 등 정보화

⑦ 기타(   )

24-1 현재 귀하가 관리하고 계신 아파트 단지에 주민들의 의견이나 고충을 받아들이는 제도적 장치가 잘되어 있습니까?

① 잘 되어 있다　　　　　② 별로 잘 안 되어 있다

③ 거의 안 돼 있다　　　　④ 전혀 안 돼 있다

25-1 귀하가 관리하고 있는 아파트 단지 내에 운동, 등산, 취미 등과 관련된 여가활동이나 주민행사(예를 들어, 마을잔치, 화단가꾸기, 경로잔치, 체육대회 등)가 있다면 주민들의 참여도는 어떻습니까?

① 적극적으로 참여　　　　② 소극적으로 참여

③ 거의 참여 안 함　　　　④ 참여 안 함

26-1 귀하는 공동체 활성화를 위해 입주자대표회의와 관리사무소가 보다 더 주민자치조직을 지원하고 주민 간 분쟁의 해결에 앞장서고 주민이 이용할 수 있는 시설의 확충 등으로 적극적으로 공동체 활성화를 위해서 중심체 역할을 해야 한다는 주장에 대해서 어떻게 생각하십니까?

① 적극 찬성함

② 필요하다

③ 그럴 필요 없이 자율에 맡겨야 한다

④ 적극반대

****☐ 다음은 아파트 자산관리에 관한 질문입니다.**

27-1 귀하는 현재의 일반적인 현상유지적 관리행위 개념에서 한 걸음 나아가 아파트의 가격의 하락을 방지하고 가치(가격)를 증진시키는 자산관리까지 고려하면서 한다면 주민들의 반응은 어떠하리라고 생각하십니까?

① 반응이 매우 좋을 것임　　② 반응이 좋을 것이다

③ 반응이 보통임　　④ 찬성하지 않을 것이다

28-1 현재 귀하가 근무하는 아파트에서 주민들이 재건축과 리모델링을 통한 재산가치증식에 대해서 관심을 가지고 계십니까?

① 적극 관심을 가지고 있다　　② 조금 가지고 있다

③ 별로 없다　　④ 전혀 관심 없다

29-1 귀하께서 특별히 생각하시는 아파트관리에 대한 문제점과 개선안이 있다면 말씀해주십시오

****☐ 설문 응답자에 대한 일반사항입니다. 해당 사항에 O 표하거나 적어주시기 바랍니다.**

○ 귀단지의

30-1 입주시기는?　　＿＿＿＿＿년　　＿＿＿＿＿월 입주

30-2 세대수?　　＿＿＿＿＿세대

30-3 관리면적?　　＿＿＿＿＿＿＿＿　（관리평 혹은 평방미터）

○ 귀하의

30-4 연령은?__________ 세

30-5 성별은? ① 남자 ② 여자

30-6 자격사항은? ① 주택관리사보 ② 주택관리사 ③ 기타 자격

30-7 교육수준은? ① 중졸 ② 고졸 ③ 대졸 ④ 대학원졸

30-8 현단지에서의 근무연수는? ________년 ________ 월

30-9 현단지에서의 근무연수를 포함한 총 아파트관리근무 경력은?

총________ 년________개월

○ **다음은 귀하의 근무조건에 관한 질문입니다.**

30-10 타 작업에 비해 현재 받고 계신 임금수준에 대한 의견은?

① 매우 적은 편 ② 적은 편 ③ 적당 ④ 많은 편

30-11 현재 받고 계신 임금에 대한 만족 정도는?

① 매우 불만족 ② 불만족 ③ 보통 ④ 만족

30-12 현단지의 근무환경에 대한 만족 정도는?

① 매우 불만족 ② 불만족 ③ 보통 ④ 만족

30-13 현재근무단지에서 계속적으로 근무하실 계획이십니까?

① 예(   ) ② 아니요(   )

30-14 만약 다른 곳으로 가고 싶거나 전직을 하고 싶다면 그 이유는?
(해당되는 사항에 모두 표시하여 주시기 바랍니다.)

① 급여가 적어서 ② 근무환경이 안 좋아서

③ 앞으로 발전가능성이 없어서 ④ 적성이 안 맞아서

⑤ 기타 (   )

· 저자 ·

인택환
(印擇煥)

· 약 력 ·

고려대학교 법학과(법학사)
고려대학교 정책대학원 도시행정학과(행정학 석사)
세종대학교 대학원 행정학과(행정학 박사)

주식회사 대우 근무
(사)대한주택관리사협회 초대 중앙회 부회장
경실련 조직강화위원
동대문구의회 초대의원
동대문구 도시계획심의위원
동대문구 문화원 이사
동대문구 상공회 이사, 자문위원
고려대학교 정책대학원 총교우회 상임부회장
(주)한국진단기술원 이사
전국 아파트 연합회 자문위원
세종대학교 행정학과 강사
주식회사 원당이앤씨(E&C) 대표이사(현)

공동주택
관리체계의
문제점과 개선방안

· 초판 인쇄	2007년 12월 15일
· 초판 발행	2007년 12월 15일
· 지 은 이	인택환
· 펴 낸 이	채종준
· 펴 낸 곳	한국학술정보㈜
	경기도 파주시 교하읍 문발리 513-5
	파주출판문화정보산업단지
	전화 031)908-3181(대표) · 팩스 031)908-3189
	홈페이지 http://www.kstudy.com
	e-mail(출판사업부) publish@kstudy.com
· 등 록	제일산-115호(2000. 6. 19)
· 가 격	37,000원

ISBN   978-89-534-7767-4 93540 (Paper Book)
        978-89-534-7768-1 98540 (e-Book)